建筑 CAD

主　编　牛志强　路晓明
副主编　袁　棪　宋中霜
　　　　王　曼　栗嘉琨

北京理工大学出版社
BEIJING INSTITUTE OF TECHNOLOGY PRESS

内容简介

本书由拥有多年建筑 CAD 教学经验的教师编写而成。内容详实，完整地介绍了 AutoCAD 软件和天正建筑软件；专业性强，紧扣建筑制图规范。本书共分 12 章：第 1~7 章为 AutoCAD 二维基础操作，主要介绍了 AutoCAD 基本知识、基本操作、基本绘图命令和编辑修改命令，以及高级编辑命令、文本标注与表格和尺寸标注等内容；第 8~9 章介绍了建筑施工图和装饰施工图的绘制方法；第 10 章介绍了天正建筑专业绘图软件；第 11 章介绍了三维绘图；第 12 章介绍了图形打印输出。

本书具有很强的实用性，不仅可以让用户快速入门，也能在实际运用中举一反三，同时提供了大量操作实例，是高等院校土建类专业学生学习 AutoCAD 的首选教材，也非常适合建筑技术人员自学和参考。

图书在版编目(CIP)数据

建筑 CAD / 牛志强，路晓明主编. --北京:北京理工大学出版社，2023. 10

ISBN 978-7-5763-3061-8

Ⅰ. ①建… Ⅱ. ①牛… ②路… Ⅲ. ①建筑设计-计算机辅助设计-AutoCAD 软件 Ⅳ. ①TU201. 4

中国国家版本馆 CIP 数据核字(2023)第 198898 号

责任编辑：江　立　　**文案编辑**：李　硕
责任校对：刘亚男　　**责任印制**：李志强

出版发行 / 北京理工大学出版社有限责任公司
社　　址 / 北京市丰台区四合庄路 6 号
邮　　编 / 100070
电　　话 / (010) 68914026 (教材售后服务热线)
(010) 68944437 (课件资源服务热线)
网　　址 / http://www.bitpress.com.cn

版 印 次 / 2023 年 10 月第 1 版第 1 次印刷
印　　刷 / 三河市天利华印刷装订有限公司
开　　本 / 787 mm×1092 mm　1/16
印　　张 / 20. 25
字　　数 / 473 千字
定　　价 / 95. 00 元

前言

在我国建筑工程设计领域，建筑 CAD 已经占据了主导地位，其影响力可以说无所不在。建筑 CAD 是土建类专业学生的必修课，是为培养土建类专业学生的建筑 CAD 操作能力而开出的实践技能课。学生掌握建筑 CAD 实用基本技能，将大大提高毕业后的就业竞争力。学习本课程，目的是能在工作中充分利用建筑 CAD 图形技术，熟练地运用建筑 CAD 软件，提高建筑设计技能，提高设计效率，适应社会发展。

目前，国内众多院校都开设了建筑 CAD 课程，许多从事建筑行业的人员也想尽快掌握建筑 CAD。本书由拥有多年建筑 CAD 教学经验的教师编写而成。内容详实，完整地介绍了 AutoCAD 软件和天正建筑软件；专业性强，紧扣建筑制图规范。考虑读者的实际情况，由浅入深、循序渐进，便于初学者快速入门及提高。力求语言生动、比喻形象，使读者在轻松活泼的气氛中学习、掌握建筑 CAD。在内容安排上是从简单的操作着手，引导读者一步一步进行绘图的各种操作，通过精心设计的实例，使读者在实际操作中真正掌握每一个命令，全面系统地学习建筑 CAD。本书在编写过程中参考了国内外大量的建筑 CAD 图书，在此一并表示感谢。

本书由多名一线教师编写，各位编者都有一定教学水平和丰富的实践经验。本书编写分工为：郑州科技学院牛志强编写第 3 章、第 4 章、第 5 章和第 10 章，并负责全书的审稿统筹工作，郑州科技学院路晓明编写第 6 章和第 7 章，郑州科技学院袁棪编写第 8 章和第 9 章，基准方中建筑设计股份有限公司郑州分公司宋中霜编写第 2 章，郑州科技学院王曼编写第 12 章，郑州科技学院栗嘉琨编写第 1 章和第 11 章。

由于编者水平有限，时间匆忙，书中难免有疏漏和不妥之处，敬请读者批评指正，并欢迎来信（oxok815@ 163. com），在此深表感谢！

编　者

2023 年 8 月

目录

第 1 章 AutoCAD 基本知识

主要内容

本章主要介绍 AutoCAD 的基本知识，包括 AutoCAD 的简介及主要功能、安装与启动、操作界面、文件管理等内容。通过对本章内容的学习，了解 AutoCAD 2020 的主要功能，掌握软件启动与退出以及文件管理，熟悉 AutoCAD 2020 的操作界面。

重点难点

重点学习 AutoCAD 2020 的启动和退出、用户界面的操作、文件管理等基本知识。

1.1 AutoCAD 简介及主要功能

1.1.1 AutoCAD 简介

AutoCAD 是世界领先的计算机辅助设计软件提供商 Autodesk 公司的产品。该软件作为 CAD 工业的旗舰产品和工业标准，一直凭借其独特的优势被全球的设计工程师广泛采用。作为一个工程设计软件，它为工程设计人员提供了强有力的二维和三维工程设计与绘图功能，轻松地实现了快速创建图形、共享设计资源、高效管理设计成果。

AutoCAD 开创了绘图和设计领域的一个新纪元。如今，AutoCAD 经过了十几次的版本升级，已经成为一个功能完善的计算机辅助设计通用软件，广泛应用于机械、电子、土木、建筑、航空、航天、轻工、纺织等行业，形成了具有庞大基础的用户群体，拥有大量的设计资源，受到世界各地数以百万计的工程设计人员的青睐。

AutoCAD 2020 是 Autodesk 公司 2019 年推出的版本，从此版本开始，AutoCAD 不再提供 32 位产品。它带来了全新的暗色主题，有着现代的深蓝色界面、扁平的外观、改进的对比度和优化的图标，提供更柔和的视觉和更清晰的视界，保存工作只需 0.5 s。此外，本体软件在固态硬盘上的安装时间也缩短了 50%。新的“快速测量”工具允许通过移动/悬停光标来动态显示对象的尺寸、距离和角度数据。新的“块调色板”(Blocks Palette)功能，可以通过 BLOCKSPALETTE 命令来激活，可以提高查找和插入多个块的效率(包括当前的、最近使用的和其他的块)，此外添加了重复放置选项以节省步骤。重新设计的清理工具有了更一目了然的选项，通过简单的选择，可以一次删除多个不需要的对象。还有“查找不可清除的项目”按钮以及“可能的原因”，以帮助用户了解无法清理某些项目的原因。DWG Compare 功能也得到增强，可以在不离开当前窗口的情况下比较图形的两个版本，并将所需的更改实时导入当前图形中。另外，AutoCAD 2020 已经支持 Dropbox、OneDrive 和 Box 等多个云平台，这些选项在文件保存和打开的窗口中提供，可以将图纸直接保存到云上并随时随地读取(AutoCAD Web 加持)，有效提升协作效率。AutoCAD 2020 简体中文版为中国的使用者提供了更高效、更直观的设计环境，让设计人员使用更加得心应手。

1.1.2　主要功能

AutoCAD 是一个辅助设计软件，满足通用设计和绘图的要求，提供了各种接口，可以和其他设计软件共享设计成果，并能十分方便地进行图形文件管理。AutoCAD 提供了如下主要功能。

1. 基本绘图功能

(1)提供绘制各种二维图形的工具，并可以根据所绘制的图形进行测量和标注尺寸。

(2)具备对图形进行修改、删除、移动、旋转、复制、偏移、修剪、圆角等多种强大的编辑功能。

(3)具备缩放、平移等动态观察功能，并具有透视、投影、轴测、着色等多种图形显示方式。

(4)提供栅格、正交、极轴、对象捕捉及追踪等多种辅助工具，保证精确绘图。

(5)提供图块及属性等功能，大大提高绘图效率。

(6)使用图层管理器管理不同专业和类型的图线，可以根据颜色、线型、线宽分类管理图线，并可以方便地控制图线的显示或打印。

(7)可对指定的图形区域进行图案填充。

(8)提供在图形中书写、编辑文字的功能，提供插入、编辑表格的功能。

(9)创建三维几何模型，并可以对其进行修改或提取几何和物理特性。

2. 辅助设计功能

(1)AutoCAD 软件不仅仅具备绘图功能，还提供了许多有助于工程设计和计算的功能。

(2)可以进行参数化设计，约束图形几何特性和尺寸特性。

(3)可以查询图形的长度、面积、体积、力学等特性。

(4)提供在三维空间中的各种绘图和编辑功能，具备三维实体和三维曲面造型的功能，便于用户对设计有直观的了解和认识。

(5)提供图纸集功能，可方便地管理设计图纸，进行批量打印等。

(6)提供多种软件的接口，可方便地将设计数据和图形在多个软件中共享，进一步发挥各个软件的特点和优势。

3. 开发定制功能

针对不同专业的用户需求，AutoCAD 提供强大的二次开发工具，让用户能定制和开发适用于本专业设计特点的功能。

(1)具备强大的用户定制功能，用户可以方便地将界面、快捷键、工具选项板、简化命令等改造得更易于使用。

(2)具有良好的二次开发性，AutoCAD 提供多种方式以使用户按照自己的思路去解决问题；AutoCAD 开放的平台使用户可以用 AutoLISP、LISP、ARX、VBA、AutoCAD. NET 等语言开发适合特定行业使用的 CAD 产品。

1.2 AutoCAD 的安装与启动

1.2.1 软件安装

在使用 AutoCAD 之前，需要先对软件进行安装。随着版本的更新换代，软件安装也越来越简便智能。AutoCAD 2020 的具体安装步骤如下。

(1)将软件安装包解压，解压完成后，系统自动跳转到初始化界面，初始化程序结束后，将进入安装界面，如图 1-1 所示。

图 1-1 安装界面

(2)在此单击“安装(在此计算机上安装)”选项，系统会自动进入许可协议界面，在此界面选择“我接受”，然后单击“下一步”按钮，如图 1-2 所示。

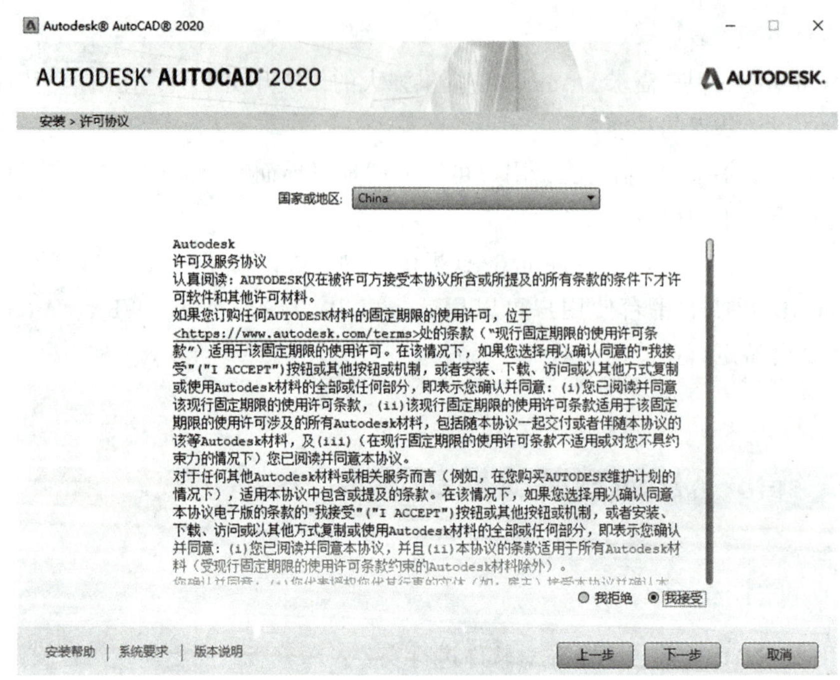

图 1-2　许可协议界面

(3)随后会进入配置安装界面，用户设置好安装路径后，单击"安装"按钮，便进入正在安装界面，需要稍等片刻。等下方安装进度条结束后，随之进入安装完成界面，说明AutoCAD 2020 安装完成，如图 1-3 所示。

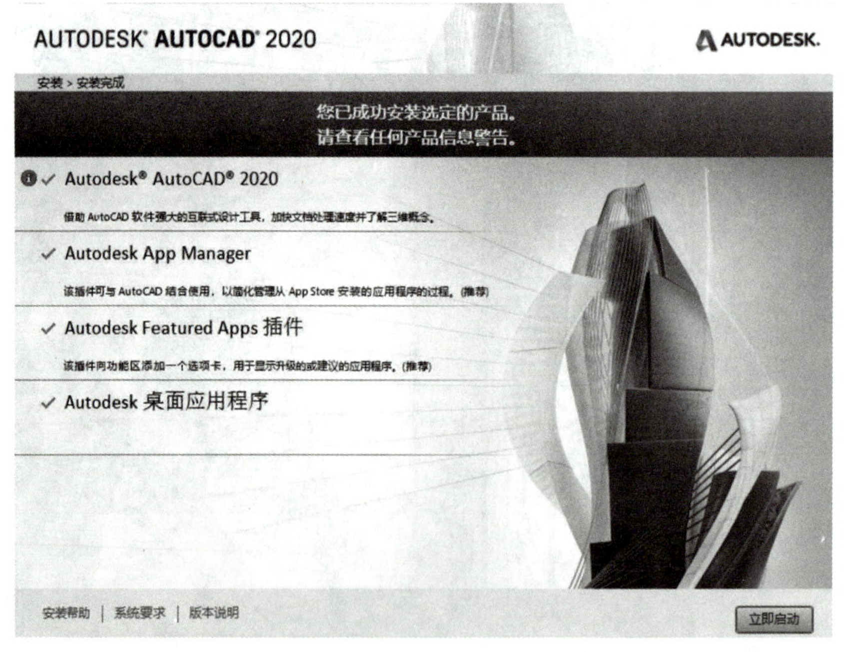

图 1-3　安装完成界面

(4)软件安装完成后，可以单击图中“立即启动”按钮运行 AutoCAD 2020，也可单击图中右上角“×”关闭程序。

1.2.2　启动与退出

1. 启动 AutoCAD 2020

成功安装 AutoCAD 2020 后，用户可以通过下列几种方式启动 AutoCAD 2020。

(1)AutoCAD 2020 安装完成后，会在桌面上生成 AutoCAD 2020 的快捷图标，双击桌面快捷图标可启动 AutoCAD 2020。

(2)执行“开始”|“所有程序”|“Autodesk”|“AutoCAD 2020-简体中文(Simplified Chinese)”命令，即可启动 AutoCAD 2020。

(3)通过打开已有的 AutoCAD 图形文件启动 AutoCAD 2020。如果计算机中已经保存了 AutoCAD 图形文件，可双击打开该图形文件，启动 AutoCAD；或在该图形文件上右击，在弹出的快捷菜单中选择“打开”命令打开图形文件，启动 AutoCAD。

2. 退出 AutoCAD 2020

图形绘制完成后，若想退出 AutoCAD，可使用下面几种方法。

(1)单击 AutoCAD 2020 操作界面右上角(标题栏右侧)的关闭按钮“×”，弹出 AutoCAD 对话框，如图 1-4 所示。该对话框提供 3 个按钮，“是”表示关闭软件前保存对 CAD 图形的修改，“否”表示关闭软件前放弃保存修改，“取消”表示返回到用户界面继续操作。用户可根据实际情况进行选择，退出 AutoCAD 2020。

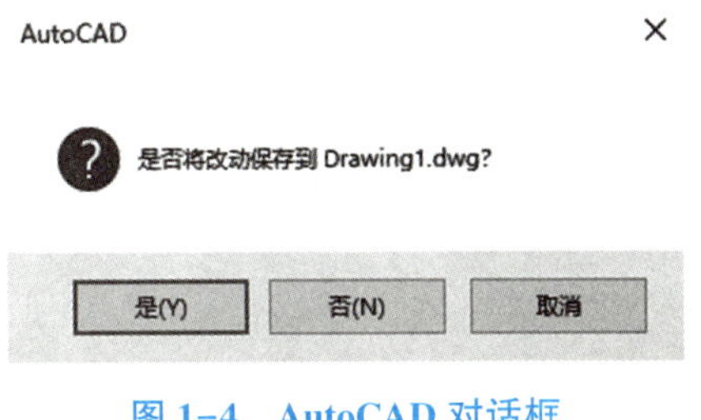

图 1-4　AutoCAD 对话框

(2)单击 AutoCAD 2020 操作界面左上角(标题栏左侧)“应用程序”按钮，弹出对话框后单击“退出 Autodesk AutoCAD 2020”按钮，如图 1-5 所示，退出 AutoCAD 2020。

(3)通过键盘组合键〈Alt+F4〉或组合键〈Ctrl+Q〉，退出 AutoCAD 2020。

(4)在命令行输入 Quit 或 Exit，然后按下〈Enter〉键，退出 AutoCAD 2020。

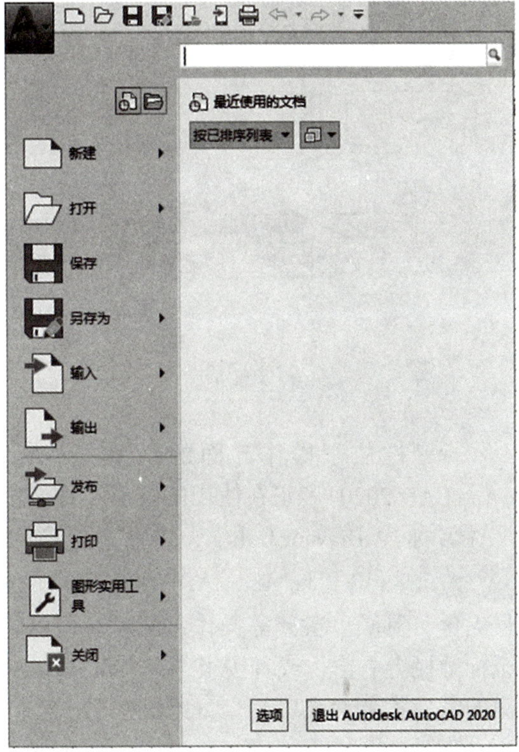

图 1-5　使用“应用程序”按钮退出 AutoCAD

1.3 AutoCAD 2020 操作界面

AutoCAD 2020 主要有“草图与注释”“三维基础”和“三维建模”3 种工作空间模式，打开软件后默认进入“草图与注释”工作空间的操作界面，如图 1-6 所示。该界面显示了二维绘图特有的工具，主要包括标题栏、菜单栏、功能区、绘图区、命令行窗口、状态栏等功能组件。

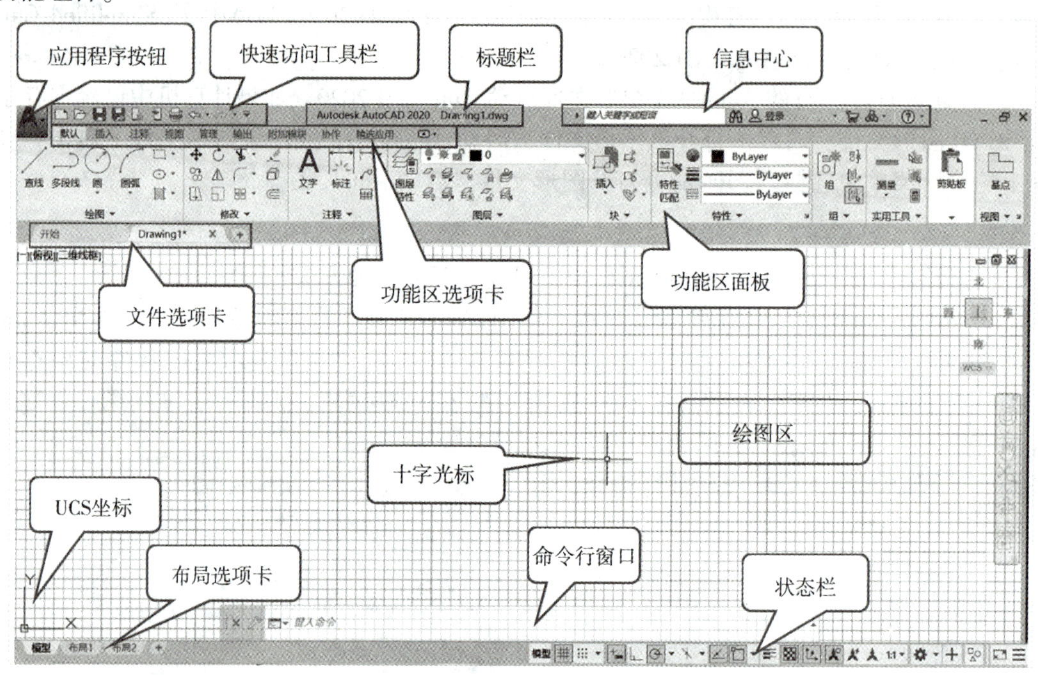

图 1-6　AutoCAD 2020 操作界面

1.3.1 标题栏

标题栏位于操作界面的最上方一行，用来显示系统当前正在运行的应用程序(AutoCAD 2020)和正在使用的图形文件名称，默认情况下，标题栏里显示首次创建的图形文件名称为 Drawing1.dwg。其中，窗口控制按钮 _ □ X 可以实现 AutoCAD 2020 窗口的最小化、最大化(还原)、关闭等操作。同时，可以将光标移至标题栏上右击，或者按组合键〈Alt+Space〉，从弹出的窗口控制菜单，对 AutoCAD 2020 窗口进行还原、移动、最小化、最大化、关闭等操作，如图 1-7 所示。

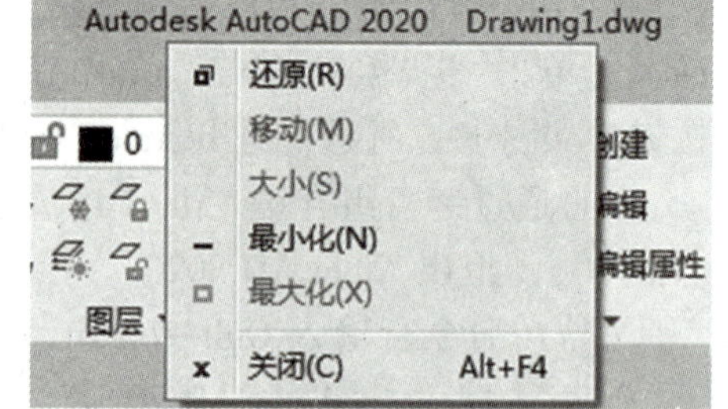

图 1-7　窗口控制菜单

1.3.2　菜单栏

AutoCAD 2020 的菜单栏在默认情况下是不显示的。如果需要通过菜单栏启动相关命令，可以通过下面两种方式调出菜单栏。

(1) 单击快速访问工具栏中的下拉按钮▾，在弹出的下拉菜单中选择“显示菜单栏”命令，如图 1-8 所示。

(2) 在命令行中输入 MENUBAR，然后按下〈Enter〉键，在弹出的命令行提示中输入 1，再按下〈Enter〉键即可显示菜单栏。

菜单栏中包含了“文件”“编辑”“试图”“插入”“格式”“工具”“绘图”“标注”“修改”“参数”“窗口”和“帮助”12 项命令菜单，每个菜单下面又包含了若干子菜单，几乎包含了 AutoCAD 的所有命令。

Autodesk Aut
自定义快速访问工具栏
✔ 新建
✔ 打开
✔ 保存
✔ 另存为...
✔ 从 Web 和 Mobile 中打开
✔ 保存到 Web 和 Mobile
✔ 打印
✔ 放弃
✔ 重做
批处理打印
图层
特性匹配
打印预览
特性
渲染
图纸集管理器
工作空间
更多命令...
显示菜单栏
在功能区下方显示

图 1-8　显示菜单栏

1.3.3　功能区

功能区位于菜单栏的下方，主要包括“默认”“插入”“注释”“参数化”“视图”“管理”“输出”“附加模块”“协作”“精选应用”10 个选项卡，每个选项卡集成了相关操作工具，用户可以直观地选择工具使用，提高绘图效率，如图 1-9 所示。

图 1-9　功能区选项卡

在实际绘图中，为了扩大绘图区，用户可以对功能区进行隐藏。在功能区右侧单击“最小化为面板”按钮，可以设置不同的最小化选项。

提示：对于初学者来说，不建议隐藏功能区。毕竟不熟悉命令操作，使用命令相对会麻烦些。

1.3.4　绘图区

绘图区是用户的工作窗口，是绘制、编辑和显示图形对象的区域。它位于功能区的下方，即操作界面的中间位置。绘图区左上角为视口控件按钮，用户可以在此对视口显示方式及样式进行设置，如图 1-10 所示。

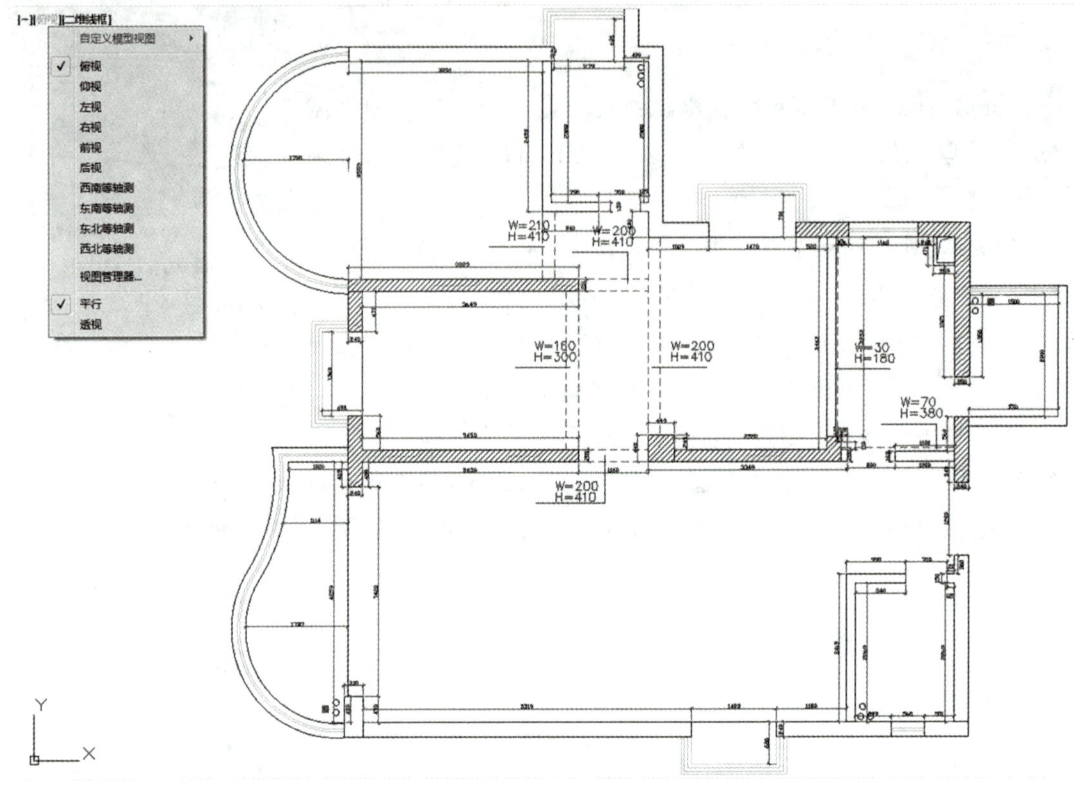

图 1-10　绘图区

绘图区左下角为绘图坐标。用户可以根据该坐标原点位置指定所需点位置。在三维绘图中，绘图坐标较为常用。绘图区右上角为视图导航系统，在此可切换不同的视角范围。在视图导航系统下方则会显示视图控制工具栏，在此用户可进行视图的缩放、平移、三维视图旋转等操作。

1.3.5　命令行窗口

命令行窗口是用户通过键盘输入命令、参数等信息的地方。通过菜单和功能区执行的命令也会在命令行窗口中显示。默认情况下，命令行窗口位于绘图区下方，如图 1-11 所示。用户可以通过拖动命令行窗口的左边框将其移至任意位置。

图 1-11　命令行窗口

单击命令行右侧的向上箭头图标 ▲，或者按快捷键〈F2〉可以查看完整的历史命令记录，如图 1-12 所示。

```
命令: C
CIRCLE
指定圆的圆心或 [三点(3P)/两点(2P)/切点、切点、半径(T)]:
指定圆的半径或 [直径(D)]:
命令: ML
MLINE
当前设置: 对正 = 上, 比例 = 20.00, 样式 = STANDARD
指定起点或 [对正(J)/比例(S)/样式(ST)]:  j
输入对正类型 [上(T)/无(Z)/下(B)] <上>:  z
当前设置: 对正 = 无, 比例 = 20.00, 样式 = STANDARD
指定起点或 [对正(J)/比例(S)/样式(ST)]:  s
输入多线比例 <20.00>:  1
当前设置: 对正 = 无, 比例 = 1.00, 样式 = STANDARD
指定起点或 [对正(J)/比例(S)/样式(ST)]:
指定下一点:
指定下一点或 [放弃(U)]:
指定下一点或 [闭合(C)/放弃(U)]:
指定下一点或 [闭合(C)/放弃(U)]:
命令: *取消*
键入命令
```

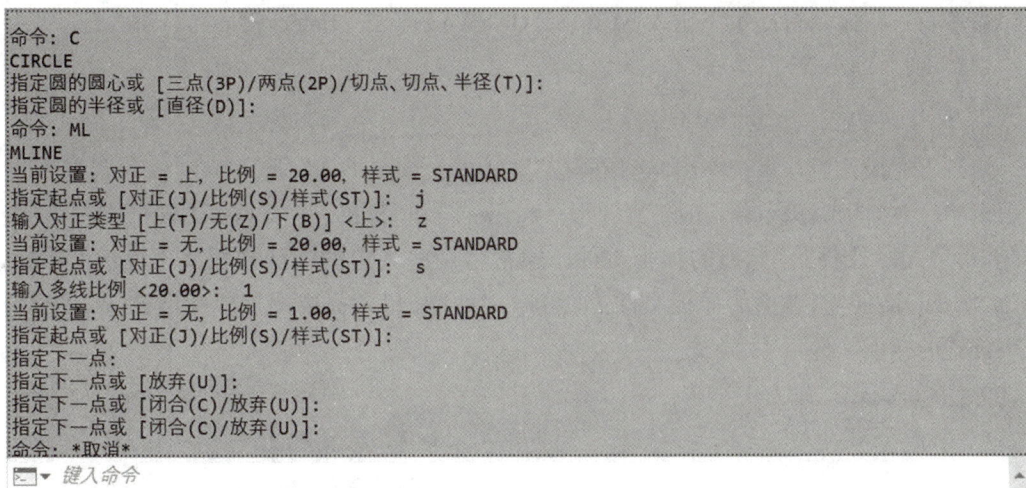

图 1–12　完整的历史命令记录

提示：关闭或显示命令行，可以通过组合键〈Ctrl+9〉快速完成。执行命令时可以根据命令行提示信息进行操作，初学者不建议关闭命令行。

1.3.6　状态栏

状态栏位于操作界面的最下方，用于显示当前的状态。默认情况下，状态栏有“模型空间”“栅格”“捕捉模式”“正交模式”“极轴追踪”“等轴测草图”“对象捕捉追踪”“二维对象捕捉”“注释可见性”“自动缩放”“注释比例”“切换工作空间”“隔离对象”“全屏显示”等功能按钮。单击这些按钮，可以实现部分功能的打开与关闭，也可以控制图形或绘图区的状态，如图 1–13 所示。

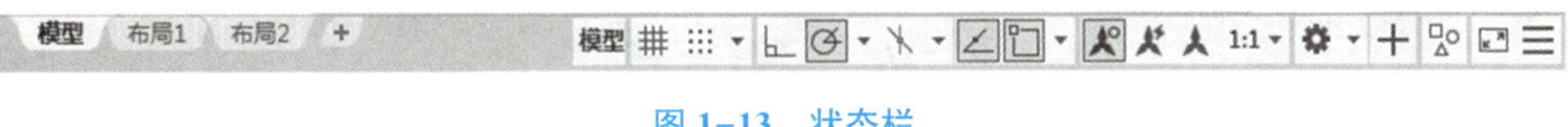

图 1–13　状态栏

提示：默认情况下的状态栏并未显示所有工具，用户可单击状态栏最右侧的按钮☰查看所有工具，选择需要在状态栏显示的工具。

1.4　AutoCAD 的文件管理

1.4.1　新建文件

1. 命令调用

菜单栏：“文件”|“新建”或“应用程序”按钮|“新建”。

工具栏：“快速访问”|“新建”按钮。

命令行：在命令行提示下输入 NEW(或 QNEW)后，按〈Enter〉键。

快捷键：〈Ctrl+N〉。

2. 操作指南

执行上述操作后，系统弹出“选择样板”对话框，如图 1-14 所示。在“文件类型”下拉列表框中，有“图形样板(＊. dwt)”“图形(＊. dwg)”和“标准(＊. dws)”3 种格式。在一般情况下，“. dwt 文件”是标准的样板文件，通常将一些规定的标准样板文件设成“. dwt 文件”；“. dwg 文件”是普通的样板文件；“. dws 文件”是包含标准图层、标准样式、线型和文字样式的样板文件。

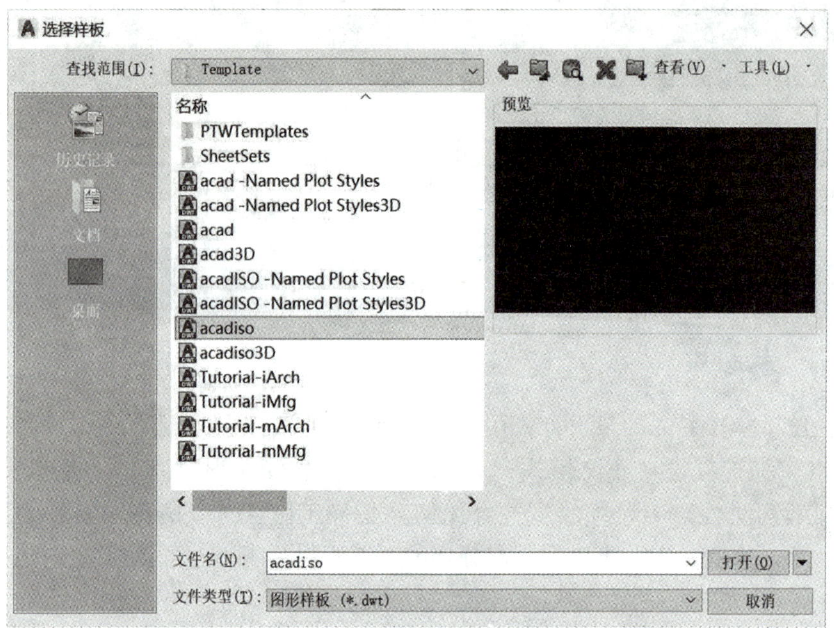

图 1-14 “选择样板”对话框

1.4.2 保存文件

1. 命令调用

菜单栏：“文件”|“保存”或“应用程序”按钮 |“保存”。

工具栏：“快速访问”|“保存”按钮 。

命令行：在命令行提示下输入 SAVE(或 QSAVE)后，按〈Enter〉键。

快捷键：〈Ctrl+S〉。

2. 操作指南

执行上述操作后，弹出“图形另存为”对话框，如图 1-15 所示。在此对话框中可以更改文件名、文件类型和保存路径，默认的文件类型格式为“AutoCAD 2018 图形(＊. dwg)”格式，用户可单击“文件类型”选项的下拉箭头，在弹出的下拉列表中选择保存文件的格式。首次创建的图形文件名为“Drawing1. dwg”，用户可根据需要进行命名。

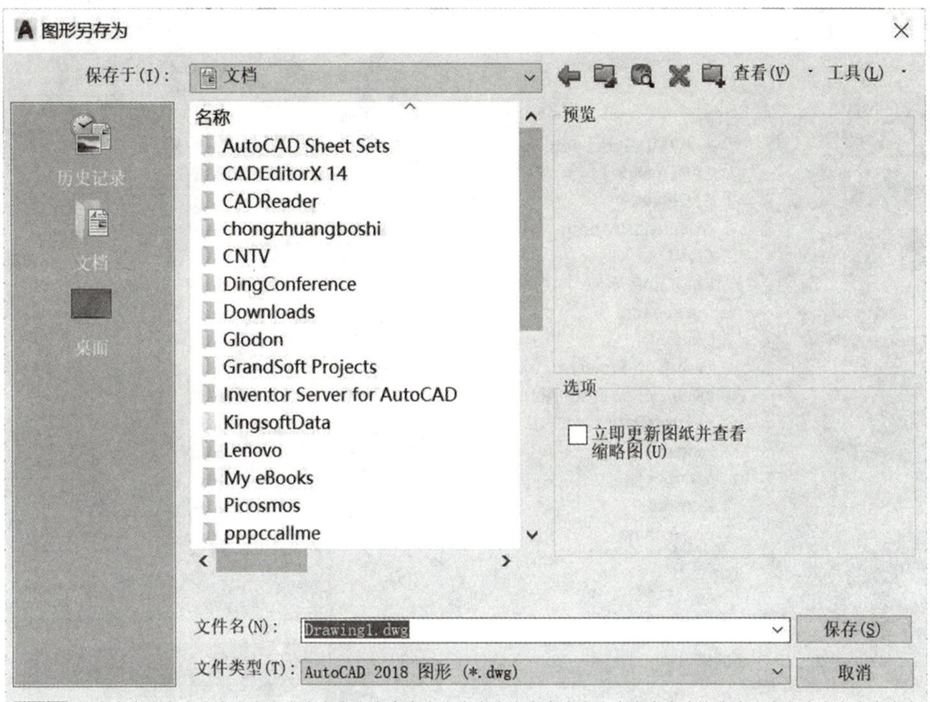

图 1-15 "图形另存为"对话框

提示：文件未命名(即默认名为 Drawing1.dwg)时，无论执行哪种保存方式，都是弹出"图形另存为"对话框。文件命名后，执行保存文件命令，文件保存且不再弹出对话框。

1.4.3 打开文件

1. 命令调用

菜单栏："文件"|"打开"或"应用程序"按钮 |"打开"。

工具栏："快速访问"|"打开"按钮 。

命令行：在命令行提示下输入 OPEN 后，按〈Enter〉键。

快捷键：〈Ctrl+O〉。

2. 操作指南

执行上述操作后，AutoCAD 弹出"选择文件"对话框，如图 1-16 所示。在"文件类型"下拉列表框中可以选择".dwg 文件"".dwt 文件"".dxf 文件"和".dws 文件"。".dxf 文件"是用文本形式存储的图形文件，该类型文件能够被其他程序读取，许多第三方应用软件也都支持该格式。

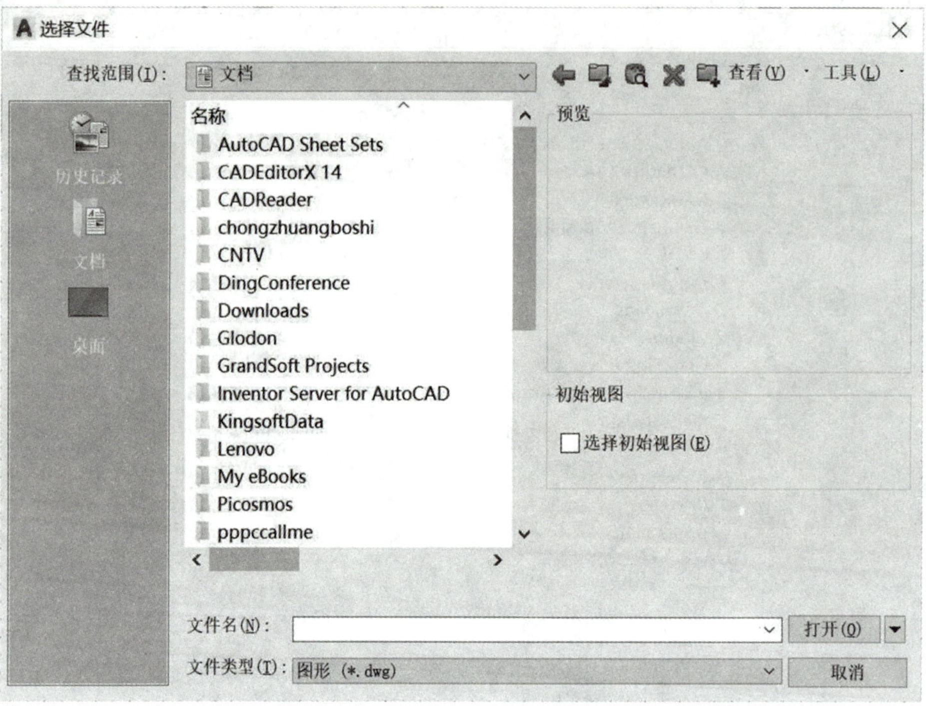

图 1-16 “选择文件”对话框

本章小结

本章主要介绍了 AutoCAD 2020 的主要功能，AutoCAD 2020 的安装、启动与退出，AutoCAD 2020 的操作界面及 AutoCAD 2020 的文件管理等几方面的内容。若用户在学习过程中遇到疑难问题，也可以从帮助系统中获得帮助信息，通过〈F1〉键｜“AutoCAD 2020-帮助”｜“AutoCAD 基础知识漫游手册”学习 AutoCAD 提供的 12 大类内容。

基本练习

1. 填空题

(1) AutoCAD 2020 主要有________、________和________3 种工作空间模式。

(2) AutoCAD 2020“草图与注释”工作空间的二维绘图界面，主要有标题栏、________、功能区、________、________、________6 个功能组件。

(3) 在默认情况下，AutoCAD 2020 软件的功能区包含了________、________、________、________、________、________、________、________、________和________10 个功能选项卡。

2. 选择题

(1)绘图完成后可通过键盘组合键(　　)，退出 AutoCAD 2020 软件。

A. 〈Alt+F1〉　　B. 〈Alt+F2〉　　C. 〈Alt+F3〉　　D. 〈Alt+F4〉

(2)关闭或显示命令行，可以通过键盘组合键(　　)快速完成，根据命令行提示信息进行操作即可。

A. 〈Ctrl+9〉　　B. 〈Alt+9〉　　C. 〈Shift+9〉　　D. 〈Esc+9〉

(3)“正交模式”“极轴追踪”“捕捉模式”等功能按钮可以在(　　)中查看。

A. 标题栏　　B. 功能区　　C. 状态栏　　D. 菜单栏

(4)在 AutoCAD 2020 中，保存文件的键盘组合键为(　　)。

A. 〈Ctrl+O〉　　B. 〈Ctrl+N〉　　C. 〈Ctrl+S〉　　D. 〈Ctrl+Q〉

3. 判断题

(1)AutoCAD 是普通的样板文件是“. dws 文件”。(　　)

(2)AutoCAD 文件保存，除了第一次保存，每次保存都出现保存路径的提示。(　　)

(3)通过在命令行中输入 MENUBAR 命令的操作，可显示菜单栏。(　　)

4. 操作题

(1)练习 AutoCAD 2020 软件启动与退出的几种方法。

(2)练习 AutoCAD 文件的打开与保存，要求把所绘制图形保存在桌面，并以“学号+姓名+班级”的方式命名。

第 2 章 AutoCAD 基本操作

主要内容

本章主要介绍 AutoCAD 的基本操作，包括 AutoCAD 绘图环境的设置，命令的类型和调用，设置图形界限和绘图单位，辅助绘图工具的使用，控制图形显示的方法，以及 AutoCAD 坐标知识等内容。学习这些内容，可为软件使用者在以后绘图中提供极大的方便。

重点难点

重点学习图形界限的设置方法，辅助绘图工具的使用，视窗平移和缩放，以及坐标对特殊点位的确定。四种坐标输入方法和对特殊点位置的确定是学习的难点。

2.1 绘图环境的设置

2.1.1 选项设置

“选项”是用户自定义的程序设置，包括“文件”“显示”“打开和保存”“打印和发布”“系统”“用户系统配置”“绘图”“三维建模”“选择集”“配置”等系列设置。选项设置是通过“选项”对话框来完成的，用户可以通过如下方式调用“选项”对话框。

1. 命令调用

菜单栏：“工具”|“选项”。

命令行：在命令行提示下输入 Options 后，按〈Enter〉键。

2. 操作指南

调用命令后，将弹出“选项”对话框，如图 2-1 所示。该对话框中包含“文件”“显示”“打开和保存”“打印和发布”“系统”“用户系统配置”“绘图”“三维建模”“选择集”“配置”和“联机”等选项卡。

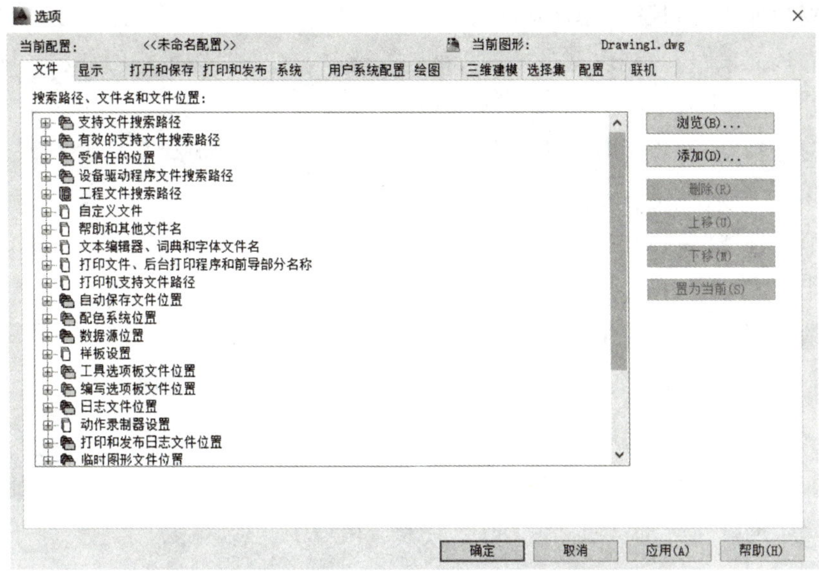

图 2-1　“选项”对话框

2.1.2　选项卡含义

1.“文件”选项卡

该选项卡包括“自动保存文件位置”“工程文件搜索路径”“打印机支持文件路径”“自定义文件”“样板设置”等选项组，如图 2-1 所示。

2.“显示”选项卡

如图 2-2 所示，该选项卡包括“窗口元素”“布局元素”“显示精度”“显示性能”“十字光标大小”和“淡入度控制”等选项组。

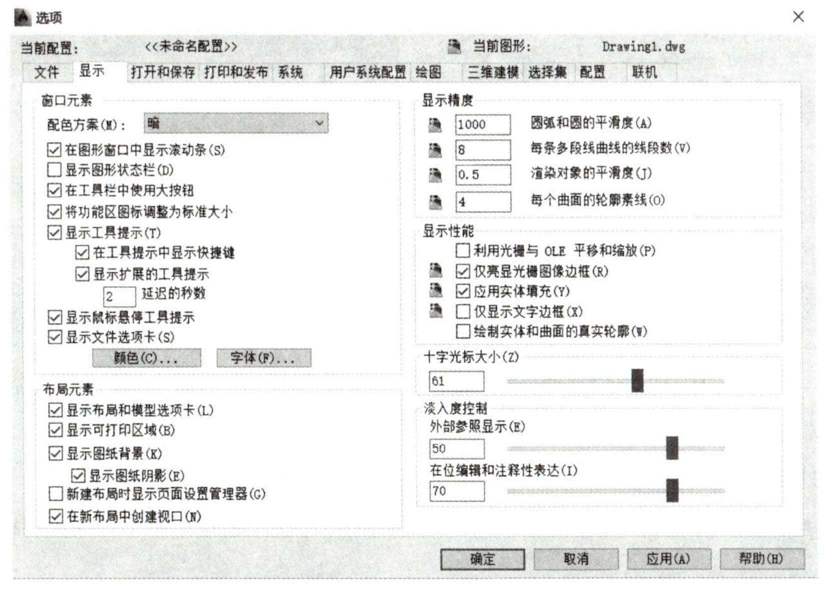

图 2-2　“显示”选项卡

(1)“窗口元素”：控制绘图环境特有的显示布局。

(2)“布局元素”：控制现有布局和新布局的选项，布局是图纸空间环境，用户可以在其中设置图形进行打印。

(3)“显示精度”：控制对象的显示质量，如果设置较高的值提高显示质量，则性能将受到显著影响。

(4)“显示性能”：控制影响性能的显示设置。

(5)“十字光标大小”：控制十字光标的尺寸。

(6)“淡入度控制”：控制影响性能的显示设置，指定在位编辑参照的过程中对象的褪色度值。

3.“打开和保存”选项卡

该选项卡用于打开和保存，如图 2-3 所示，包括“文件保存”“文件安全措施”“文件打开”“应用程序菜单”“外部参照”和“ObjectARX 应用程序”等选项组。

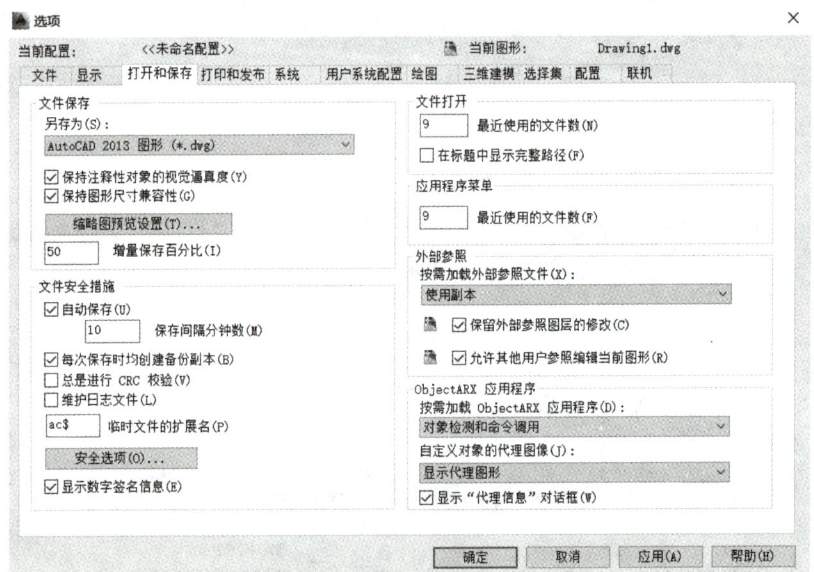

图 2-3 “打开和保存”选项卡

(1)“文件保存”：控制文件保存文件的相关设置。

(2)“文件安全措施”：帮助避免数据丢失及检测错误。

(3)“文件打开”：控制与最近使用过的文件及打开的文件相关的设置。

(4)“应用程序菜单”：控制应用程序菜单中“最近使用的文档”，快捷菜单所列出的最近使用过的文件数。

(5)“外部参照”：控制和编辑与加载外部参照有关的设置。

(6)“ObjectARX 应用程序”：控制 AutoCAD 实时扩展应用程序及代理图形的有关设置。

4.“打印和发布”选项卡

该选项卡包含控制与打印和发布有关的选项组，如图 2-4 所示。

（1）“新图形的默认打印设置”：控制新图形或在 AutoCAD 较高版本中创建的没有用 AutoCAD 2000 或更高版本格式保存的图形的默认打印设置。

（2）“打印到文件”：为打印文件操作指定默认位置。

（3）“后台处理选项”：指定与后台打印和发布相关的选项。可以使用后台打印启动要打印或发布的作业，然后立即返回从事绘图工作，系统将在用户工作的同时打印或发布作业。

（4）“打印和发布日志文件”：用于将打印和发布日志文件另存为逗号分隔值（CSV）文件（可以在电子表格程序中查看）的选项。

（5）“自动发布”：指定图形是否自动发布为 DWF 或 DWFx 文件，还可以控制用于自动发布的选项。

（6）“常规打印选项”：控制常规打印环境（包括图纸尺寸设置、系统打印机警方式和图形中的 OLE 对象）的相关选项。

（7）“指定打印偏移时相对于”：指定打印区域的偏移是从可打印区域的左下开始，还是从图纸的边缘开始。

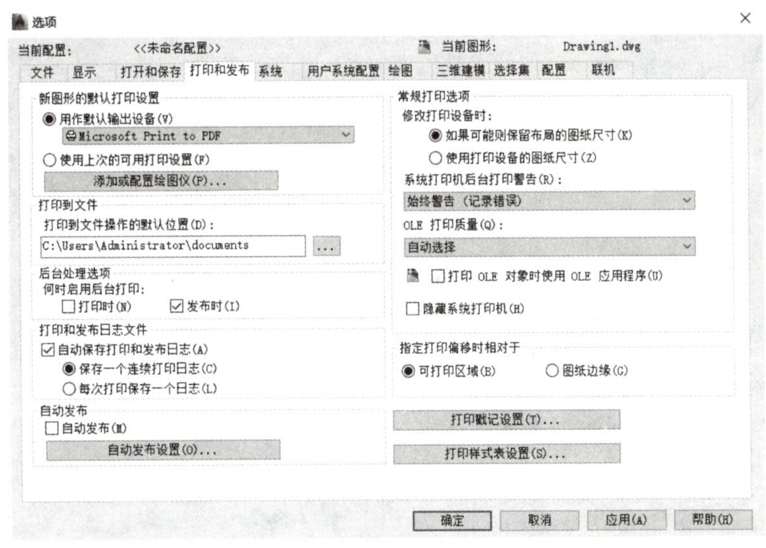

图 2-4　“打印和发布”选项卡

5. “系统”选项卡

该选项卡主要控制 AutoCAD 的系统设置，如图 2-5 所示，包括“三维性能”“当前定点设备”“触摸体验”“布局重生成选项”“常规选项”“帮助和欢迎屏幕”“信息中心”“安全性”和“数据库连接选项”等选项组。

（1）“三维性能”：控制与三维图形显示系统的配置相关的设置。

（2）“当前定点设备”：控制与定点设备相关的选项。

（3）“触摸体验”：控制触摸模式功能区面板是否显示。

（4）“布局重生成选项”：指定“模型”选项卡和“布局”选项卡上的显示如何更新。对于每个选项卡，更新显示列表的方法可以是切换到该选项卡时将显示列表保存到内存并只重生成修改的对象。修改这些设置可以提高性能。

(5)“常规选项”：控制与系统设置相关的基本选项。

(6)“帮助和欢迎屏幕”：指定是从 Autodesk 网站还是从本地安装的文件中访问信息。勾选该选项后，启动软件后会打开一个空白帮助页面。

(7)“信息中心”：控制绘图区窗口右上角的气泡式通知的内容、频率和持续时间。

(8)“安全性”：提供用于控制如何加载包含可执行代码的文件的选项。

(9)“数据库连接选项”：控制与数据库连接信息相关的选项。

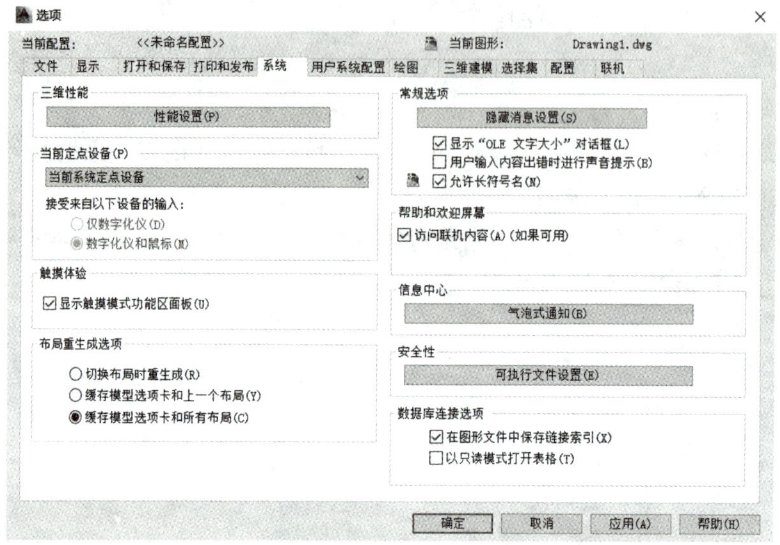

图 2-5 “系统”选项卡

6.“用户系统配置”选项卡

该选项卡主要用于优化工作方式，如图 2-6 所示，包括“Windows 标准操作”“插入比例”“超链接”“字段”“坐标数据输入的优先级”“关联标注”和“放弃/重做”等选项组。

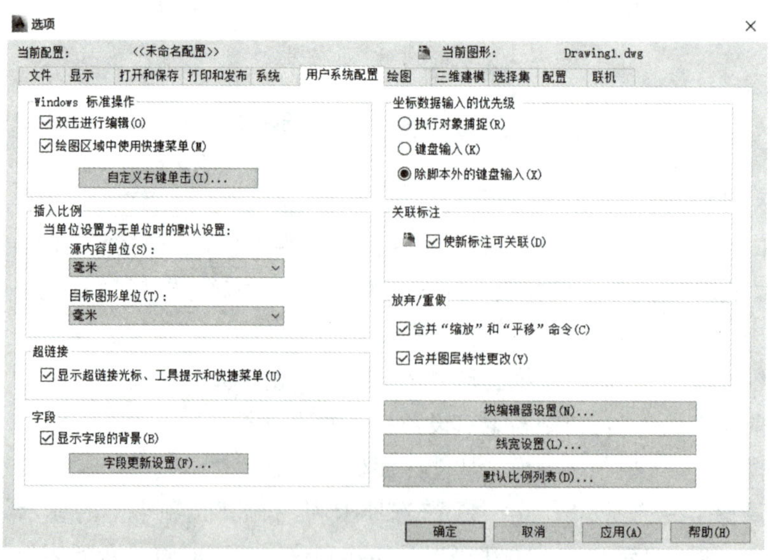

图 2-6 “用户系统配置”选项卡

(1)“Windows 标准操作”：控制单击和右击操作。

(2)“插入比例”：控制在图形中插入图块和图形时使用的默认比例。

(3)“超链接”：控制与超链接的显示特性相关的设置。

(4)“字段”：设置与字段相关的系统配置。

(5)“坐标数据输入的优先级”：控制程序响应坐标数据输入的方式。

(6)“关联标注”：控制是创建关联标注对象还是创建传统的非关联标注对象。

(7)“放弃/重做”：控制“缩放”和“平移”命令的“放弃”与“重做”。

在“用户系统配置”选项卡中还包含“自定义右键单击”和“线宽设置”等其他功能设置。“自定义右键单击”用于设置在绘图区中右键的作用，单击“自定义右键单击”按钮会弹出如图 2-7 所示的“自定义右键单击”对话框。“线宽设置”用于设置当前线宽及其单位、控制线宽的显示和显示比例，以及设置图层的默认线宽值。单击“线宽设置”按钮会弹出如图 2-8 所示的“线宽设置”对话框。

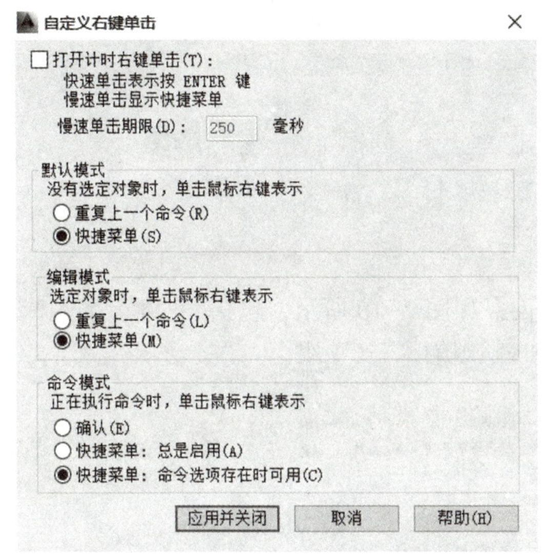

图 2-7　“自定义右键单击”对话框

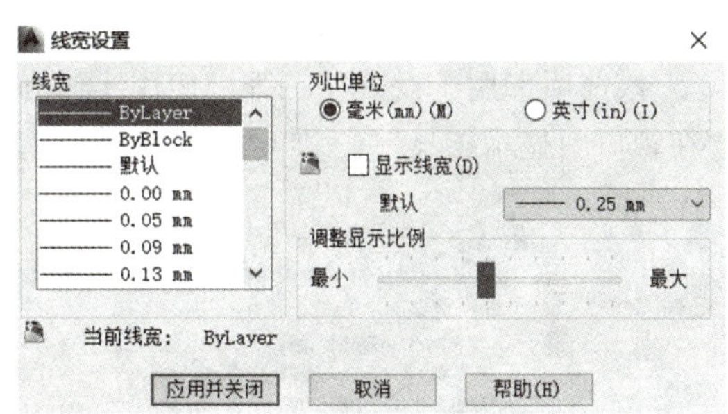

图 2-8　“线宽设置”对话框

7.“绘图”选项卡

该选项卡用于设置编辑功能(包括自动捕捉和自动追踪)，如图 2-9 所示，包括“自动捕捉设置”“自动捕捉标记大小”“对象捕捉选项”“AutoTrack 设置”“对齐点获取”和“靶框大小”选项组，以及“设计工具提示设置”“光线轮廓设置”和“相机轮廓设置”功能按钮。

(1)“自动捕捉设置”：控制使用对象捕捉时显示的形象化辅助工具(称作自动捕捉)的相关设置。

(2)“自动捕捉标记大小”：设置自动捕捉标记的显示尺寸。

(3)“对象捕捉选项”：指定对象捕捉的选项。

(4)“AutoTrack 设置”：控制与 AutoTrack(自动追踪)方式相关的设置，此设置在极轴追踪或对象捕捉追踪打开时可用。

(5)“对齐点获取”：控制在图形中显示对齐矢量的方法。

(6)“靶框大小”：设置自动捕捉靶框的显示尺寸。

(7)“设计工具提示设置”：控制绘图工具提示的颜色、大小和透明度。

(8)“光线轮廓设置”：显示光线轮廓的当前外观并在更改时进行更新。

(9)“相机轮廓设置”：指定相机轮廓的外观。

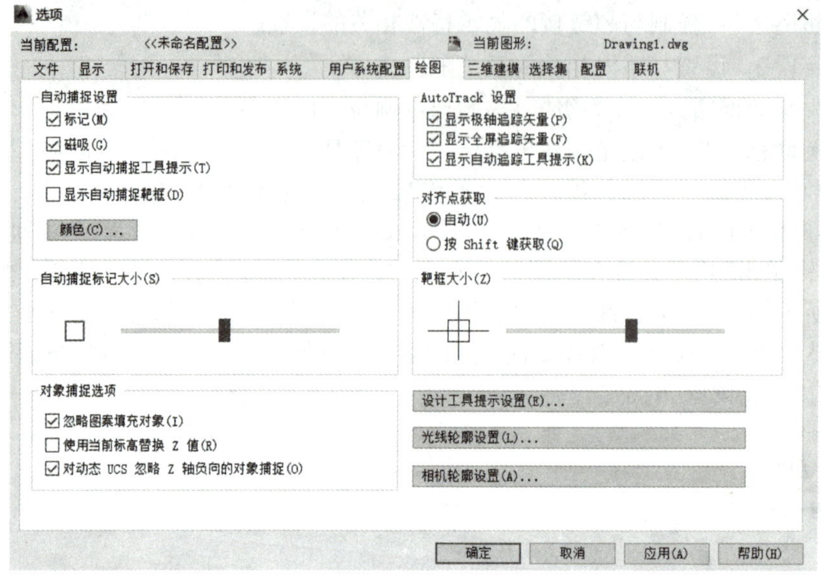

图 2-9 “绘图”选项卡

8.“三维建模”选项卡

该选项卡用于设置在三维中使用实体和曲面，如图 2-10 所示，包括“三维十字光标”“在视口中显示工具”“三维对象”“三维导航”和“动态输入”选项组。

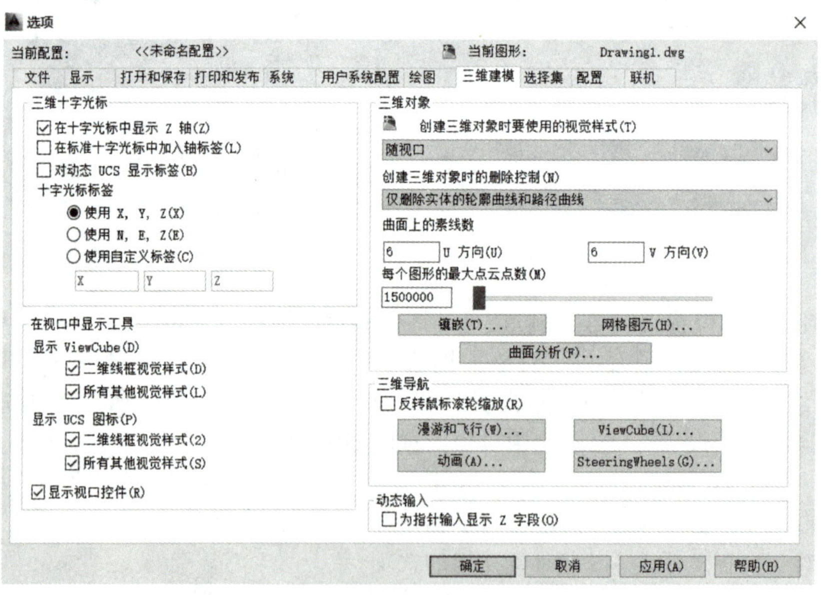

图 2-10 “三维建模”选项卡

(1)“三维十字光标”：设置三维操作中十字光标的显示样式。

(2)“在视口中显示工具”：控制 ViewCube 和 UCS 图标的显示。

(3)“三维对象”：设置三维实体和曲面的显示。

(4)“三维导航”：设置漫游、飞行和动画选项以显示三维模型。

(5)“动态输入”：控制坐标项的动态输入字段的显示。

9.“选择集”选项卡

该选项卡用于设置选择对象，如图 2-11 所示，包括“拾取框大小”“选择集模式”“预览”“夹点尺寸”“夹点”和“功能区选项”等选项组。

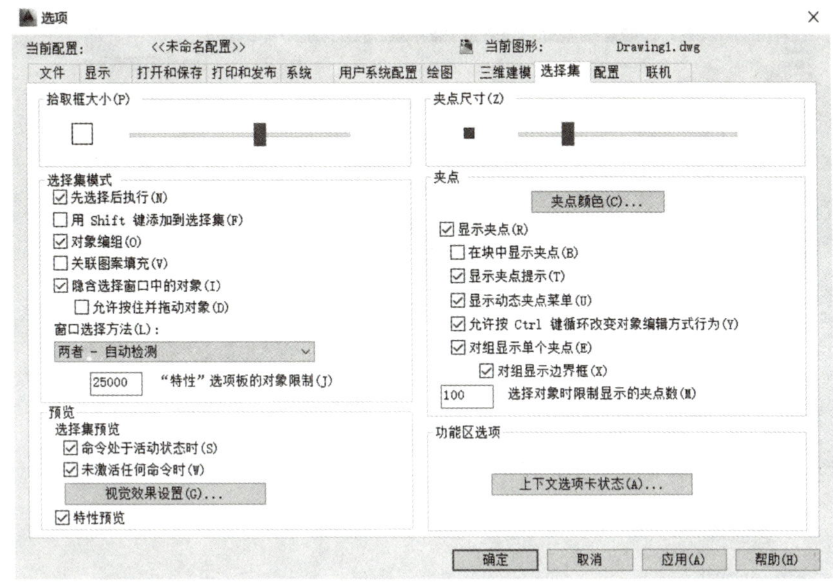

图 2-11　“选择集”选项卡

(1)“拾取框大小”：控制拾取框的显示尺寸。拾取框是在编辑命令中出现的对象选择工具。

(2)“选择集模式”：控制与对象选择方法相关的设置。

(3)“预览”：当拾取框光标滚动过对象时，亮显对象。

(4)“夹点尺寸”：控制夹点的显示尺寸。

(5)“夹点”：控制与夹点相关的设置。在对象被选中后，其上将显示夹点，即一些小方块。

(6)“功能区选项”：显示“上下文选项卡状态”对话框，从中可以对功能区上下文选项卡进行设置。

10.“配置”选项卡

该选项卡控制配置的使用，而配置是由用户定义的。“配置”选项卡如图 2-12 所示，各功能按钮的含义如下。

(1)“置为当前”：使选定的配置成为当前配置。

(2)“添加到列表”：用其他名称保存选定配置。

(3)“重命名”：单击此按钮可以重命名所选配置。

(4)“删除”：删除选定的配置(除非它是当前配置)。

(5)“输出”：将配置文件输出为扩展名为“.arg”的文件，以便可以与其他用户共享该文件。

(6)“输入”：输入使用“输出”选项创建的配置文件(文件扩展名为“. arg”)。

(7)“重置”：将选定配置中的值重置为系统默认设置。

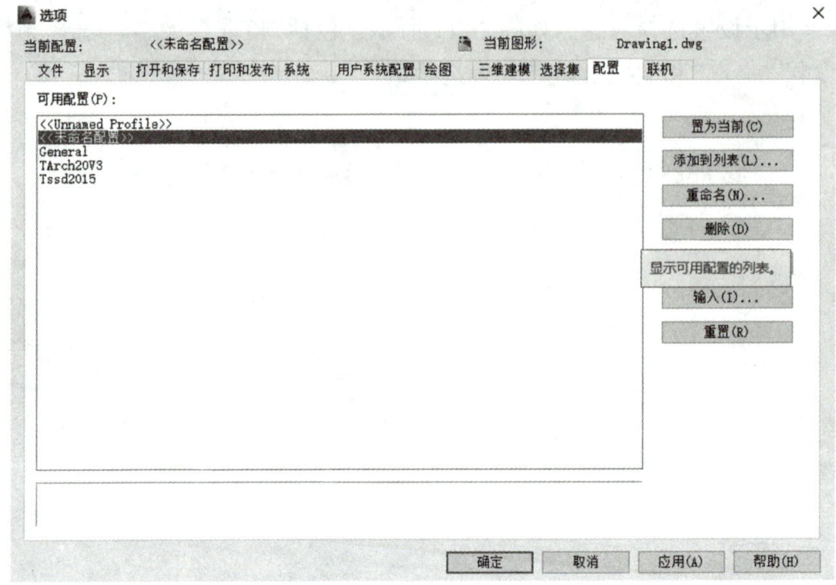

图 2-12 “配置”选项卡

11.“联机”选项卡

AutoCAD 的联机功能允许用户与其他用户或外部数据源进行交互，包括与其他 CAD 软件进行协作、共享和编辑设计文件，以及访问在线资源如图库、教程和技术支持。“联机”选项卡如图 2-13 所示。

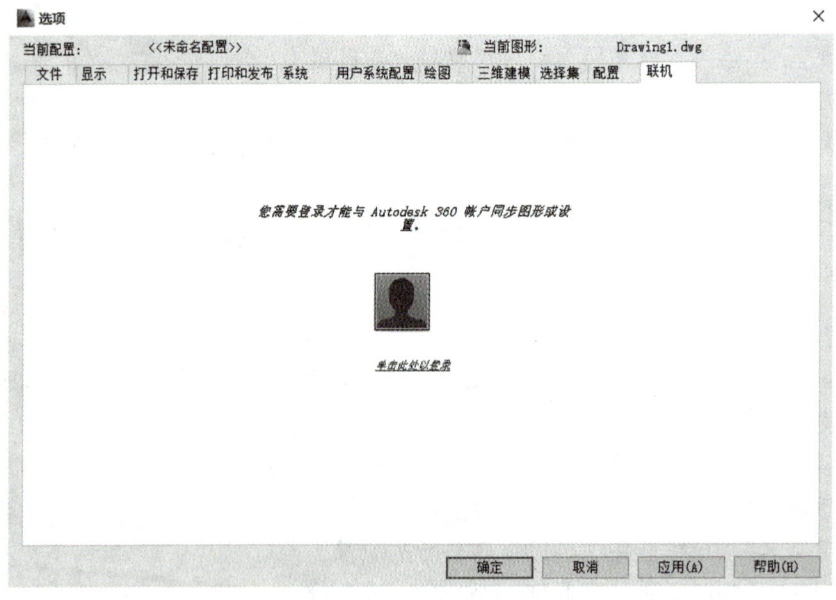

图 2-13 “联机”选项卡

2.2 命令的类型和调用

命令是 AutoCAD 绘制与编辑图形的核心，执行每一个操作都需要调用相应的命令。因此，在学习该软件之前应了解命令的类型与调用方法。

2.2.1 命令的类型

AutoCAD 中的命令可分为两类，一类是普通命令，另一类是透明命令。

1. 普通命令

普通命令只能单独作用，AutoCAD 的大部分命令均为普通命令，如撤销、重复与取消命令就属于普通命令。在 AutoCAD 中，欲终止某个命令时，可以按〈Esc〉键撤销当前正在执行的命令。当需要重复执行某个命令时，可以按〈Enter〉键或〈Space〉键，也可以在绘图窗口内右击，在弹出的快捷菜单中选择“重复选择”命令。如果执行了一些错误的命令，需要取消前面执行的一个或多个操作时有 3 种方法：①选择“编辑”|“放弃”命令；②单击“标准”工具栏中的“放弃”按钮；③输入命令 Undo。

提示： 在 AutoCAD 中可以无限次地进行取消操作，这样可以观察整个绘图过程。当取消一个或多个操作后，又想重做这些操作时，可以使用“标准”工具栏中的“重做”按钮。

2. 透明命令

透明命令是指在运行其他命令的过程中可以输入要执行的命令，即系统收到透明命令后，将自动终止当前正在执行的命令而先执行透明命令。透明命令的执行方式是在当前命令提示上输入“'”+透明命令。

在命令行中，系统在透明命令的提示信息前用两个大于号(>>)表示正处于透明执行状态。当透明命令执行完毕之后，系统会自动恢复被终止的命令。

2.2.2 命令的调用方法

在 AutoCAD 工作界面中，当选择菜单中的某个命令或单击工具栏中的某个按钮时，其实质就是再调用某一个命令，从而达到进行某个操作的目的。通常情况下，在 AutoCAD 工作界面中调用命令有以下几种方法。

(1)菜单栏调用命令方式。在菜单栏中选择菜单中的命令选项。

(2)工具栏调用命令式。直接单击工具栏中的工具按钮。

(3)命令行提示区调用命令方式。在命令行提示区中输入某个命令的名称，然后按〈Enter〉键。

(4)功能区选项卡调用命令方式。直接在功能区选项卡选择需要命令，单击对应的命令按钮，即可调用命令。AutoCAD 中的命令不区分大小写。

(5)快捷菜单方式。在绘图窗口中右击，从弹出的快捷菜单中选择合适的命令完成相应的操作。

2.3 设置图形界限和绘图单位

2.3.1 设置图形界限

Limits 命令用来确定绘图的范围，相当于确定手工绘图时图纸的大小(图幅)。设定合适的绘图界限，有利于确定图纸绘制的大小、比例、图形之间的距离，可以检查图样是否超出图框，避免盲目绘图。其操作如下(以 2 号图纸为例)。

1. 命令调用

菜单栏："格式"|"图形界限"。

命令行：在命令行提示下输入 Limits 后，按〈Enter〉键。

2. 操作指南

命令：输入命令

指定左下角点或[开(ON)关(OFF)]<0.00，0.00>：

/按〈Enter〉键接受默认值，或输入左下角坐标值

指定右上角点(420，297)： /输入坐标值：594，420(2 号图纸)

按〈Enter〉键确认。

3. 选项说明

开(ON)：用于打开图形界限检查功能，此时系统不接受设定的图形界限之外的点输入。

关(OFF)：用于关闭图形界限检查功能，默认状态为打开。

2.3.2 设置绘图单位

Units 命令用来设置绘图的长度、角度单位和数据精度。其操作如下。

1. 命令调用

菜单栏："格式"|"单位"。

命令行：在命令行提示下输入 Units 后，按〈Enter〉键。

输入上面命令之后，弹出"图形单位"对话框，如图 2-14 所示。

2. 选项说明

"图形单位"对话框中包括"长度""角度""插入时的缩放单位""输出样例""光源"5 个选项组，各选项组功能如下。

(1)"长度"：一般选择类型为小数(默认设置)，精度为"0.0000"。

(2)"角度"：一般选择类型为十进制度数(默认设置)，精度为"0"。

(3)"插入时的缩放单位"：可以设置缩放插入内容的单位，默认设置为"毫米"。

(4)"输出样例"：与选择的精度相匹配。

(5)"光源"：用于指定光源强度的单位，包括国际、美国、常规三种单位类型。

单击"方向"按钮，将打开"方向控制"对话框，如图 2-15 所示。

"方向控制"对话框可以设置角度方向，默认基准角度方向为 0°，方向指向"东"。如果选择"北""西""南"为 0°方向，可以选择"其他"单选按钮，通过"拾取"或"输入"角度，

来自定义 0°方向。选择各项后，单击“确定”按钮完成绘图单位的设置。

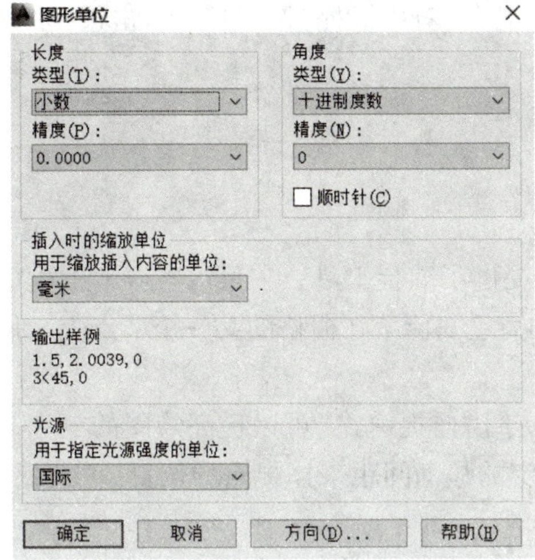

图 2-14　“图形单位”对话框

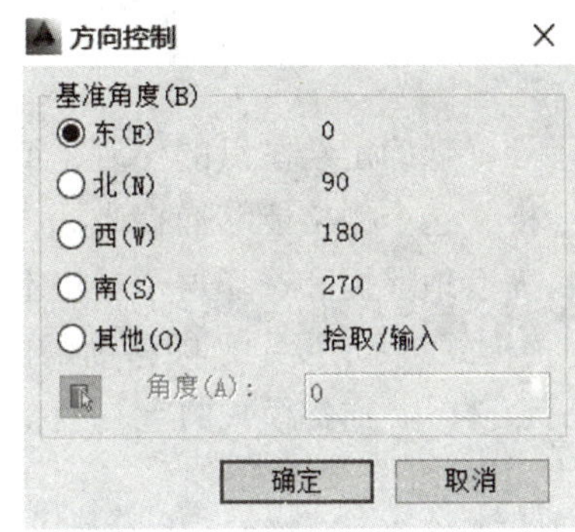

图 2-15　“方向控制”对话框

2.4 辅助绘图工具的使用

2.4.1　草图设置

“草图设置”主要是对绘图工作的一些辅助绘图工具进行设置，如“捕捉与栅格”“极轴追踪”“对象捕捉”“动态输入”“快捷特性”等。这些功能都是通过“草图设置”对话框(见图 2-16)实现的。用户可以通过以下方式打开“草图设置”对话框。

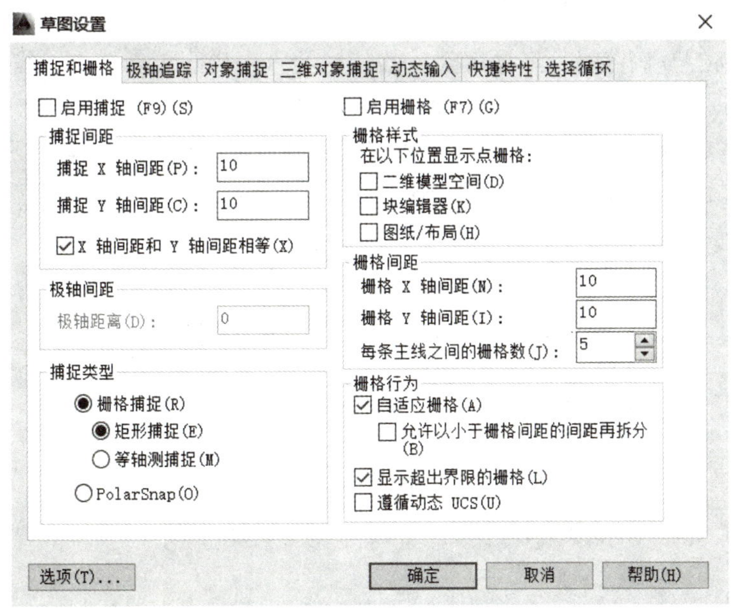

图 2-16　“草图设置”对话框

命令行：在命令行提示下输入 Dsettings 后，按〈Enter〉键。

状态栏：在状态栏绘图工具区域，鼠标放置在“对象捕捉”按钮处，右击选择“设置”，可以弹出“草图设置”对话框。

2.4.2 捕捉与栅格

1. 捕捉

为了准确地确定绘图点的位置，AuoCAD 提供了捕捉工具，它可以在屏幕上生成一个隐含的栅格，这个栅格能够捕捉光标，并且约束它只能落在栅格的某一个节点上，使用户能够高精确度地捕捉和选择这个栅格上的点。

“捕捉模式”用于设定光标移动的间距，使用“捕捉模式”可以提高绘图的效率。如图 2-16 所示，打开“捕捉模式”后，光标按照设定的移动间距来捕捉点的位置。“捕捉模式”开关方法如下。

状态栏：单击“捕捉模式”按钮，点亮为打开，发暗为关闭。

键盘快捷键：按〈F9〉键。

2. 栅格

栅格是确定位置的坐标点，一种可见的位置参考图标，由一系列排列规则的点组成，它类似于方格纸，有助于定位。当栅格和捕捉配合使用时，对于提高绘图精确度有重要作用。打开栅格，不仅可以显示并捕捉矩形栅格，还可以控制其间距、角度并对齐。“栅格显示”开关方法如下。

状态栏：单击“栅格显示”按钮，点亮为打开，发暗为关闭。

键盘快捷键：按〈F7〉键。

2.4.3 对象捕捉

在利用 AutoCAD 画图时，经常用到一些特殊的点，如圆心、切点、线段或圆弧的端点、中点等，如果用鼠标拾取，要准确地找到这些点是十分困难的。为此，AutoCAD 提供了一些识别这些点的工具，通过这些工具可以很容易地构造新的几何体，精确地画出创建的对象，其结果比传统的手工绘图更精确，更容易维护。在 AutoCAD 中，这种功能称为“对象捕捉”功能。

1.“对象捕捉”开关方法

状态栏：单击“对象捕捉”按钮，点亮为打开，发暗为关闭。

键盘快捷键：按〈F3〉键。

2. 对象捕捉特殊点含义

打开“草图设置”对话框，选择“对象捕捉”选项卡，如图 2-17 所示。表 2-1 列举了“对象捕捉”选项卡特殊点功能。

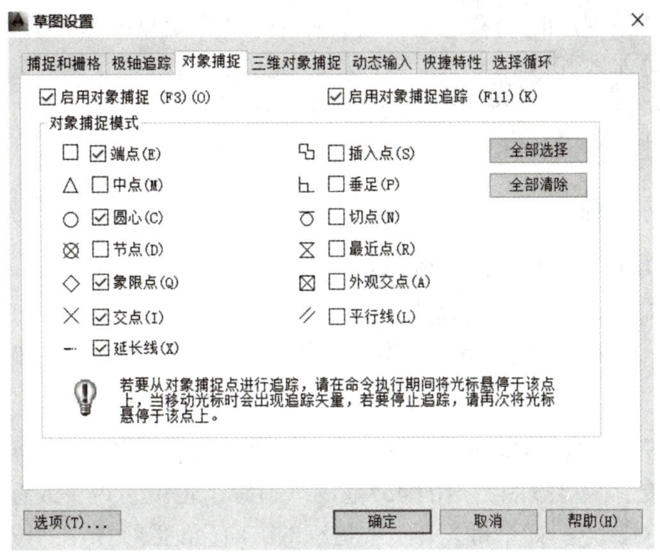

图 2-17 “对象捕捉”选项卡

表 2-1 “对象捕捉”选项卡特殊点功能

特殊点	快捷命令	功能
端点	ENDP	用于捕捉对象(直线或圆弧等)的端点
中点	MID	用于捕捉对象(直线或圆弧等)的中点
圆心	CEN	用于捕捉圆的圆心或圆弧的中心点
节点	NOD	捕捉用 POINT 或 DIVIDE 等命令生成的点
象限点	QUA	用于捕捉距光标最近圆或圆弧上可见部分的象限点，即圆周上 0°、90°、180°、270°位置上的点
交点	INT	用于捕捉对象(如线、圆弧或圆等)的交点
延长线	EXT	用于捕捉对象延长路径上的点
插入点	INS	用于捕捉块、形、文字、属性或属性定义等对象的插入点
垂足	PER	在线段、圆、圆弧或它们的延长线上捕捉一个点，使之与最后生成的点的连线与该线段、圆或圆弧正交
切点	TAN	最后生成的一个点到选中的圆或圆弧上引切线的切点位置
最近点	NEA	用于捕捉离拾取点最近的线段、圆、圆弧等对象上的点
外观交点	APP	用于捕捉两个对象在视图平面上的交点。若两个对象没有直接相交，则系统自动计算其延长后的交点；若两个对象在空间上为异面线，则系统计算其投影方向上的交点
平行线	PAR	用于捕捉与指定对象平行方向的点

2.4.4 正交模式

用鼠标来画水平线和垂直线时，也许会发现要真正画直并不容易。光凭肉眼去观察和掌握，实在费劲，稍一偏差，水平线不水平，垂直线不垂直。为解决这个问题，AutoCAD

提供了一个正交功能。当“正交模式”打开时，AutoCAD 限定只能画水平线或铅垂线，使用户可以精确地绘制水平线和铅垂线，这样可以大大地方便绘图。“正交模式”开关方法如下。

状态栏：单击“正交模式”按钮，点亮为打开，发暗为关闭。

键盘快捷键：按〈F8〉键。

2.4.5 自动追踪

自动追踪可以按指定角度绘制对象，或者绘制与其他对象有特定关系的对象。自动追踪分为极轴追踪和对象捕捉追踪，是常用的辅助绘图工具。极轴追踪是利用指定角度的方式设置点的追踪方向，自动追踪是利用点与其他实体对象之间特定的关系来确定追踪方向。

1. 极轴追踪

极轴追踪是按程序默认给定或用户自定义的极轴角度增量来追踪对象点的。如果极轴角度为 45°，那么光标只能按照给定的 45°范围来追踪，也就是说，光标可以在整个象限的 8 个位置上追踪对象点。如果事先知道要追踪的方向(角度)，则使用极轴追踪是比较方便的。打开“极轴追踪”选项卡，如图 2-18 所示。用户可以通过如下方式打开或关闭“极轴追踪”功能。

状态栏：单击“极轴追踪”按钮，点亮为打开，发暗为关闭。

键盘快捷键：按〈F10〉键。

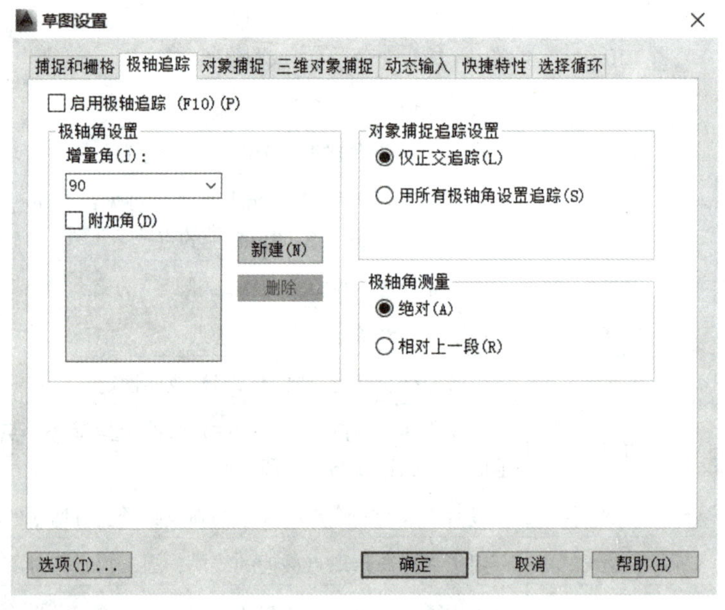

图 2-18 “极轴追踪”选项卡

2. 对象捕捉追踪

对象捕捉追踪按与对象的某种特定关系来追踪，这种特定的关系确定了一个未知角度。如果事先不知道具体的追踪方向(角度)，但知道与其他对象的某种关系(如相交、垂直等)则用对象捕捉追踪。极轴追踪和对象捕捉追踪可以同时使用。打开“对象捕捉”选项卡，如图 2-19 所示。用户可以通过如下方式打开或关闭“对象捕捉”功能。

状态栏：单击“对象捕捉”按钮，点亮为打开，发暗为关闭。

键盘快捷键：按〈F10〉键。

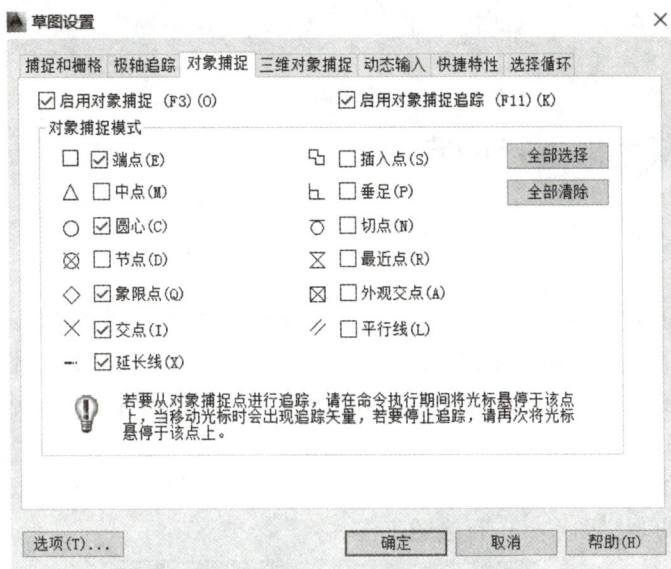

草图设置
捕捉和栅格　极轴追踪　对象捕捉　三维对象捕捉　动态输入　快捷特性　选择循环
☑启用对象捕捉 (F3) (O)　☑启用对象捕捉追踪 (F11) (K)
对象捕捉模式
☑端点(E)　☐插入点(S)　全部选择
☐中点(M)　☐垂足(P)　全部清除
☑圆心(C)　☐切点(N)
☐节点(D)　☐最近点(R)
☑象限点(Q)　☐外观交点(A)
☑交点(I)　☐平行线(L)
☑延长线(X)
若要从对象捕捉点进行追踪，请在命令执行期间将光标悬停于该点上，当移动光标时会出现追踪矢量，若要停止追踪，请再次将光标悬停于该点上。
选项(T)...　确定　取消　帮助(H)

图 2-19　“对象捕捉”选项卡

2.4.6　动态输入

动态输入设置可使用户直接在光标处快速启动命令、读取提示和输入值。“动态输入”命令用于控制指针输入、标注输入、动态提示及绘图工具提示的外观。打开“动态输入”选项卡，如图 2-20 所示。用户可以通过如下方式打开或关闭“动态输入”功能。

“草图设置”对话框：在“动态输入”选项卡中勾选或取消勾选“启用指针输入”等复选框。

状态栏：单击“动态输入”按钮，点亮为打开，发暗为关闭。

键盘快捷键：按〈F12〉键。

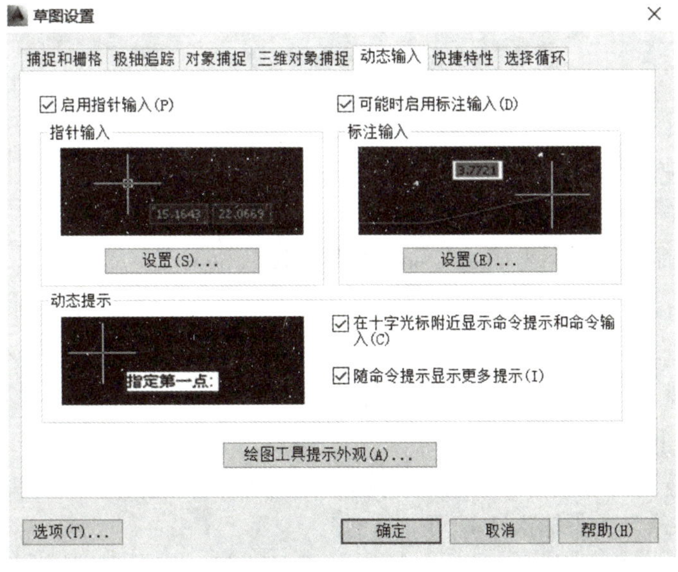

图 2-20　“动态输入”选项卡

启用“动态输入”命令时，工具提示将在光标附近显示信息，该信息会随着光标的移动而动态更新。当某命令处于活动状态时，工具提示将为用户提供输入的位置。

2.5 控制图形显示的方法

2.5.1 视窗缩放

使用AutoCAD绘图时，由于显示器大小的限制，往往无法看清图形的细节，就无法准确地绘图。为此AutoCAD提供了多种改变图形显示的方式。可以用放大图形的显示方式来更好地观察图形的细节，也可以用缩小图形的显示方式浏览整个图形，还可以通过视图的平移的方法来重新定位视图在绘图区中的位置等。

AutoCAD提供了“缩放”命令，如图2-21所示。通过此命令，可对图形的显示大小进行缩放，便于用户观察图形，进行绘图工作。

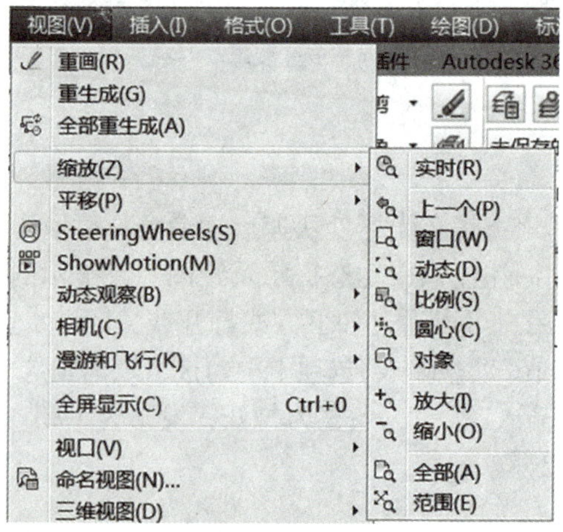

图2-21 “缩放”命令

1. 命令调用

菜单栏：“视图”|“缩放”。

工具栏：“标准”|3种“缩放”按钮。

命令行：在命令行提示下输入Zoom(Z)后，按〈Enter〉键。

2. 操作指南

执行“缩放”命令后，命令行中提示“[全部(A)/中心(C)/动态(D)/范围(E)/上一个(P)/比例(S)/窗口(W)/对象(O)]<实时>:”。

参数说明如下。

(1)全部(A)：在当前视窗下显示该文件下的全部图形。执行该命令时，在命令行中输入Z，按〈Enter〉键，再输入A即可。

(2)中心(C)：在缩放时，指定一个中心点，同时输入新的缩放系数或高度，缩放后的图形将以指定点作为视窗中图形显示的中心，按给定的缩放系数进行缩放。执行该命令的方式：输入命令 Z，按〈Enter〉键，再输入 C，按〈Enter〉键，指定中心点(单击屏幕上用户要给定图形的中心点)，输入比例高度(如 2)，按〈Enter〉键，图形放大 2 倍。

(3)动态(D)：对图形进行动态缩放。

(4)范围(E)：执行此命令后，当前视窗中的图形会尽可能地充满全屏幕。

(5)上一个(P)：执行此命令后，图形将恢复上一个视窗显示的图形，这种恢复最多可以按顺序恢复 10 个以前的图形。

(6)比例(S)：按比例缩放图形，执行此命令后，命令行提示"输入比例因子："，输入缩放的比例因子，并按〈Enter〉键，屏幕上图形就会按比例缩放。

(7)窗口(W)：将由鼠标拖动的矩形框内的图形放大到全屏显示。执行的方法为：输入命令 Z，按〈Enter〉键，再输入 W，按〈Enter〉键，此时光标变成十字光标，用光标在要放大的图形局部左上方单击，并拖动鼠标成矩形框至右下角，释放鼠标左键，被矩形框包围的图形局部就会充满全屏。

(8)对象(O)：执行此命令后，系统会将所选择的对象充满全屏。

(9)实时：该选项为系统缺省项，输入缩放命令后，直接按〈Enter〉键，按住鼠标左键，向屏幕外拖动，图形放大，向屏幕内拖动，图形缩小。

提示：在执行实时缩放命令时，如果图标中的"+"或"-"在拖动时消失，则表示图形已经缩放到极限，不能再缩放。

2.5.2　视窗平移

"平移"命令可以在不改变图形显示缩放比例的情况下，在屏幕上显示图形的不同部位。此命令与"缩放"命令配合使用非常有效，方便画图。调用"平移"命令的方法如下。

菜单栏："视图"|"平移"。

工具栏："标准"|"平移"按钮。

命令行：在命令行提示下输入 Pan(P)后，按〈Enter〉键。

2.5.3　图形重生成

在绘制 AutoCAD 图形时，当图形变化较大时，有时绘制的曲线图形会在屏幕上显示成折线，这时可以执行"重生成"命令。调用"重生成"命令的方法如下。

菜单栏："视图"|"重生成"。

命令行：在命令行提示下输入 Regen 后，按〈Enter〉键。

2.6　AutoCAD 操作方法

AutoCAD 使用的输入设备主要有鼠标、键盘和数字化仪，其中鼠标和键盘是计算机的标准配置。下面介绍鼠标和键盘在 AutoCAD 中的一些操作用法和规定。

2.6.1　鼠标操作

鼠标是 AutoCAD 绘图、编辑所必不可少的工具，熟练地掌握鼠标的操作，对于加快绘图速度、提高绘图质量有着至关重要的作用。

1. 鼠标指针

鼠标在 AutoCAD 界面的不同区域，或命令的不同执行阶段，将至现出不同形式的鼠标指针形状，常见的各种鼠标指针形状及含义如表 2-2 所示。

表 2-2 常见的各种鼠标指针形状及含义

序号	鼠标指针形状	含义	出现区域
1		选择命令	菜单栏、工具栏
2		处于待命状态	绘图窗口
3		绘制图形	绘图窗口
4		命令执行中(选择对象)	绘图窗口
5		动态实时缩放	绘图窗口
6		动态实时平移	绘图窗口
7		输入文本符号	绘图窗口、文本框

2. 鼠标操作方式

鼠标的操作方式主要有单击、右击、双击、移动、拖动。这 5 个术语的功能意义如下。

(1)单击：移动鼠标指针指向指定的目标后，按一下鼠标左键。

(2)右击：移动鼠标指针指向指定的目标后，按一下鼠标右键。

(3)双击：移动鼠标指针指向指定的目标后，快速按两下鼠标左键。

(4)移动：不按鼠标的任何键，上、下、左、右地移动鼠标。

(5)拖动：按住鼠标的左键不放，上、下、左、右地移动鼠标。

2.6.2 键盘操作

键盘是输入数字和文字的工具，也是 AutoCAD 不可缺少的绘图设备。AutoCAD 的所有命令均可通过键盘输入到命令行窗口中。

为了方便用户操作，提高绘图效率，避免过长命令的输入，AutoCAD 为一些常用命令定义了缩写名称——命令别名。命令别名用命令全名中的几个字母组成，如“直线”命令的全名为“LINE”，其命令别名为“L”；“修剪”命令的全名为“TRIM”，其命令别名为“TR”。不论是全名还是别名，输入字母的大小写不影响命令的执行效果。

AutoCAD 绘图操作时，键盘上有 3 个键被赋予了特殊的含义，分别介绍如下。

1.〈Esc〉键

〈Esc〉键的功能是终止当前任何操作。如果某个命令在执行过程中出现错误操作，可以按〈Esc〉键终止本次操作。

2.〈Enter〉键(回车键)

〈Enter〉键的主要功能是确认，其具体作用如下。

(1)确认操作。在命令行中输入命令名称或参数选项字母后按〈Enter〉键，AutoCAD 将执行该命令或切换到相应参数状态。

(2)结束对象选择操作。某些命令允许连续选择对象，在“选择对象”提示后按〈Enter〉键，结束当前“选择对象”状态，执行该命令的后续操作。

3.〈Space〉键(空格键)

AutoCAD 将〈Space〉键赋予了新的功能，在多数情况下〈Space〉键等同于〈Enter〉键，表示确认操作。这样的重新规定，使右手鼠标左手键盘的用户在绘图操作中更加方便，工作效率大大提高。

提示： AutoCAD 在一个命令运行结束后，直接按下〈Enter〉键或〈Space〉键，程序会自动执行刚结束的命令，这是一项很有用的操作。

2.7 目标选择

在对二维图形元素进行修改之前，首先应选择要编辑的对象。对象的选择有很多种方法：可以通过单击对象逐个拾取，也可以利用矩形窗口或交叉窗口选择；可以选择最近创建的对象、前面的选择集或图形中的所有对象，也可以向选择集中添加对象或从中删除对象。用户选择实体目标后，该实体将呈高亮显示，即组成实体的边界轮廓线由原来的实线变成虚线，十分明显地和那些未被选中的实体区分开来。

2.7.1 单选和全选

1. 用拾取框选择单个实体

AutoCAD 在选择对象时，鼠标光标变成一个小方框，这个小方框就是拾取框。移动拾取框选择对象，单击选中目标，被选中的图形对象以蓝色高亮显示，同时显示该图形对象的夹点。这种方法每次只能选择一个对象。

提示： 单选每次选择的对象必须是一个单个的实体。

2. 全选对象

如果需要选择所有图形，有以下两种方法。

(1)使用快捷键〈Ctrl+A〉。

(2)打开“编辑”菜单，单击“全部选择”命令。所有对象被全部选择，可进行编辑。

2.7.2 窗口方式和交叉方式

1. 窗口方式(Window 方式)

窗口方式是一种常用的选择方式，使用此方式一次可以选择多个对象。当未激活任何命令时，在窗口中从左向右拉出一个矩形选择框，此选择框即为窗口选择框，如图 2-22 所示。

操作要点：执行编辑命令后，单击，选择第一对角点，从左向右移动鼠标，再单击，选取另一对角点，即可看到绘图区内出现一个实线的矩形，称之为 Window 方式下的矩形选择框。此时，选择框以实线显示，内部以浅蓝色填充。只有全部被包含在该选择框中的实体目标才被选中，如图 2-23 所示。

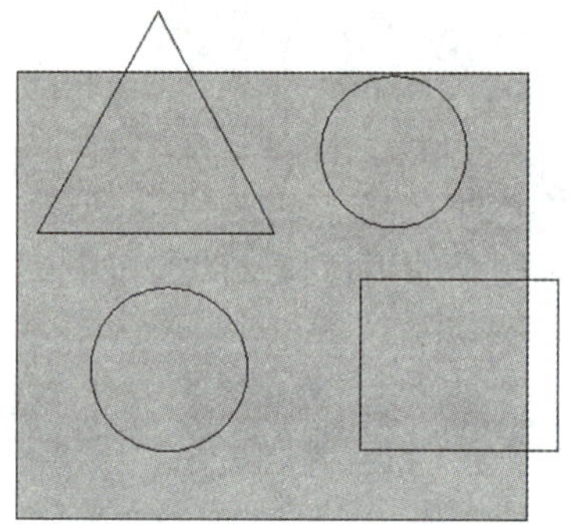

图 2-22　窗口选择框

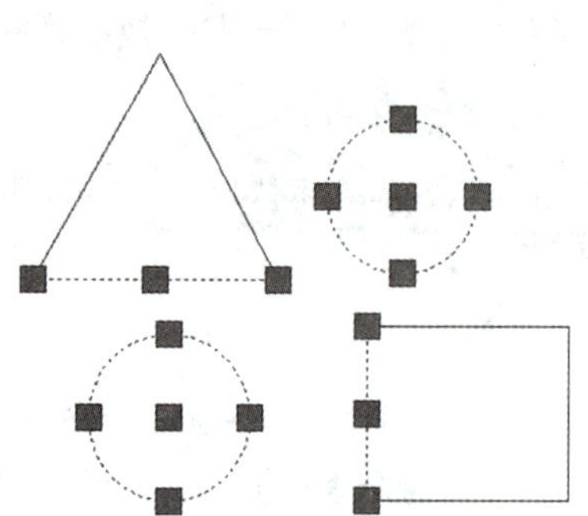

图 2-23　窗口选择结果

2. 交叉方式(Crossing 方式)

交叉方式是使用频率非常高的选择方式，使用此方式一次可以选择多个对象。当未激活任何命令时，在窗口中从右向左拉出一个矩形选择框，此选择框即为交叉选择框，选择框以虚线显示，内部以绿色填充，如图 2-24 所示。

操作要点：执行编辑命令后，单击，选取第一对角点，从右向左移动鼠标，再单击，选取另一对角点，即可看到绘图区内出现一个呈虚线的矩形，称之为 Crossing 方式下的矩形选择框。此时完全被包含在矩形选择框之内的实体以及与选择框部分相交的实体均被选中，如图 2-25 所示。

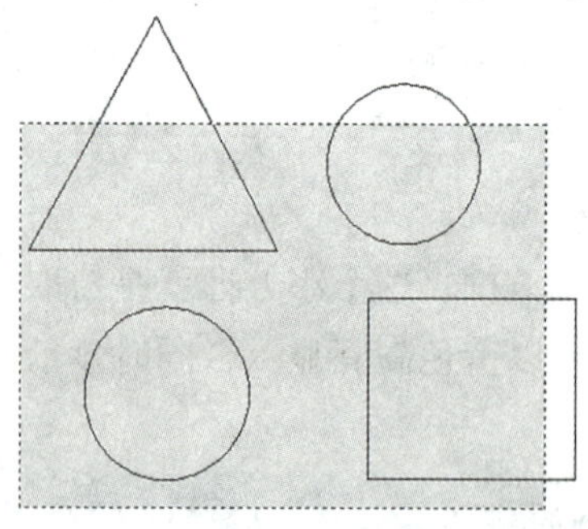

图 2-24　交叉选择框

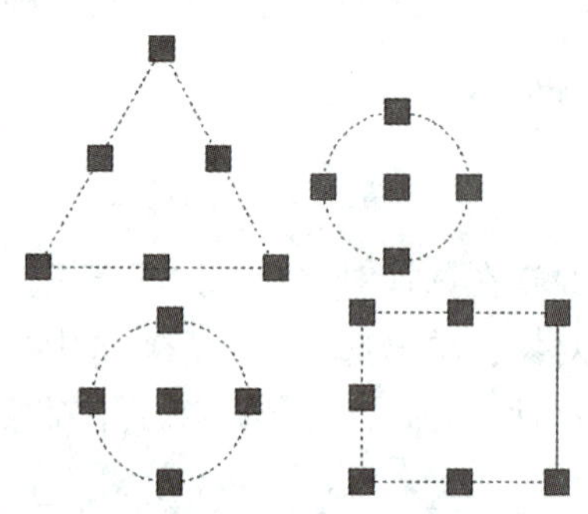

图 2-25　交叉选择结果

2.7.3 快速选择和过滤选择

1. 快速选择

用户可以使用“快速选择”命令进行快速选择，该命令可以在整个图形或现有选择集的范围内创建一个选择集，通过包括或排除符合指定对象类型和对象特性条件的所有对象创建一个选择集。同时，用户可以指定该选择集用于替换当前选择集还是将其附加到当前选择集之中。“快速选择”命令调用方法如下。

菜单栏：“工具”|“快速选择”。

命令行：在命令行提示下输入 Qselect 后，按〈Enter〉键。

右键快捷菜单：在待命状态下，右击绘图区任意位置，打开快捷菜单中的“快速选择”。

执行“快速选择”命令可以打开“快速选择”对话框，如图 2-26 所示。

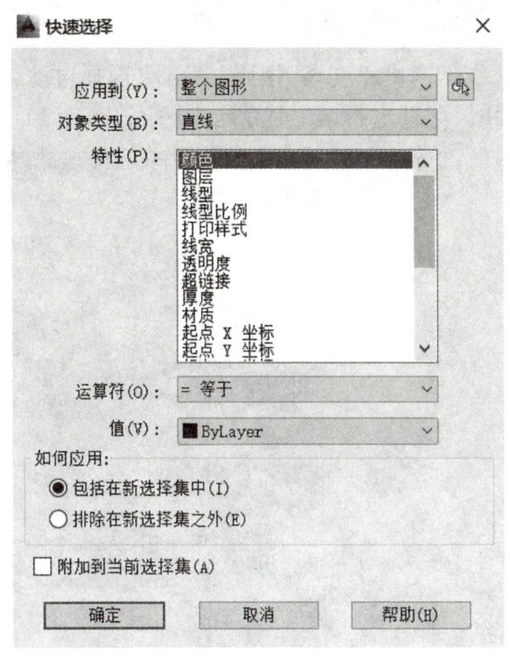

图 2-26　“快速选择”对话框

“快速选择”对话框中各选项的含义如下。

(1)“应用到”下拉列表：指定过滤条件应用的范围，包括“整个图形”和“当前选择集”选项。用户也可以单击“选择对象”按钮返回绘图区来创建选择集。

(2)“对象类型”下拉列表：指定过滤对象的类型。如果当前不存在选择集，则该列表将包括 AutoCAD 中的所有可用对象类型及自定义对象类型，并显示默认值“所有图元”；如果存在选择集，那么此列表只显示选定对象的对象类型。

(3)“特性”列表框：指定过滤对象的特性。此列表包括选定对象类型的所有可搜索特性。

(4)“运算符”下拉列表：控制对象特性的取值范围。

(5)“值”下拉列表：指定过滤条件中对象特性的取值。如果指定的对象特性具有可用值，则该项显示为列表，用户可以从中选择一个值；如果指定的对象特性不具有可用值，则该项显示为编辑框，用户根据需要输入一个值。此外，如果在“运算符”的下拉列表中选择“选择全部”选项，则“值”选项将不可显示。

(6)“如何应用”选项组：指定符合给定过滤条件的对象与选择集的关系。

“包括在新选择集中”单选按钮：将符合过滤条件的对象创建一个新的选择集。

“排除在新选择集之外”单选按钮：将不符合过滤条件的对象创建一个新的选择集。

(7)“附加到当前选择集”复选框：选择该选项后通过过滤条件所创建的新选择集将附加到当前的选择集之中；否则，将替换当前选择集。如果用户选择该选项，则“当前选择集”选项和“选择对象”按钮均不可用。

提示：如果想从选择集中排除对象，可以在“快速选择”对话框中设置“运算符”为“大于”，然后设置“值”，再选中“排除在新选择集之外”单选按钮，就可以将大于值的对象排除在外。

2. 过滤选择

与“快速选择”相比，“对象选择过滤器”可以提供更复杂的过滤选项，并且可以命名和保存过滤器。在命令行中输入 Filter(FI)，然后按〈Enter〉键，就可以执行该命令。

执行该命令可以打开“对象选择过滤器”对话框，如图 2-27 所示。

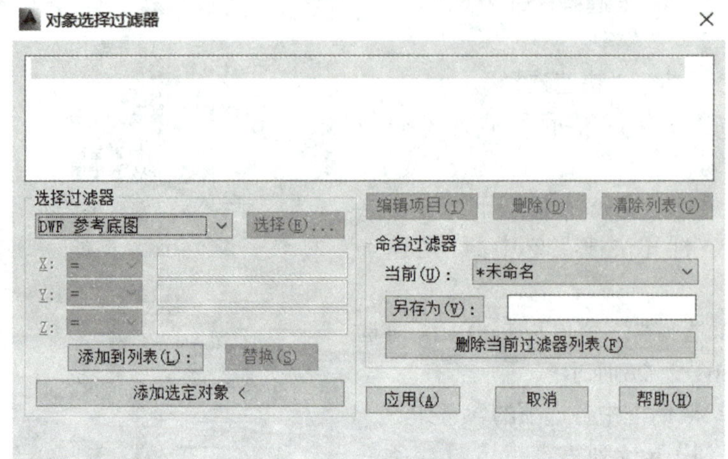

图 2-27 “对象选择过滤器”对话框

“对象选择过滤器”对话框中各选项的含义如下。

(1)“对象选择过滤器”列表框：显示组成当前过滤器的全部过滤器特性。用户可以单击“编辑项目”按钮编辑选定的项目，单击“删除”按钮删除选定的项目，或者单击“清除列表”按钮清除整个列表。

(2)“选择过滤器”选项组：作用类似于“快速选择”命令，可以根据对象的特性向当前列表中添加过滤器。该选项组的下拉列表中包含可用于构造过滤器的全部对象及分组运算符。用户可以根据对象的不同指定相应的参数值，并且可以通过关系运算符来控制对象属性与取值之间的关系。

(3)“命名过滤器”选项组：用于显示、保存和删除过滤器列表。

提示： Filter 命令可以透明地使用。另外，AutoCAD 从默认的 filter.nfl 文件中加载已命名的过滤器。AutoCAD 在 filter.nf 文件中保存过滤器列表。

2.8 AutoCAD 的坐标知识

用户在绘制精度要求较高的图形时，经常使用用户坐标系的二维坐标系、三维坐标系来输入坐标值，以满足设计需要。

2.8.1 坐标系

坐标是表示点的最基本的方法。为了输入坐标并建立工作平面，需要使用坐标系。在 AutoCAD 中，坐标系由世界坐标系(World Coordinate System，WCS)和用户坐标系(User Coordinate System，UCS)构成。

1. 世界坐标系

世界坐标系是一个固定的坐标系，也是一个绝对坐标系。通常在二维视图中，世界坐标系的 X 轴水平，Y 轴竖直。世界坐标系的原点为 X 轴和 Y 轴的交点(0，0)。图形文件中的所有对象均由世界坐标系的坐标来定义。

2. 用户坐标系

用户坐标系是可移动的坐标系，也是一个相对坐标系。在一般情形下，所有坐标输入及其他许多工具和操作，均参照当前的用户坐标系。使用可移动的用户坐标系创建和编辑对象通常更方便。在默认情况下，用户坐标系和世界坐标系是重合的。

2.8.2 直角坐标系

笛卡尔坐标系也可称为直角坐标系，有 3 个轴，即 X 轴、Y 轴和 Z 轴，输入坐标值时，需要指示沿 X 轴、Y 轴和 Z 轴相对于坐标系原点(0，0，0)的距离(以单位表示)及其方向(正或负)。在二维线框视图中，在 XY 平面(也称为工作平面)上指定点，工作平面类似于平铺的网格纸。直角坐标的 X 值指定水平距离，Y 值指定垂直距离。原点(0，0)表示两轴相交的位置。

若要输入直角坐标来指定点，在命令行中输入以逗号分隔的 X 值和 Y 值即可。直角坐标输入分为绝对坐标输入和相对坐标输入。

1. 绝对坐标输入

以原点(0，0，0)为基点定位所有的点，绘图区内任何一点均可以用 X，Y，Z 来表示，在 XOY 平面绘图时，Z 坐标缺省值为 0，用户仅输入 X、Y 坐标即可。输入方法：X，Y，Z，如图 2-28(a)所示。

2. 相对坐标输入

对坐标是某点相对某一特定点的位置，绘图中常将上一操作点看成是特定点，相对坐标的表示特点是，在坐标前加上相对坐标符号“@”。输入方法：@ΔX，@ΔY，@ΔZ，如图 2-28(b)所示。

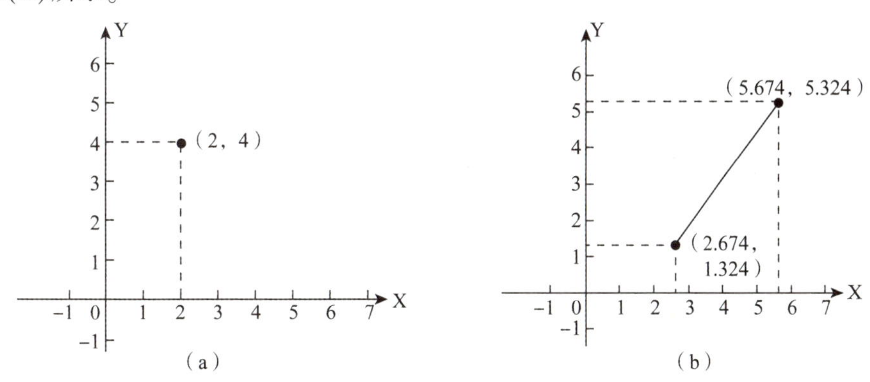

图 2-28 直角坐标输入方法

(a)绝对直角坐标；(b)相对直角坐标

2.8.3 极坐标系

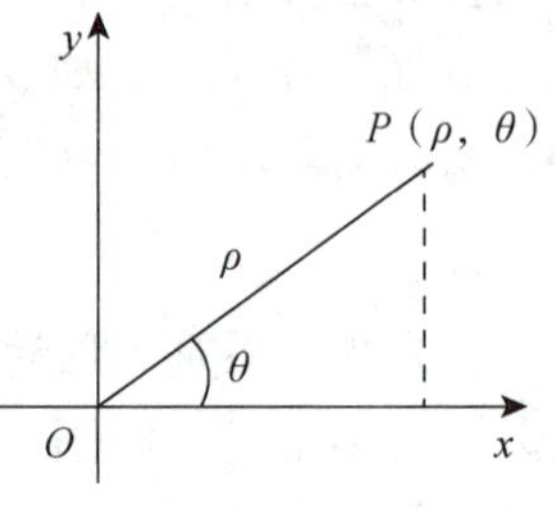

图 2-29 极坐标定义

在平面内，由极点、极轴和极径组成的坐标系称为极坐标系。在平面上取定一点 O，称为极点。从 O 出发引一条射线 Ox，称为极轴。再取定一个长度单位，通常规定角度取逆时针方向为正。这样，平面上任意一点 P 的位置就可以用线段 OP 的长度 ρ 及从 Ox 到 OP 的角度 θ 来确定，有序数对(ρ, θ)就称为 P 点的极坐标，记为 $P(\rho, \theta)$；ρ 称为 P 点的极径，θ 称为 P 点的极角，如图 2-29 所示。

在 AutoCAD 中表达极坐标，需要在命令行中输入角括号"<"(表示分隔的距离和角度)。在默认情况下，角度按逆时针方向增加，按顺时针方向减小。要指定顺时针方向，则角度输入负值。例如，输入(l<315)和 (l<-45)代表相同的点。极坐标的输入包括绝对极坐标输入和相对极坐标输入。

1. 绝对极坐标输入

当知道点的准确距离和角度坐标时，通常使用绝对极坐标。绝对极坐标从用户坐标系原点(0，0)开始测量，此原点是 X 轴和 Y 轴的交点。输入方法：距离(l)<角度(α)，如图 2-30(a)所示。

2. 相对极坐标输入

相对极坐标是基于上一输入点确定的。如果知道某点与前一点的位置关系，就可以使用相对极坐标(X，Y)来输入。

要输入相对极坐标，需要在坐标前面添加符号"@"，输入方法：@ 距离(l)<角度(α)，如图 2-30(b)所示。

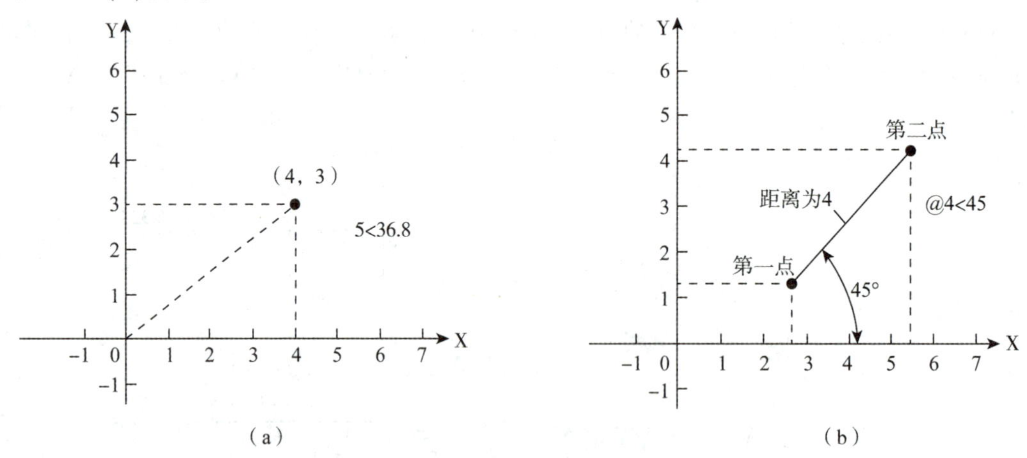

图 2-30 极坐标输入方法

(a)绝对极坐标；(b)相对极坐标

本章小结

本章详细讲解了捕捉、栅格、正交、极轴、对象捕捉、对象追踪等精确绘图工具。讲解了缩放、平移等控制图形显示的命令，这些命令都是透明命令，在执行其他命令时可以同时操作。另外还讲解了几种目标选择的方式：窗口方式、交叉方式、全选方式和拾取框方式。介绍了绝对直角坐标、相对直角坐标、绝对极坐标、相对极坐标的输入方法。本章内容是学习 AutoCAD 基本命令操作的基础。用户在操作中必须注意，在执行命令时，要以命令行信息提示区的提示为指导进行操作。

基本练习

1. 填空题

(1) AutoCAD 中的命令可分为两类，一类是________命令，另一类是________命令。

(2) 设置图形界限的命令是____________。

(3) 选择图形中部分图形单元时，常用的目标选择方式有__________和____________。

(4) 选择所有图形使用快捷键是______________。

(5) 相对直角坐标的输入方法是_______________________；相对极坐标的输入方法是____________________。

2. 选择题

(1) 默认的世界坐标系的简称是(　　)。

A. CCS　　B. UCS　　C. WCS　　D. UCIS

(2) “缩放”命令在执行过程中改变了(　　)。

A. 图形界限的范围　　B. 图形的绝对坐标

C. 图形在视图中的位置　　D. 图形在视图中显示的大小

(3) 按比例改变图形实际大小的命令是(　　)。

A. OFFSET　　B. ZOOM　　C. SCALE　　D. STRETCH

(4) “移动”命令和“平移”命令相比(　　)。

A. 效果一样

B. 移动速度快，平移速度慢

C. 移动的对象是视图，平移的对象是物体

D. 移动的对象是物体，平移的对象是视图

(5) 下面属于绝对坐标输入方式的是(　　)。

A. 10　　B. @10，10，0　　C. 10，10，0　　D. @10<0

(6) 要快速显示整个图限范围内的所有图形，可以使用(　　)命令。

A. “视图”|“缩放”|“窗口”　　B. “视图”|“缩放”|“动态”

C. “视图”|“缩放”|“范围”　　D. “视图”|“缩放”|“全部”

第3章 基本绘图命令

主要内容

本章主要介绍AutoCAD的基本绘图的命令的基本操作，包括点、直线、多线、多段线、正多边形、圆、圆弧、椭圆、椭圆弧、样条曲线、图案填充等命令。通过本章学习学生应能够熟练操作绘图的基本命令，为后面学习打下基础。

重点难点

重点学习直线、多线、多段线、正多边形、圆、圆弧、椭圆、椭圆弧、样条曲线、图案填充等命令的调用方式操作方法和技巧。其中，多线样式的设置、多段线操作中线宽和线型的变化，以及图案填充中的比例调整是本章节学习的难点。

3.1 绘制点

3.1.1 设置点的样式

1. 命令调用

菜单栏：“格式”|“点样式”。

命令行：在命令行提示下输入Ddptye后，按〈Enter〉键。

2. 操作指南

执行以上任意命令后，弹出如图3-1所示的“点样式”对话框，从中选择所需点的样式，点的大小直接输入相应的数字即可，然后单击“确定”按钮。

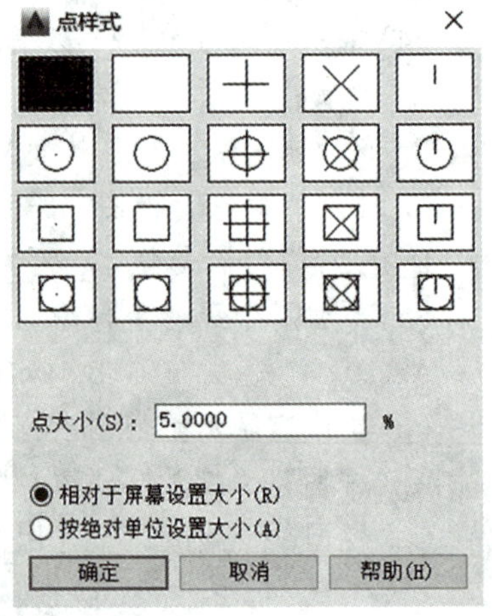

图3-1 “点样式”对话框

3.1.2 点的绘制

1. 绘制单点

1)命令调用

菜单栏：“绘图”|“点”|“单点”。

命令行：在命令行提示下输入 Point(PO)后，按〈Enter〉键。

2)操作指南

执行上述命令后，系统将提示“指定点:”，在绘图区单击指定点的位置，此时命令结束，调用一次命令只能绘制一个点。想再绘制点，需要再次调用命令。

2. 绘制多点

1)命令调用

菜单栏：“绘图”|“点”|“多点”。

工具栏：“绘图”|“点”按钮。

功能区选项卡：“默认”|“绘图”按钮。

2)操作指南

执行上述命令后，系统将提示“指定点:”，在绘图区单击指定点的位置，即可创建点对象。且多点绘制时，只要命令不结束，可以绘制多个点对象。

3.1.3　点的等分

1. 点的定数等分

1)命令调用

菜单栏：“绘图”|“点”|“定数等分”。

功能区选项卡：“默认”|“绘图”按钮。

命令行：在命令行提示下输入 Divide(DIV)后，按〈Enter〉键。

2)操作指南

执行上述命令后，系统将提示“选择要定数等分的对象:”，选择要等分的对象，选择后，系统提示“输入线段数目或[块(B)]:”。此时，输入要等分的数目，然后按〈Enter〉键确认，结束操作。

3)操作实例

题目：用 Divide 命令将圆 5 等分，如图 3-2 所示。操作步骤如下。

命令：Divide	/执行 Divide 命令
选择要定数等分的对象：	/选择等分对象
输入线段数目或［块(B)］：5	/输入等分数目 5
按〈Enter〉键	/确认，完成操作

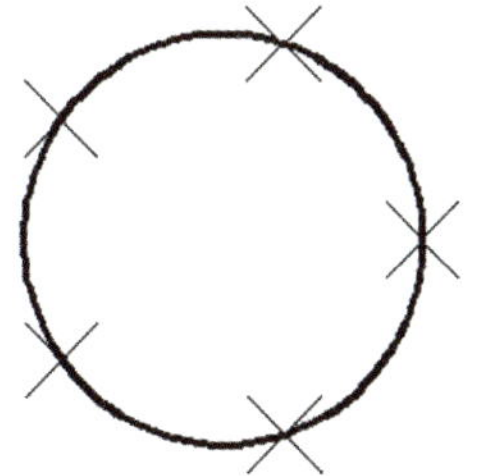

图 3-2　点的定数等分

2. 点的定距等分

1)命令调用

菜单栏："绘图"|"点"|"定距等分"。

命令行：在命令行提示下输入 Measure 后，按〈Enter〉键。

功能区选项卡："默认"|"绘图"按钮。

2)操作指南

执行上述命令后，系统将提示"选择要定距等分的对象:"，选择后，系统提示"指定线段长度或［块(B)］:"，此时输入要线段长度，然后按〈Enter〉键确认，结束操作。

3)操作实例

题目：用 Measure 命令将一条直线定距等分，每段长度为 10，如图 3-3 所示。操作步骤如下。

命令：Measure　　/执行 Measure 命令
选择要定距等分的对象：　　/选择等分对象
指定线段长度或［块(B)］：10　　/输入长度 10
按〈Enter〉键　　/确认，完成操作

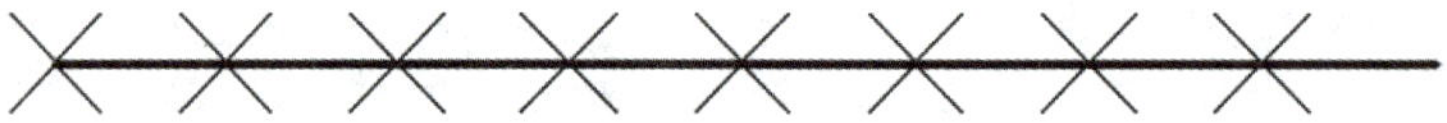

图 3-3　点的定距等分

提示：如果定距等分的对象不能被所选的长度整除，则最后放置点到断点的距离不等于所选长度。

3.2　绘制直线、构造线

3.2.1　直线

"直线"命令用于绘制二维直线段。

1. 命令调用

菜单栏："绘图"|"直线"。

工具栏："绘图"|"直线"按钮。

功能区选项卡："默认"|"绘图"按钮。

命令行：在命令行提示下输入 Line(L)后，按〈Enter〉键。

2. 操作指南

执行"直线"命令后，系统将提示"命令：Line 指定第一点:"，在窗口单击选择起点，系统提示"指定下一点或［放弃(U)］:"，在窗口单击选择为该线段的终点，如果只画一条直线，可以按〈Enter〉键确认，结束命令；如果绘制多条线段，系统将提示"指定下一点或［闭合(C)/放弃(U)］:"，这样可以一直做下去，除非按〈Enter〉键或〈Esc〉键，才能结束或者终止命令。

3. 操作实例

题目：用“直线”命令绘制一个矩形 *ABCD*，如图 3-4 所示。操作步骤如下。

命令：Line 指定第一点： /执行 Line 命令
指定下一点或 [放弃(U)]： /单击起始点 *A*
指定下一点或 [放弃(U)]： /单击起始点 *B*
指定下一点或 [闭合(C)/放弃(U)]： /单击起始点 *C*
指定下一点或 [闭合(C)/放弃(U)]： /单击起始点 *D*
指定下一点或 [闭合(C)/放弃(U)]： /按〈Enter〉键，结束命令

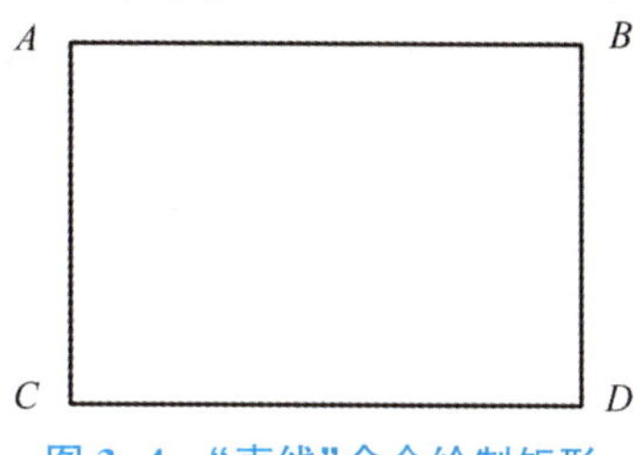

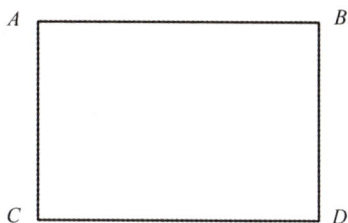

图 3-4 “直线”命令绘制矩形

提示：用“直线”命令绘制多条线段时，每条线段都是一个独立的对象，即可以对每条直线进行单独编辑，每条直线也是一个单独的实体。

3.2.2 构造线

“构造线”命令可以绘制无限延伸线，主要用于绘制辅助线。

1. 命令调用

菜单栏：“绘图”|“构造线”。

工具栏：“绘图”|“构造线”按钮。

功能区选项卡：“默认”|“绘图”按钮。

命令行：在命令行提示下输入 Xline(XL)后，按〈Enter〉键。

2. 操作指南

执行“构造线”命令后，系统将提示“指定点或[水平(H)/垂直(V)/角度(A)/二等分(B)/偏移(O)]:”，在窗口单击选择点，系统提示“指定通过点:”，在窗口单击确定通过点，可以绘制一条构造线。如果只画一条构造线，可以按〈Enter〉键确认，结束命令；如果绘制多条构造线，系统将一直提示“指定通过点:”，只有按〈Enter〉键或〈Esc〉键，才能结束或者终止命令。

3.3 绘制多线和多段线

3.3.1 多线

“多线”命令主要用于绘制多条平行线，如建筑图墙体、平面窗户等图形的绘制。

1. 多线样式的设置

单击“格式”|“多线样式”，打开“多线样式”对话框，如图 3-5 所示，系统默认当前多线样式：STANDARD。

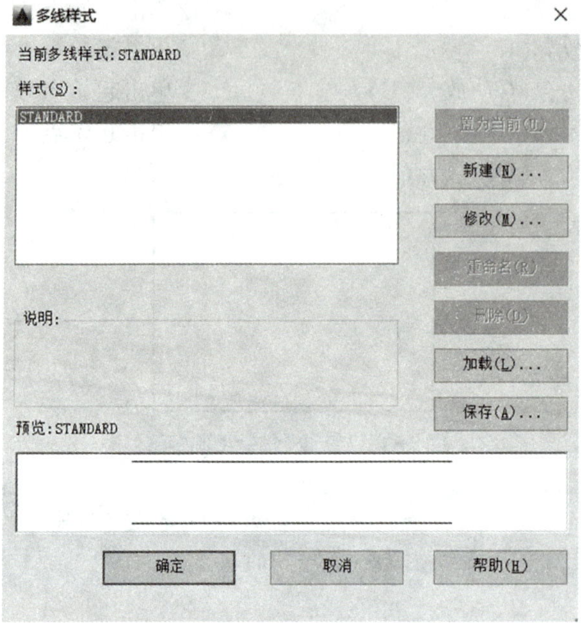

图 3-5 “多线样式”对话框

如果需要新建样式，可以单击左侧“新建”按钮，此时会弹出“新建多线样式”对话框，如图 3-6 所示，可以根据情况设置是否“封口”和“填充”。“图元”可以设置多线样式的元素特性，包括线条数目、偏移量、颜色和线型。通过“添加”按钮可以增加线的数目，偏移表示每条线之间的相对距离，颜色和线型表示可以设置当前线的颜色和线型(如果是画建筑图，不建议在此处设置颜色和线型，可以在图层里面设置)。

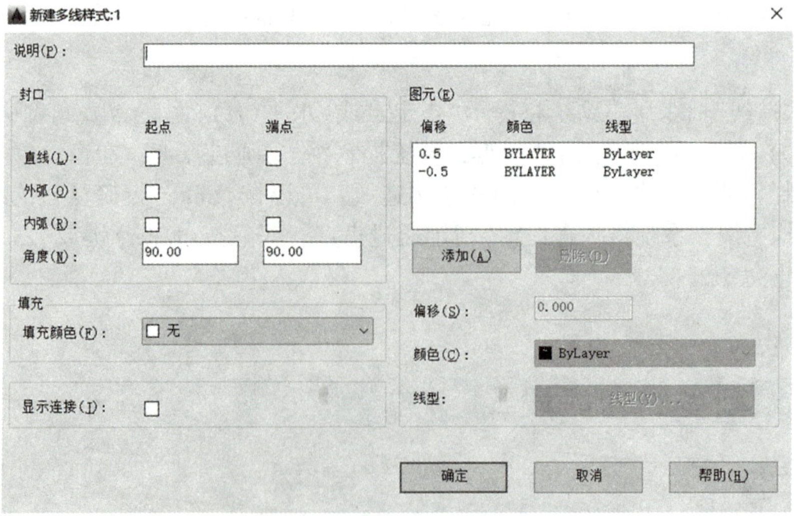

图 3-6 “新建多线样式”对话框

2. 命令调用

菜单栏：“绘图”|“多线”。

命令行：在命令行提示下输入 Mline(ML)后，按〈Enter〉键。

3. 操作指南

执行“多线”命令后，系统将提示“当前设置：对正=上，比例=20.00，STANDARD，指定起点或[对正(J)/比例(S)/样式(ST)]:”。当前设置不符合要求时，不能指定起点，需要根据情况输入括号内相应字符进行选择。其中，各选项含义如下。

(1)对正(J)：表示控制图形位置的选择方式。选择对正，输入 J 后，系统将提示“输入对正类型[上(T)/无(Z)/下(B)]<下>:”，其中上(T)表示多线最上部的线随着光标移动绘图；无(Z)表示多线中心线随着光标移动绘图；下(B)表示多线最下部的线随着光标移动绘图。

(2)比例(S)：指所绘制多线的宽度相对于在多线样式定义宽度的比例因子，简单地说，就是指在多线样式所设置的宽度基础上所放大或者缩小的比例。

(3)样式(ST)：绘制多线设置的样式，默认为 STANDARD 型，也可以用户自己新建样式，在使用时须设置为当前样式才能使用。

3.3.2 多段线

1. 命令调用

菜单栏：“绘图”|“多段线”。

工具栏：“绘图”|“多段线”按钮。

命令行：在命令行提示下输入 Pline(PL)后，按〈Enter〉键。

2. 操作指南

执行“多段线”命令后，系统将提示“指定起点”，确定起点，系统将提示“当前线宽为 0.0000，指定下一个点或［圆弧(A)/半宽(H)/长度(L)/放弃(U)/宽度(W)]:”，此时如果不需要选择方括号内的选项，则可以直接确定下一点；如果需要选择方括号内选项，则先不要指定下一点，而输入选项相应的字母，即可进行操作。其中，各选项的含义如下。

(1)圆弧(A)：输入 A，将绘制圆弧多段线。输入 A 以后，系统将提示“指定圆弧的端点或[角度(A)/圆心(CE)/方向(D)/半宽(H)/直线(L)/半径(R)/第二个点(S)/放弃(U)/宽度(W)]:”，此时可以指定圆弧端点，如果不指定圆弧端点，也可以选择方括号内合适的方式。

(2)半宽(H)：设置多短线的半宽。

(3)长度(L)：用于设置新多段线的长度。

(4)放弃(U)：用于取消刚画的一段多段线。

(5)宽度(W)：用于设置多段线的线宽，默认值是 0。

3. 操作实例

题目：用“多段线”命令绘制箭头，如图 3-7 所示。

图 3-7 多段线画箭头

命令：Pline　　/执行多段线命令
指定起点：
当前线宽为 0.0000
指定下一个点或［圆弧(A)/半宽(H)/长度(L)/放弃(U)/宽度(W)］：w
　　/输入 W，改变线宽
指定起点宽度 <0.0000>：20　　/指定起点线宽 20
指定端点宽度 <20.0000>：20　　/指定端点线宽 20
指定下一个点或［圆弧(A)/半宽(H)/长度(L)/放弃(U)/宽度(W)］：80
　　/确定多短线长度 80
指定下一点或［圆弧(A)/闭合(C)/半宽(H)/长度(L)/放弃(U)/宽度(W)］：w
　　/输入 W，改变线宽
指定起点宽度 <20.0000>：40　　/指定起点线宽 40
指定端点宽度 <40.0000>：0　　/指定起点线宽 0
指定下一点或［圆弧(A)/闭合(C)/半宽(H)/长度(L)/放弃(U)/宽度(W)］：50
　　/确定长度 50，按〈Enter〉键结束命令

3.4 绘制矩形和正多边形

3.4.1 矩形

1. 命令调用

菜单栏：“绘图”|“矩形”。

工具栏：“绘图”|“矩形”按钮。

功能区选项卡：“默认”|“绘图”按钮。

命令行：在命令行提示下输入 Rectang(REC)后，按〈Enter〉键。

2. 操作指南

执行“矩形”命令以后，系统将提示“指定第一个角点或［倒角(C)/标高(E)/圆角(F)/厚度(T)/宽度(W)］:”，确定第一个角点后，系统继续提示“指定另一个角点或［面积(A)/尺寸(D)/旋转(R)］:”，确定另一个角点后，命令将结束。

3.4.2 正多边形

1. 命令调用

菜单栏：“绘图”|“正多边形”。

工具栏：“绘图”|“正多边形”按钮。

功能区选项卡：“默认”|“绘图”按钮。

命令行：在命令行提示下输入 Polygon(POL)后，按〈Enter〉键。

2. 操作指南

执行“正多边形”命令后，系统将提示“输入边的数目 <4>:”，输入边的数目后，系统继续提示“指定正多边形的中心点或［边(E)］:”，指定正多边形中心点后，系统继续提示“输入选项［内接于圆(I)/外切于圆(C)］<I>:”。其中，各选项的含义如下。

(1)内接于圆(I)：以中心点到多边形各边垂直距离为半径的方式确定的多边形。

(2)外切于圆(C)：以中心点到多边形端点距离为半径的方式确定的多边形。

3. 操作实例

题目：用“正多边形”命令绘制正六边形，如图 3-8 所示。

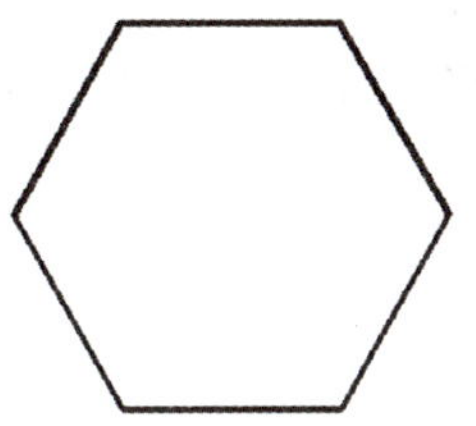

图 3-8　绘制正六边形

命令：Polygon　/执行正多边形命令
输入边的数目 <4>：6　/输入边的数目 6
指定正多边形的中心点或［边(E)］：　/指定正多边形的中心点
输入选项［内接于圆(I)/外切于圆(C)］<I>：I　/选择绘制正多边形的方式
指定圆的半径<正交 开>：100　/输入圆的半径 100

提示：“正多边形”命令最少可以绘制正三边形，也就是正三角形，最多可以绘制正 1 024 边形，基本接近圆了。用该命令绘制的正多边形是一个多段线，整个图形是一个实体。

3.5 绘制圆和圆弧

3.5.1 圆

1. 命令调用

菜单栏：“绘图”|“圆”|“圆心、半径；圆心、直径；两点；三点；相切、相切、半径；相切、相切、相切”。

工具栏：“绘图”|“圆”按钮。

功能区选项卡：“默认”|“绘图”按钮。

命令行：在命令行提示下输入 Circle(C)后，按〈Enter〉键。

2. 操作指南

在 AutoCAD 中，“圆”命令提供了 6 种操作方法，如图 3-9 所示。下面具体介绍 6 种操作方法的操作要点，如图 3-10 所示。

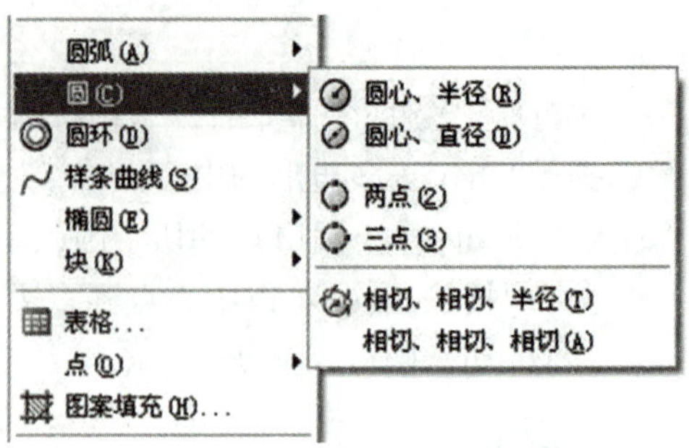

图 3-9 “圆”的下拉菜单

(1) 圆心半径：用户先指定圆心坐标(位置)，再确定半径大小就可以绘制一个圆。

(2) 圆心直径：用户先指定圆心坐标(位置)，再确定直径大小就可以绘制一个圆，与方法(1)类似。

(3) 两点：用户指定一个点的坐标(位置)，再确定另外一点的坐标(位置)就可以绘制一个圆，其两点的连线就是该圆的直径。

(4) 三点：用户只要根据要求确定三个点的坐标(位置)，就可以绘制一个圆。

(5) 相切、相切、半径：用户先确定与圆相切的两个切点的坐标(位置)，再确定圆的半径就可以绘制一个圆。

(6) 相切、相切、相切：用户只要确定与圆相切的三个切点的坐标(位置)，就可以绘制一个圆。

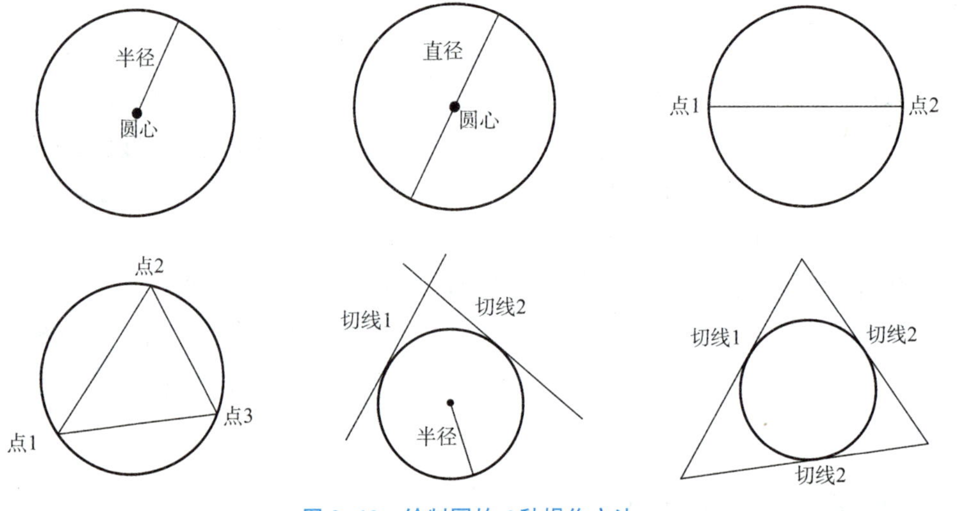

图 3-10 绘制圆的 6 种操作方法

3.5.2 圆弧

1. 命令调用

菜单栏：“绘图”|“圆弧”。

工具栏：“绘图”|“圆”按钮。

功能区选项卡：“默认”|“绘图”按钮。

命令行：在命令行提示下输入 Arc(A)后，按〈Enter〉键。

2. 操作指南

在 AutoCAD 中，“圆弧”命令提供了 10 种操作方法，可以从菜单栏调用(见图 3-11)，而工具栏和命令行只能调用部分操作方法。10 种操作方法是以起点、端点、圆心、半径、长度、角度、方向为参数的 10 种组合。下面介绍主要参数的含义。

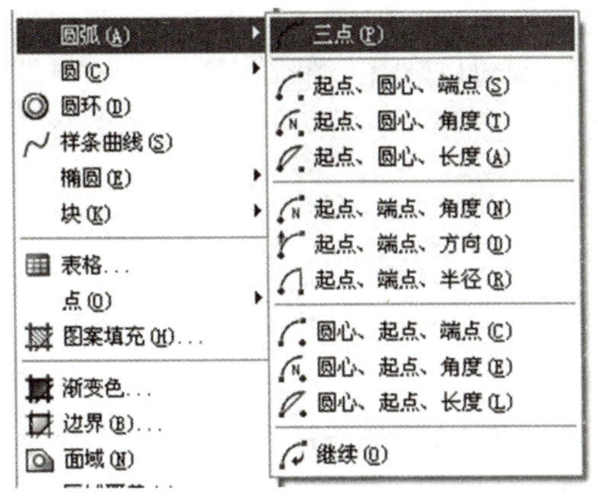

图 3-11　“圆弧”的下拉菜单

(1)起点、端点：圆弧的起点和端点。

(2)圆心、角度：圆弧的圆心点和圆弧对应的圆心角。

(3)长度、方向：圆弧的弦长和圆弧的方向。

3.6 绘制椭圆和椭圆弧

3.6.1　椭圆

1. 命令调用

菜单栏：“绘图”|“椭圆”。

工具栏：“绘图”|“椭圆”按钮 。

功能区选项卡：“默认”|“绘图”|“椭圆”按钮 。

命令行：在命令行提示下输入 Ellipse (EL)后，按〈Enter〉键。

2. 操作指南

在 AutoCAD 中，椭圆作为基本图形主要由长轴(长半轴)、短轴(短半轴)、中心点等基本要素组成，根据基本要素“椭圆”命令提供了两种操作方法，如图 3-12 所示。下面具体介绍两种操作方法的操作要点，如图 3-13 所示。

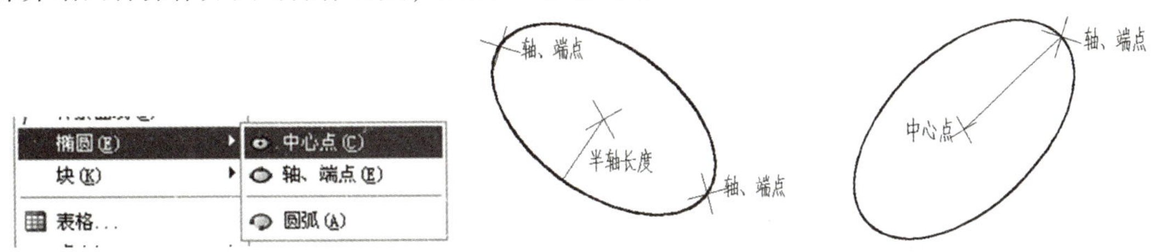

图 3-12　“椭圆”的下拉菜单　　　　图 3-13　绘制椭圆的操作方法

(1)中心点：先指定椭圆中心点的坐标(位置)，再确定端点的位置，其实就是椭圆其中一个半轴的长度，然后再指定另外一个半轴长度。

(2)轴、端点：先指定椭圆其中一个轴长的端点，再指定该轴的另外一个端点，最后指定另外一个轴长的端点，就可以确定该椭圆。

3.6.2 椭圆弧

1. 命令调用

菜单栏："绘图"|"椭圆"|"圆弧"。

工具栏："绘图"|"椭圆弧"按钮。

功能区选项卡："默认"|"绘图"|"椭圆弧"按钮。

命令行："椭圆弧"和"椭圆"在命令行输入的是同一个命令，因此在命令行提示下也是输入 Ellipse(EL)后，按〈Enter〉键，然后输入 A，选择绘制圆弧。

2. 操作指南

椭圆弧的绘制就是在画完椭圆以后，取该椭圆一部分作为椭圆弧。因此，绘制椭圆弧时，前面步骤和绘制椭圆完全一样，最后只要确定椭圆弧的两个端点的位置就可以了。

3.7 绘制样条曲线和修订云线

3.7.1 样条曲线

1. 命令调用

菜单栏："绘图"|"样条曲线"。

工具栏(功能区)："绘图"|"样条曲线"按钮。

功能区选项卡："默认"|"绘图"|"样条曲线"按钮。

命令行：在命令行提示下输入 Spline(SPL)，按〈Enter〉键。

2. 操作指南

执行"样条曲线"命令后，系统将提示"指定第一个点或［对象(O)］:"，确定要指定的点的位置后，系统将提示"指定第一个点:"，确定第二点后，系统继续提示"指定下一点或［闭合(C)/拟合公差(F)］<起点切向>:"，继续指定下一点后，系统继续提示"指定下一点或［闭合(C)/拟合公差(F)］<起点切向>:"，如果仍指定下一点，将会出现相同的提示；如果不指定下一点，此时可以输入 C 闭合，或输入 F 拟合公差；当然，也可以直接按〈Enter〉键按照默认要求指定起点切向，再指定端点方向，结束命令。

3.7.2 修订云线

1. 命令调用

菜单栏："绘图"|"修订云线"。

工具栏："绘图"|"修订云线"按钮。

功能区："默认"|"绘图"|"修订云线"按钮。

命令行：在命令行提示下输入 Revcloud，按〈Enter〉键。

2. 操作指南

执行“修订云线”命令后，将会显示修订云线的样式，默认最小弧长：15，最大弧长：30，样式：普通；系统将提示“指定起点或［弧长(A)/对象(O)/样式(S)］<对象>:”，确定要指定的点的位置后，系统将提示“沿云线路径引导十字光标…”，按〈Enter〉键后，系统继续提示“反转方向［是(Y)/否(N)］<否>:”，反转方向输入 Y，不反转方向输入 N，也可以直接按〈Enter〉键，修订云线完成。

3.8 图案填充

图案填充是指将图案或者颜色填满选定的图形区域，以表示该区域的特性。比如，在建筑制图中，绘制剖视图或者断面图时，需要绘制填充的材料。

“图案填充”命令还包含了“渐变色”命令。这两种操作是同一个命令，虽然有不同的命令按钮，但可以同时切换操作。由于两者操作相似，本节主要介绍图案填充。

1. 图案填充的要求

当进行图案填充时候，首先要定义填充的边界。定义边界的对象只能是直线、构造线、多段线、正多边形、圆、圆弧、椭圆、椭圆弧等，而且作为边界的对象在当前屏幕上必须全部可见。

构成图案区域的边界的实体必须在它们的端点处相交，否则会产生错误的填充，这是要特别注意的地方。如图 3-14 所示，图在左上角不封闭，在填充时会出现边界定义错误提示。

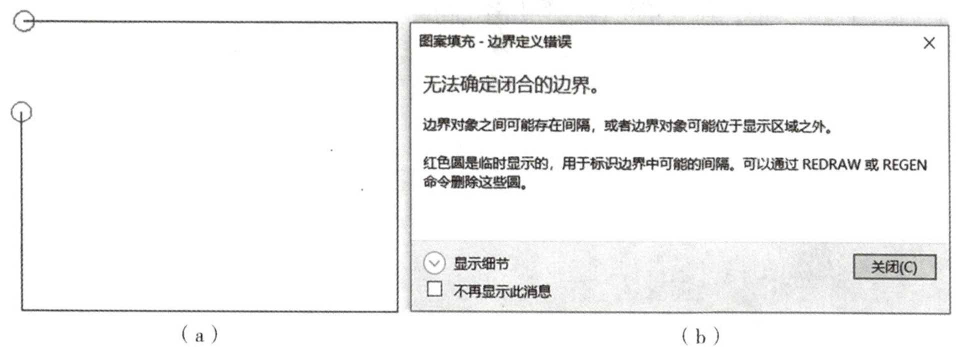

图 3-14　图案填充边界定义错误提示

2. 命令调用

菜单栏：“绘图”|“图案填充”。

工具栏：“绘图”|“图案填充”按钮(图案)，(渐变色)。

功能区选项卡：“默认”|“绘图”|“图案填充”按钮(图案)，(渐变色)。

命令行：在命令行提示下输入 Bhatch（BH)后，按〈Enter〉键。

3. 操作指南

执行“图案填充”命令后，系统弹出如图 3-15 所示的“图案填充和渐变色”对话框，该对话框包含了“图案填充”和“渐变色”选项卡，两者可以切换操作。

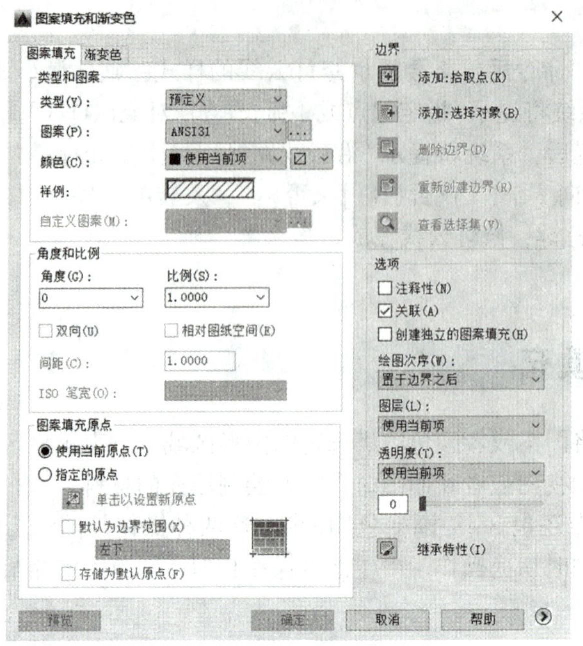

图 3-15 “图案填充和渐变色”对话框

“图案填充”选项卡包含了“类型和图案”“角度和比例”“图案填充原点”“边界”“选项”等选项组。这里只着重介绍“图案”“比例”设置项和“边界”选项组。

(1)“图案”：单击“图案”后面的 ANSI31 … 按钮，可以调出“填充图案选项板”对话框，如图 3-16 所示，在这里可以选择用不同的图案样式。

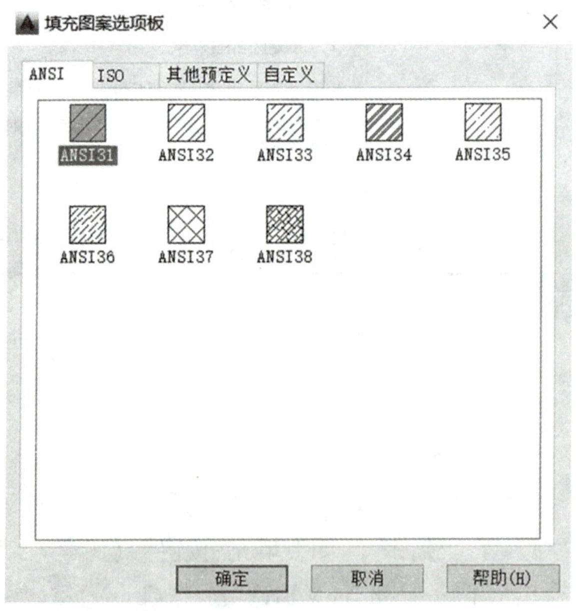

图 3-16 “填充图案选项板”对话框

(2)“比例”：由于绘制图形的尺寸大小不同，填充图案的密与稀也不同，这就要求设置填充的比例。要根据填充图形的尺寸和稀密，综合来考虑具体的比例值。比例值越小越密，比例值越大越稀。

(3)"边界"：指的是边界的选择方式，这里提供了"选择对象"和"拾取点"两种方式。"选择对象"就是把要填充封闭图形所有边界都选中，才能确定填充区域。"拾取点"是指用户在要填充的区域内任意确定一点，要填充图形必须是封闭区域，AutoCAD 会自动确定填充的边界。对于边界不方便选择的情况，"拾取点"方式尤其适合使用。

3.9 块的操作

图块就是多个单个实体组合成的一个整体。将图形做成块方便对图形进行编辑和修改，另外将图形做成块保存，也方便下次使用。例如，在画建筑图时候要经常绘制门窗、桌椅、洁具等图形。如果将图形做成块保存起来，就可以下次使用直接插入图块，不必再重新绘制。

3.9.1 定义图块

定义图块包括创建内部图块和创建外部图块两种方法。创建内部图块也可以称作创建图块。

1. 创建图块

1) 命令调用

菜单栏："绘图" | "块(K)" | "创建块(M)"。

工具栏："绘图" | "创建块"按钮。

功能区选项卡："默认" | "块" | "创建块"按钮。

命令行：在命令行提示下输入 Block(B)后，按〈Enter〉键。

2) 操作指南

执行"创建块"命令后，系统将弹出"块定义"对话框，如图 3-17 所示。该对话框包含了"名称""基点""设置""对象""方式""说明"等选项组，这里主要介绍以下几个。

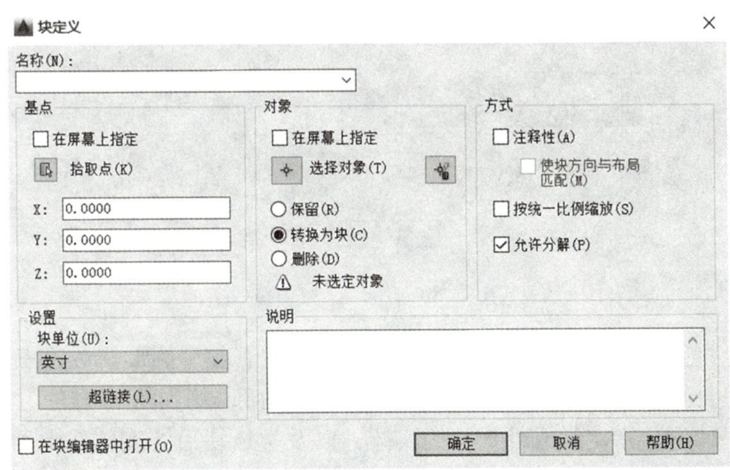

图 3-17　"块定义"对话框

(1)“名称”：用于输入图块的名称。

(2)“基点”：用于指定图块的插入基点。创建图块时的基点将成为后来插入图块时的插入点，同时也是图块被插入时旋转或缩放的基准点。因此，创建图块时基点的位置选择是十分重要的。

(3)“对象”：用来选择创建块的图形对象。选择对象可以在屏幕上指定，也可以通过拾取点选择。

(4)“方式”：设置组成块的对象显示方式。

提示：使用 Block 命令定义的图块只能在当前定义图块的图形中使用，而不能在其他图形中使用，因此被称作内部图块。如果想多次使用图块，则要使用下面要介绍的创建外部图块。

2. 创建外部图块

“创建外部图块”命令也被称作“外部块”命令，或者“写块”命令。

1)命令调用

命令行：在命令行提示下输入 WBlock(W)后，按〈Enter〉键。

2)操作指南

执行“写块”命令后，系统将弹出“写块”对话框，如图 3-18 所示。该对话框包含了“源”“基点”“对象”“目标”等选项组，具体介绍如下。

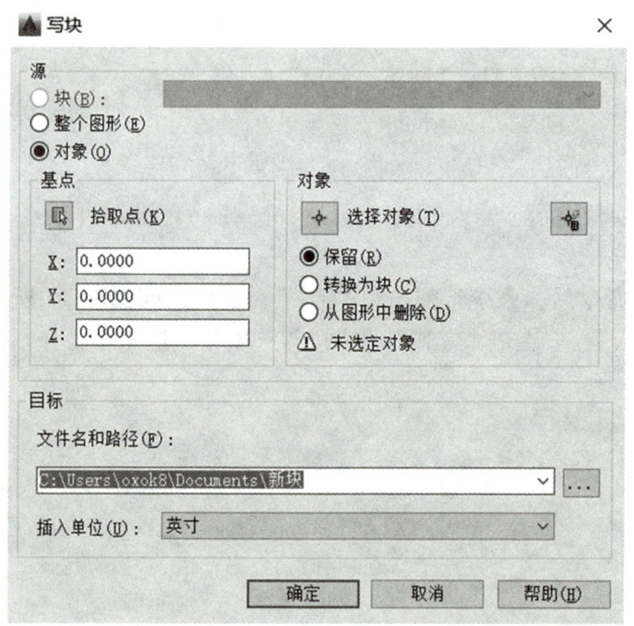

图 3-18 “写块”对话框

(1)“源”：用于定义写入外部块的源实体。包含块、整个图形和对象三个选择方式。

(2)“基点”：用于指定图块的插入基点。和创建内部块作用是一样的。

(3)“对象”：用于指定组成外部块的实体，以及生成块后源实体是保留、消除或是转换成图块。该选择项只对源实体为对象时有效。

(4)“目标”：用于指定外部块文件的文件名、保存位置及采用的单位制式。

提示： 使用 WBlock 命令定义的外部块其实就是一个 dwg 图形文件。该文件只要不删除可以多次插入图块使用，其他的外部 dwg 图形文件也可以作为外部块插入到其他图形文件中。

3.9.2　插入图块

创建块的目的就是为了使用块，提高绘图效率。“插入块”命令就是与其配合使用，可以将预先定义好的图块插入到需要的图形中。

1. 命令调用

菜单栏：“插入”|“块”。

工具栏：“绘图”|“插入块”按钮。

功能区选项卡：“默认”|“块”|“创建块”按钮。

命令行：在命令行提示下输入 Insert(I)后，按〈Enter〉键。

2. 操作指南

执行“插入块”命令后，系统将弹出“插入”对话框，如图 3-19 所示。该对话框包含了“名称”“插入点”“比例”“旋转”“块单位”等选项组，这里主要介绍以下几个。

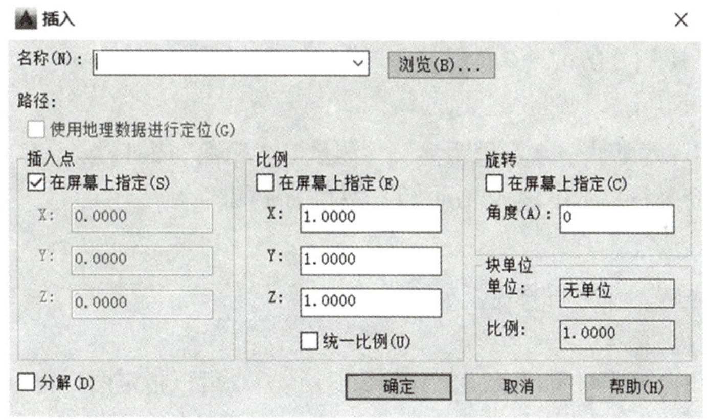

图 3-19　“插入”对话框

(1)“名称”：用于指定要插入的图块或图形文件的名称，用户可以在下拉列表框中选择欲插入的内部块或者单击“浏览”选择外部块。

(2)“插入点”：用于指定插入图形插入点的位置。

(3)“比例”：用于指定插入图块的参照缩放比例。

(4)“旋转”：用于确定图块插入时的旋转角度。

3.10　查询图形属性

3.10.1　查询距离

在 AutoCAD 中提供了用于查询线段长度的“距离”命令。

1. 命令调用

菜单栏："工具"|"查询"|"距离"。

工具栏(功能区)："查询"|"距离"按钮。

功能区选项卡："默认"|"实用距离"|"测量"|"距离"按钮。

命令行：在命令行提示下输入 Dist(Di)后，按〈Enter〉键。

2. 操作指南

执行上述命令后，命令行将提示如下。

命令：Dist

指定第一点：　　　　　　　　　　　/拾取需要查询距离图形的一个端点

指定第二个点或[多个点(M)]：　　　/拾取需要查询距离图形的另一个端点

按〈Enter〉键，将显示查询距离的信息。

3.10.2　查询面积

"面积"命令可以查询封闭二维图形的周长和面积，绘制建筑图时可以用该命令查询房间面积。

1. 命令调用

菜单栏："工具"|"查询"|"面积"。

工具栏："查询"|"区域"按钮。

功能区选项卡："默认"|"实用距离"|"测量"|"距离"按钮。

命令行：在命令行提示下输入 Area 后，按〈Enter〉键。

2. 操作指南

执行上述命令后，命令行将提示如下。

命令：Area

指定第一个角点或［对象(O)/加(A)/减(S)］：　/可以指定图形第一个角点（或者输入相应字母选择其他方式）

指定下一个角点或按〈Enter〉键全选：　　　　/可以指定图形第二个角点

指定下一个角点或按〈Enter〉键全选：　　　　/可以指定图形第三个角点

指定下一个角点或按〈Enter〉键全选：　　　　/可以指定图形第四个角点

直到指定完所有的角点，可以按〈Enter〉键，将显示查询面积和周长的信息。

本章小结

本章主要讨论基本图形的绘制方法，包括点、直线、多段线、多线、矩形、正多边形、圆、圆弧、椭圆、椭圆弧、样条曲线、修订云线等。基本绘图命令是 AutoCAD 的基本部分，也是实际应用中绘制复杂建筑图形的基础。任何一个复杂的图形都是由这些简单的绘图命令完成的。学习时，要注意以下两点。

1. AutoCAD 绘图都是通过命令来实现的，实现方式有 4 种：①在命令行(信息提示区)直接输入命令，按〈Enter〉键来实现命令的调用；②在菜单栏选中命令；③在工具栏中单击命令按钮；④在绘图功能区单击相应的命令按钮。这几种方式基本是相同的作用。

2. 在操作命令时，初学者一定要注意命令行(信息提示区)的信息提示。在执行命令后，命令行都会提示下一步的操作，有时候会要求操作者选择对象或者输入一些选择要求，才能进行下步操作。很多初学者不注意命令行信息提示，容易发生误操作。

基本练习

1. 填空题

(1)“定数等分”的命令是__________；“直线”的命令是__________。

(2)“正多边形”的命令是__________，可以绘制________(最少)至________(最多)的正多边形。

(3)“圆”的命令是__________，AutoCAD 提供了________种绘制圆的操作方法。

2. 选择题

(1)在 AutoCAD 中，可以同时绘制多条平行线的绘图命令是(   )命令。

A. 直线　　B. 多线　　C. 多段线　　D. 正多边形

(2)在 AutoCAD 中，可以绘制带宽度线的命令是(   )命令。

A. 直线　　B. 多线　　C. 多段线　　D. 正多边形

(3)多线样式设置可以从(   )菜单栏调用。

A. 文件　　B. 编辑　　C. 修改　　D. 格式

3. 判断题

(1)“矩形”命令和“直线”命令绘制的矩形图形的属性完全一致。(   )

(2)圆弧绘制方法中起点、圆心、端点是按照顺时针方向绘制的。(   )

4. 绘图题

(1)使用“直线”命令(Line)绘制以下图形。

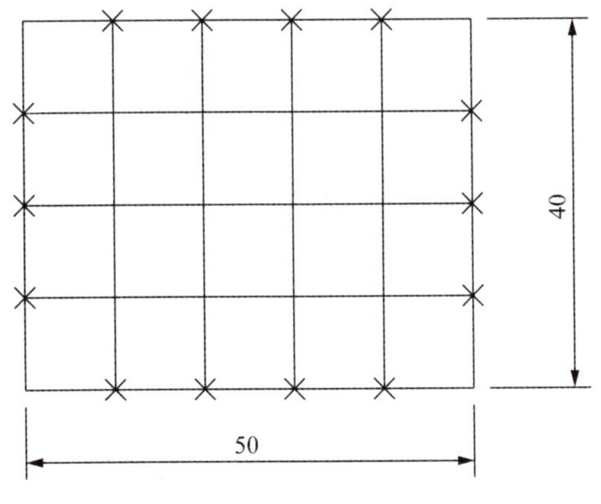

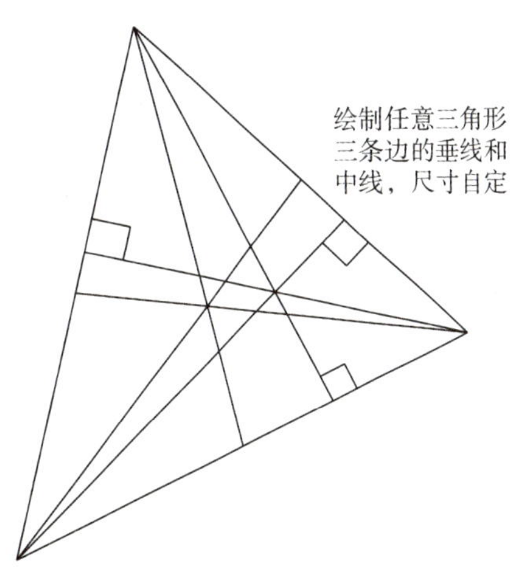

绘制任意三角形
三条边的垂线和
中线，尺寸自定

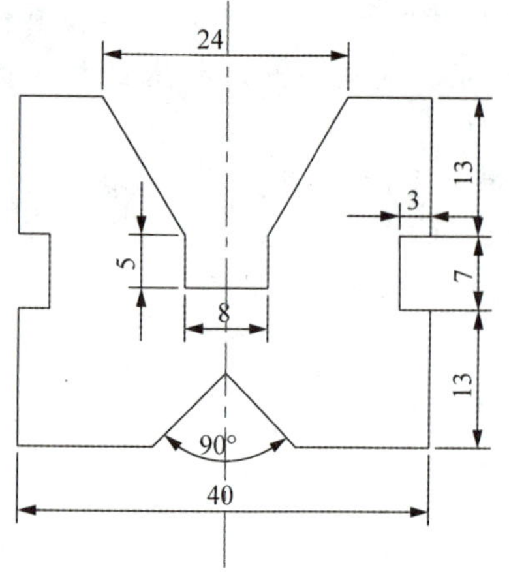

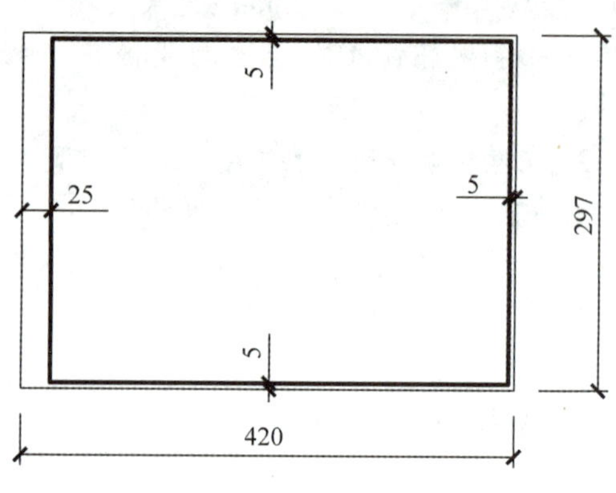

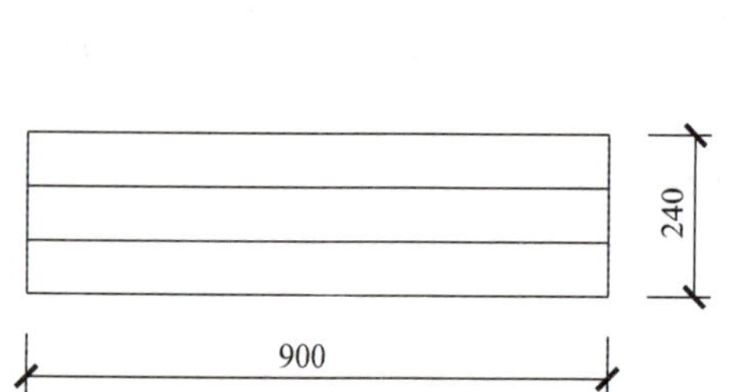

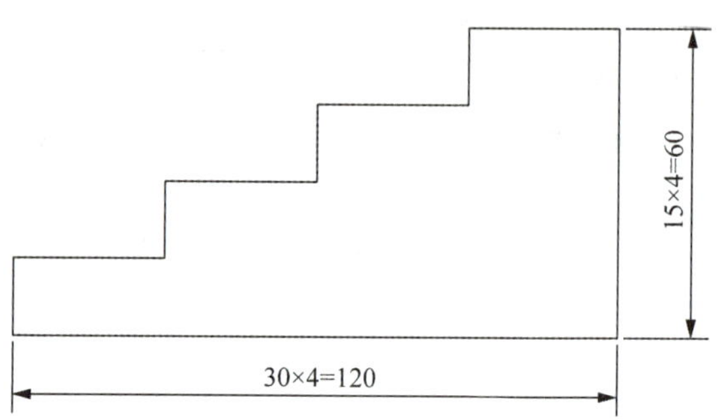

(2)使用多段线命令(Pline)绘制以下图形(提示：等宽部分线宽为3，箭头不等宽部分线宽为8)。

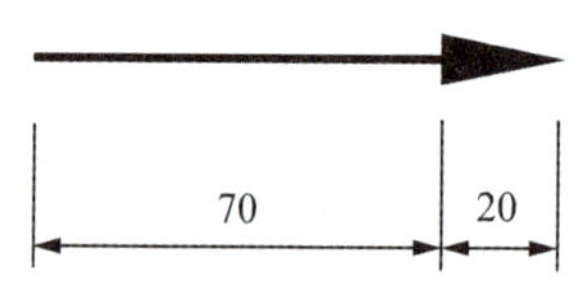

(3)使用“多段线”命令(Pline)绘制以下图形(提示：线宽为10)。

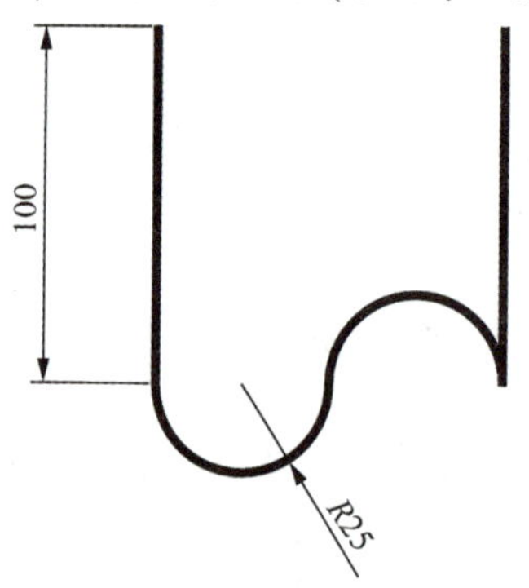

(4) 使用“圆”命令(Circle)或“图案填充”命令绘制以下图形。

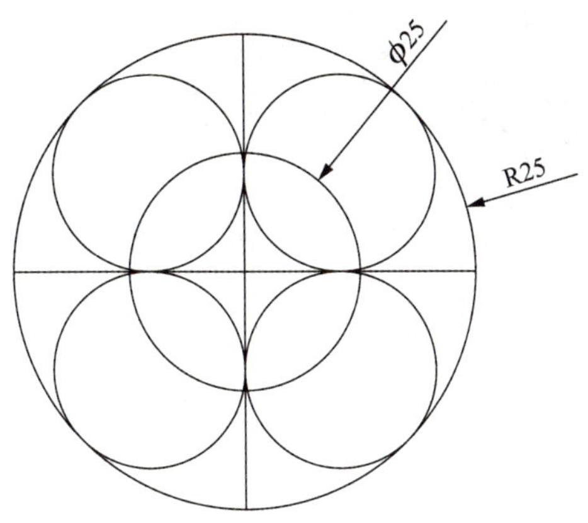

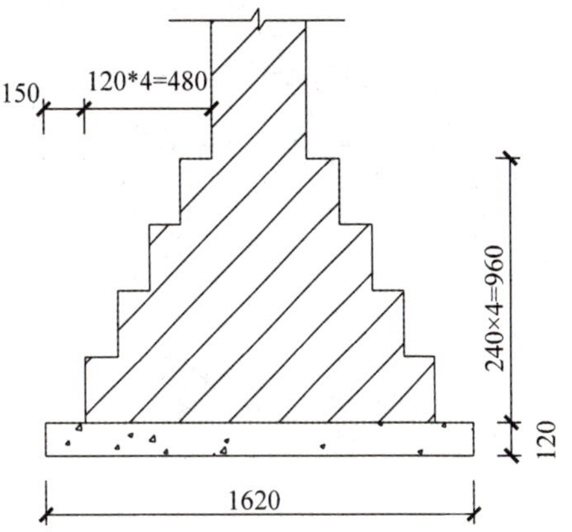

能力提升

请选用本章合适的命令绘制以下复杂图形。

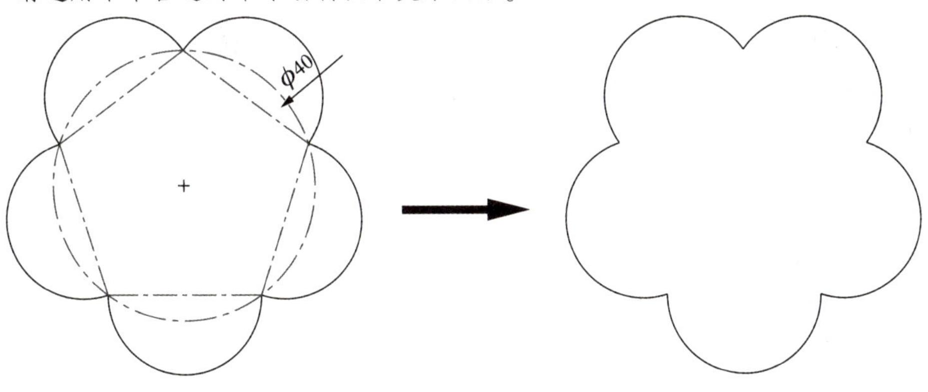

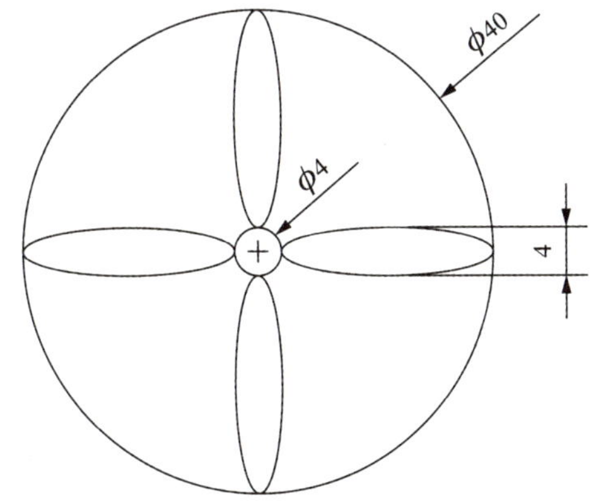

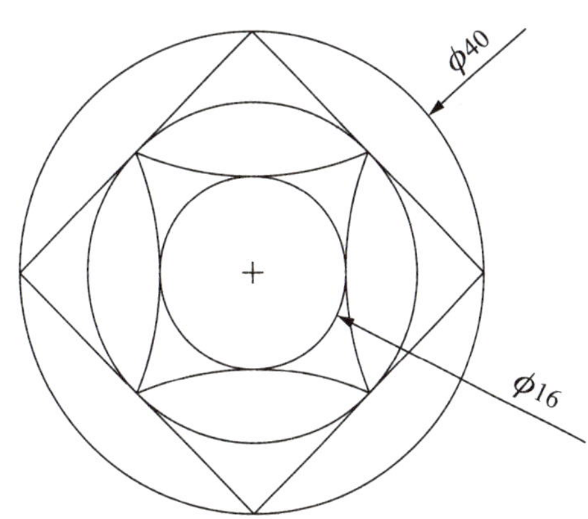

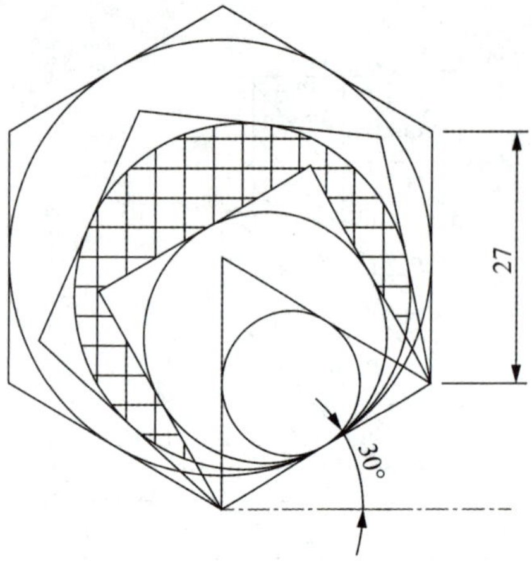

27

30°

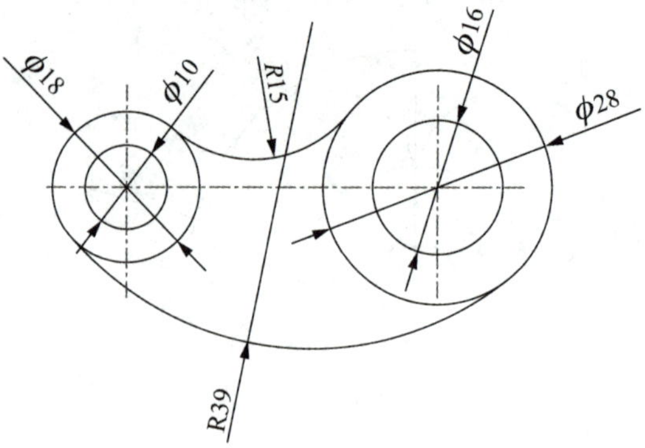

φ18

φ10

R15

φ16

φ28

R39

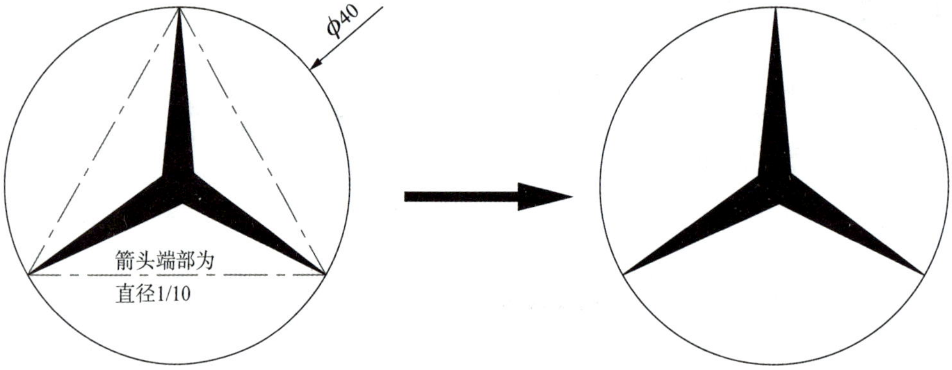

φ40

箭头端部为
直径1/10

第 4 章　编辑修改命令

主要内容

在利用 AutoCAD 绘制较为复杂的图形时，使用基本绘图命令是很难达到要求的，甚至是无法完成的，这时就需要使用编辑修改命令进行处理。本章主要介绍 AutoCAD 的 16 个编辑修改的常用命令。在学完基本绘图命令后，学生应能熟练掌握编辑修改命令的操作方法，并能够合理地使用编辑修改命令完成图形的绘制。

重点难点

重点学习复制、阵列、镜像、偏移、修剪、延伸、移动、旋转、拉伸、缩放、倒角、圆角、分解、合并等命令的调用方式、操作方法和技巧。其中，阵列分为矩形阵列和圆形阵列，需要掌握不同阵列的元素的设置方法；修剪命令操作时需要掌握修剪边界的选择；缩放命令操作时需要注意两种缩放方式的不同之处；这几个命令是本章节学习的难点。

4.1　删除和撤销

4.1.1　删除

"删除"命令为用户提供删除、纠正错误的方法。

1. 命令调用

下拉菜单："修改"|"删除"。

工具栏："绘图"|"删除"按钮。

功能区选项卡："默认"|"修改"|"删除"按钮。

命令行：在命令行提示下输入 Erase(E)，按〈Enter〉键。

2. 操作指南

执行"删除"命令后，系统提示"选择对象："，此时十字光标变成拾取框，可以选择要删除的对象，再按〈Enter〉键，被选对象就删除了。

4.1.2 撤销

在 AutoCAD 操作中，只要没有退出软件结束绘图，在 AutoCAD 全部的操作过程都会储存在缓冲区中，使用“撤销(放弃)”命令都可以逐步放弃当前的操作，重新修改编辑。

1. 命令调用

下拉菜单：“编辑”|“撤销”。

工具栏：“标准”|“撤销”按钮。

命令行：在命令行提示下输入 Undo(U)，按〈Enter〉键。

2. 操作指南

执行“撤销”命令后，就可放弃前面的操作步骤。在命令行输入 Undo 和 U 是不完全相同的，U 命令是 Undo 命令的特殊方式，是 Undo 命令单个使用方式，即向前恢复一个命令；而 Undo 命令可以根据不同情况设置不同的操作方法。

4.2 复制和阵列

4.2.1 复制

1. 命令调用

下拉菜单：“修改”|“复制”。

工具栏：“修改”|“复制”按钮。

功能区选项卡：“默认”|“修改”|“复制”按钮。

命令行：在命令行提示下输入 Copy(CO 或 CP)后，按〈Enter〉键。

2. 操作指南

执行以上任意命令后，系统提示“选择对象:”，对象选中后，按〈Enter〉键；系统将继续提示“当前设置：复制模式=多个”以及“指定基点或［位移(D)/模式(O)］<位移>:”，指定基点；指定基点后系统继续提示“指定第二个点或［退出(E)/放弃(U)］<退出>:”，按〈Enter〉键结束命令。

4.2.2 阵列

1. 命令调用

下拉菜单：“修改”|“阵列”。

工具栏：“修改”|“阵列”按钮。

功能区选项卡：“默认”|“修改”|“阵列”按钮。

命令行：在命令行提示下输入 Array(AR)后，按〈Enter〉键。

2. 操作指南

AutoCAD 阵列包括环形阵列和矩形阵列两种操作方式。执行“阵列”命令后，功能区将出现阵列创建功能，如图 4-1 所示，可以设置有关参数。

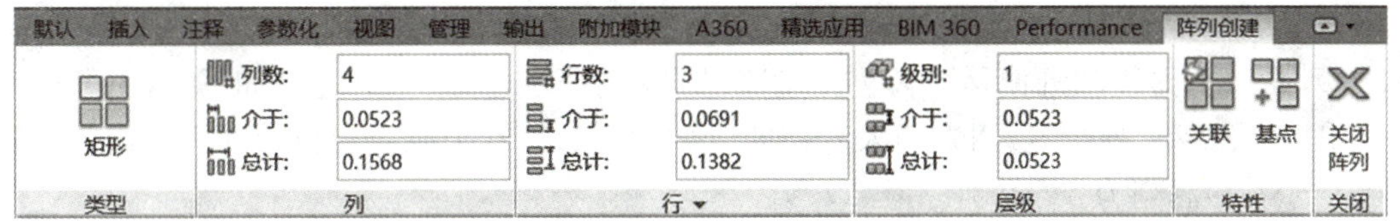

图 4-1　功能区阵列创建

执行“阵列”命令后，命令行出现操作提示：

选择对象：指定对角点：找到 * 个

选择对象：类型=矩形　关联=否

选择夹点以编辑阵列或[关联(AS)基点(B)计数(COU)间距(S)列数(COL)行数(R)层数(L)退出(X)]<退出>：

“[ ]”内是供选择的方式，输入“( )”内相应的字母，可以选择需要的操作要求，每种方式的具体意义如下。

(1)关联(AS)：输入 AS 后，选择关联模式，关联模式表示阵列后图案之间是整体。

(2)基点(B)：输入 B 后，选择基点，基点就是基准点，阵列后图形将以基点向周围变化。

(3)计数(COU)：表示阵列的个数，矩形阵列表示行列的个数，环形阵列表示阵列角度范围内阵列个数；矩形阵列可以直接选择“列数(COL)行数(R)”确定行列个数。

(4)间距(S)：表示每个图形之间的距离，在进行矩形阵列和环形阵列时有所不同，操作时需要注意。

(5)层数(L)(列数(COL)行数(R)已经释义，不再赘述)：表示在三维立体空间图形的层数，平面图中用不到。

从上面可以知道，这种操作方式比较烦琐，尤其是对于使用经典空间操作方式已经熟练的操作者，会觉得这种方式过于复杂。下面讲解经典空间的阵列操作方法，同样分为矩形阵列和环形阵列两种。执行 ARRAYCLASSIC 命令后，会出现“阵列”对话框，如图 4-2 所示。

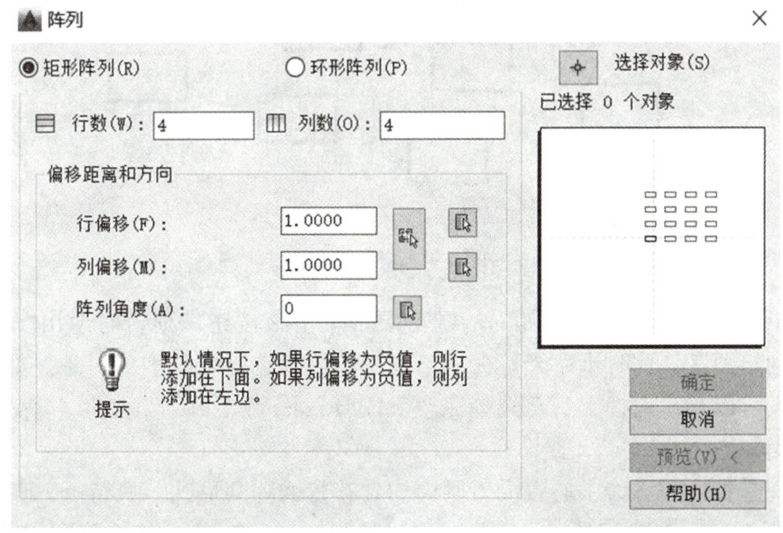

图 4-2　“阵列”对话框

(1)矩形阵列。

执行“阵列”命令后，出现“阵列”对话框，AutoCAD 默认为矩形阵列，对话框包含“行数”“列数”“行偏移”“列偏移”“阵列角度”“选择对象”等选项，具体意义如下。

①“行数”和“列数”：用来输入阵列的行数和列数，其中源对象包含在行列内。如图 4-3 所示，该阵列为 3 行 4 列。

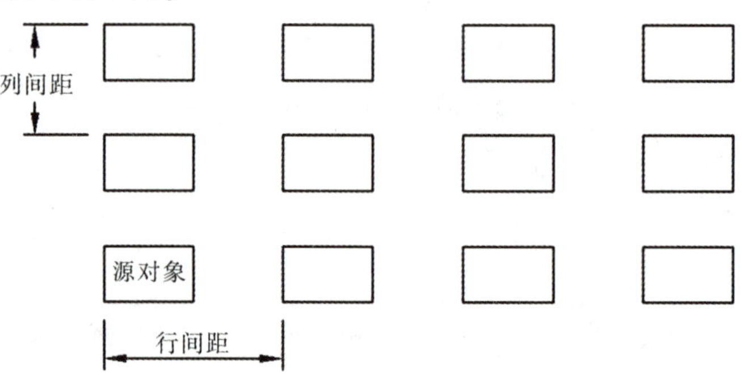

图 4-3　矩形阵列示意图

②“行偏移”和“列偏移”：表示某图形上点到相邻图形对应位置上点的间距，切记不是净距，如图 4-3 所示。除了可以输入行列间距，还可以单击“拾取行偏移和列偏移”按钮。行间距和列间距有正、负之分。行间距为正值时，阵列后的图形在源对象图像的上方；行间距为负值时，阵列图像向下。列间距为正值时，阵列后的图形在源对象图像的右方；列间距为负值时，阵列图像向左。

③“阵列角度”：如果阵列后的效果要求有一定的角度，如图 4-4 所示，就需要在阵列时输入一定的角度值。

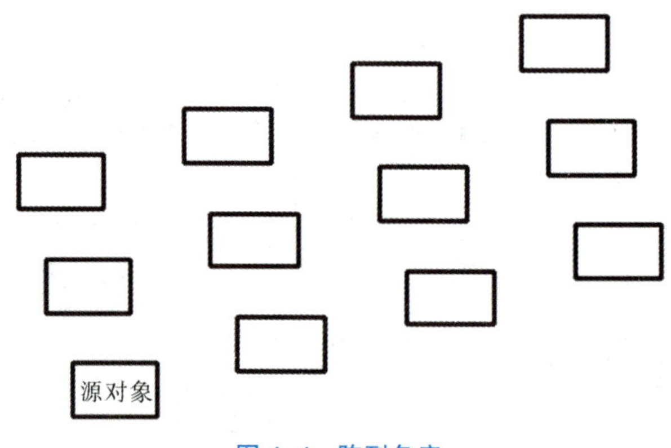

图 4-4　阵列角度

④“选择对象”：用于选择要阵列的源对象。单击该按钮，则暂时退出“矩形阵列”对话框。返回到绘图区，此时十字光标变成拾取框，可以选择要阵列的对象。如果对象没有选择完毕，则可以继续选择，直至选择完毕，按〈Enter〉键即可结束命令。

(2)环形阵列。

环形阵列是指以圆心为中心点沿着圆周均匀布置的阵列形式。执行“阵列”命令后，出现“阵列”对话框，系统默认是矩形阵列。可以单击“环形阵列”，切换阵列方式，如图 4-5 所示。

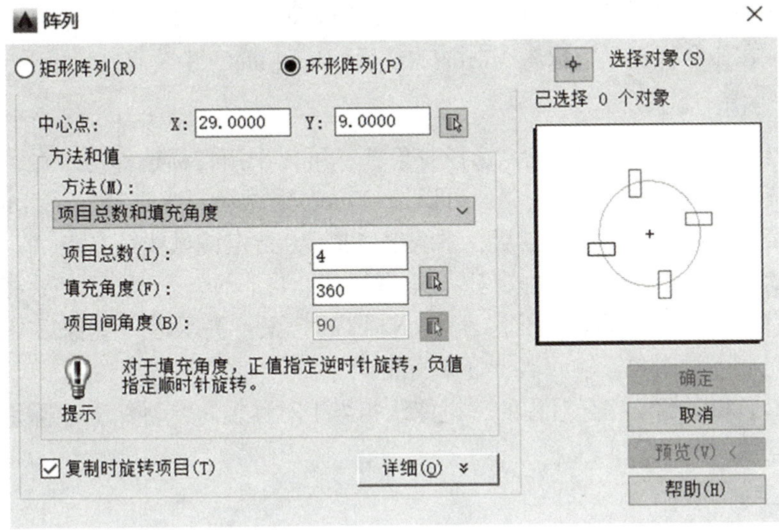

图 4-5 “环形阵列”对话框

“环形阵列”对话框主要包含“中心点”“方法和值”“复制时旋转项目”“选择对象”等选项，具体含义如下。

①“中心点”：用于指定阵列中心点。如果中心点的坐标是已知，则可以直接输入中心点坐标值。也可以单击按钮，直接指定中心点。

②“方法和值”。

“方法”指的是环形阵列的方法，主要包含“项目总数和填充角度”“项目总数和项目间的角度”“填充角度和项目间角度”。

“值”主要包括“项目总数”“填充角度”“项目间角度”。“项目总数”是指阵列后需要复制的总数。“填充角度”指的是通过定义阵列中第一个和最后一个元素的基点之间的包含角度，来设置阵列大小。

③“复制时旋转项目”：用于确定阵列时候是否需要旋转对象。如果选中，表示阵列后每个实体的方向都朝向中心点；如果不选，表示平移复制，阵列后每个实体图形均保持原有实体图形的方向。

④“选择对象”：用于选择要阵列的源对象。单击该按钮，则暂时退出“环形阵列”对话框。返回到绘图区后，十字光标变成拾取框，可以选择要阵列的对象。如果对象没有选择完毕，则可以继续选择，直至选择完毕，按〈Enter〉键即可结束命令。

4.3 镜像和偏移

4.3.1 镜像

1. 命令调用

下拉菜单：“修改”|“镜像”。

工具栏：“修改”|“镜像”按钮。

功能区选项卡："默认"|"修改"|"镜像"按钮。

命令行：在命令行提示下输入 Mirror(MI)后，按〈Enter〉键。

2. 操作指南

执行"镜像"命令后，系统提示"选择对象："，可以采用目标选择选中对象；当选择好对象后，系统再次提示"选择对象："，可以按〈Enter〉键结束对象选择；系统接着提示"指定镜像线的第一点："，指定第一点后，系统继续提示"指定镜像线第二点："，指定第二点后，系统继续再提示"要删除源对象吗？[是(Y)/否(N)]<N>："，按〈Enter〉键结束操作。

"要删除源对象吗？[是(Y)/否(N)]<N>："的含义：提示用户镜像后是否删除源对象。输入 Y 是删除源对象，输入 N 是不删除源对象。

镜像后图形和源对象完全对称的，镜像线相当于对称轴。"镜像"命令除了可以镜像图形，还可以镜像文本。

3. 操作实例

题目：以竖直线为对称轴，使用"镜像"命令将图 4-6(a)中的样条曲线镜像到另一侧，画成一个花瓶，操作步骤如下。

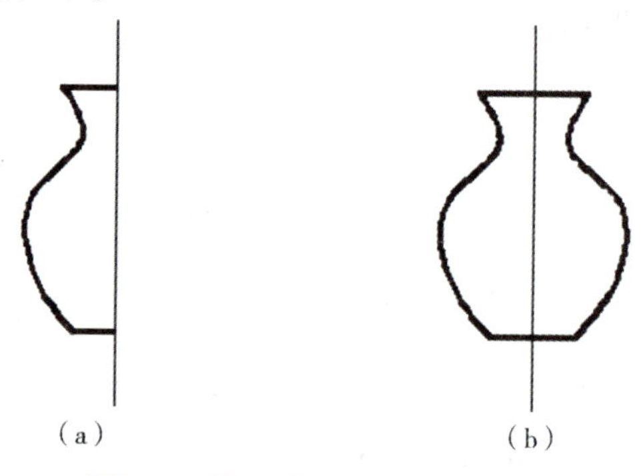

图 4-6 使用"镜像"命令绘制花瓶

命令：Mirror(MI)
选择对象：找到 1 个　　/鼠标单击
选择对象：　　/按〈Enter〉键，结束对象
指定镜像线的第一点：指定镜像线的第二点：　　/选择镜像线的两个端点
要删除源对象吗？[是(Y)/否(N)] <N>：　　/输入 N，按〈Enter〉键，不删除源对象

4.3.2 偏移

1. 命令调用

下拉菜单："修改"|"偏移"。

工具栏："修改"|"偏移"按钮。

功能区选项卡："默认"|"修改"|"偏移"按钮。

命令行：在命令行提示下输入 Offset(O)后，按〈Enter〉键。

2. 操作指南

执行"偏移"命令后，系统提示"当前设置：删除源=否 图层=源 OFFSETGAPTYE=0"，继续提示“指定偏移距离或[通过(T)/删除(E)/图层(L)]<T>:”，输入偏移距离后，系统提示“选择要偏移的对象，或[退出(E)/放弃(U)]<退出>:”，选择对象后，系统再提示“指定要偏移的那一侧上的点，或[退出(E)/多个(M)/放弃(U)]<退出>:”，按〈Space〉键结束命令。

3. 操作实例

题目：使用“偏移”命令将图 4-7(a)中的椭圆偏移同中心点等间距的椭圆，操作步骤如下。

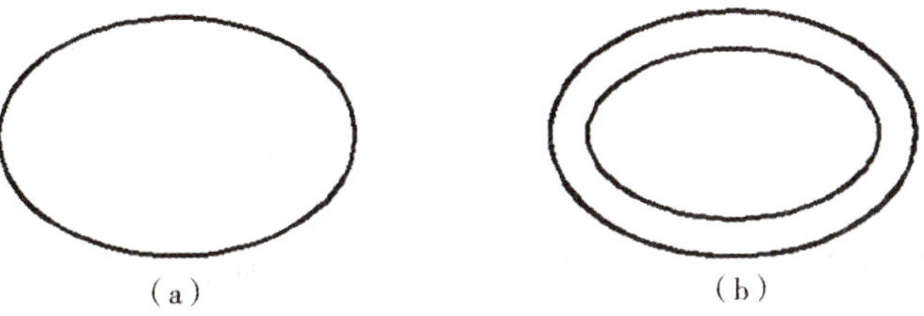

图 4-7 使用“偏移”命令绘制同心椭圆

命令：Offset /调用命令
当前设置：删除源=否 图层=源 OFFSETGAPTYPE=0
指定偏移距离或 [通过(T)/删除(E)/图层(L)] <通过>：20 /输入偏移距离 20
选择要偏移的对象，或 [退出(E)/放弃(U)] <退出>： /选择偏移对象
指定要偏移的那一侧上的点，或 [退出(E)/多个(M)/放弃(U)] <退出>：
/指定在哪侧偏移
选择要偏移的对象，或 [退出(E)/放弃(U)] <退出>： /按〈Enter〉键结束命令

4.4 修剪和延伸

4.4.1 修剪

1. 命令调用

下拉菜单：“修改”|“修剪”。

工具栏：“修改”|“修剪”按钮。

功能区选项卡：“默认”|“修改”|“修剪”按钮。

命令行：在命令行提示下输入 Trim(TR)后，按〈Enter〉键。

2. 操作指南

执行“修剪”命令后，系统提示“当前设置：投影=UCS，边=无 选择剪切边…”，系统继续提示“选择对象或<全部选择>:”，选择对象指的是选择修剪的边界，选择完毕后按〈Enter〉键确认；系统接着提示“选择要修剪的对象，或按住〈Shift〉键选择要延伸的对象，或[栏选(F)/窗交(C)/投影(P)/边(E)/删除(R)/放弃(U)]:”，按〈Enter〉键结束命令。

3. 操作实例

题目：使用“修剪”命令将图 4-8(a)所示圆中的直线修剪掉，操作步骤如下。

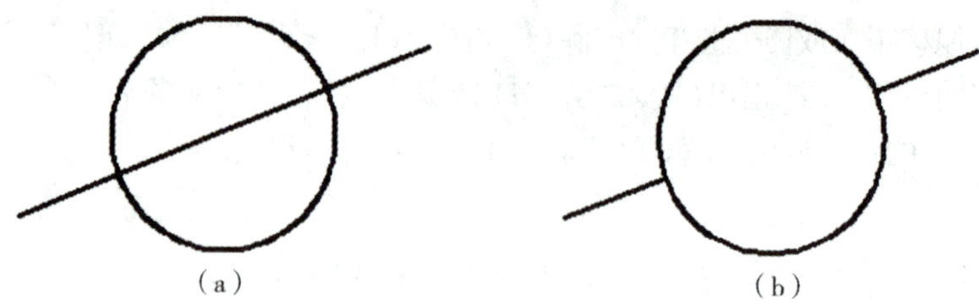

图 4-8　使用“修剪”命令绘图

命令：Trim

当前设置：投影=UCS，边=无

选择剪切边…

选择对象或 <全部选择>：找到 1 个　　　　　　　　/选择圆周作为边界对象

选择对象：

选择要修剪的对象，或按住〈Shift〉键选择要延伸的对象，或[栏选(F)/窗交(C)/投影(P)/边(E)/删除(R)/放弃(U)]：　　　　　　　　/选择圆中直线作为修剪对象

4.4.2　延伸

1. 命令调用

下拉菜单：“修改”|“延伸”。

工具栏：“修改”|“延伸”按钮。

功能区选项卡：“默认”|“修改”|“延伸”按钮。

命令行：在命令行提示下输入 Extend(EX)后，按〈Enter〉键。

2. 操作指南

执行“延伸”命令后，系统提示“当前设置：投影=UCS，边=无 选择边界的边…，选择对象或<全部选择>：”，选择边界对象后，系统继续提示“选择对象：”，如果边界对象选择完毕，可以按〈Enter〉键确认；系统继续提示“选择要延伸的对象，或按住〈Shift〉键选择要修剪的对象，或[栏选(F)/窗交(C)/投影(P)/边(E)/放弃(U)]：”，按〈Enter〉键结束命令。

3. 操作实例

题目：使用“延伸”命令将图 4-9(a)所示水平直线延伸至竖直直线，操作步骤如下。

图 4-9　使用“延伸”命令绘图

命令：Extend

当前设置：投影=UCS，边=无

选择边界的边…

选择对象或 <全部选择>：找到 1 个　　　　　　　/选择竖向直线作为边界对象

选择对象：

选择要延伸的对象，或按住〈Shift〉键选择要修剪的对象，或[栏选(F)/窗交(C)/投影(P)/边(E)/放弃(U)]：　　　　　　　　　　/选择水平直线作为延伸对象

4.5 移动和旋转

4.5.1 移动

"移动"命令用于将对象从某一个坐标点位置移动到另外一个坐标点位置，在移动过程中并不改变对象的尺寸和方位。

1. 命令调用

下拉菜单："修改"|"移动"。

工具栏："修改"|"移动"按钮。

功能区选项卡："默认"|"修改"|"移动"按钮。

命令行：在命令行提示下输入 Move(M)后，按〈Enter〉键。

2. 操作指南

执行"移动"命令后，系统提示"选择对象："，系统继续提示"指定基点或[位移(D)]<位移>："确定图形的基点后，系统继续提示"位移点："，输入移动距离，完成该命令的操作。

4.5.2 旋转

1. 命令调用

下拉菜单："修改"|"旋转"。

工具栏："修改"|"旋转"按钮。

功能区选项卡："默认"|"修改"|"旋转"按钮。

命令行：在命令行提示下输入 Rotate(RO)后，按〈Enter〉键。

2. 操作指南

执行"旋转"命令后，系统提示"选择对象："，系统继续提示"指定基点："，确定基点后，系统将继续提示"指定旋转角度，或[复制(C)/参照(R)]<0>："，最后按〈Enter〉键结束命令。

"指定旋转角度，或[复制(C)/参照(R)]<0>："的含义：提示用户指定旋转的角度，或者输入 C 在旋转的同时复制源对象，或者输入 R 选择参照方式确定旋转角度。

4.6 拉伸和缩放

4.6.1 拉伸

1. 命令调用

下拉菜单：“修改”|“拉伸”。

工具栏(功能区)：“修改”|“拉伸”按钮。

功能区选项卡：“默认”|“修改”|“拉伸”按钮。

命令行：在命令行提示下输入 Stretch(S)后，按〈Enter〉键。

2. 操作指南

执行“拉伸”命令后，系统提示“以交叉窗口或交叉多边形选择要拉伸的对象…”，系统继续提示“选择对象：”，选择完对象，按〈Enter〉键确定选择结束，系统将继续提示“指定基点或［位移(D)］<位移>：”，选择并确定基点，继续将继续提示“指定第二个点或<使用第一个点作为位移>：”。

4.6.2 缩放

“缩放”命令用于以基点为参照点放大或者缩小源对象图形的尺寸。要注意和窗口缩放的区别，窗口缩放只是在窗口内显示放大缩小，而不改变实体的尺寸值。

1. 命令调用

下拉菜单：“修改”|“缩放”。

工具栏：“修改”|“缩放”按钮。

功能区选项卡：“默认”|“修改”|“缩放”按钮。

命令行：在命令行提示下输入 Scale(SC)后，按〈Enter〉键。

2. 操作指南

执行“缩放”命令后，系统提示“选择对象：”，系统继续提示“指定基点：”，确定基点后，系统将继续提示“指定比例因子，或[复制(C)/参照(R)]<1.000>：”，最后按〈Enter〉键结束命令。

“指定比例因子，或[复制(C)/参照(R)]<0>：”的含义：提示用户输入比例因子，如果比例因子大于1，实体将被放大，反之实体将被缩小；或者输入 C 在缩放的同时复制源对象，或者输入 R 选择参照方式放大缩小源对象。

> **提示：**比例因子大于1，实体将被放大，反之实体将被缩小，这并不绝对。比例因子大小不同，到底是放大还是缩小，还要受到当前图形缩放的大小的影响，一般要根据经验输入合适的比例因子，对图形进行缩放。

4.7 倒角和圆角

4.7.1 倒角

1. 命令调用

下拉菜单：“修改”|“倒角”。

工具栏：“修改”|“倒角”按钮。

功能区选项卡：“默认”|“修改”|“倒角”按钮。

命令行：在命令行提示下输入 Chamfer 后，按〈Enter〉键。

2. 操作指南

执行“倒角”命令后，系统提示“(“修剪”模式) 当前倒角距离 1=0.0000，距离 2=0.0000”，此时可以设置倒角距离，设置完毕后系统继续提示“选择第一条直线或 [放弃(U)/多段线(P)/距离(D)/角度(A)/修剪(T)/方式(E)/多个(M)]:”，选择后，系统将继续提示“选择第二条直线，或按住〈Shift〉键选择要应用角点的直线:”，最后按〈Enter〉键结束命令。

4.7.2 圆角

1. 命令调用

下拉菜单：“修改”|“圆角”。

工具栏：“修改”|“圆角”按钮。

功能区选项卡：“默认”|“修改”|“圆角”按钮。

命令行：在命令行提示下输入 Fillet(F)后，按〈Enter〉键。

2. 操作指南

执行“圆角”命令后，系统提示“当前设置：模式=修剪，半径=0.0000”，此时可以设置是否修剪和圆角半径，设置完毕后系统继续提示“选择第一个对象或 [放弃(U)/多段线(P)/半径(R)/修剪(T)/多个(M)]:”，选择后，系统将继续提示“选择第二个对象，或按住〈Shift〉键选择要应用角点的对象:”，最后按〈Enter〉键结束命令。

4.8 分解和合并

4.8.1 分解

“分解”命令用于当源对象是一个整体，需要对其中某个实体进行编辑时，需要先将源对象整个实体分解成单个实体，才可以操作。

1. 命令调用

下拉菜单：“修改”|“分解”。

工具栏："修改"|"分解"按钮。

功能区选项卡："默认"|"修改"|"分解"按钮。

命令行：在命令行提示下输入 Explode 后，按〈Enter〉键。

2. 操作指南

执行"分解"命令后，系统提示选择对象，用目标选择方式中的任意一种方式选择对象，最后按〈Enter〉键结束命令。

4.8.2 合并

执行"合并"命令后，可以将多个相似对象，合并为一个整体。可以合并的对象包括直线、多段线、圆弧、椭圆弧、样条曲线等，但是要合并的对象必须是相似对象，且位于相同平面上，以及其他附加条件。

1. 命令调用

下拉菜单："修改"|"合并"。

工具栏："修改"|"合并"按钮。

功能区选项卡："默认"|"修改"|"合并"按钮。

命令行：在命令行提示下输入 Join 后，按〈Enter〉键。

2. 操作指南

执行"合并"命令后，系统提示"选择源对象:"，选择完后，系统提示"选择要合并到源的直线:"，选择完毕，按〈Enter〉键结束命令。

本章小结

本章主要介绍了复制和阵列、镜像和偏移、修剪和延伸、移动和旋转、拉伸和缩放、倒角和圆角、分解和合并等图形编辑修改命令的功能、特点、操作方法。学习本章的命令时，注意以下两点：①要注意命令操作的灵活性，在绘制图形选择命令时要灵活多变，而不是一成不变地只使用某个命令；②在掌握命令基本操作方法以后，要能够理解该命令的作用和意义，使枯燥的命令和灵活的操作融为一体。

基本练习

1. 填空题

(1)"复制"的命令是________，快捷命令是______或______。

(2)"阵列"命令操作方式包括______和______两种。

(3)"多线"的命令是________，快捷命令是________。

(4)"椭圆"的命令是________，快捷命令是________。

(5)“椭圆”的命令操作方法有______________和______________两种方式。

2. 选择题

(1)一条直线和多段线的夹点个数分别为(　　)。

A. 1 和 2　　B. 2 和 1　　C. 2 和 3　　D. 3 和 2

(2)绘制圆的方式有(　　)种。

A. 4　　B. 5　　C. 6　　D. 7

(3)正多边形命令可以绘制边数的范围是(　　)。

A. 0~100　　B. 3~100　　C. 3~1024　　D. 0~1024

3. 判断题

(1)“阵列”命令行间距和列间距指的是净距。(　　)

(2)“修剪”命令和“延伸”命令可以通过〈Ctrl〉键进行切换。(　　)

(3)“多段线”命令和“直线”命令都只能画直线型图案。(　　)

4. 绘图题

(1)使用“复制”命令(Copy)绘制下图。

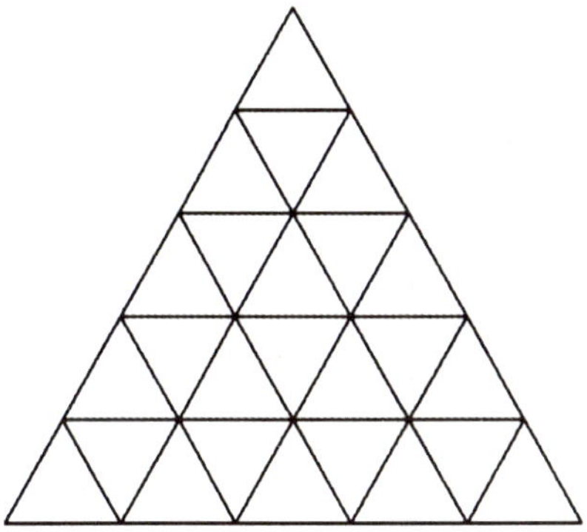

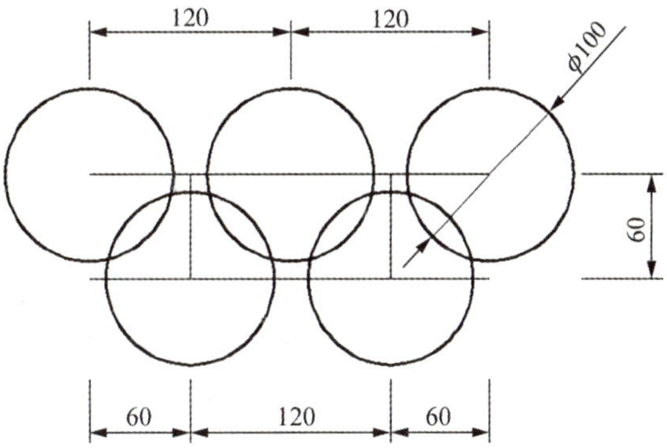

120　120　ϕ100　60　60　120　60

(2)使用“阵列”命令(Array)绘制下图，尺寸自定。

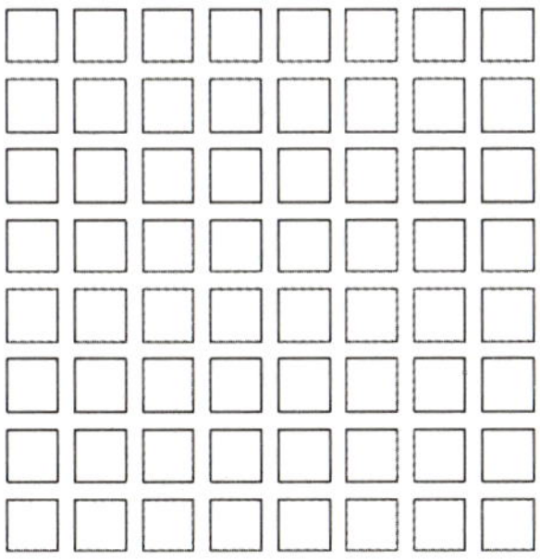

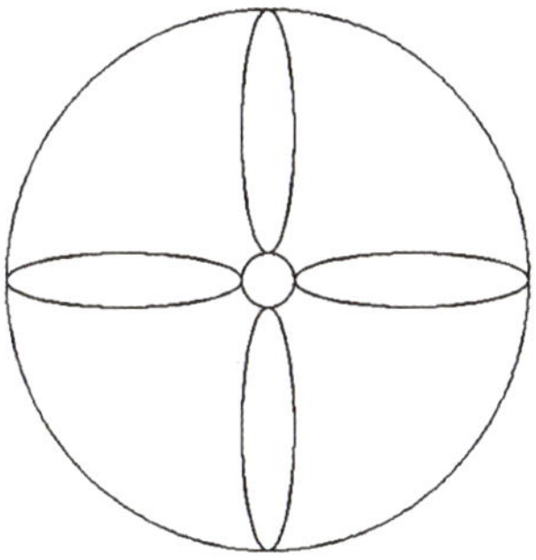

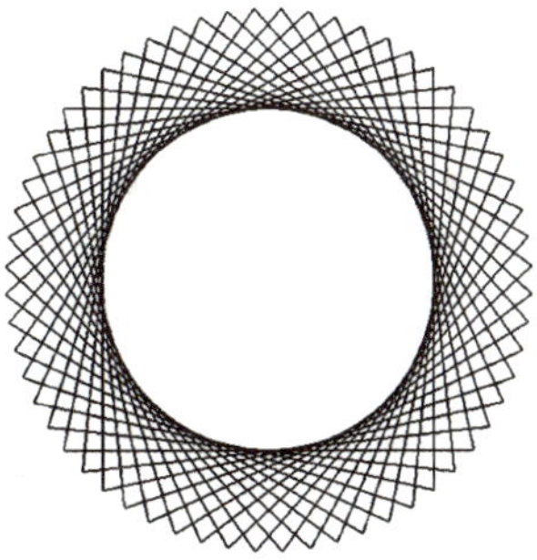

(3)使用“修剪”命令(Trim)绘制下图。

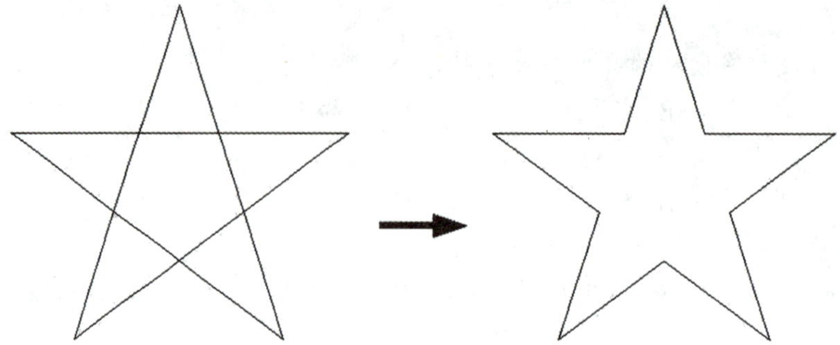

(4)使用“镜像”命令(Mirror)绘制下图。

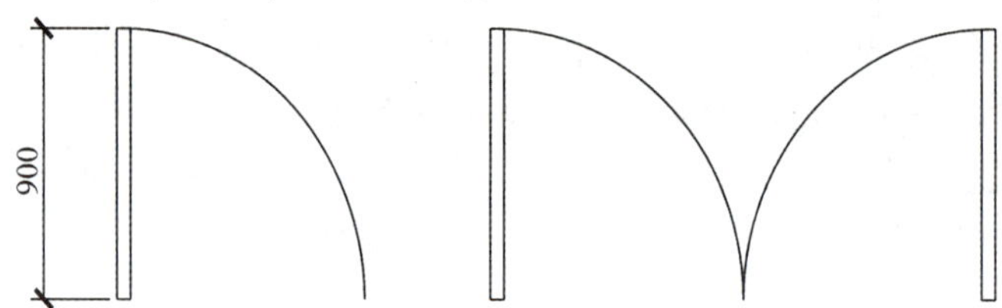

(5)使用“偏移”命令(Offset)绘制下图。

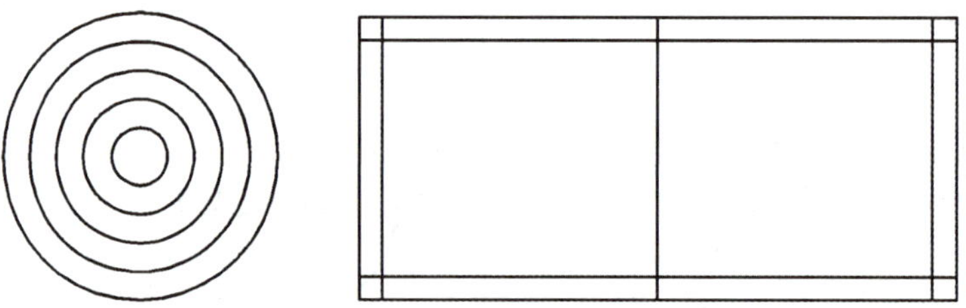

(6)使用“缩放”命令(Scale)绘制下图。

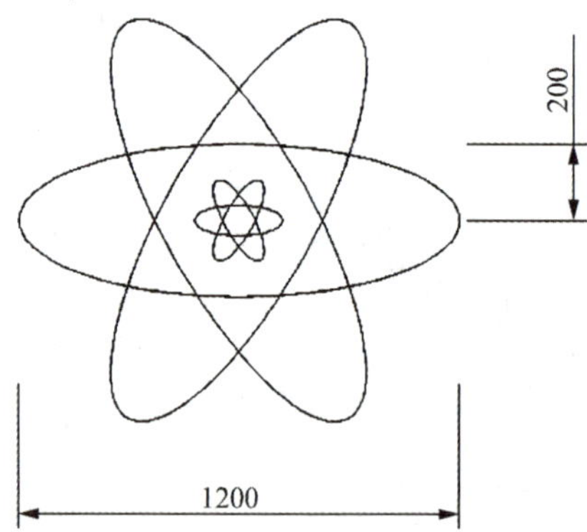

(7)使用“圆角”或“倒角”命令(Fillet 或 Chamfer)绘制下图。

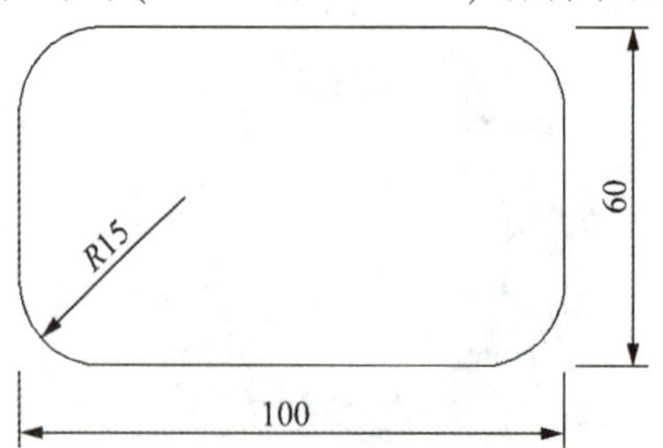

能力提升

请选用本章及第 3 章所学命令，绘制以下复杂图形，没有尺寸的自定尺寸大小。

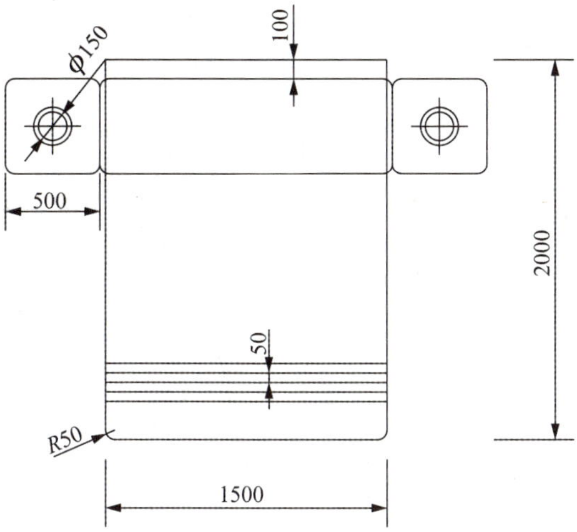

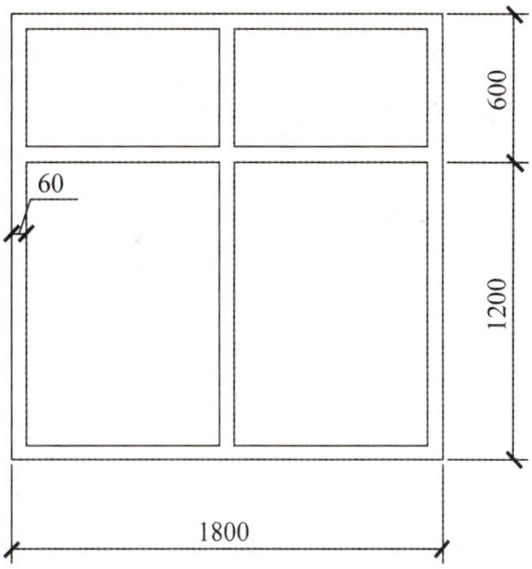

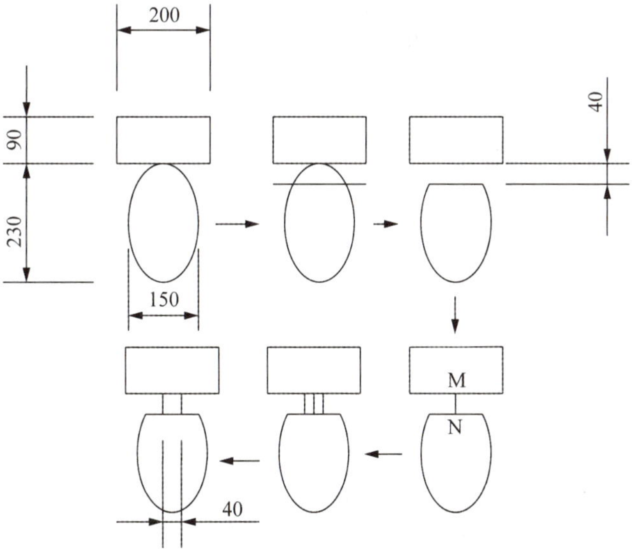

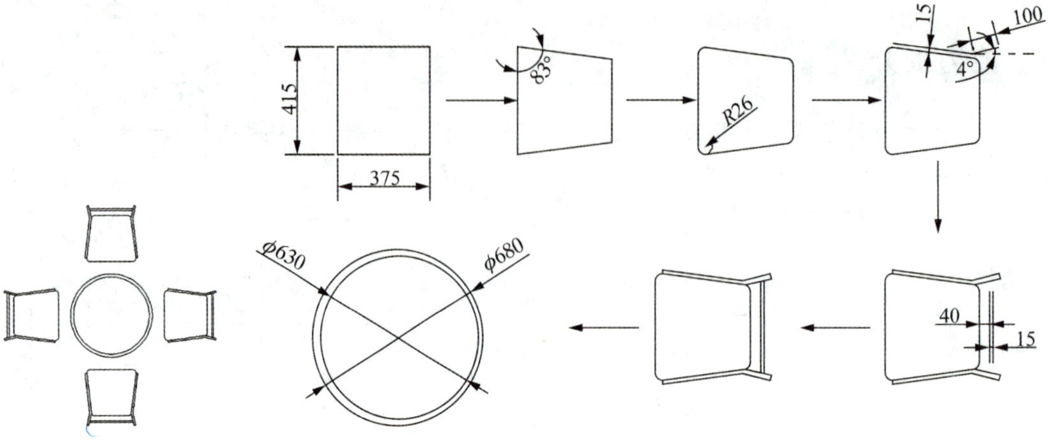
415
375
83°
R26
15
100
4°
ϕ630
ϕ680
40
15

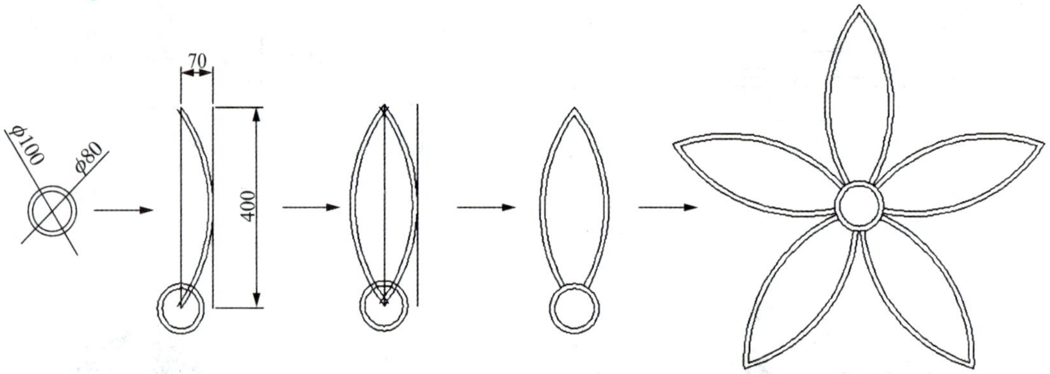
ϕ100
ϕ80
70
400

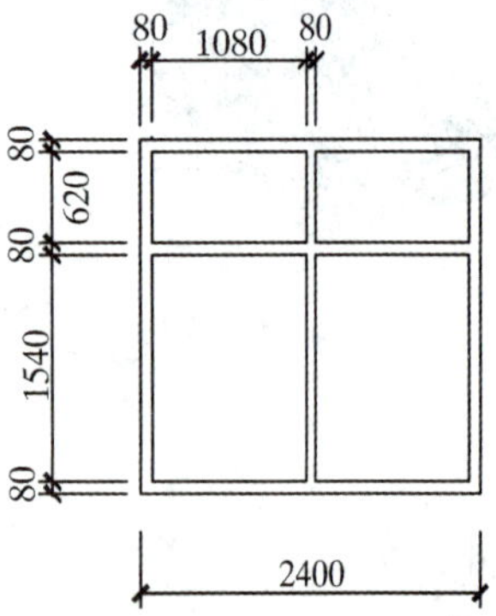
80
1080
80
80
620
80
1540
80
2400

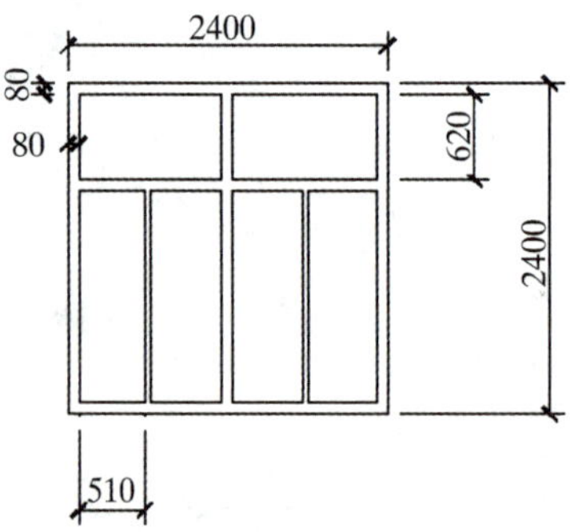
2400
80
80
620
2400
510

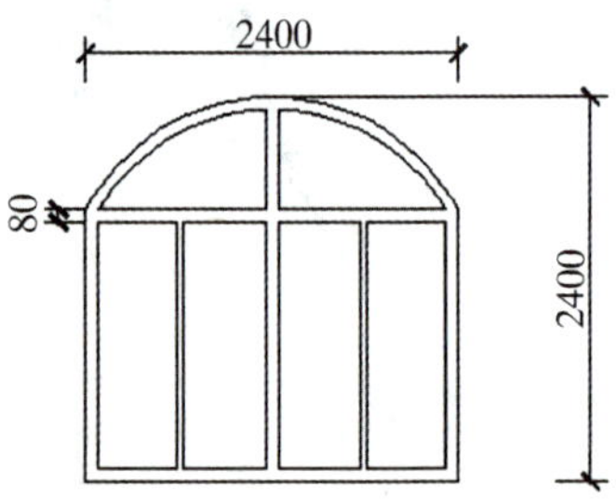
2400
80
2400

第5章 高级编辑命令

主要内容

本章主要介绍图层、特性、特性匹配高级编辑命令。通过本章的学习，学生应能根据所绘图形的情况，合理地选择高级编辑命令，对图形进行高效的管理和编辑。

重点难点

重点学习图层的创建、图层属性的定义及图层的管理。

5.1 建立和管理图层

5.1.1 图层及其特性

图层是AutoCAD用来组织、管理图形对象的一种有效工具，在绘图工作中发挥着重要的作用。图层相当于图纸绘图中使用的重叠图纸，如图5-1所示，每一张图纸像是一张透明的薄膜(也可以理解为玻璃)，每一张可以单独绘图和编辑，设置不同的特性而不影响其他图纸，重叠在一起又成为一幅完整的图形。

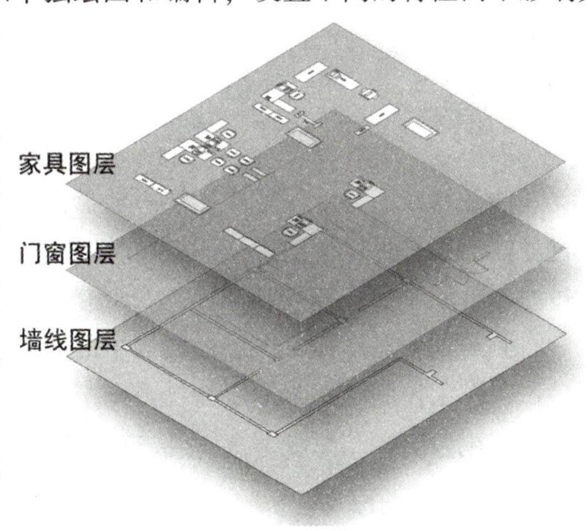

图5-1 图层示意图

“图层特性管理器”对话框可以完成许多图层管理工作，如创建及删除图层、设置当前图层、设置图层的特性及控制图层的状态，还可以通过创建过滤器，将图层按名称或特性进行排序，也可以手动将图层组织为图层组，然后控制整个图层组的可见性。

“图层特性管理器”对话框的启动方法如下。

下拉菜单：“格式”|“图层”。

工具栏(功能区)："图层"工具栏按钮 (见图 5-2)。

命令行：layer。

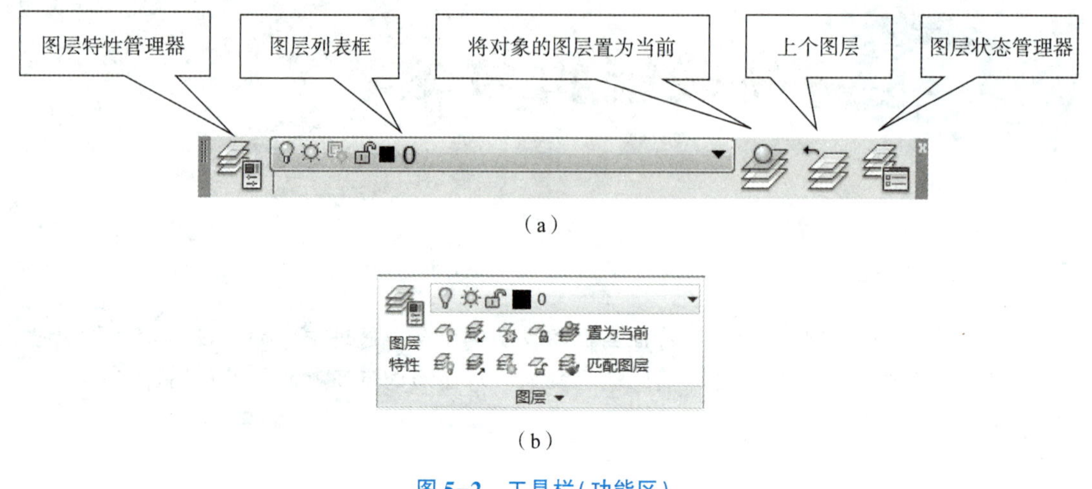

图 5-2　工具栏(功能区)

(a)图层工具栏；(b)图层功能区

执行"图层"命令后，屏幕弹出如图 5-3 所示"图层特性管理器"对话框。在该对话框中有两个显示窗格：左侧为树状图，右侧为列表图。启动"图层特性管理器"对话框后，AutoCAD 提供默认图层，该图层是"0"层。

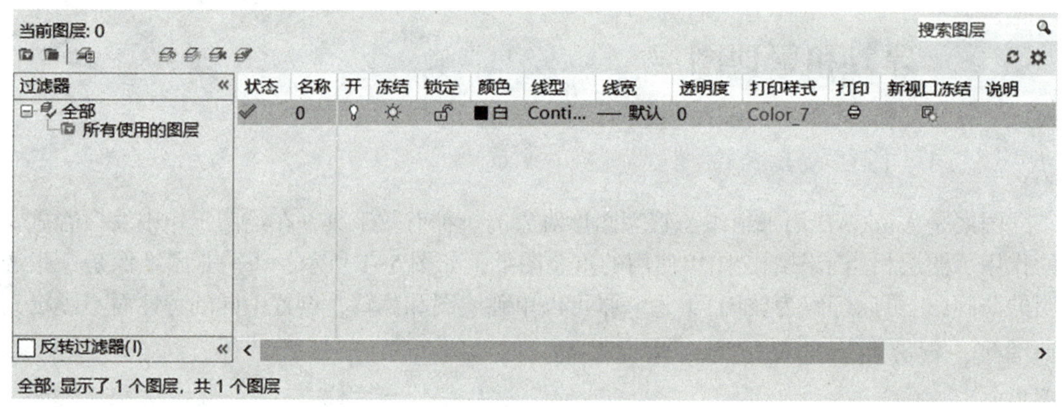

图 5-3　"图层特性管理器"对话框

左侧的树状图显示图形中图层过滤器的层次结构列表。"所有使用的图层"过滤器是默认过滤器。用户可以按图层或图层特性对符合相关条件图层进行排序、集合，创建新的特性过滤器，便于快速查找和操作。

右侧的列表显示指定图层过滤器中的图层信息和说明。图层信息包括：图层状态、图层名称、图层控制状态、图层特性、图层的打印等。

(1)图层状态：指的是图层是否为当前图层，显示为" "的是当前图层，显示为" "的是非当前图层。

(2)图层名称：输入需要绘制图形的图层名字，图层名字不宜过长，做到言简意赅、用户能理解图层意思即可。

(3)图层控制状态：由“开/关”“冻结/解冻”“锁定/解锁”三种状态组成，其作用是控制不同图形对象显示的状态。

(4)图层特性：由颜色、线型、线宽和透明度组成。

下面以表 5-1 所列图层为例，实操如何创建图层。

表 5-1　新建图层特性

序号	名称	颜色	线型	线宽
1	轴线	红色	CENTER 点画线	默认
2	墙线	黑色	Continuous 连续实线	0. 3 mm
3	门	黄色	Continuous 连续实线	默认

5. 1. 2　新建图层

单击“图层特性管理器”对话框中的按钮，在列表图中 0 图层的下面会显示一个新图层，另外新建图层还可以使用快捷键〈Alt+N〉。在“名称”栏填写新图层的名称，填好名称后按〈Enter〉键或在列表图区的空白处单击即可。同理，可创建“轴线”“墙线”和“门”图层。

如果对图层名不满意，还可以重新命名，方法如下。

(1)单击该图层，图层会亮显，然后单击“名称”栏中的图层名，使其处于编辑状态并重新填写图层名。

(2)单击该图层，图层会亮显，使用快捷键〈F2〉对图层名进行修改。

5. 1. 3　设置图层的颜色、线型和线宽

在 AutoCAD 中，除了可以设置各图层对象的名称以外，还可以设置颜色、线型、线宽等特性，以满足用户不同的绘图需要。

1. 设置图层颜色

颜色在图形中具有非常重要的作用，可用来表示不同的组件、功能和区域。图层的颜色实际上是图层中图形对象的颜色。每个图层都拥有自己的颜色，对不同的图层可以设置相同的颜色，也可以设置不同的颜色。绘制复杂图形时，就可以很容易区分图形的各部分。设置图层颜色的方法如下。

单击图层的“颜色”列对应的图标，打开“选择颜色”对话框，如图 5-4 所示，选择一种颜色，然后单击“确定”按钮即可。同理，“轴线”图层选择红色，“墙线”图层

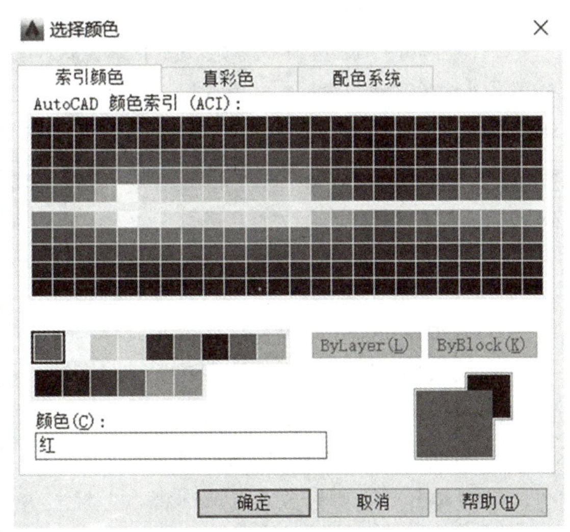

图 5-4　“选择颜色”对话框

选择黑色，“门”图层选择黄色。

2. 设置图层线型

AutoCAD 默认情况下，新建图层的线型是 Continuous，但是在绘图时，由于所绘图形对象不同，其线型也不尽相同。设置图层线型的具体操作如下。

单击中间列表框中的“线型”栏下图标，会跳出“选择线型”对话框，如图 5-5 所示。“选择线型”对话框的列表框中列出了当前已加载的线型，若列表框中没有所需线型，单击“加载”按钮会弹出“加载或重载线型”对话框，如图 5-6 所示。在该对话框中选择所需线型，然后单击“确定”按钮完成加载。返回“选择线型”对话框，在中间的列表框中选择上一步加载的所需线型，单击“确定”按钮即可。同理，“轴线”“墙线”和“门”图层选择对应的线型。

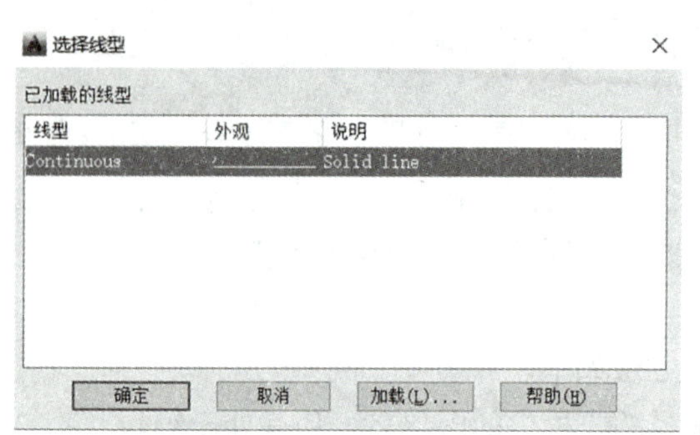

图 5-5 “选择线型”对话框

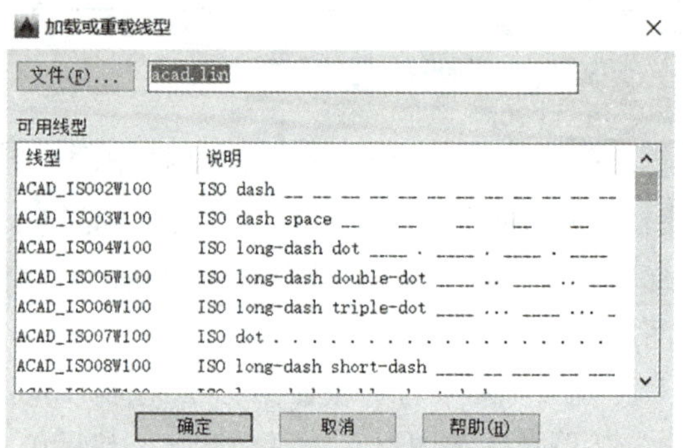

图 5-6 “加载或重载线型”对话框

3. 设置图层线宽

在 AutoCAD 中，线宽是指定给图形对象和某些类型的文字的宽度值。使用不同宽度的线条表现对象的大小或类型，可以提高图形的表达能力和可读性。设置图层线宽特性的具体操作如下。

单击中间列表框中“线宽”栏下“默认”图标，会跳出“线宽”对话框，如图 5-7 所示，在该列表中选择需要的线宽，然后单击“确定”按钮即可。同理，“轴线”“墙线”和“门”图层选择对应的线宽。

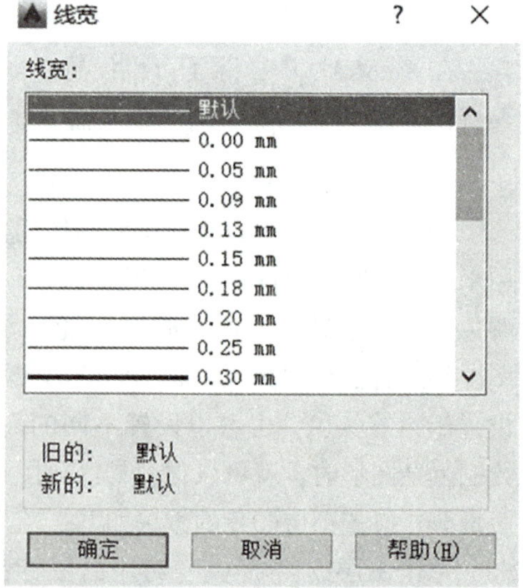

图 5-7 “线宽”对话框

4. 设置图层线型比例

在绘制虚线或点画线时，有时会遇到所绘线型显示成实线的情况，这是因为线型比例因子设置不合理。通过全局更改或单个更改每个对象的线型比例因子，可以以不同的比例使用同一个线型。可以使用“线型管理器”对话框（见图 5-8）对线型比例因子进行调整。调用“线型管理器”对话框的方法如下。

下拉菜单："格式"|"线型"。

命令行：linetype。

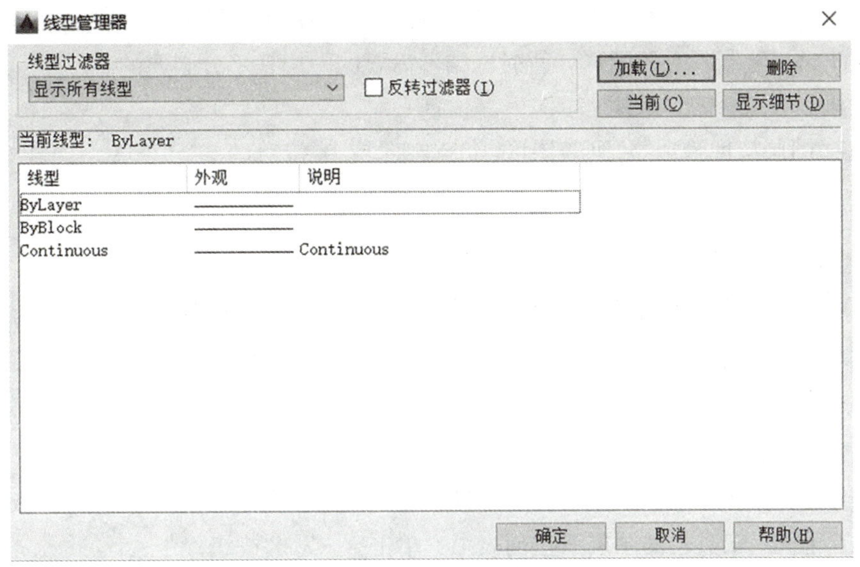

图 5-8 "线型管理器"对话框

在 AutoCAD 中，线型管理器对话框中的具体参数如下。

(1)加载：打开"图层特性管理器"对话框，从中可以将选定的线型加载到图形并将它们添加到线型列表。

(2)当前：将选定线型设置为当前线型。

(3)删除：从图形中删除选定的线型。

(4)显示细节/隐藏细节：控制是否显示线型管理器的"详细信息"部分。该部分包括：①当前线型：显示当前线型的名称；②全局比例因子：显示用于所有线型的全局缩放比例因子；③当前对象缩放比例：设置新建对象的线型比例。生成的比例是全局比例因子与该对象的比例因子的乘积。

5.1.4 设置图层的控制状态

在"图层特性管理器"对话框的列表图区，有"开""冻结""锁定"三栏项目，它们可以控制图层在屏幕上能否显示、编辑、修改与打印。

1. 图层的打开和关闭

该项可以打开和关闭选定的图层。当图标为 时，说明图层被打开，它是可见的，并且可以打印；当图标为 时，说明图层被关闭，它是不可见的，并且不能打印。

打开和关闭图层的方法如下。

(1)在"图层特性管理器"列表图区，单击 或 按钮。

(2)在"图层"工具栏的图层下拉列表中，单击 或 按钮。

2. 图层的冻结和解冻

该项可以冻结和解冻选定的图层。当图标为 时，说明图层被冻结，图层不可见，不能重生成，并且不能进行打印；当图标为 时，说明被冻结的图层解冻，图层可见，可以重生成，也可以进行打印。

由于冻结的图层不参与图形的重生成，可以节约图形的生成时间，提高计算机的运行速度，因此对于绘制较大的图形，暂时冻结不需要的图层是十分必要的。

冻结和解冻图层的方法如下。

(1)在“图层特性管理器”列表图区，单击 或 按钮。

(2)在“图层”工具栏的图层下拉列表中，单击 或 按钮。

3. 图层的锁定与解锁

该项可以锁定和解锁选定的图层。当图标为 时，说明图层被锁定，图层可见，但图层上的对象不能被编辑和修改；当图标为 时，说明被锁定的图层解锁，图层可见，图层上的对象可以被选择、编辑和修改。

锁定和解锁图层的方法如下。

(1)在“图层特性管理器”列表图区，单击 或 按钮。

(2)在“图层”工具栏的图层下拉列表中，单击 或 按钮。

5.1.5 设置当前图层

所有的 AutoCAD 绘图工具只能在当前层进行。当需要画墙体时，必须先将“墙体”图层设为当前图层。设置当前图层的方法如下。

在“图层特性管理器”对话框的列表图区单击某一图层，再右击选择快捷菜单中的“置为当前”选项，“图层特性管理器”对话框中“当前图层”的显示框中显示该图层名。

在“图层特性管理器”对话框的列表图区双击某一图层。

在绘图区选择某一图形对象，然后单击“图层”工具栏的 按钮，系统会将该图形对象所在的图层设为当前图层。

单击“图层”工具栏中图层列表框的 按钮，选择列表中一图层单击将其置为当前图层。

最终根据表 5-1 创建的图层如图 5-9 所示。

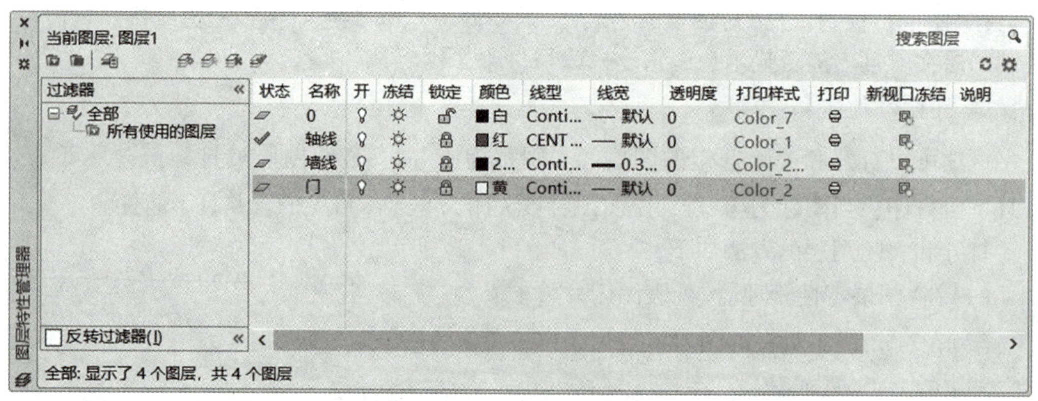

图 5-9 创建图层样例

5.2　特性管理器

5.2.1　“对象特征”工具栏

利用“对象特征”工具栏，可以快捷地对当前图层上的图形对象的颜色，线型、线宽、打印样式进行设置或修改。

通常，在“对象特征”工具栏的 4 个列表框中，均采用随层(Bylayer)控制选项，也就是说，在某一图层绘制图形对象时，图形对象的特性采用该图层设置的特性。利用“对象特性”工具栏可以随时改变当前图形对象的特性，而不使用当前图层的特性。

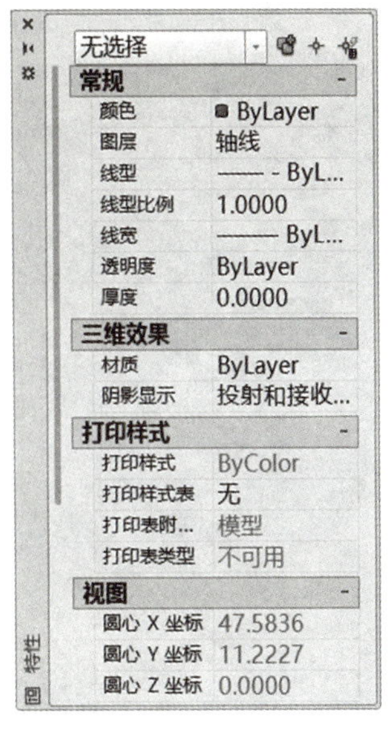

图 5-10　“特性”选项板

5.2.2　“特性”选项板

所有的图形、文字和尺寸，都称为对象。这些对象所具有的图层、颜色、线型、线宽、坐标值、大小等属性都称为对象的特性。用户可以通过“特性”选项板，如图 5-10 所示，来显示选定对象或对象集的特性并修改任何可以更改的特性。

启动“特性”选项板的方法如下。

下拉菜单：“修改”|“特性”。

标准工具栏按钮：。

命令行：properties。

快捷菜单：选中对象后右击，选择快捷键菜单中的“特性”选项或双击图形对象。

5.2.3　显示对象特性

首先在绘图区选择对象，然后使用上述方法启动“特性”选项板。如果选择的是单个对象，则“特性”选项板显示的内容为所选对象的特性信息，包括基本、几何图形或文字等内容；如果选择的是多个对象，在“特性”选项板上方的下拉列表中显示所选对象的个数和对象类型，选择需要显示的对象，这时“特性”选项板中显示的才是该对象的特性信息；如果同时选择多个相同类型的对象，如选择了两个圆，则“特性”选项板中的几何图形信息栏显示为“ * 多种 * ”。

在“特性”选项板的右上角还有 3 个功能按钮，它们的具体功能如下。

(1)按钮：用来切换 PICKADD 系统变量的值。当按钮图形为时，只能选择一个对象；当按钮图形为时，可以选择多个对象。两个按钮图形可以通过鼠标单击进行切换。

(2)按钮：用来选择对象。单击该按钮，“特性”选项板暂时消失，选择需要的对象，右击、按〈Enter〉键或〈Space〉键结束选择，返回“特性”选项板，在选项板中显示所选对象的特性信息。

(3) 按钮：用来快速选择对象。单击该按钮，弹出如图 5-11 所示的“快速选择”对话框。用户可以通过该对话框在指定范围内，按给定条件快速筛选符合条件的对象。

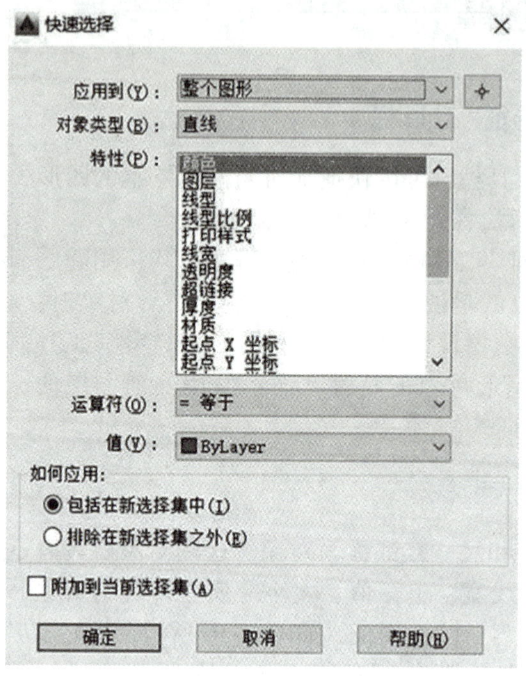

图 5-11　“快速选择”对话框

另外，为了节省“特性”选项板所占空间，便于用户绘图，可以对其进行移动、大小、关闭、允许固定、自动隐藏、说明等操作。

5.2.4　修改对象特性值

利用“特性”选项板还可以修改选定对象或对象集的任何可以更改的特性值。当选项板显示所选对象的特性时，可以使用标题栏旁边的滚动条在特性列表中滚动查看，然后单击某一类别信息，在其右侧可能会出现不同的显示，如单击 轴线 右侧下拉箭头可以修改名称；单击 1.0000 右侧小计算器可以输入特性值。

在完成上述任何操作的同时，修改将立即生效，用户会发现绘图区的对象随之发生变化。如果要放弃刚刚进行的修改，在“特性”选项板的空白区域右击，选择“放弃”选项即可。

5.3　对象特性的匹配

将一个对象的某些或所有特性复制到其他对象上，在 AutoCAD 中被称为对象特性的匹配。可以进行复制的特性类型包括(但不仅限于)颜色、图层、线型、线型比例、线宽、打印样式等。这样，用户在修改对象特性时，就不必逐一修改，可以借用已有对象的特性，使用“特性匹配”命令将其全部或部分特性复制到指定对象上。

执行“特性匹配”命令的方法如下。

下拉菜单：“修改”|“特性匹配”。

标准工具栏(特性功能区)按钮：![按钮]。

命令行：matchprop 或 painter。

执行“特性匹配”命令后，命令行提示：

命令：matchprop　　　　　　　　/执行“特性匹配”命令

选择源对象：　　　　　　　　　/选择源对象

当前活动设置：颜色　图层　线型　线型比例　线宽　厚度　打印样式　文字　标注　填充图案　多段线　视口　表格　材质　阴影显示　多重引线

/显示当前选定的特性匹配设置

选择目标对象或[设置(s)]：　　/选择目标对象

选择目标对象或[设置(s)]：　　/继续选择目标对象或输入 s 调用“特性设置”对话框

其中，源对象是指需要复制其特性的对象；目标对象是指要将源对象的特性复制到其上的对象；“特性设置”对话框是用来控制要将哪些对象特性复制到目标对象，哪些特性不复制。在系统默认情况下，AutoCAD 将选择“特性设置”对话框中的所有对象特性进行复制。如果用户不想全部复制，可以在命令行提示“选择目标对象或[设置(s)]：”时，输入 s 并按〈Enter〉键或右击选择快捷菜单的“设置”选项，调用如图 5-12 所示的“特性设置”对话框来选择需要复制的对象特性。

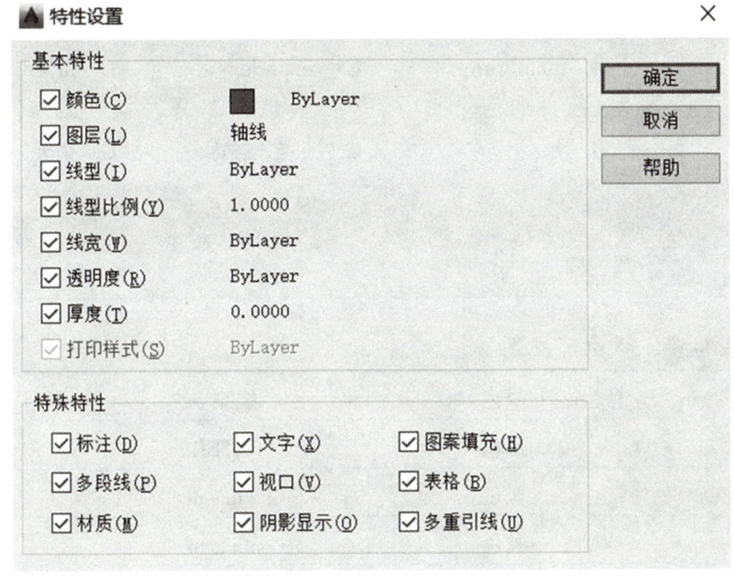

图 5-12　“特性设置”对话框

在该对话框的“基本特性”选区和“特殊特性”选区中勾选需要复制的特性选项，然后单击“确定”按钮即可。

本章小结

本章介绍了图层的概念以及在绘图过程中如何使用图层，它主要包括图层的新建与命名、图层的设置(包括颜色、线型、线宽、打印样式)、图层的控制(包括打开和关闭、冻结和解冻、锁定和解锁)。在本章的最后还介绍了对象特性的显示与修改以及特性的匹配，可以帮助用户更好地完成图形对象的修改工作。

基本练习

1. 填空题

(1)图层特性管理器由________________和________________两部分组成。

(2)图层控制状态可分为____________、____________、____________三部分。

(3)墙体的线型一般选用__________________。

2. 选择题

(1)轴线选用的线型一般为(　　)。

A. 细实线　　B. 粗实线

C. 点画线　　D. 虚线

(2)“特性匹配”的命令是(　　)。

A. properties　　B. matchprop　　C. pickadd　　D. layer

(3)对于当前图层无法操作的是(　　)。

A. 名称　　B. 开/关　　C. 冻结/解冻　　D. 锁定/解锁

能力提升

根据下面表格要求尝试建立图层。

名称	颜色	线型	线宽
轴线	红色	CENTER	默认
墙体	黑色	Continuous	0.5 mm
门	黄色	Continuous	默认
窗	青色	Continuous	默认
楼梯	蓝色	Continuous	默认
标注	绿色	Continuous	默认
文字	洋红	Continuous	默认

第6章 文本标注与表格

主要内容

本章主要介绍 AutoCAD 中文本标注与表格的相关内容。在绘制 CAD 图形时，为了全面表达图形的结构、形状和基本位置关系，不仅要绘制各种图形对象，还需要标注一些必需的文字内容，以此来增强图形的可读性，为读者提供更多的、准确的设计信息。同时，AutoCAD 提供表格工具，方便用户汇总一些图纸内容和信息。

重点难点

重点掌握文字样式的设置，单行文本和多行文本命令调用方法、操作要点、编辑方法，以及表格的创建、文字输入和编辑修改。

6.1 文字样式设置

在 AutoCAD 中，所有文字都有与之相关联的文字样式，在创建文字注释时，通常使用当前的文字样式，也可以根据具体要求重新设置文字样式或创建新的样式，从而方便、快捷地对图形进行标注。文字样式主要包括文字的字体、高度、宽度因子、倾斜角度、颠倒、反向、垂直等参数。

1. 命令调用

下拉菜单："格式"|"文字样式"。

工具栏(功能区)："格式"|"文字样式"按钮。

命令行：在命令行中直接输入 Style，并按〈Enter〉键。

2."文字样式"对话框

"文字样式"对话框(见图 6-1)中常用设置项的含义如下。

(1)"样式"列表框：列出了所有或当前正在使用的文字样式，默认文字样式为 Standard。在"样式"列表框中右击文字样式名称，可从弹出的快捷菜单中选择"置为当前""重命名"和"删除"命令，但无法对默认的 Standard 样式进行重命名或删除。

(2)“字体”选项组：用于设置文字使用的字体，该选项包含了 Windows 系统中所有的字体文件，供用户选择使用。在使用汉字字体时，需将“使用大字体”前面的“√”去掉。

(3)“大小”选项组：用于设置字体的字高，如果将文字高度设为 0，在使用 text 命令标注文字时，命令将显示“指定高度”提示，要求指定文字高度。如果输入了文字高度，系统将按此高度进行标注文字。

(4)“效果”选项组：用于设置字体的颠倒、反向、垂直、宽度因子和倾斜角度等显示效果。“颠倒”复选框用于确定是否将文字旋转 180°；“反向”复选框用于确定是否将文字以镜像方式标注；“垂直”复选框用于控制文字是水平标注还是垂直标注；“宽度因子”用于扩大或压缩字符，输入大于 1.0 的值将扩大文字，输入小于 1.0 的值将压缩文字；“倾斜角度”用于设置文字的倾斜角度，角度为正值时向右倾斜，角度为负值时向左倾斜。

(5)“新建”按钮：单击该按钮将打开“新建文字样式”对话框，在“样式名”文本框中输入新建文字样式的名称，单击“确定”按钮可以创建新的文字样式。

(6)“删除”按钮：单击该按钮可以删除某个已有的文字样式，但是无法删除已经使用的文字样式和默认的 Standard 样式。

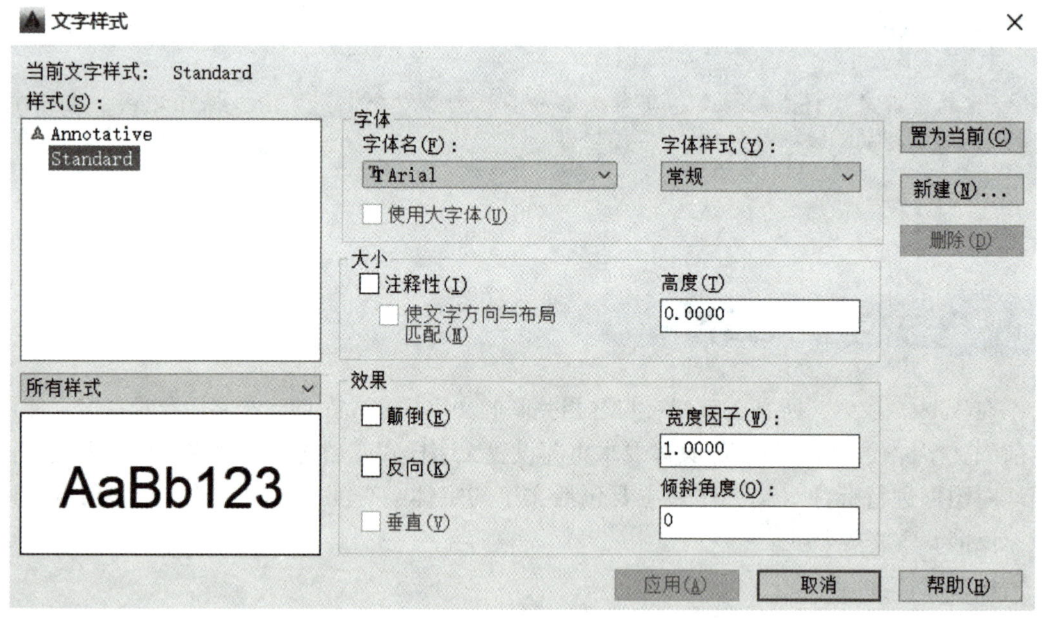

图 6-1 “文字样式”对话框

设置完文字样式后，单击“应用”按钮即可应用文字样式进行标注。AutoCAD 提供了两种文本标注方式——单行文本标注和多行文本标注。对于简单文字，可使用单行文本标注；对于较长文字或带有内部格式的文字，使用多行文本标注比较合适。下面分别介绍两种标注方式。

6.2 文本标注

6.2.1　单行文本标注

1. 命令调用

下拉菜单：“绘图”|“文字”|“单行文字”。

工具栏(功能区)：单击“文字”工具栏中的“单行文字”按钮 AI 。

命令行：在命令行直接输入 dtext(dt)，并按〈Enter〉键。

2. 操作指南

执行命令后，命令行出现以下提示：

命令：dtext

当前文字样式：“Standard”　文字高度：2.5000　注释性：否

指定文字的起点或[对正(J)/样式(S)]：

其中，“指定文字的起点”选项是默认选项，用于指定单行文字行基线的起点位置，要求用户用光标在绘图区指定。如果在命令行中输入 J，则命令行出现以下提示：

[对齐(A)/调整(F)/中心(C)/中间(M)/右(R)/左上(TL)/中上(TC)/右上(TR)/左中(ML)/正中(MC)/右中(MR)/左下(BL)/中下(BC)/右下(BR)]

设置完成后即可进行文字输入，用单行文本输入文字时每换一行或用光标重新定义一个起始位置时，再输入的文本便被作为另一实体。

6.2.2　多行文本标注

1. 命令调用

下拉菜单：“绘图”|“文字”|“多行文字”。

工具栏(功能区)：单击“文字”工具栏中的“多行文字”按钮 A 。

命令行：在命令行直接输入 mtext(mt)，并按〈Enter〉键。

2. 操作指南

执行命令后，命令行出现以下提示：

命令：mtext

当前文字样式：“Standard”　文字高度：2.5　注释性：否

指定第一角点：　　　　　　　　　　/确定一点作为标注文本框的第一个角点

指定对角点或[高度(H)/对正(J)/行距(L)/旋转(R)/样式(S)/宽度(W)/栏(C)]：

　　　　　　　　　　　　　　　　　/在适当位置给出另一点作为文本框的对角点

给出文本框对角点后，系统自动弹出文字输入框，如图 6-2 所示。文字输入框的文本编辑窗口就是指定的文本框，窗口左下方和右上方各有一对箭头 ◁▷，通过拉动箭头来改变文本框的长度。在文本编辑窗口输入所需要的文字后，单击“文字格式”编辑器中的“确定”按钮即可输入注释文字。处于文字输入状态时，功能区也会切换到“文字编辑器”用来设置文字的样式和排版，如图 6-3 所示。

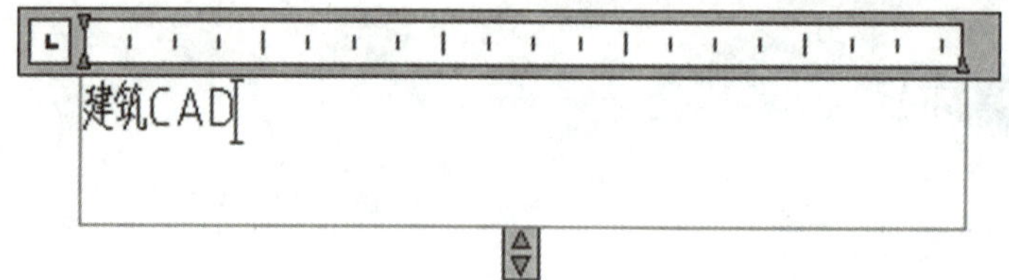

图 6-2 文字输入框

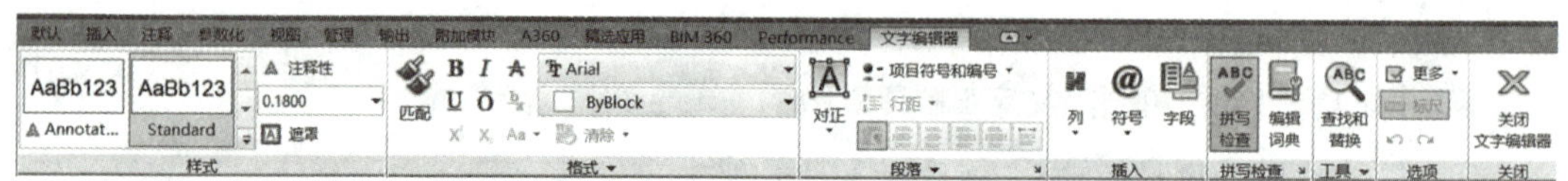

图 6-3 文字编辑器

6.2.3 特殊字符的输入

在绘制建筑工程施工图中，经常需要标注一些特殊字符，如钢筋的直径符号 ϕ，表示标高的±等，这些特殊的字符不方便直接从键盘上输入。AutoCAD 提供了一些简捷的控制码，通过直接输入控制码，可以直接输入特殊字符。

AutoCAD 提供的控制码，由两个百分号(%%)和一个字母组成。输入这些控制码，按〈Enter〉键后，控制码就变成了相应的特殊字符。控制码所在的文本如果被定义成 TrueType 字体，则无法显示相应的特殊字符，只能出现一些乱码或问号，因此在使用控制码时要将字体样式设置为非 TrueType 字体。常用控制码及其相应的特殊字符如表 6-1 所示。

表 6-1 常用控制码及其相应的特殊字符

特殊字符	输入形式	功能说明
°	%%D	标注“度”符号
±	%%P	标注“正负号”
ϕ	%%C	标注“直径”符号
%	%%%	标注“百分比”符号
—	%%O	文字上划线开关
_	%%U	文字下划线开关

6.3 文本编辑

1. 命令调用

下拉菜单：“修改”|“对象”|“文字”。

工具栏(功能区)：单击“文字”工具栏中的“表格”按钮A。

命令行：在命令行直接输入 ddedit(ED)，并按〈Enter〉键。

2. 操作指南

执行命令后，根据文字对象是单行文本还是多行文本，会出现以下两种情况。

(1)单行文本编辑。如果编辑的文字对象是单行文本，如图 6-4 所示，双击文字后会自动切换到编辑状态，文字处于一个动态的文本框中，如图 6-5 所示，此时可直接修改文字内容，在文本框外围任意位置单击结束编辑状态。

建筑CAD2020

图 6-4 单行文本

图 6-5 单行文本编辑状态

需要说明的是，单行文字在这种快捷编辑状态下，只能编辑文字的内容，不能编辑文字的样式和高度。编辑文字的样式和高度，需要调用“对象特性”命令，编辑步骤如下。

①点选要编辑的单行文字对象。

②单击“标准”工具栏中的“特性”按钮，调出“特性”选项板，如图 6-6 所示，在“文字”选项区中调整文字的样式、高度等参数。

③按〈Esc〉键结束编辑。

(2)多行文本编辑。如果编辑的文字对象是多行文本，双击文字后，在功能区则会自动切换到“文字编辑器”，同时在多行文本框会出现光标闪动的编辑状态，如图 6-7 所示。直接编辑文本框中的文字内容，在文本框外围任意位置单击，结束编辑状态。

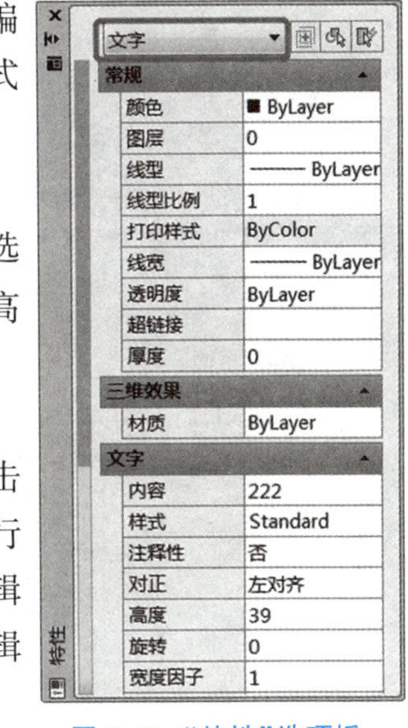

图 6-6 “特性”选项板

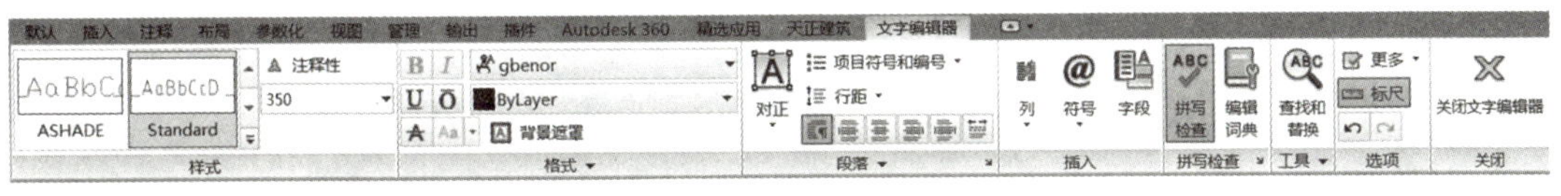

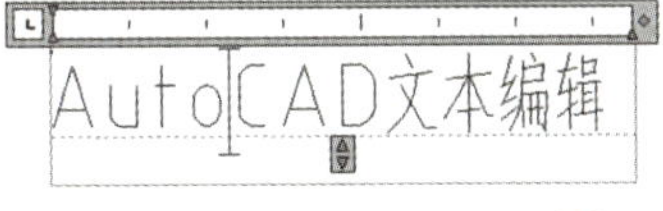

图 6-7 多行文本框

6.4 表格

AutoCAD 提供了表格命令工具，方便绘图者对图纸中信息归纳和分类。比如，建筑图中有大量的门窗，且尺寸和类型差异较大，使用表格工具将所有表格汇总，可以方便地识别门窗关键要素。

6.4.1 插入表格

创建表格首先需要调用命令，熟悉插入表格的对话框有关选项信息。

1. 命令调用

下拉菜单："绘图"|"表格"。

工具栏(功能区)：单击"文字"工具栏中的"表格"按钮。

命令行：在命令行直接输入 table(tb)，并按〈Enter〉键。

2. 操作指南

执行"表格"命令后，会弹出"插入表格"对话框，如图 6-8 所示。该对话框中有"表格样式""插入选项""插入方式""列和行设置""设置单元样式"等 5 个选项组，具体含义如下。

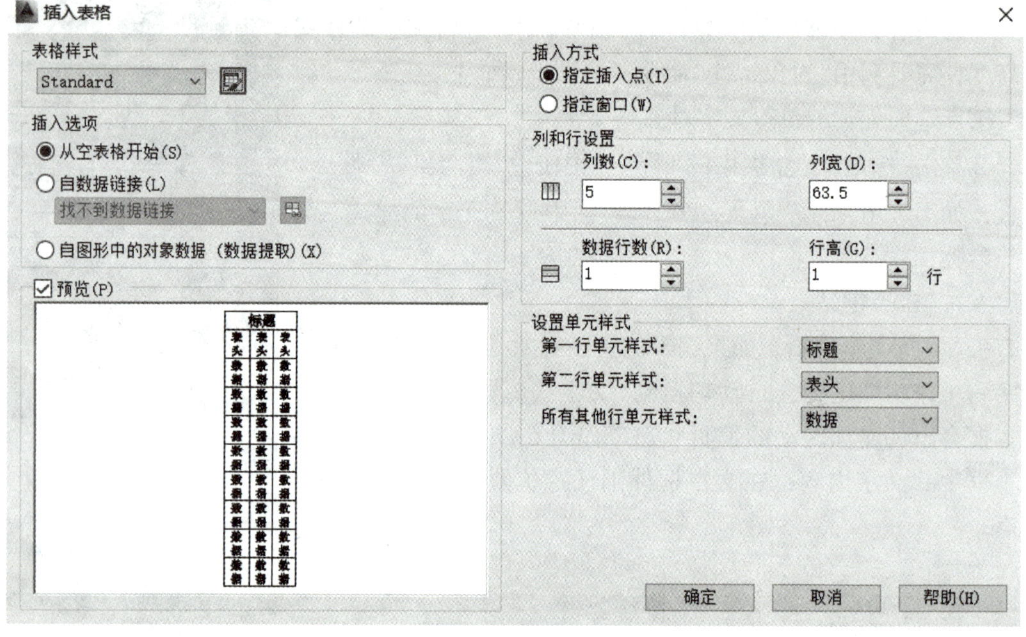

图 6-8 "插入表格"对话框

(1)"表格样式"：指定表格样式。默认样式为 Standard。单击右侧启动"表格样式"对话框的按钮，则弹出"表格样式"对话框。

(2)"插入选项"：表示插入表格的方式。

①"从空表格开始"是创建可以手动填充数据的空表格。

②"从数据连接开始"是从外部电子表格中的数据创建表格。

③"从数据提取开始"启动"数据提取"向导，是从外部电子表格中的数据创建表格。

(3)"插入方式"：有"指定插入点"和"指定窗口"两个单选按钮。

①"指定插入点"是在绘图区中插入固定大小的表格。插入点默认是表格的左上角。

②"指定窗口"是在绘图区中插入一个"行数和列宽"根据窗口的大小自动调整的表格，表格的列宽和行高固定。

(4)"列和行设置"：设置列和行的数目和大小。

(5)"设置单元样式"：对于那些不包含起始表的表格样式，指定新表格中行的单元格式。

①“第一行单元样式”指定表格中第一行的单元样式。默认情况下，使用标题单元样式。

②“第二行单元样式”指定表格中第二行的单元样式。默认情况下，使用表头单元样式。

③“所有其他行单元样式”指定表格中所有其他行的单元样式。默认情况下，使用数据单元样式。

6.4.2　创建表格

1. 插入空白表格

按图 6-6 所示设置参数后单击“确定”按钮，切换至绘图窗口，光标处有虚表格图形。在指定位置单击，插入如图 6-9 所示的空白表格，然后在表格单元中添加内容。

提示：表格的总行数＝标题行(1)+表头(1)+数据行(n)= 2+n(行)。

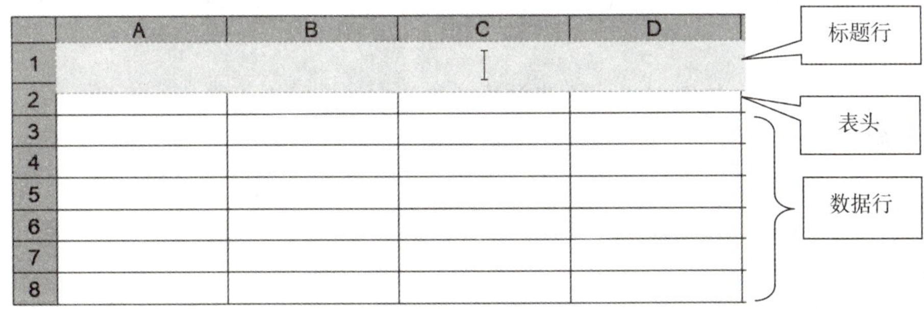

图 6-9　插入空白表格

2. 输入表格信息

空白表格插入后，自动处于编辑状态，同时功能区也将出现文字编辑器，如图 6-10 所示，可以对表格中文字进行特性设置。此时，操作区有两个激活部分：文字编辑器和表格。在激活单元格外的任意位置单击将退出编辑，处于非编辑状态。如果想再次启动表格编辑，选中表格后对要编辑的单元格双击即可。

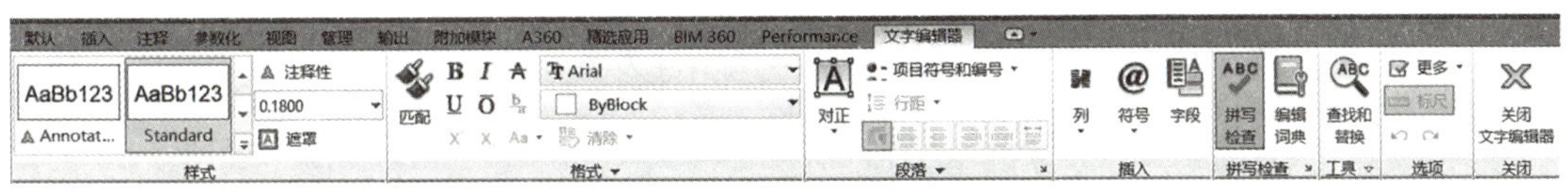

图 6-10　文字编辑器

文字编辑器：含有“样式”“格式”“段落”“插入”“拼写检查”“工具选项”和“关闭”等功能，可以对表格中文字的字体样式和大小等进行编辑。当定义文字高度大于行宽值或文字数超过列宽值时，程序自动加宽表格的行高以适应输入内容，但不会加宽表格列宽值。

提示：单击选择任意一个单元格后，直接输入文字可立即激活编辑状态表格。处于编辑状态时，只有使用键盘的方向键才能连续地切换单元格。若使用鼠标单击来切换，将退出编辑状态，此时需要用鼠标双击编辑的单元格才可重新返回编辑状态。

双击操作时鼠标的敲击点很关键，敲击点在单元格内时，将切换到文字编辑状态。敲击点在表格线上时不能激活编辑状态，只会使表格处于框线选择状态。

6.4.3 编辑表格

创建表格和输入文字信息后，还需要对表格进行编辑修改。

1. 表格框线编辑

编辑表格的线框尺寸要使用“夹点”编辑操作。操作步骤分为两步：第一步选择单元格，第二步移动夹点调整行高和列宽。调整列宽和行高，具体操作步骤如下。

(1)调整列宽。首先单击选择要调整列宽中的任意一个单元格，然后单击选择左右加点中的任意一个向左右任意拉宽。

(2)调整行高。与调整列宽方法相似，调整单元格上下两夹点位置，可调整行高。

(3)上述调整行高的方法一次只能调整一行，效率太低。下面介绍一种快速调整多个行高的方法。首先单击任意一根表格线，使表格整体处于选择状态，然后单击选择表格最底边的两个加点中的任意一个，向上移动鼠标至第一数据行以上区域任意一点单击即可。

2. 单元格编辑

单元格的操作需要使用表格快捷菜单单元格，在选定状态下右击，可调出“表格单元”功能区，如图 6-11 所示。“表格单元”功能区由“行”“列”“合并”“单元样式”“单元格式”“插入”“数据”等功能组成。单元格选择后，用户可以对单元格进行编辑，主要功能包括：单元格的复制、剪切和合并，单元样式的边框编辑和匹配单元，单元格行和列的插入或删除，插入块、公式和字段。

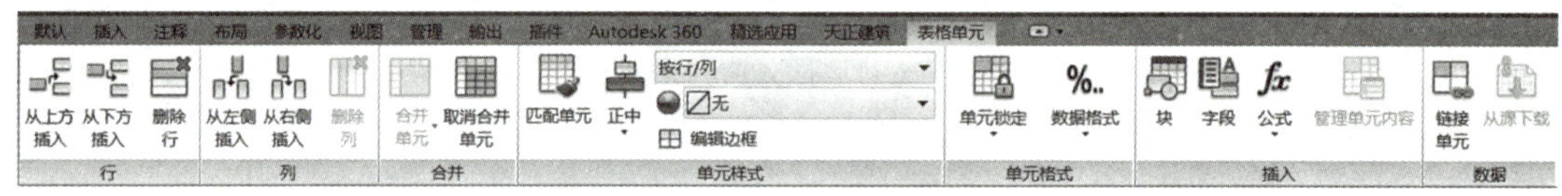

图 6-11 “表格单元”功能区

1)单元格选择

(1)单选：单击单元格。

(2)多选：方法一，选择一个单元格，然后按住〈Shift〉键并在另一个单元格内单击，可以同时选中这两个单元格及其之间的所有单元格；方法二，在选定单元格内单击，拖动到要选择的单元格，然后释放鼠标。

(3)全选：单击任意一条外围表格线。

(4)按〈Esc〉键可以取消选择。

2)添加和删除行和列

行和列添加和删除可以通过“表格单元”中的“行”和“列”完成，如图 6-12 所示。

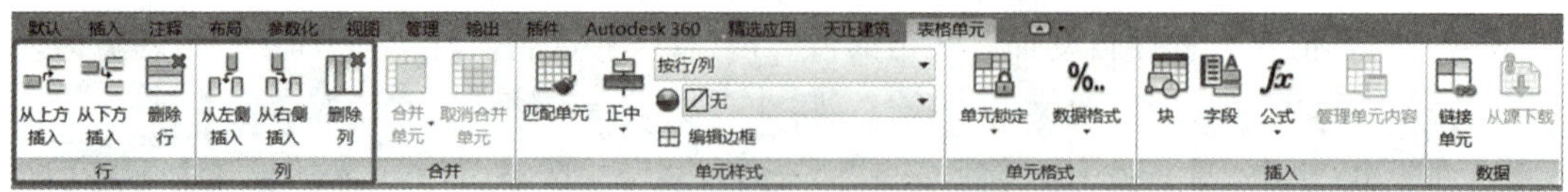

图 6-12 “表格单元”中的“行”和“列”

(1)“行”，单击“从上方插入”，在选定单元格上方插入行。

(2)“行”，单击“从下方插入”，在选定单元格下方插入行。

(3)“列”，单击“从左侧插入”，在选定单元格左侧插入列。

(4)“列”，单击“从右侧插入”，在选定单元格右侧插入列。

3)合并单元格

单元格的合并可以通过“表格单元”中的“合并”完成，如图 6-13 所示。

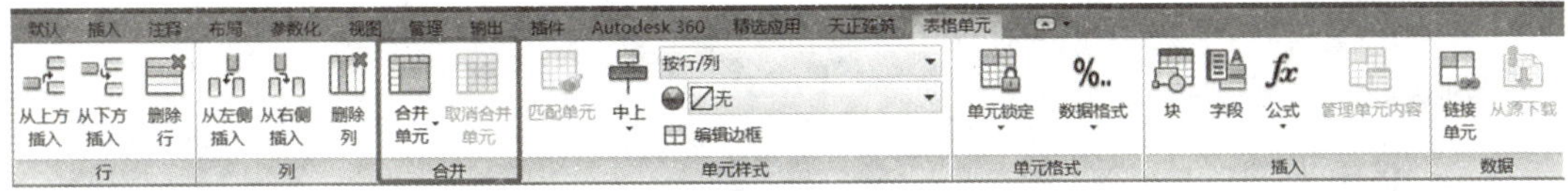

图 6-13　“表格单元”中的“合并”

(1)全部：将多选单元格跨行和列合并为一个。

(2)按行：水平合并单元格。

(3)按列：垂直合并单元格。

4)插入公式

单元格的公式插入可以通过“表格单元”中的“插入”完成，如图 6-14 所示。

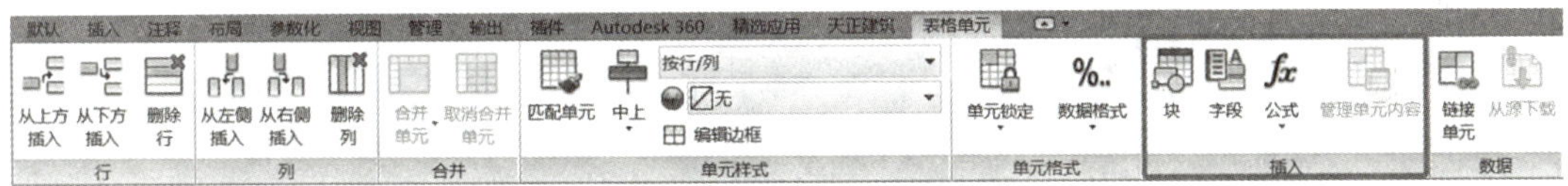

图 6-14　“表格单元”中的“插入”

提示：如果其他文字属性相同，可以结束编辑命令，然后对单元格单击，则功能区出现“表格单元”功能。先选中源文字，单击“表格单元”|“单元样式”中的“匹配单元”(见图 6-15)，则鼠标变为“十字光标+毛刷”样式后，然后再单击要改变的文字，就可以和源文字属性相同，作用像 Word 里格式刷一样。

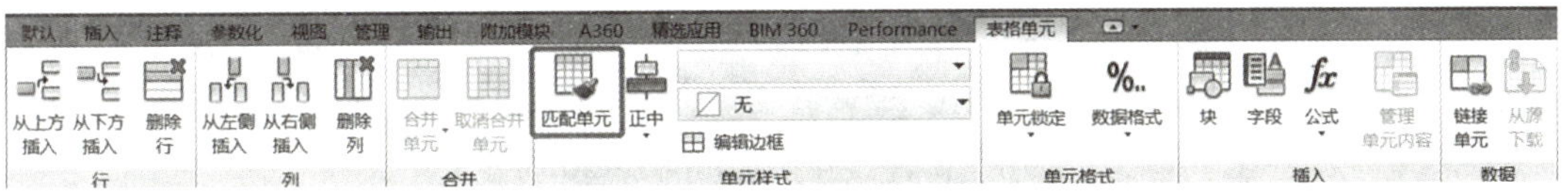

图 6-15　“表格单元”中的“匹配单元”

3. 操作实例

题目：以图 6-16 为例，演示操作过程。

	A	B	C	D
1	门窗表			
2	类型	编号	尺寸	数量
3	平开门	M-1	1200×2100	1
4	平开门	M-2	900×2100	5
5	推拉门	M-3	900×2100	1
6	推拉窗	C-1	1800×1800	4
7	推拉窗	C-2	1500×1800	2
8	平开窗	C-3	900×1800	1

图 6-16　完成的表格文字

具体操作如下。

(1)命令调用：Table(tb)。

(2)创建空白表格：执行命令后，弹出“插入表格”对话框，设置表格列数(4)和列宽(2)，数据行数(7)和行高(2)，单击“确定”按钮，如图 6-17 所示。在空白处插入表格，此时表格和文字编辑器激活，光标闪动处于编辑状态。

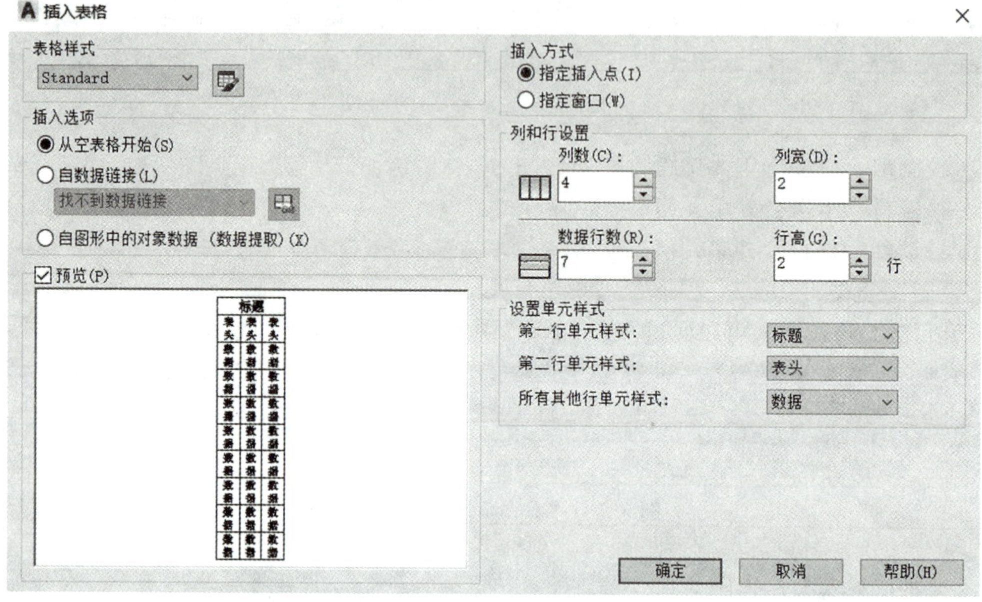

图 6-17　设置表格行列属性

(3)输入文字：依次输入标题行文字：门窗表；表头文字：类型、编号、尺寸和数量；数据行文字。可以使用方向键来移动光标，改变所需编辑的单元格。

(4)文字编辑：输入完以后在“文字编辑器”|“样式”里调整文字高度(0.2000)，如图 6-18 所示；在“文字编辑器”|“格式”里调整文字样式(宋体)，如图 6-19 所示；在“文字编辑器”|“段落”里调整文字对正情况(正中)，如图 6-20 所示。

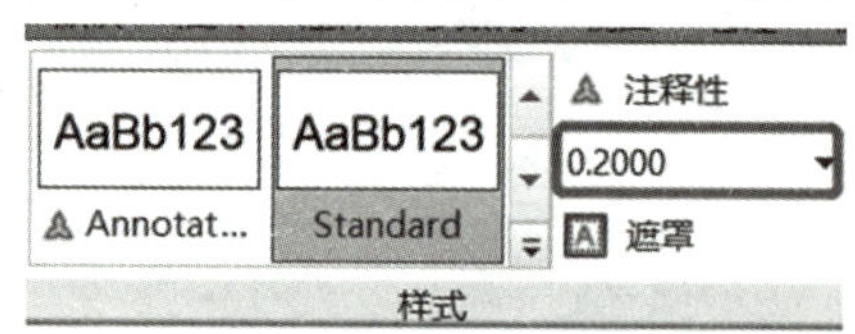

图 6-18　设置表格文字高度

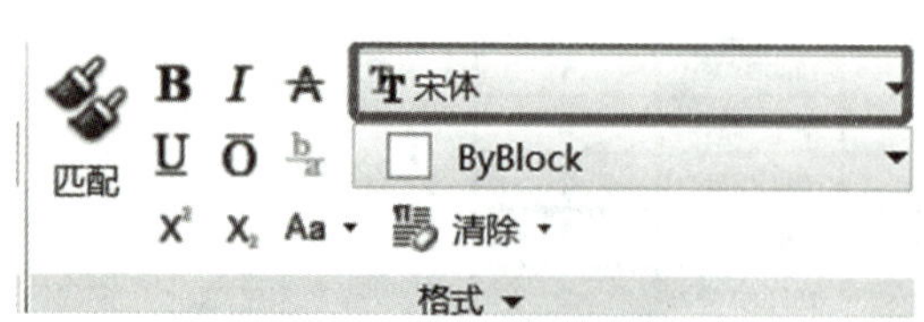

图 6-19　设置表格文字样式

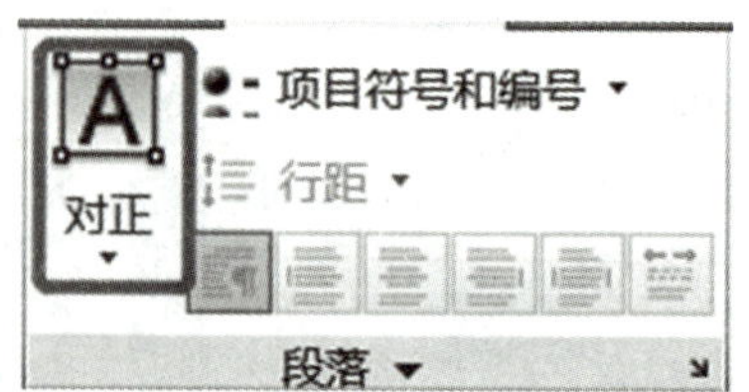

图 6-20　设置表格文字对正

其余文字属性相同可以使用“匹配单元”工具。结束编辑命令，单击单元格，出现“表

格单元”；选中源文字，单击“表格单元”|“单元样式”中的“匹配单元”；单击要改变的文字，就可以和源文字属性相同。最终所做表格如图 6-16 所示。

6.4.4　表格样式

表格的外观由表格样式控制，AutoCAD 只提供了一个默认样式 STANDARD。在 STANDARD 表格样式中，第一行是标题行，由文字居中的合并单元行组成。第二行是表头行，其他行都是数据行。用户可以采用默认表格样式，也可以创建其他适合的表格样式。

1. 命令调用

下拉菜单：“格式”|“表格样式”。

工具栏：单击“样式”工具栏中的“表格”按钮。

命令行：在命令行直接输入 table(tb)，并按〈Enter〉键。

2. 操作指南

执行“表格样式”命令后，弹出如图 6-21 所示的“表格样式”对话框，单击“新建”按钮，弹出如图 6-22 所示的“创建新的表格样式”对话框。填写新样式名后，单击“继续”按钮，进入如图 6-23 所示的“新建表格样式”对话框。

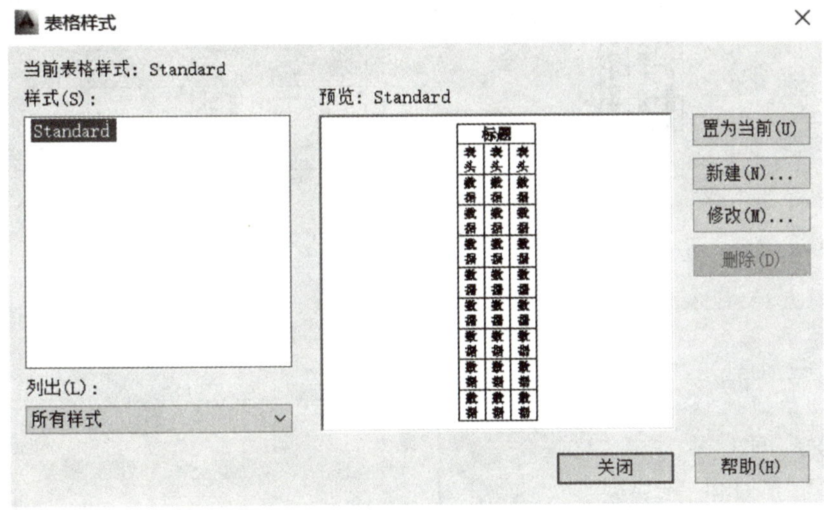

图 6-21　“表格样式”对话框

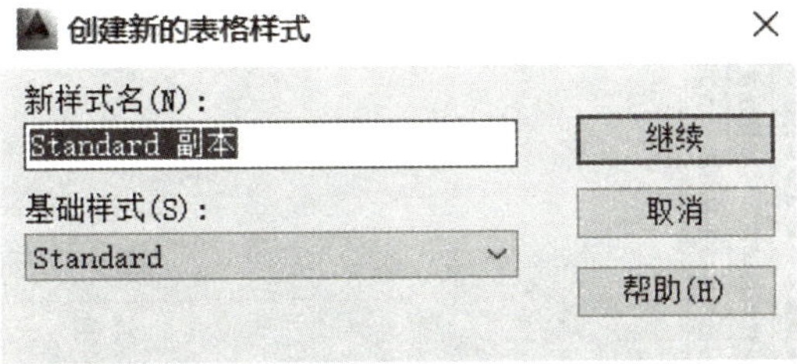

图 6-22　“创建新的表格样式”对话框

单击“单元样式”中的“数据”下拉列表，可选择标题、表头、数据 3 个选项，下拉列表下方是对应的常规、文字、边框 3 个参数选项卡。

“常规”选项卡：如图 6-23 所示，其中的“特性”选项主要设置表格中文字与表格边框的对齐关系，“页边距”设置文字与表格边框的距离。

“文字”选项卡：如图 6-24 所示，设置表格中文字的特性，有“文字样式”“文字高度”“文字颜色”“文字角度”4 个选项。

“边框”选项卡：如图 6-25 所示，设置表格边框的特性，包含“线宽”“线型”“颜色”“双线”边框设定按钮。

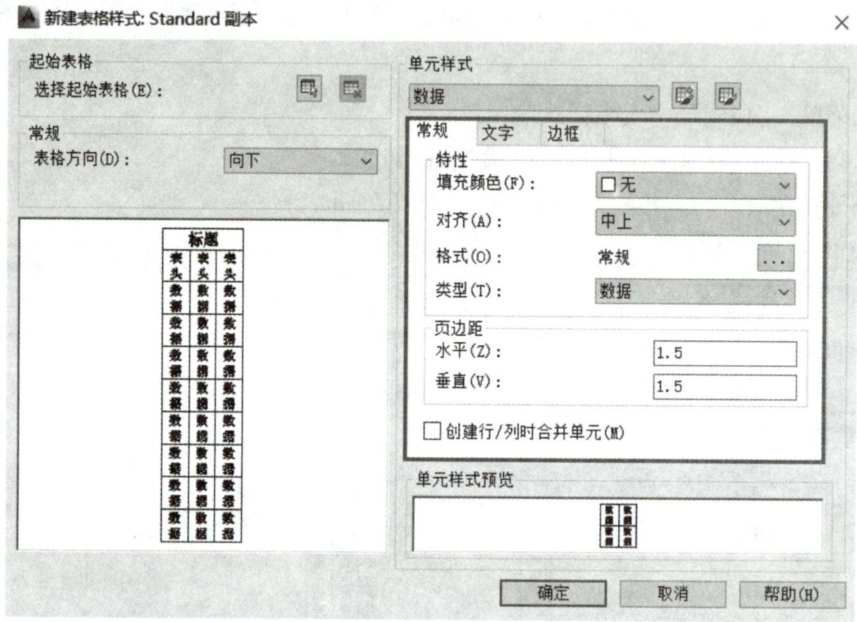

图 6-23 “新建表格样式”对话框“常规”选项卡

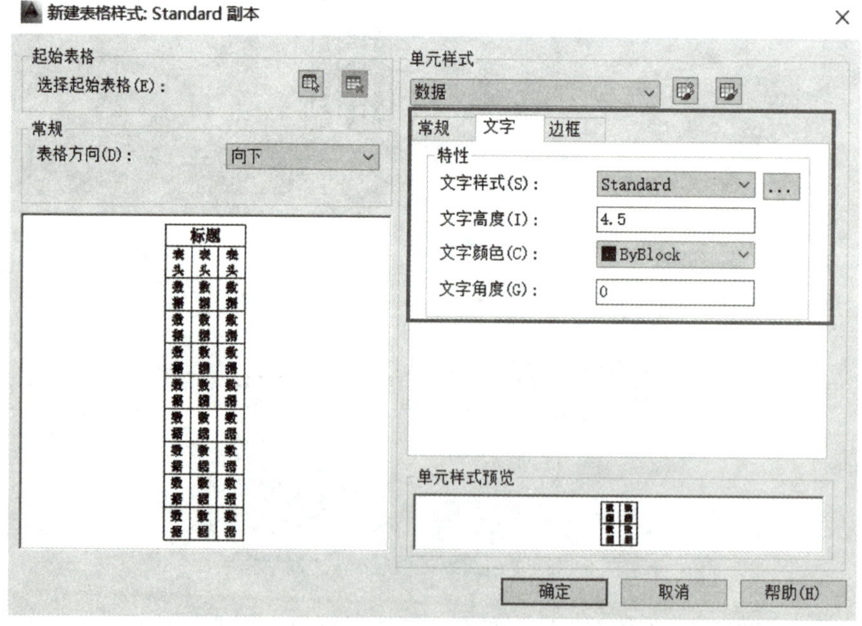

图 6-24 “新建的表格样式”对话框“文字”选项卡

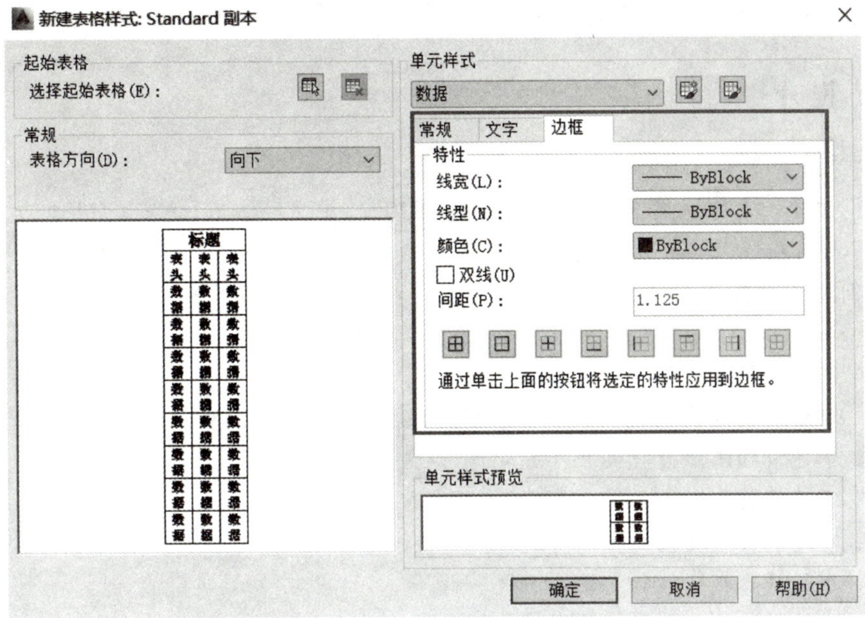

图 6-25　“新建的表格样式”对话框“边框”选项卡

本章小结

本章主要介绍了文本标注和表格的相关知识，在学习时重点要掌握文本标注的参数设置，只有参数设置正确了，才能轻松地进行正确的标注。绘图都是用命令来实现的，通常有 3 种方式：在命令行窗口中直接输入命令；在菜单栏选中命令；在工具栏中单击命令按钮。这 3 种方式的执行目的都是启动某种绘图命令。在进行学习时，要加强这方面的练习，同时要注意与对象捕捉等工具的配合使用。

基本练习

1. 填空题

(1) 文本标注的方式有____________和____________两种类型。

(2)“文字样式”的命令是______________。

(3)“单行文本”的命令是__________，快捷命令是____________。

(4)“多行文本”的命令是____________，快捷命令是____________。

2. 连线题

%%D	文字上划线
%%P	角度符号(°)
%%C	直径符号(ϕ)
%%O	文字下划线
%%U	正负号(±)

能力提升

1. 文字练习

(1)创建单行文本。文字内容“建筑 CAD2020”，中文字体为“仿宋”，英文和数字字体为“Time New Roman”，字高 350，高宽比为 1.0。

(2)创建多行文本。文字内容参考下面，中文字体为“仿宋”，英文和数字字体为“Time New Roman”，字高 350。

一、工程概况

1. 本建筑物建设地点位于郑州市郊。
2. 本建筑物用地概貌属于平缓场地。
3. 本建筑物为二类多层办公建筑。
4. 本建筑物合理使用年限为 50 年。
5. 本建筑物抗震设防烈度为 7 度。
6. 本建筑物结构类型为框架结构体系。
7. 本建筑物总建筑面积为 3 438.581 m^2。
8. 本建筑物建筑层数为 6 层，其中地下 1 层，地上 5 层。

二、楼地面做法

1. 20 厚花岗岩板铺面，正、背面及四周边满涂防污剂，稀水泥浆擦缝。
2. 撒素水泥面(洒适量清水)。
3. 30 厚 1∶4 硬性水泥砂浆粘结层。
4. 素水泥浆一道(内掺建筑胶)。
5. 100 厚 C15 混凝土，台阶面向外坡 1%。
6. 300 厚 3∶7 灰土垫层分两步夯实。
7. 素土夯实。

2. 综合练习

按照下图给出的样式绘制并标注标题栏。要求：

(1)标题栏边框线型为 Continuous，线宽 0.5，颜色使用黑色；

(2)新建文字样式，设置字体文件为仿宋 GB2312，字体样式为常规，字体高度为 5。

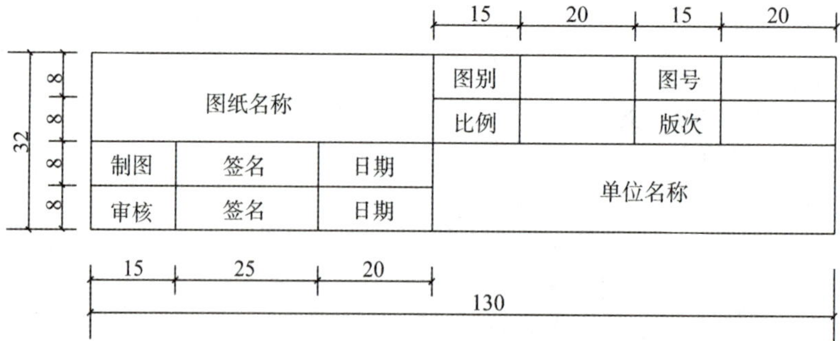

第 7 章 尺寸标注

主要内容

本章主要介绍 AutoCAD 中尺寸标注的相关内容。尺寸标注是工程图纸施工时的重要依据，可以反映建筑物真实的尺寸。AutoCAD 提供了完善尺寸标注功能，主要有 4 种尺寸标注类型：线型、角度型、径向型、引线型等，其中线型是常见的类型，包含线性标注、对齐标注、基线标注、连续标注等常用标注方法。

重点难点

重点掌握尺寸标注样式设置，以及线性标注、对齐标注、基线标注和连续标注等常用标注方法和操作要点，另外要熟悉标注规范、工程制图标准。由于不同图形的尺寸大小不同，标注样式的有关数据的设置，对初学者有较大的难度。

7.1 尺寸标注的基本知识

尺寸标注在工程图形中经常用到，标注类型和外观形式多样，但一个完整的尺寸标注由尺寸线、尺寸界线、尺寸起止符号和尺寸文字 4 部分组成，如图 7-1 所示。

1. 尺寸线

尺寸线用于表示尺寸标注的范围，用细实线绘制，尺寸线应与被标注长度平行，位于两条尺寸界线之间，两端不宜超出尺寸界线。图样本身的任何图线均不得用作尺寸线。

2. 尺寸界线

尺寸界线用于表示尺寸线的开始和结束，通常出现在被标注对象的两端，一般情况下与尺寸线垂直。有时也可以选用某些图形的轮廓线或中心线代替尺寸界线。

3. 尺寸起止符号

尺寸起止符号在尺寸线的两端，用于标记尺寸标注的起始和终止位置。AutoCAD 提供了多种形式的尺寸起止符号，包括建筑标记、实心闭合箭头、点和倾斜标记等。可根据绘图需要选择不同的形式。

4. 尺寸文字

尺寸文字用于表示被标注的图形对象的尺寸值。

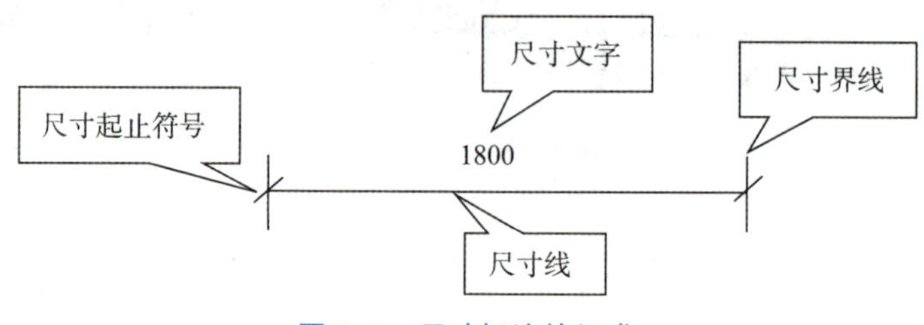

图 7-1　尺寸标注的组成

7.2 尺寸标注样式设置

7.2.1　建立尺寸标注样式

1. 命令调用

下拉菜单：“格式”(“标注”)|“标注样式”。

工具栏：单击“样式”工具栏中的“标注样式”按钮。

命令行：在命令行直接输入 dimstyle，并按〈Enter〉键。

2. 操作指南

执行“标注样式”命令后，会弹出如图 7-2 所示的“标注样式管理器”对话框，从中可以创建或使用已有的尺寸标注样式。在创建新的尺寸标注样式时，需要设置尺寸标注样式的名称，并选择相应的属性。

下面就“标注样式管理器”对话框中的部分选项进行说明。

(1)“样式”列表框：用于显示图形中已经创建的所有标注样式名称。当前选中的样式会在中间的“预览”区显示标注样式的名称和外观。在“样式”列表框中右击样式名称，可从弹出的快捷菜单中选择“置为当前”“重命名”和“删除”命令，但无法对当前样式或当前图形使用的样式进行删除。

(2)“置为当前”按钮：用于将“样式”列表框中选中的标注样式设置为当前标注样式。

(3)“修改”按钮：单击该按钮，弹出“修改当前标注样式”对话框，从中可以修改当前标注的样式。

(4)“替代”按钮：单击该按钮，弹出“替代当前标注样式”对话框，从中可以设置标注样式的临时替代。

(5)“比较”按钮：单击该按钮，弹出“比较标注样式”对话框，从中可以比较两种标注样式或列出一个标注样式的所有特性。

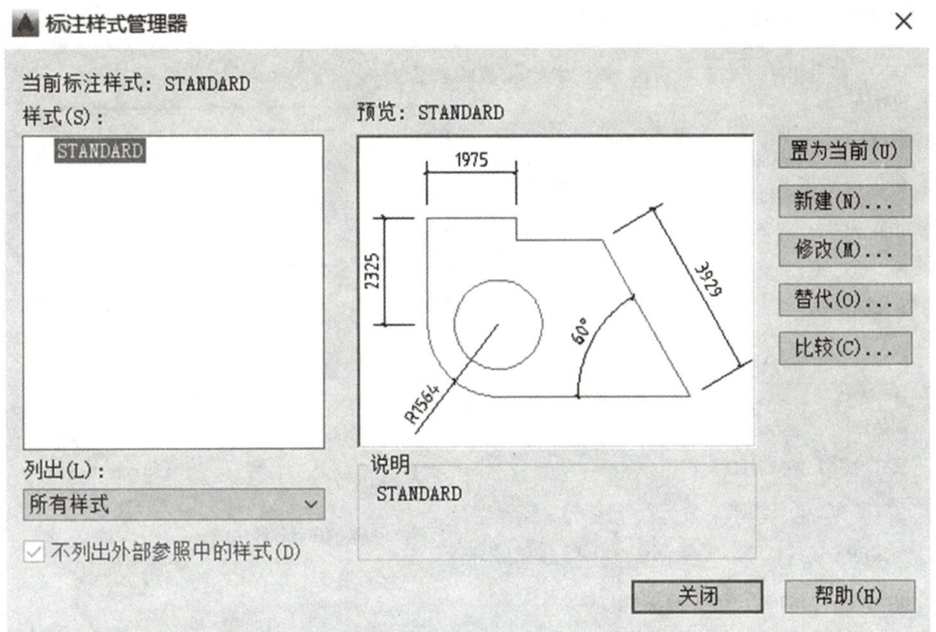

图 7-2 “标注样式管理器”对话框

3. 创建尺寸样式的操作步骤

（1）在“标注样式管理器”对话框中单击“新建”按钮，弹出“创建新标注样式”对话框，如图 7-3 所示。在“新样式名”文本框中输入新的样式名，在“基础样式”下拉列表中选择新标注样式是基于哪一种标注样式创建的，在“用于”下拉列表中选择标注的应用范围，如线性标注、角度标注、半径标注、直径标注、坐标标注、引线和公差等。

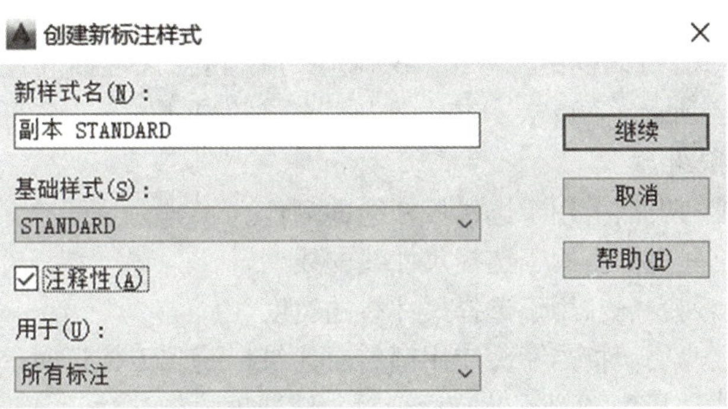

图 7-3 “创建新标注样式”对话框

（2）单击“继续”按钮，弹出“新建标注样式”对话框，如图 7-4 所示，该对话框共涉及 7 个选项卡，具体设置见尺寸标注样式设置。

（3）单击“确定”按钮，即可建立新的标注样式。

（4）在“样式”列表框中选中新创建的标注样式，单击“置为当前”按钮，即可将该样式设置为当前使用的标注样式。最后单击“关闭”按钮，返回绘图窗口。

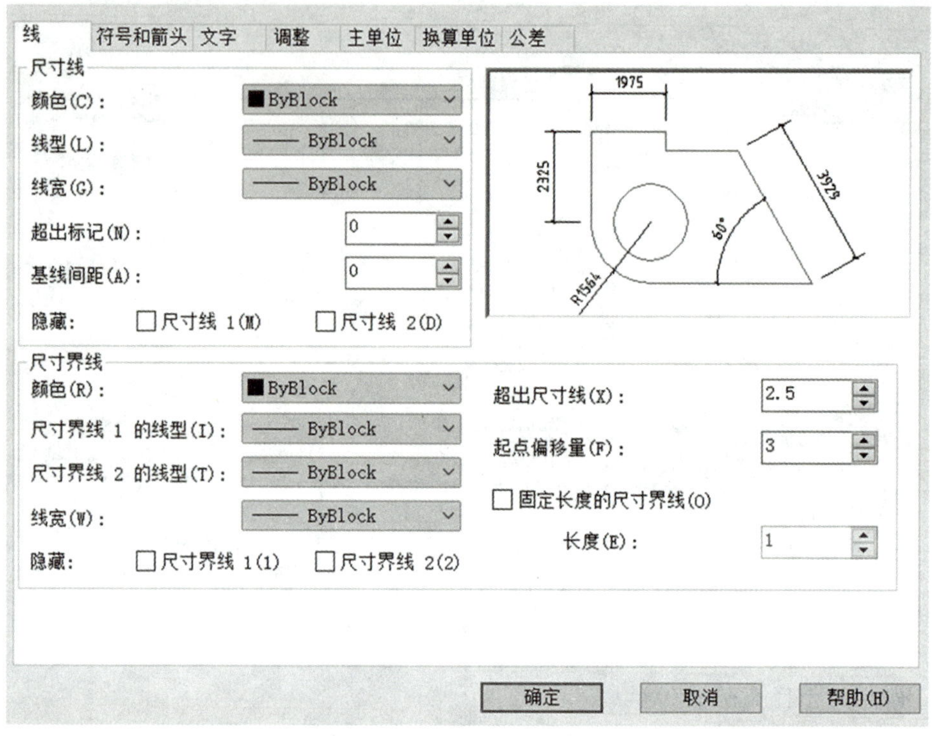

图 7-4 “新建标注样式”对话框

7.2.2 尺寸标注样式设置

1.“线”选项卡

在“新建标注样式”对话框中，单击“线”选项卡，可对尺寸线和尺寸界线的几何参数进行设置，如图 7-4 所示。其中，具体各选项组的含义如下。

1)“尺寸线”选项组

(1)“颜色”下拉列表框：用于选择尺寸线的颜色。

(2)“线型”下拉列表框：用于选择尺寸线的线型。

(3)“线宽”下拉列表框：用于选择尺寸线的宽度。

(4)“超出标记”选项：指当箭头使用倾斜、建筑标记和无标记时尺寸线超出尺寸界线的距离。只有当箭头选择为倾斜或建筑标记时，该选项才能被激活，否则将呈灰色而不能修改。

(5)“基线间距”选项：用于设置平行尺寸线间的距离。

(6)“隐藏”选项：控制是否隐藏第一条、第二条尺寸线及相应的尺寸箭头。

2)“尺寸界线”选项组

(1)“颜色”下拉列表框：用于选择尺寸界线的颜色。

(2)“尺寸界线 1 的线型”下拉列表框：用于确定第一条尺寸界线的线型。

(3)“尺寸界线 2 的线型”下拉列表框：用于确定第二条尺寸界线的线型。

(4)“线宽”下拉列表框：用于选择尺寸界线的宽度。

(5)“超出尺寸线”选项：用于控制尺寸界线超出尺寸线的距离。

(6)“起点偏移量”选项：设置标注尺寸界线的端点离开指定标注起点的距离。

(7)“固定长度的尺寸界线”选项：用于指定尺寸界线从尺寸线开始到标注原点的总长度。

(8)“隐藏”选项：控制是否隐藏第一条、第二条尺寸界线。

2. “符号和箭头”选项卡

在“新建标注样式”对话框中，单击“符号和箭头”选项卡，可以对箭头、圆心标记、折断标注、弧长符号、半径折弯标注和线性折弯标注进行设置，如图 7-5 所示。

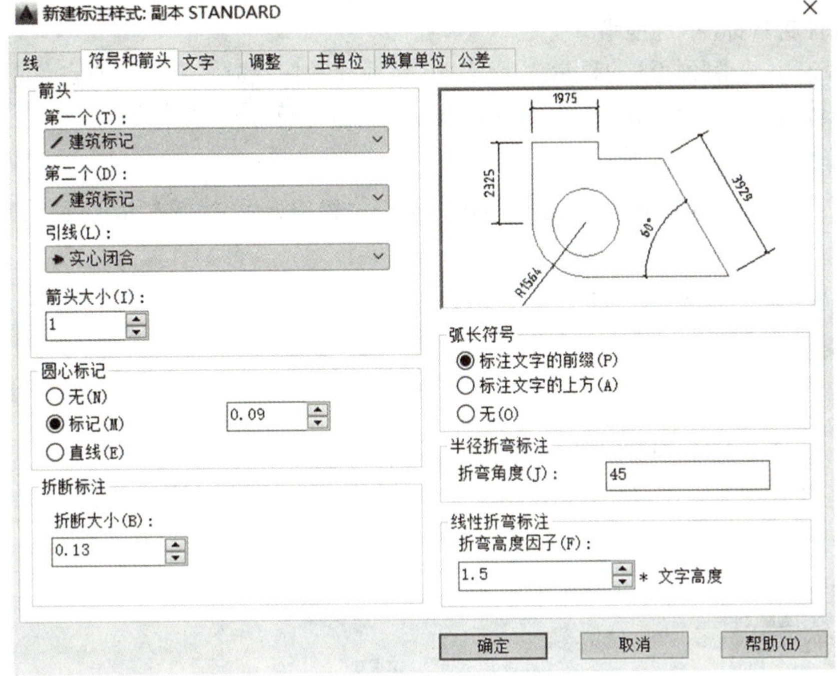

图 7-5　“符号和箭头”选项卡

1)“箭头”选项组

(1)“第一个”下拉列表框：用于设置尺寸线一侧的箭头形式。下拉列表框中提供了各种箭头形式，可根据工程绘图需要选择不同的箭头形式。

(2)“第二个”下拉列表框：用于设置尺寸线另一侧的箭头形式。当改变第一个箭头形式时，第二个箭头将自动改变。

(3)“引线”下拉列表框：用于设置引线标注时的箭头形式。

(4)“箭头大小”选项：设置箭头的大小。

2)“圆心标记”选项组

(1)“无”按钮：既不产生中心标记，也不采用中心线。

(2)“标记”按钮：中心标记为一个记号。

(3)“直线”按钮：中心标记采用中心线的形式。

(4)“大小”按钮：用于设置圆心标记或中心线的大小。

3)“折断标注”选项组

“折断大小”按钮：用于指定折断标注的间隔大小。

4)“弧长符号”选项组

(1)“标注文字的前缀”按钮：将弧长符号放在标注文字的前面。

(2)“标注文字的上方”按钮：将弧长符号放在标注文字的上面。

(3)“无”按钮：不显示弧长符号。

5)“半径折弯标注”选项组

用于控制折弯半径标注的显示。在“折弯角度”文字框中可以输入连接半径标注的尺寸界线和尺寸线的横向直线角度。

6)“线性折弯标注”选项组

用于控制折弯半径标注的显示。折弯半径标注通常在圆或圆弧的中心点位于页面外部时创建。“折弯高度因子”用于控制线性折弯标注的折弯符号的比例因子。

3.“文字”选项卡

在“文字”选项卡中，可以对文字外观、文字位置以及文字对齐方式进行设置，如图7-6所示。

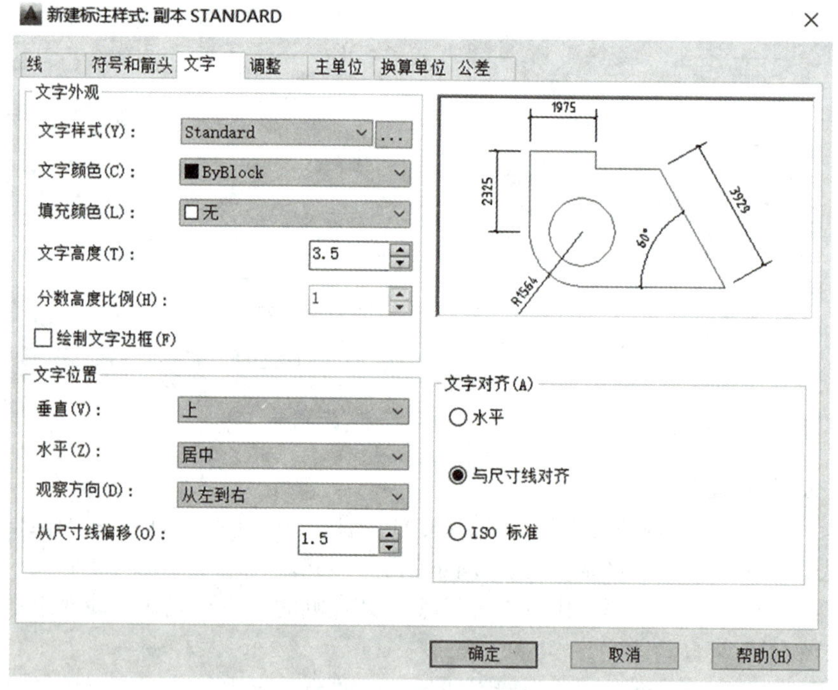

图7-6 “文字”选项卡

1)“文字外观”选项组

(1)“文字样式”下拉列表框：用于选择标注文字所使用的文字样式。如果需要重新创建文字样式，单击“文字样式”右侧的[...]按钮，弹出“文字样式”对话框，可设置新的文字样式。

(2)“文字颜色”下拉列表框：用于设置标注文字的颜色。

(3)“填充颜色”下拉列表框：用于设置标注文字背景的颜色。

(4)“文字高度”选项：用于设置文字的高度。

(5)“分数高度比例”选项：用于指定分数形式的字符与其他字符之间的比例。只有在选择支持分数的标注格式时，才能进行设置。

(6)“绘制文字边框”复选框：给标注文字添加一个矩形边框。

2)“文字位置”选项组

(1)“垂直”下拉列表框：包含“居中”“上方”“外部”和“JIS”4 个选项，用来控制标注文字相对于尺寸线的垂直位置。

①“居中”选项：将标注文字放在尺寸线的两部分之间。

②“上方”选项：将标注文字放在尺寸线的上方。

③“外部”选项：将标注文字放在尺寸线上离标注对象较远的一边。

④“JIS”选项：按照日本工业标准标注文字。

(2)“水平”下拉列表框：包含 5 个选项，用于控制标注文字相对于尺寸线和尺寸界线的水平位置。

①“居中”选项：将标注文字沿尺寸线放在两条尺寸界线的中间。

②“第一条尺寸界线”选项：沿尺寸线与第一条尺寸界线左对正。

③“第二条尺寸界线”选项：沿尺寸线与第二条尺寸界线右对正。

④“第一条尺寸界线上方”选项：将标注文字放在第一条尺寸界线之上。

⑤“第二条尺寸界线上方”选项：将标注文字放在第二条尺寸界线之上。

(3)“观察方向”下拉列表框：包含“从左到右”和“从右到左”两个选项。可以根据情况选择文字观察方向，一般图纸文字观察方向选择“从左到右”。

(4)“从尺寸线偏移”选项：用于设置尺寸数字偏移尺寸线的距离。

3)“文字对齐”选项组

(1)“水平”按钮：将标注文字水平放置。

(2)“与尺寸线对齐”按钮：用于设置标注文字与尺寸线对齐。

(3)“ISO 标准”按钮：当文字在尺寸界线以内时，文字与尺寸线对齐；当文字在尺寸界线以外时，文字水平排列。

4.“调整”选项卡

在“调整”选项卡中，可以对标注文字、箭头、尺寸界线的位置关系进行设置，如图 7-7 所示。

(1)“调整选项”选项组：用于控制尺寸界线之间可用空间的文字和箭头的位置。

(2)“文字位置”选项组：用于设置标注文字不在默认位置时的放置位置。

(3)“标注特征比例”选项组。

①“注释性”复选框：控制将尺寸标注设置为注释性内容。

②“将标注缩放到布局”按钮：选择该按钮时，可确定图纸空间内的尺寸比例系数。

③“使用全局比例”按钮：用于设置所有尺寸标注样式的总体尺寸比例系数。

(4)“优化”选项组。

①“手动设置文字”按钮：选择该按钮后，AutoCAD 将忽略任何水平方向的标注设置，允许手工设置尺寸文本的标注位置。

②“在尺寸界线之间控制尺寸线”按钮：选择该按钮后，当两尺寸界线距离很近，不能放下尺寸文本而放在尺寸界线之外时，AutoCAD 将自动在两尺寸界线之间绘制一条直线把尺寸线连通。

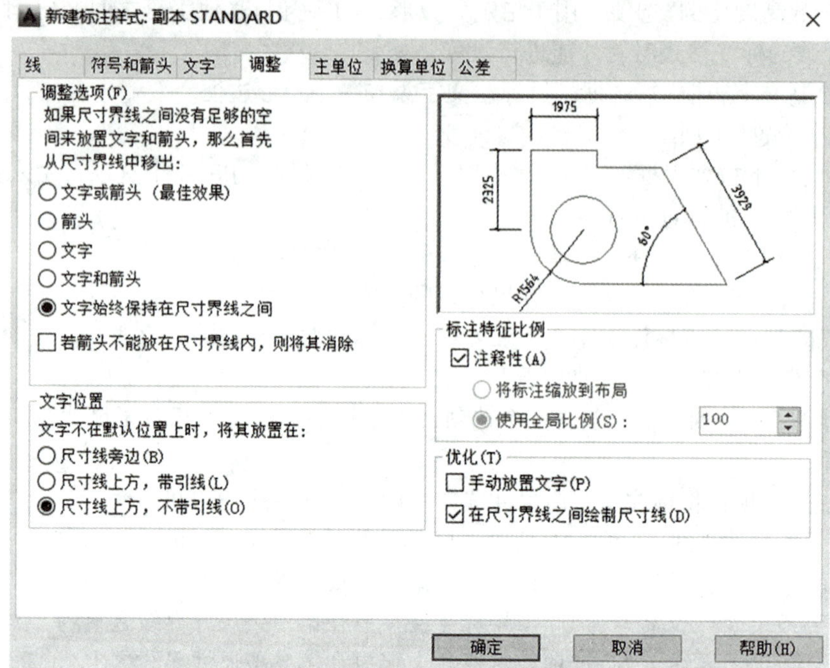

图 7-7 “调整”选项卡

5. “主单位”选项卡

在“主单位”选项卡中，可对标注单位的格式、精度、标注文字的前后缀等进行设置，如图 7-8 所示。

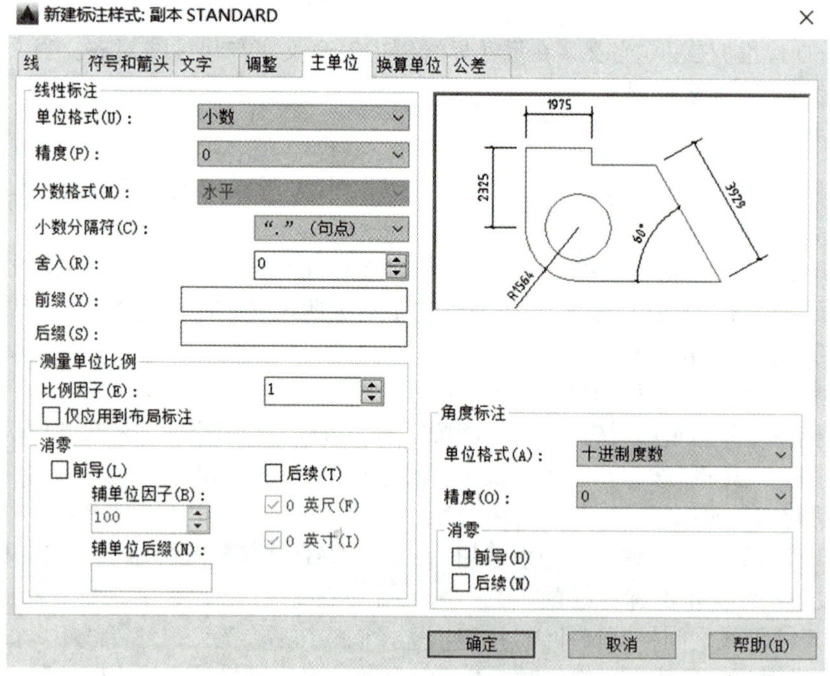

图 7-8 “主单位”选项卡

1)“线性标注”选项组

(1)“单位格式”下拉列表框：用于设置基本尺寸的单位格式。

(2)“精度”下拉列表框：用于设置标注文字中的小数位数。

(3)“分数格式”下拉列表框：用于设置分数格式

(4)“小数分隔符”下拉列表框：用于设置十进制格式的分隔符。

(5)“舍入”选项：用于设置尺寸数字的舍入值。

(6)“前缀”文本框：用于为标注文字指示前缀。

(7)“后缀”文本框：用于为标注文字指示后缀。

2)“测量单位比例”选项组

(1)“比例因子”选项：用于设置控制线性尺寸的比例系数。

(2)“仅应用到布局标注”复选框：勾选该复选框时，仅对在布局中创建的标注应用线性比例值。

3)“角度标注”选项组

用于设置角度型尺寸的单位格式和精度。

除以上 5 个选项卡外，还有“换算单位”选项卡和“公差”选项卡，分别如图 7-9 和图 7-10 所示，对这两个选项卡，本教材不作介绍。

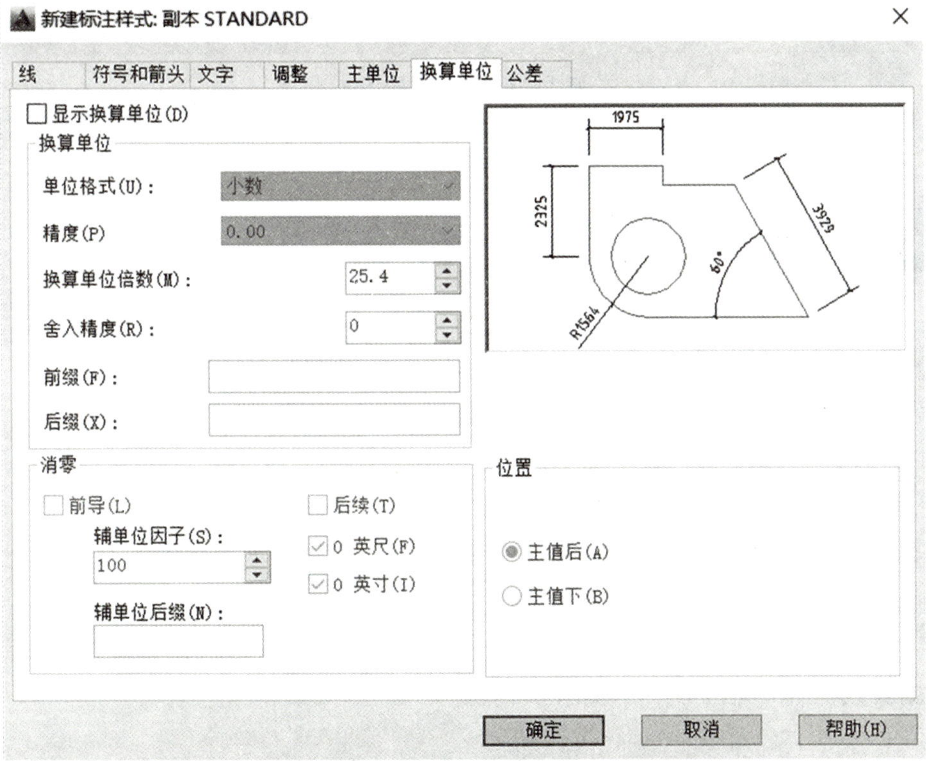

图 7-9　“换算单位”选项卡

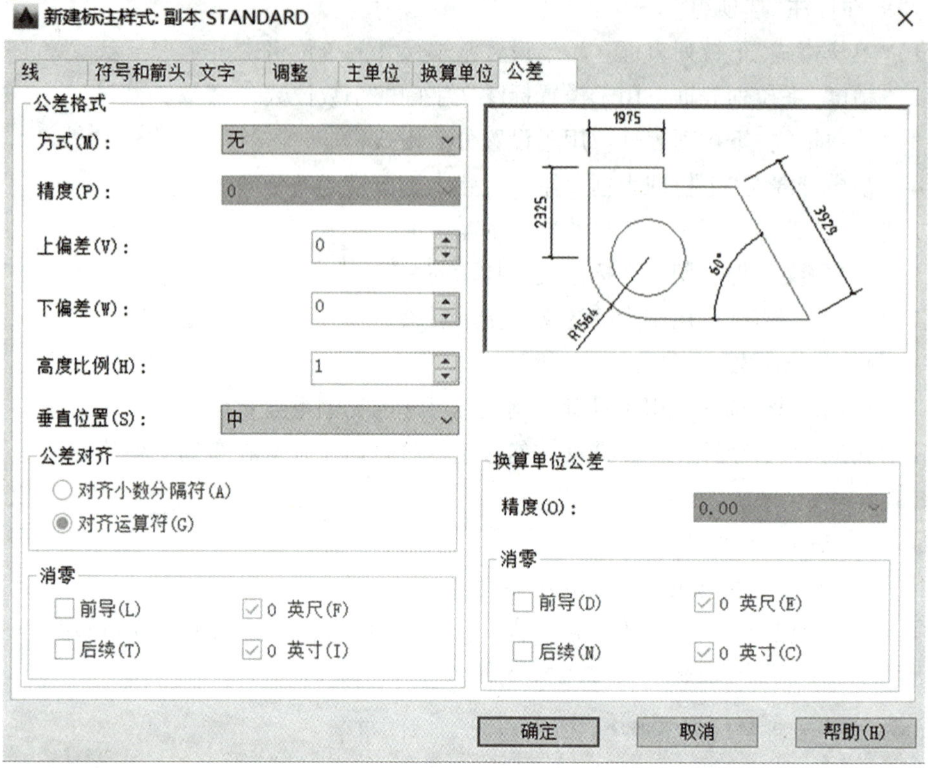

图 7-10 “公差”选项卡

7.3 常用尺寸标注方式

7.3.1 线性标注

1. 命令调用

下拉菜单：“标注”|“线性”。

工具栏：单击“标注”工具栏中的“线性”按钮。

功能区：单击“注释”功能区的“线性”按钮。

命令行：在命令行直接输入 dimlinear，并按〈Enter〉键。

2. 操作指南

执行“线性”命令后，命令行提示如下。

指定第一条尺寸界线原点或<选择对象>:

/选取一点作为第一条尺寸界线的起始点

指定第二条尺寸界线原点： /选取另一点作为第二条尺寸界线的起始点

指定尺寸线位置或[多行文字(M)/文字(T)/角度(A)/水平(H)/垂直(V)/旋转(R)]： /选择一点以确定尺寸线的位置或选择某个选项

各个选项的具体含义如下。

(1)多行文字(M)：通过多行文字编辑器输入特殊的尺寸标注。

(2)文字(T)：通过命令输入尺寸文本。

(3)角度(A)：用于指定标注尺寸数字的旋转角度。

(4)水平(H)：标注水平尺寸。

(5)垂直(V)：标注垂直尺寸。

(6)旋转(R)：确定尺寸线的旋转角度。

通过移动光标指定尺寸线的位置，可以标注水平尺寸或垂直尺寸，系统将标注自动测定的尺寸数字。

7.3.2　对齐标注

1. 命令调用

下拉菜单：“标注”|“对齐”。

工具栏：单击“标注”工具栏中的“对齐”按钮。

命令行：在命令行直接输入 dimaligned，并按〈Enter〉键。

2. 操作指南

执行“对齐”命令后，命令行提示如下。

指定第一条尺寸界线原点或<选择对象>：

/选取一点作为第一条尺寸界线的起始点

指定第二条尺寸界线原点：　/选取另一点作为第二条尺寸界线的起始点

指定尺寸线位置或[多行文字(M)/文字(T)/角度(A)]：

/选择一点以确定尺寸线的位置或选择某个选项

各个选项的含义同上。通过移动光标指定尺寸线的位置，系统将自动标注测定的尺寸数字。

7.3.3　连续标注

1. 命令调用

下拉菜单：“标注”|“连续”。

工具栏：单击“标注”工具栏中的“连续”按钮。

命令行：在命令行直接输入 dimcontinue，并按〈Enter〉键。

2. 操作指南

在进行连续标注之前，必须先标出一个尺寸作为基准标注，以确定连续标注所需要的前一个尺寸标注的尺寸界线。执行“连续”命令后，命令行提示如下。

指定第二条尺寸界线原点或[放弃(U)/选择(S)]<选择>：

/用光标选择第二条尺寸界线的原点

标注文字=数字

指定第二条尺寸界线原点或[放弃(U)/选择(S)]<选择>：

/用光标选择下一条尺寸界线的原点

标注文字=数字

重复上述命令将完成连续标注，按〈Esc〉键或〈Enter〉键退出。

3. 操作实例

利用“连续”命令，标注图 7-11 所示图形的尺寸。

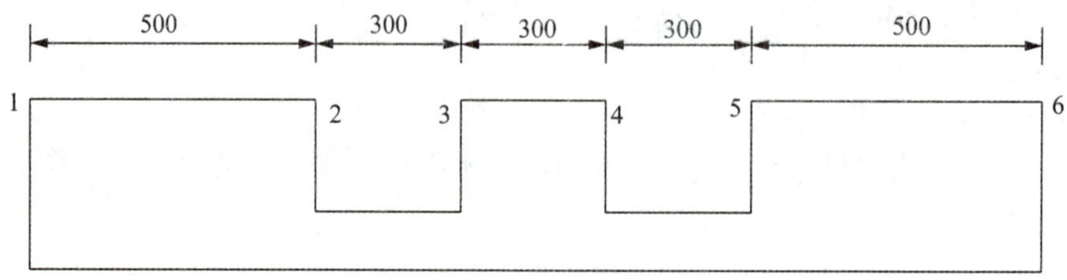

图 7-11 “连续”命令标注尺寸实例

操作步骤：

命令：dimlinear

指定第一条尺寸界线原点或 <选择对象>： /选择 1 点

指定第一条尺寸界线原点： /选择 2 点

标注文字=500

命令：dimcontinue

指定第二条尺寸界线原点或[放弃(U)/选择(S)]<选择>： /选择 3 点

标注文字=300

指定第二条尺寸界线原点或[放弃(U)/选择(S)]<选择>： /选择 4 点

标注文字=300

指定第二条尺寸界线原点或[放弃(U)/选择(S)]<选择>： /选择 5 点

标注文字=300

指定第二条尺寸界线原点或[放弃(U)/选择(S)]<选择>： /选择 6 点

标注文字=500

右击并选择“确定”或按〈Esc〉键，结束标注。

7.3.4 基线标注

1. 命令调用

下拉菜单：“标注”|“基线”。

工具栏(功能区)：单击“标注”工具栏中的“基线”按钮。

命令行：在命令行直接输入 dimbaseline，并按〈Enter〉键。

2. 操作指南

执行命令后，命令行提示如下。

指定第二条尺寸界线原点或[放弃(U)/选择(S)]<选择>：

/用光标选择第二条尺寸界线的原点

标注文字=数字

指定第二条尺寸界线原点或[放弃(U)/选择(S)]<选择>：

/用光标选择下一条尺寸界线的原点

标注文字=数字

重复上述命令将完成基线标注，按〈Esc〉键或〈Enter〉键退出。

提示：基线标注和连续标注一样，在进行标注之前必须先标出一个尺寸作为基准标注，基线之间的距离可以通过修改标注样式对话框中的“线”选项卡中的“基线间距”选项进行设置。

本章小结

本章主要介绍了尺寸标注的相关知识，在学习时重点要掌握尺寸标注的参数设置，只有参数设置正确了，才能轻松地进行正确的标注。

基本练习

1. 填空题

(1)“标注样式”的命令是______________，快捷命令是___________。

(2)尺寸标注由_________、________、________、_______4个标注元素组成。

(3)“连续标注”的命令是______________，快捷命令是___________。

(4)“基线标注”的命令是______________，快捷命令是___________。

2. 选择题

(1)尺寸标注样式设置命令调用可以从(　　)菜单栏启动。

A. 格式或文件　　B. 格式或标注　　C. 标注和工具　　D. 工具和编辑

(2)下列(　　)命令，执行之前必须有一个已有基准尺寸标注。

①线性标注　　②对齐标注　　③连续标注　　④基线标注

A. ①②　　B. ②③　　C. ②④　　D. ③④

(3)可以对斜线平行标注的是(　　)命令。

A. 线性标注　　B. 对齐标注　　C. 连续标注　　D. 基线标注

能力提升

绘制下图并主要练习标注的操作方法，标注样式设置如下表所示。

类别	项目名称	格式
尺寸线	基线间距	7
尺寸界线	超出尺寸线	2.5
	起点偏移量	2.5

类别	项目名称	格式
箭头	第一个	建筑标记
	第二个	建筑标记
	箭头大小	2.0
尺寸数字	文字高度	2.5
文字位置	从尺寸线偏移	0.1
	文字位置调整	文字始终保持在尺寸界线之间，若文字不在默认位置上，将其放置在尺寸线上方，不带引线
文字对齐	文字对齐	与尺寸线对齐
调整	全局比例	100

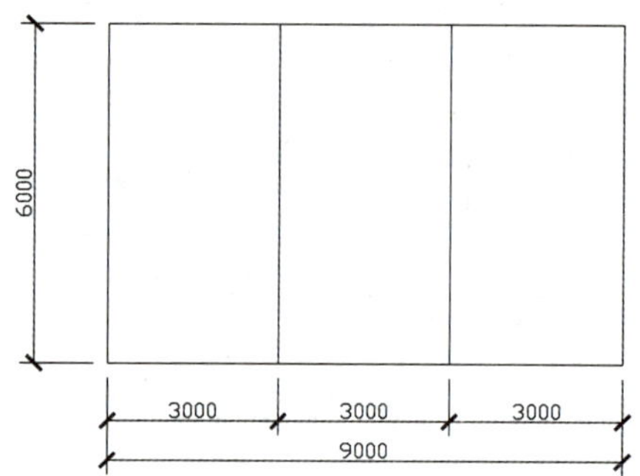

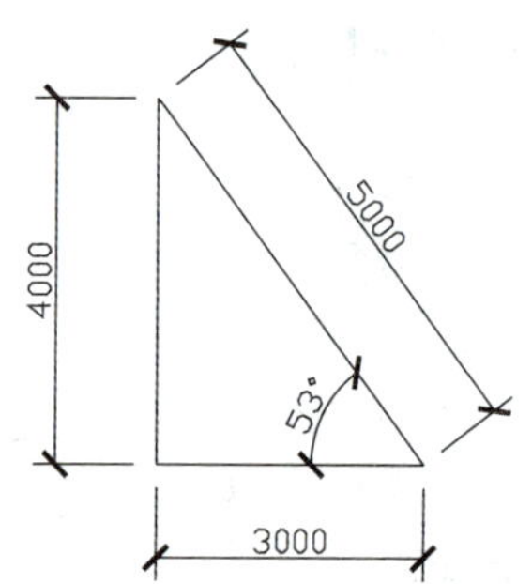

第 8 章 建筑施工图绘制

主要内容

本章主要介绍建筑施工图的绘制步骤与方法。通过本章学习，学生应能够熟练运用直线、构造线等命令来绘制轴线，熟练运用多线、分解等命令绘制墙线、窗线，熟练运用创建块、编辑块来生成门窗、轴号等，熟练运用复制、镜像、旋转、移动、阵列、缩放等命令，熟练进行尺寸、文字的标注和轴号的绘制。

重点难点

重点学习直线、多线、圆、圆弧、矩形、图案填充、多段线、创建块、插入块、多行文字等命令的调用方式、操作方法和技巧。其中，多线样式的设置、多段线操作中线宽和线型的变化．以及图案填充中关于比例调整是本章节学习的难点。

8.1 建筑平面图的绘制

8.1.1 建筑平面图基本知识

建筑平面图是建筑施工图的重要组成部分。实际上它是假想用一个水平剖切面沿门窗洞的位置将房间剖切后，对剖切面以下部分做出的水平剖面图，简称平面图。

建筑平面图用来反映房屋的平面形状、布局、大小和房间的布置，门、窗、主入口、走道、楼梯的位置，墙(柱)的位置、厚度和材料，建筑物的尺寸、标高等内容。它是进行建筑施工的主要依据。

每个建筑平面图对应一个建筑物楼层，建筑平面图通常是以楼层来命名的，如首层平面图、二层平面图、顶层平面图等。若建筑物各楼层的平面部局和构造完全相同，可以用一个平面图表示，称为标准层平面图。至少应绘制出 3 个平面图，即首层平面图、标准层平面图和顶层平面图。若变化比较大，则应分别绘制各层平面图。另外，在平面图绘制过程中，应注意以下内容。

(1)在绘制过程中，布局相同的楼层可绘制在一个图形文件中，不同的楼层分别绘制和命名。

(2)根据相关国标的规定，绘制建筑平面图通常采用 1∶50、1∶100、1∶200、1∶300 的比例，在实际工程中常采用 1∶100 的比例。

(3)绘制前应合理规划图层，图层设置是否合理，对绘图效率的影响较大，尤其在复杂的图形中，图层设置合理可以大大提高绘图效率。

8.1.2 建筑平面图绘制要点

一般情况下，建筑平面图应包括以下要点。

1. 定位轴线

建筑施工图中的轴线是施工定位、放线的重要依据，所以也叫定位轴线。凡是承重墙、柱子等主要承重构件都应画出轴线来确定其位置。

相关国标规定，定位轴线采用细点画线表示，并予以编号，轴线和端部画直径为 8 的细实线圆圈，在圆圈内写上轴线编号。横向编号采用阿拉伯数字，从左至右顺序编写，竖向编号采用大写拉丁字母，自下而上顺序编写。拉丁字母中的 I、O、Z 不能用作轴线编号，以免与阿拉伯数字中的 1、0、2 混淆。

在建筑平面图上，定位轴线表示纵横向的位置及其编号，其中轴线之间的间距表示房间的开间和进深。一般在图下方与左侧标注定位轴线的编号，当平面图不对称时，也应在上方和右侧标注轴线编号。

2. 平面布置

包括楼层各房间的组合与分隔，墙与柱的断面形状及尺寸。

3. 图线

建筑平面图中的图线是有规定的，即粗细有别，层次分明。被剖切到的墙、柱等轮廓线用粗实线(线宽为 b)绘制，门窗的开启示意线用中实线(线宽为 $0.5b$)绘制，其余可见轮廓线用细实线(线宽为 $0.25b$)，尺寸线、标高符号、定位轴线的圆圈、轴线等用细实线和细点画线绘制。其中，b 的大小可根据不同情况选取适当的线宽组，如表 8-1 所示。

表 8-1 线宽组

线宽	线宽组/mm					
b	2.0	1.4	1.0	0.7	0.5	0.35
$0.5b$	1.0	0.7	0.5	0.35	0.25	0.18
$0.25b$	0.5	0.35	0.25	0.18	—	—

4. 门窗类型与编号

建筑平面图中门的代号用“M”表示，窗的代号用“C”表示。在门窗代号后标注阿拉伯数字作为门窗的编号，如 M-1、M1、C-1、C1 等。

5. 标注尺寸

建筑平面图中一般需标注3道尺寸，即总尺寸、轴线尺寸和细部尺寸，分别表示建筑物的总长和总宽，建筑物定位轴线间的距离，外墙门窗洞口的大小和位置。另外，还需标注平面图内的一些细部尺寸，如内墙上的门窗洞口尺寸和一些构件的位置及尺寸。

6. 标高

建筑平面图常以首层主要房间的室内地坪作为零点(标记为±0.000)，分别标注出各楼层及不同部位的标高数据。

7. 楼梯

建筑平面图中应绘制出楼梯的形状、上下方向和踏步数。

8. 其他

建筑平面图中还应绘制其他构件如台阶、散水、花台、雨篷、阳台灯构件的位置、形状和大小。

9. 符号标注

首层平面图中还应标出剖面图的剖切位置和剖视方向及编号，以及表示建筑物朝向的指北针。屋顶平面图应标注出屋顶形状、排水方向、坡度等内容。

10. 详图索引符号

一般在屋顶平面图附近配以檐口、女儿墙泛水、雨水口等构造详图，以配合平面图的识读。凡需要绘制的部位，均需标出详图索引符号。

11. 其他标注

建筑平面图中还应标注出图名、比例、房间名称、使用面积等。

8.1.3 建筑平面图绘制步骤

在绘制建筑平面图的时候，首先要明确绘制具体流程：设置绘图环境→绘制定位轴线及柱网→绘制各种建筑构配件(如墙体线、门窗洞等)的形状和大小→绘制各个建筑细部(如楼梯、台阶、厨卫器具等)→绘制尺寸界线、标高数字、索引符号和相关说明文字→尺寸标注及文字标注→加图框和标题，并打印出图。

8.1.4 建筑平面图绘制实例

下面通过某宿舍楼首层平面图(见图8-1)的绘制实例，介绍绘制建筑平面图的方法。绘制建筑平面图的操作步骤如下。

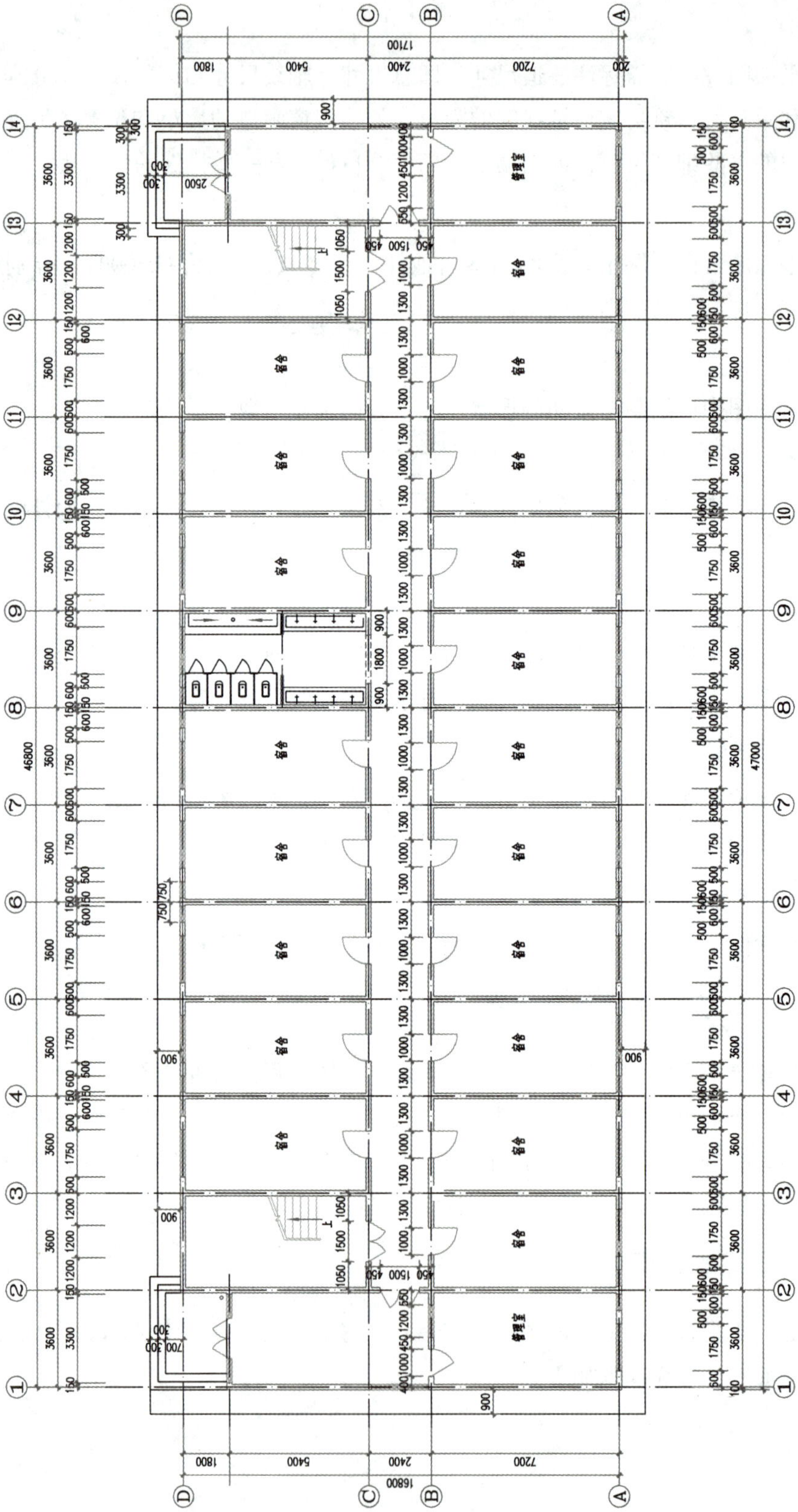

图 8-1　某宿舍楼首层平面图

1. 绘图准备

1) 创建新文件

启动 AutoCAD 软件，可双击 A 图标打开 AutoCAD 软件，使用样板创建新图形文件。

2) 设置系统绘制环境

单击“应用程序”按钮 A，在下拉菜单中选择“选项”命令，系统弹出“选项”对话框，如图 8-2(a) 所示。在“选项”对话框中，选择各选项卡并根据需要设置选项。一般情况，绘图区默认是黑底白线，根据个人喜好和需要，可以在“工具”|“选项”菜单的“显示”选项卡单击“颜色”按钮，改变屏幕的背景颜色为指定的颜色，如图 8-2(b) 所示。可以通过“显示”“草图”等选项卡修改十字光标大小、捕捉标记大小等。要保存设置并继续在对话框中工作，单击“应用”按钮；要保存设置并关闭对话框，单击“确定”按钮。

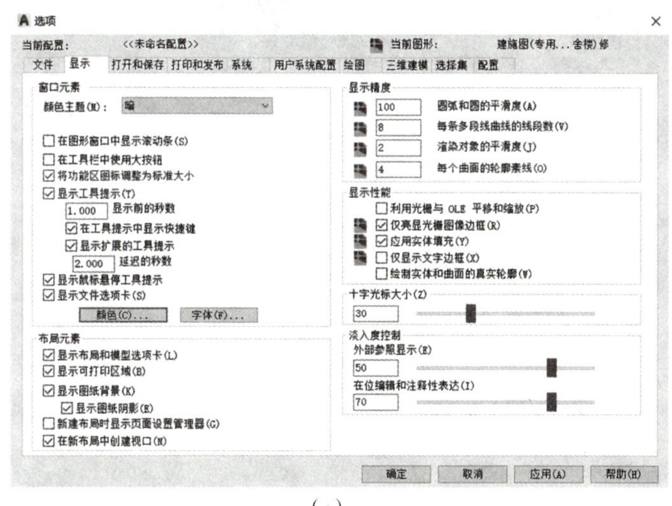

(a)

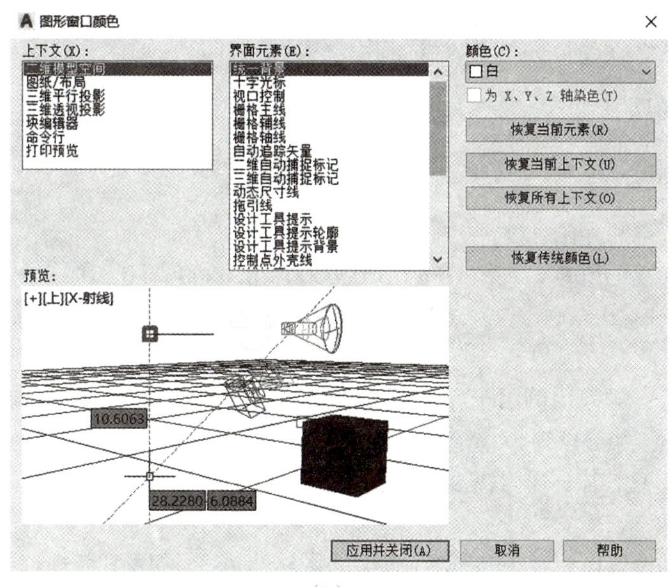

(b)

图 8-2　绘图区屏幕颜色设置

(a)“选项”对话框；(b)屏幕背景颜色设置

3)设置绘图单位

Units 命令用于设置绘图单位。默认情况下 AutoCAD 使用十进制单位进行数据显示或数据输入，可根据具体情况设置绘图的单位类型和数据精度。

单击“应用程序”按钮，选择“图形实用工具”|“单位”命令，系统会弹出“图形单位”对话框，在“长度”选项组的“类型”中选择“小数”，在“精度”中选择“0”；在“角度”选项组的“类型”中选择“十进制度数”，在“精度”中选择“0”；在“插入时的缩放单位”选项组中选择单位为“毫米”，如图 8-3 所示。

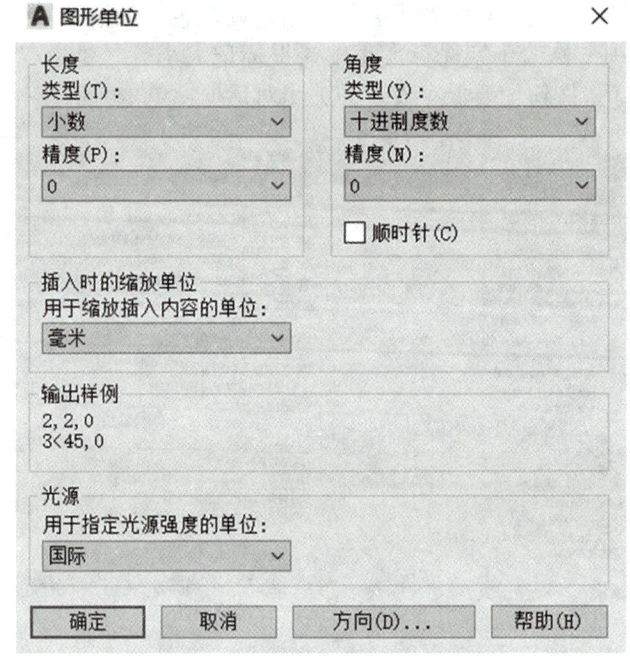

图 8-3 “图形单位”对话框

4)设置绘图区界限

具体操作如下。

命令：limits

重新设置模型空间界限：

指定左下角点或[开(ON)/关(OFF)]<0.0000, 0.0000>：0, 0

指定右上角点<420.0000, 297.0000>：594000, 420000

命令：Zoom

指定窗口角点，输入比例因子(nX 或 nXP)，或[全部(A)/中心点(C)/动态(D)/范围(E)/上一个(P)/比例(S)/窗口(W)]<实时>：a

在绘制建筑施工图时，通常需要指定图形界限以确定图形环境的范围，然后按实际的单位来绘图。

图纸边界即是设置图形绘制完成后输出的图纸大小。常用图纸规格有 A0～A4，一般称为 0～4 号图纸。图纸边界的设置应与选定图纸的大小相对应。利用 Limits 命令可以定义绘图边界，相当于手工绘图时确定图纸的大小。绘图边界是代表绘图极限范围的两个二维点的 WCS 坐标，这两个二维点分别是绘图范围的左下角和右上角。

在绘图区中设置不可见的矩形边界，该边界可以限制栅格显示并限制单击或输入点位置。

5) 设置线型比例

单击“格式”菜单中的“线型”工具，系统弹出“线型管理器”对话框，在对话框中单击“加载”按钮，进行选择依次建立线型。单击“隐藏细节”按钮，在“全局比例因子”和“当前对象缩放比例”中修改，如图 8-4 所示。

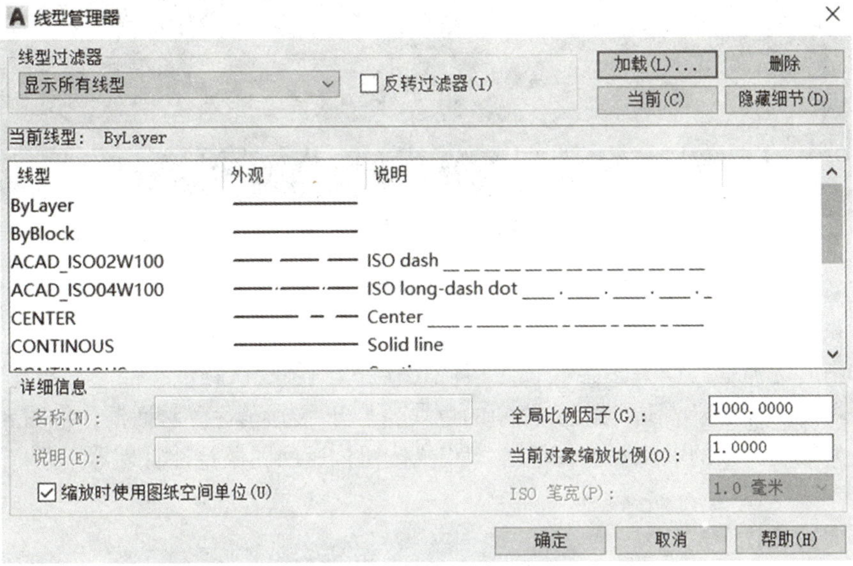

图 8-4　“线型管理器”对话框

6) 设置图层

单击“默认”选项卡“图层”面板中的“图层特性”按钮，打开图层特性管理器，如图 8-5 所示。单击图层特性管理器中的“新建图层”按钮，如图 8-6 所示。新建图层的图层名称默认为“图层 1”，将其修改为“轴线”。

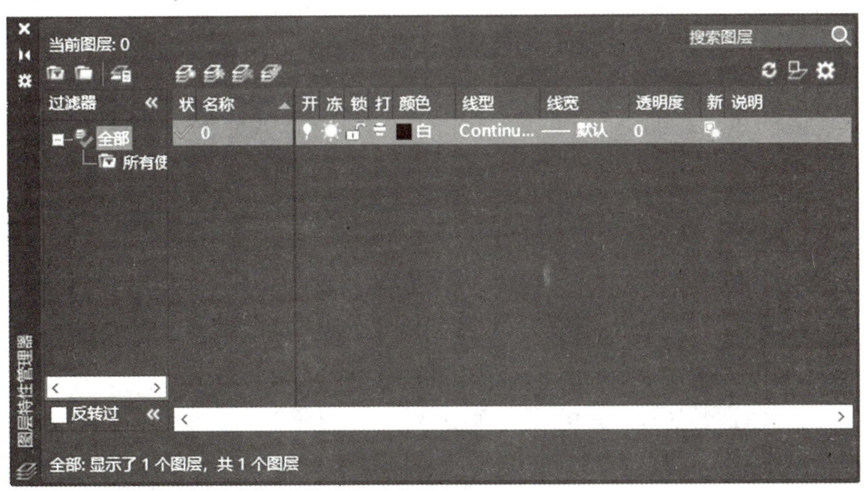

图 8-5　图层特性管理器

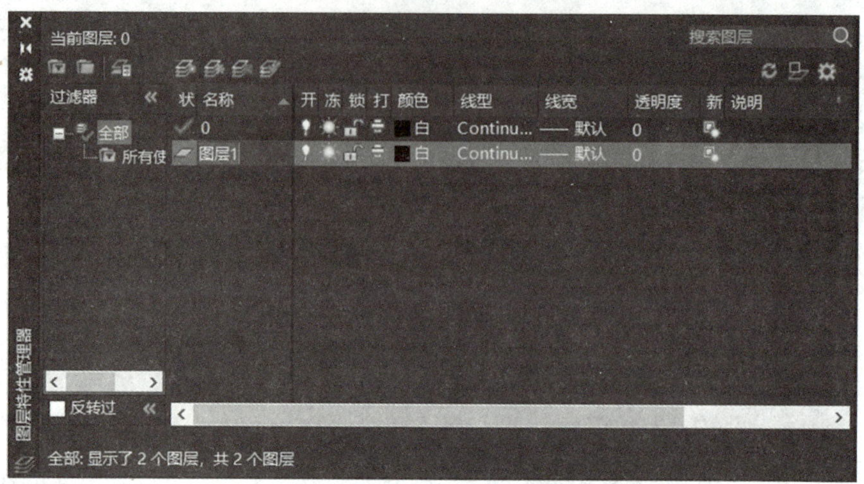

图 8-6　新建图层

图层名称后面的选项主要包括“开/关图层”“在所有视口中冻结/解冻图层”“锁定/解锁图层”“图层默认颜色”“图层默认线型”“图层默认线宽”“打印样式”等。其中，编辑图形时最常用的选项是“开/关图层”“锁定/解锁图层”“图层默认颜色”等。

单击新建的“轴线”图层“颜色”栏中的色块，打开“选择颜色”对话框，如图 8-7 所示，选择红色为轴线图层的默认颜色。单击“确定”按钮，返回图层特性管理器。

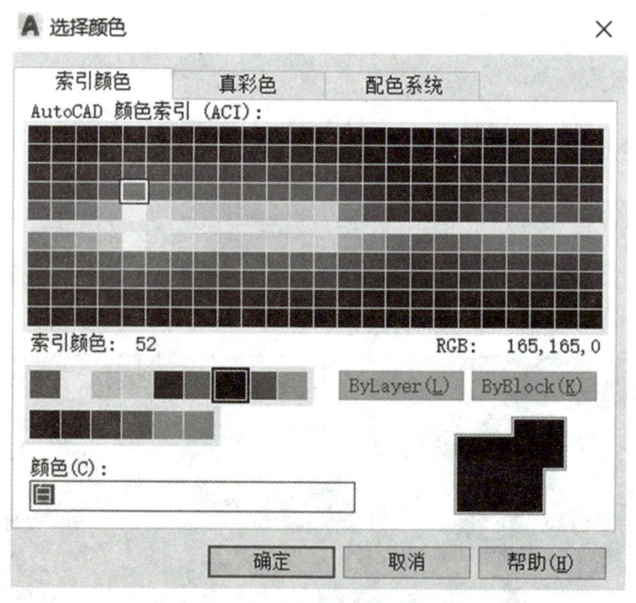

图 8-7　“选择颜色”对话框

单击“线型”栏中的选项，打开“选择线型”对话框，如图 8-8 所示。轴线在绘图中一般应用点画线进行绘制，因此应将轴线图层的默认线型设为中心线。单击“加载”按钮，打开“加载或重载线型”对话框，如图 8-9 所示。在“可用线型”列表框中选择 CENTER 线型，单击“确定”按钮返回“选择线型”对话框。选择刚加载的线型，如图 8-10 所示，单击“确定”按钮，轴线图层设置完毕。

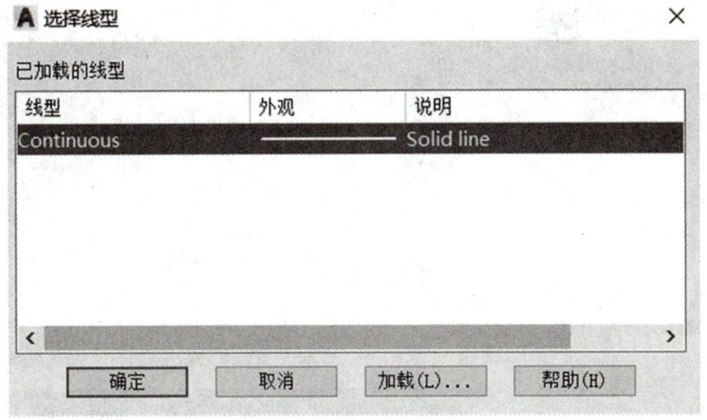

图 8-8　“选择线型”对话框

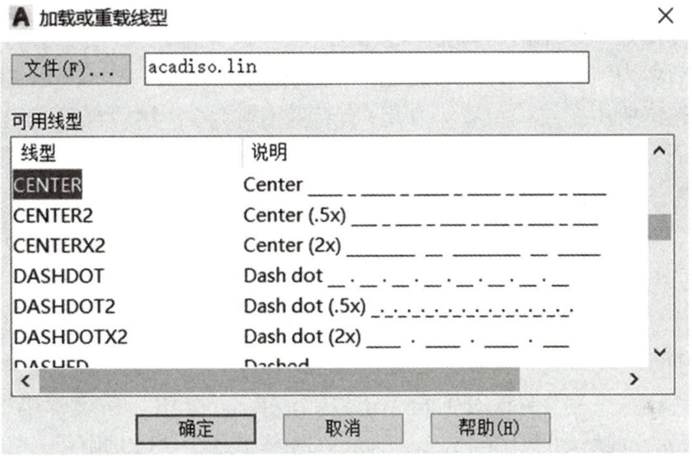

图 8-9　“加载或重载线型”对话框

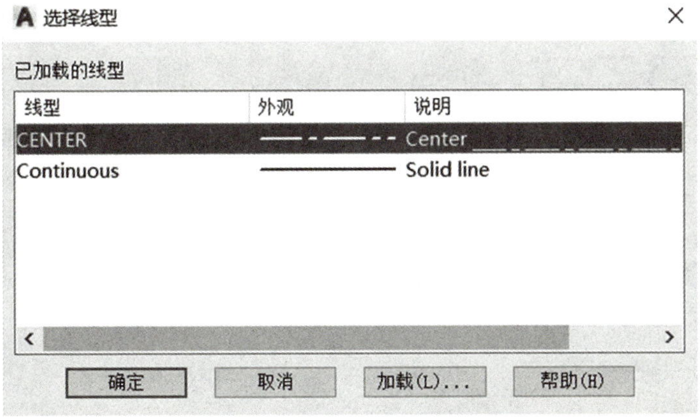

图 8-10　选择刚加载的线型

在绘制的平面图中，包括轴线、门窗、文字和尺寸标注、墙体等几项内容，分别按照上面所介绍的方式设置图层。其中的颜色可以依照绘图习惯自行设置，并没有具体的要求。设置完成后的图层特性如图 8-11 所示。

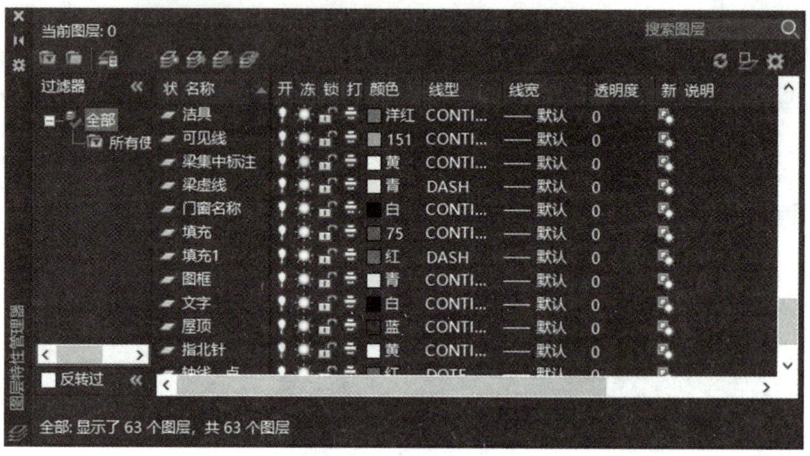

图 8-11　图层设置完成

图层设置的原则是在够用的基础上越少越好，够用、精简。在这里要特别注意的是：每个图形文件都包括名为“0”的图层，不能删除或重命名图层“0”。“0”层一般是用来定义块的。定义块时，先将所用图层均设置为 0 层(有特殊时除外)，然后再定义块，这样在插入块时，插入的是哪个层，块就随哪个层了。在绘图过程中可以根据需要创建图层。在绘图时，新创建的对象将置于当前图层上。当前图层可以是默认图层“0”，也可以是用户自己创建并命名的图层。要合理组织图层，应在绘制图形前创建几个新图层来组织图形，而不是将整个图形均创建在图层“0”上。通过将其他图层置为当前图层，可以从一个图层切换到另一个图层；随后创建的任何对象都与新的当前图层关联并采用其颜色、线型和线宽等其他特性。

7) 设置文字样式

在“注释”选项卡“文字”面板右下角单击“文字样式”按钮，系统弹出“文字样式”对话框，如图 8-12 所示。默认的文字样式是 Standard 样式，不可以删除。单击“新建”按钮，弹出“新建文字样式”对话框，如图 8-13 所示。例如，新建一个名为“文字标注”的文字样式，字体选为“仿宋”，单击“置为当前”按钮。

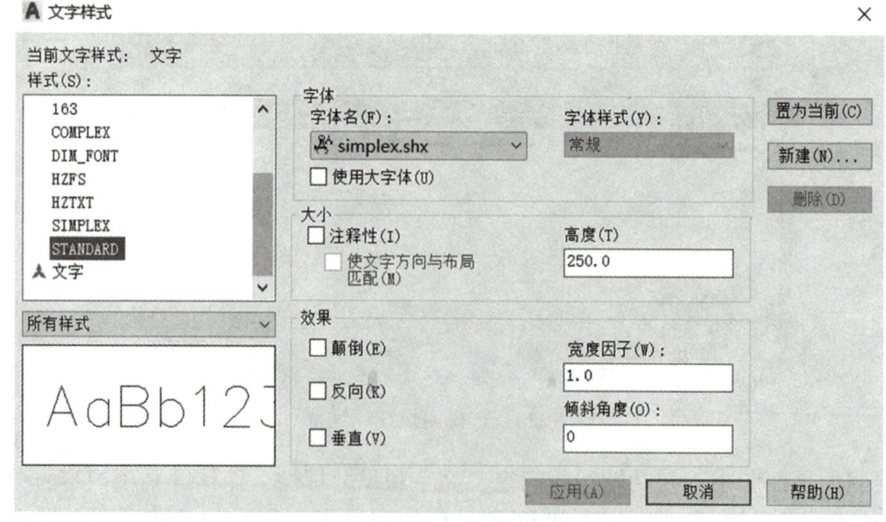

图 8-12　“文字样式”对话框

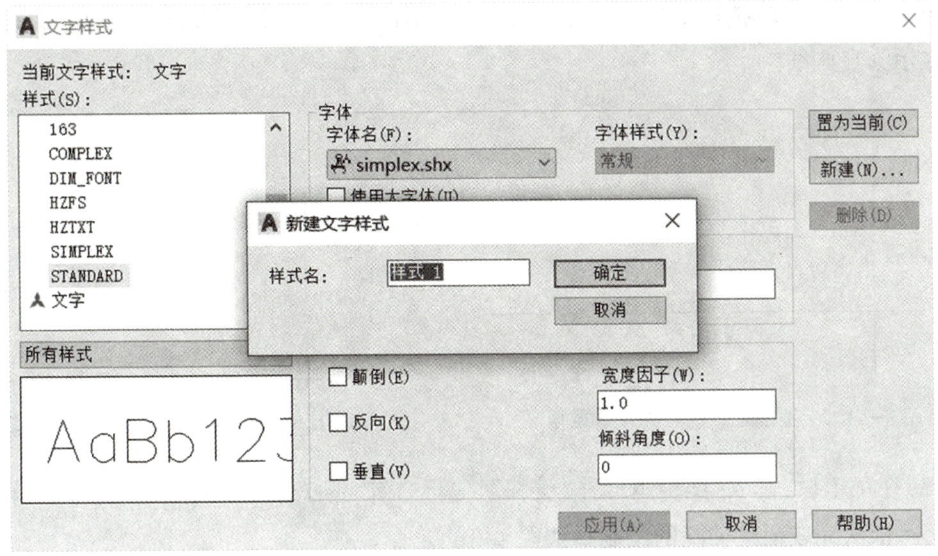

图 8-13 “新建文字样式”对话框

2. 绘制轴网

轴网是由轴线组成的平面网格，轴线是指建筑物组成部分的定位中心线，是设计中建筑物各组成部分的定位依据。绘制墙体、门窗等图形对象均以定位轴线为基准，以确定其平面位置与尺寸。具体绘制步骤如下。

(1) 在“格式”菜单内“图层”面板上选择“图层”下拉列表，单击“轴线”图层，将其切换为当前图层。

(2) 在“绘图”面板上选择“直线”工具 或 line 命令，绘制一条水平基准轴线，在水平线靠左侧适当位置绘制一条竖直基准轴线。具体操作如下。

命令：line　　/调用命令
指定第一点：　　/鼠标单击
指定下一点或[放弃(U)]：　　/鼠标单击
指定下一点或[放弃(U)]：*取消*　　/按〈Enter〉键
命令：line　　/调用命令
指定第一点：　　/鼠标单击
指定下一点或[放弃(U)]：　　/鼠标单击
指定下一点或[放弃(U)]：*取消*　　/按〈Enter〉键

在绘制轴线时，直线长度的取值根据所绘图形的轴线总长度适当放些余量，轴线网绘制完成之后，可以通过“修剪”或者“延伸”命令调整合适。若绘制直线的长度超出了当前图形窗口的显示范围，用户可以执行 Zoom 命令，选择 A 选项，或者打开修改下拉菜单，单击“缩放”按钮 缩放(L)。由于视图窗口放大，轴线的外观显示为实线，而不是点画线，如图 8-14 所示。可在命令行中输入 ltscale，将线型比例因子调整为一个大于 1 的整数倍，本操作调整为 100 倍。也可通过执行“格式”|“线型”菜单命令，打开“线型管理器”对话

框，单击“显示细节”按钮来调整。如图 8-15 所示的全局比例因子调整为 100，所绘制的轴线显示为点画线。

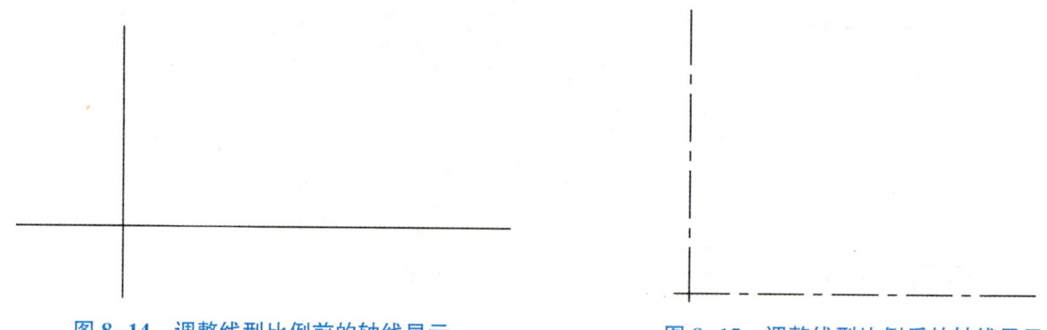

图 8-14　调整线型比例前的轴线显示

图 8-15　调整线型比例后的轴线显示

(3)在菜单栏“修改”面板上选择“偏移”工具或 offset 命令，对所绘制的两条轴线进行偏移，依次完成全部轴网的绘制，如图 8-16 所示。

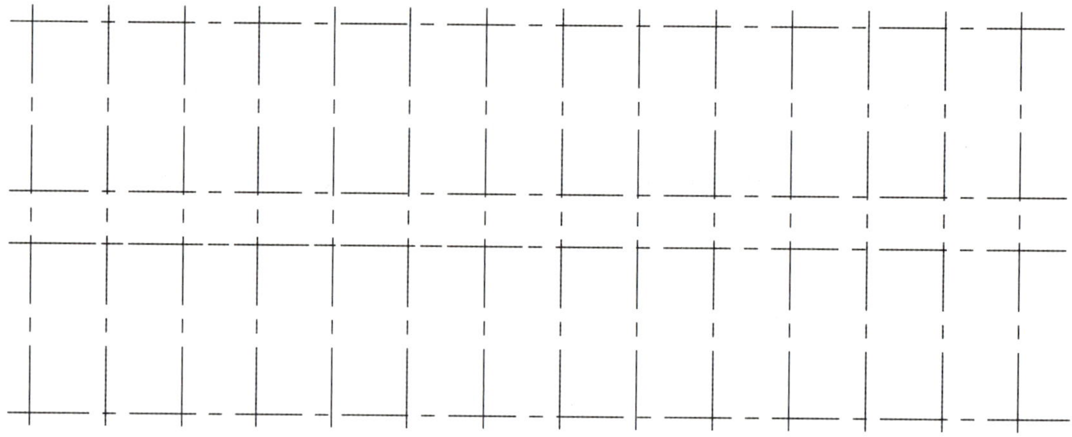

图 8-16　轴网

3. 绘制墙线

墙体是建筑物中最基本和最重要的构件，它起着承重、维护和分隔的作用。按照所处位置可将其分为外墙和内墙。建筑平面图中墙线具体绘制步骤如下。

(1)首先在“图层”面板上选择“图层”下拉列表，单击“墙线”图层，将设置成当前图层。

(2)选择“格式”菜单中的“多线样式”工具，弹出“多线样式”对话框，如图 8-17 所示。单击“新建”按钮，弹出“创建新多线样式”对话框，在新样式名称文本框中输入墙体 200，如图 8-18 所示。单击“置为当前”按钮，弹出“新建多线样式：墙体 200”对话框，设置其偏移量分别为“100、-100”，并将该样式“置为当前”，如图 8-19 所示。单击“确定”按钮，返回“多线样式”对话框，如图 8-20 所示。若多线创建结束就运用，可以单击“置为当前”按钮，使新样式成为当前样式。

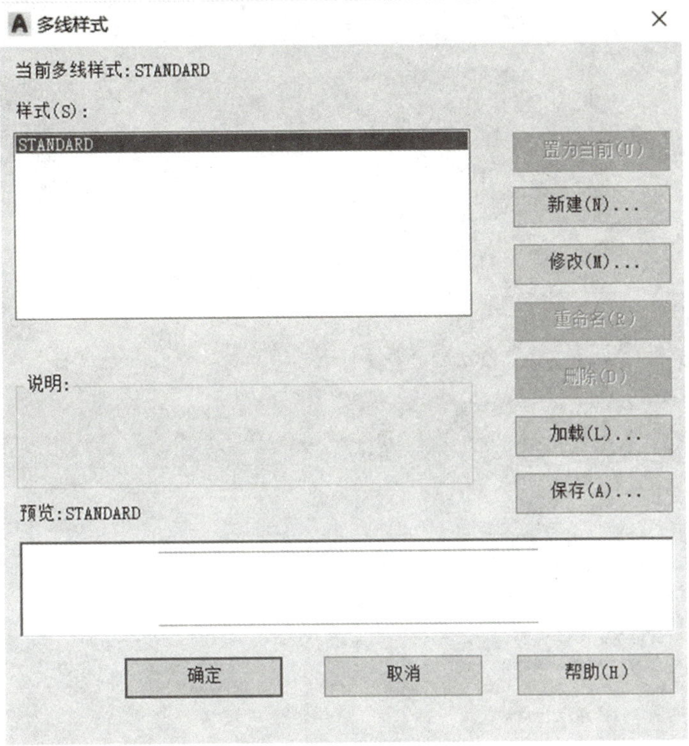

图 8-17　“多线样式”对话框

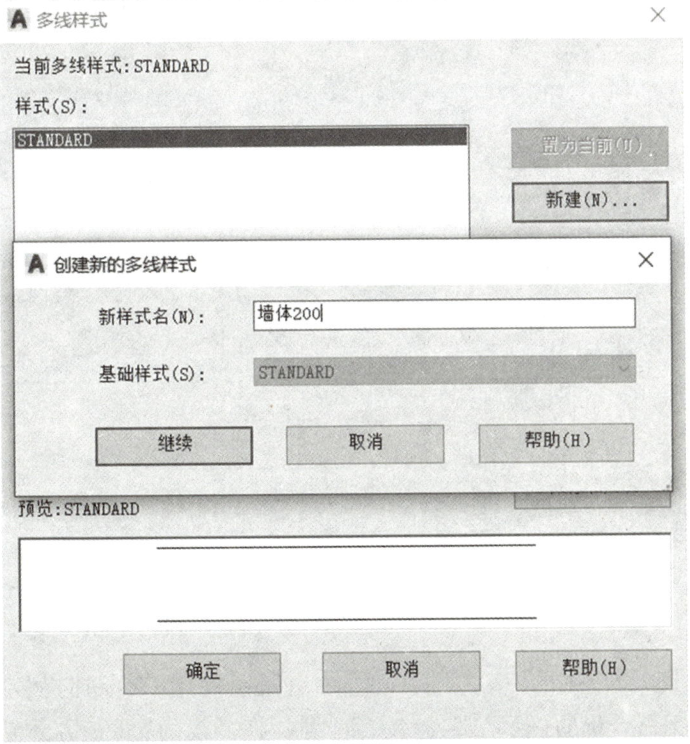

图 8-18　“创建新多线样式”对话框

新建多线样式:200
说明(P): 200
封口
起点 端点
直线(L):
外弧(O):
内弧(R):
角度(N): 90.00 90.00
填充
填充颜色(F): 无
显示连接(J):
图元(E)
偏移 颜色 线型
100 BYLAYER ByLayer
-100 BYLAYER ByLayer
添加(A) 删除(D)
偏移(S): -100
颜色(C): ByLayer
线型: 线型(Y)...
确定 取消 帮助(H)

图 8-19 多线样式设置

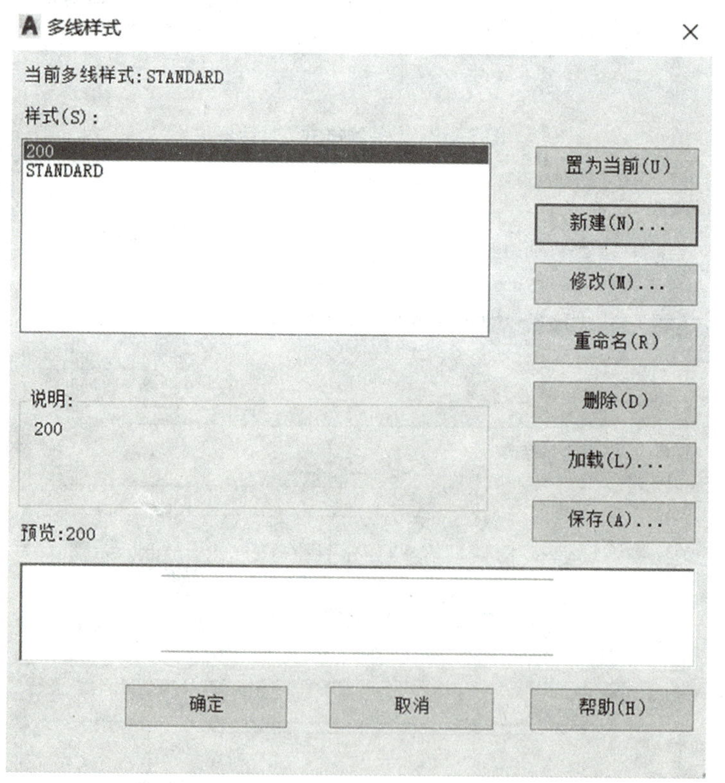

图 8-20 设置后的“多线样式”对话框

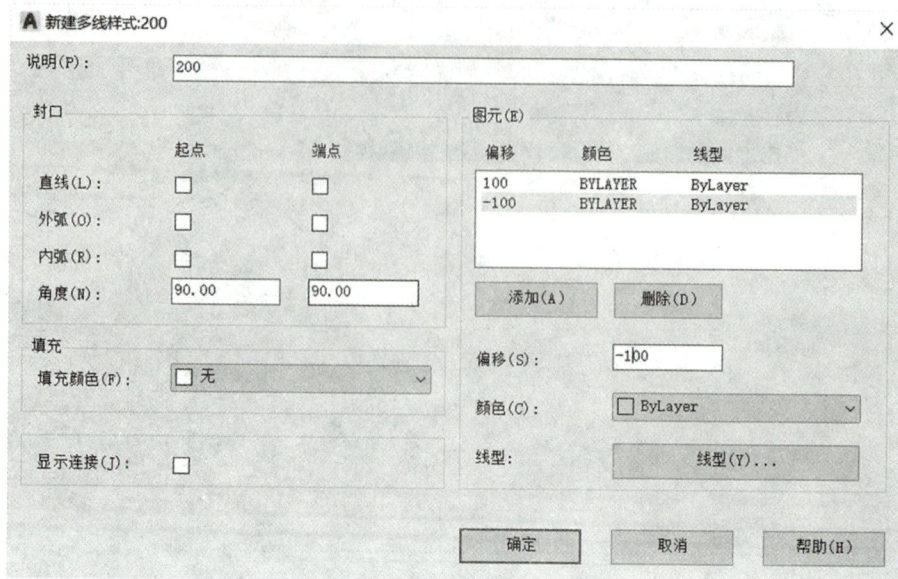

(3)选择“绘图”菜单中的“多线”工具，并辅助使用“对象捕捉”功能或采用 mline 命令。注意，根据命令行的提示，绘制墙线时需要将多线的“对正方式”设为“无”，“比例”设为“200”。具体操作如下。

命令：mline

当前设置：对正=上，比例=20.00，样式=STANDARD

指定起点或[对正(J)/比例(S)/样式(ST)]：s

输入多线比例<20.00>：200.00

当前设置：对正=上，比例=200.00，样式=STANDARD

指定起点或[对正(J)/比例(S)/样式(ST)]：j

输入对正类型[上(T)/无(Z)/下(B)]<上>：z

当前设置：对正=无，比例=200.00，样式=STANDARD

指定起点或[对正(J)/比例(S)/样式(ST)]：

指定下一点：

指定下一点或[放弃(U)]：

指定下一点或[闭合(C)/放弃(U)]：c

用同样的方法绘制其他墙线。

(4)由于利用多线命令绘制的墙线，在交叉点会出现不连贯或封口错误的现象，用户可以利用“多线编辑工具”进行修改。

单击菜单栏中“修改”|“对象”|“多线”命令。双击绘图区的多线对象。命令启动后，系统会弹出如图 8-21 所示的“多线编辑工具”对话框，用户可选择提供的“角点结合”“T形打开”“十字打开”等功能进行多线编辑。结果如图 8-22 所示。也可采用“分解所有多线命令：explode”和“修剪汇交处的多余墙线命令：trim”进行修剪，具体操作如下。

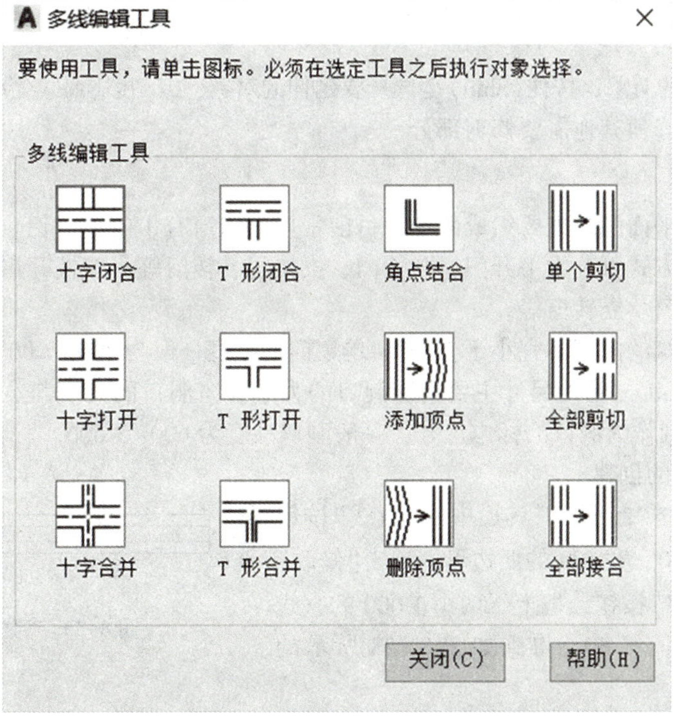

图 8-21　“多线编辑工具”对话框

命令：explode

选择对象：指定对角点：找到 44 个，18 个不能分解

选择对象：

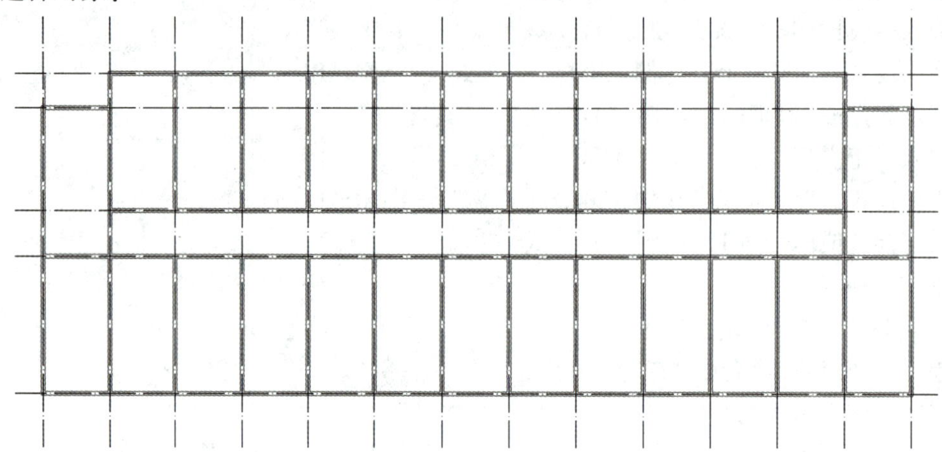

图 8-22　修改后的墙线

(5)修剪汇交处的多余墙线。具体操作如下。

命令：trim

当前设置：投影=UCS，边=无

选择剪切边…

选择对象：指定对角点：找到 40 个

选择对象：

选择要修剪的对象，按住〈Shift〉键选择要延伸的对象，或[投影(P)/边(E)/放弃(U)]：

按上述方法修剪其他需要修剪部分。

4. 绘制门窗

门窗是建筑平面图的主要组成部分。目前常用的门窗有木门窗、铝合金门窗、塑钢门窗等。门按开启方式可分为平开门、弹簧门、推拉门、转门等。窗按开启方式可分为平开窗、悬窗、推拉窗、立转窗等。

一般民用建筑的门高不宜小于 2 100。单扇门的宽度一般为 700~1 000，双扇门的宽度一般为 1 200~1 800。窗的尺寸主要指窗洞口的大小。窗洞口的高度与宽度尺寸通常采用扩大模数 3M 数列作为洞口的标志尺寸，一般洞口高度为 600~3 600。

1)“窗户”块的创建

在绘图区单击“绘图”工具栏中的“直线”按钮 ，绘制长 1 000、宽 100 的四边形，单击“修改”工具栏中的“偏移”按钮，把上下两个 1 000 的直线分别向上、向下偏移 30，得到如图 8-23 所示的图形。

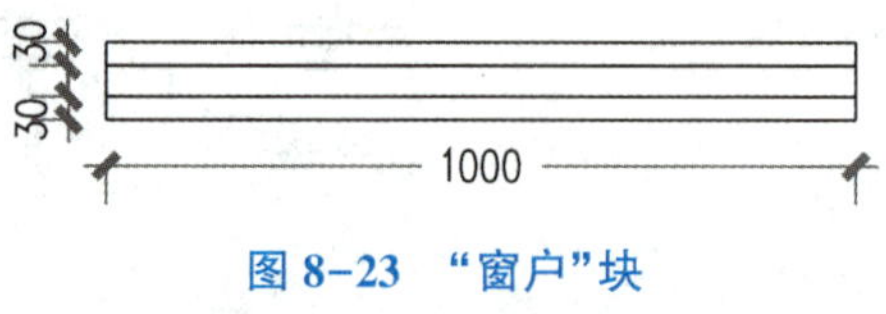

图 8-23　“窗户”块

单击“绘图”工具栏中的“块”按钮 ，弹出如图 8-24 所示的“块定义”对话框。在“名称”文本框内填写块名称，如“窗户”。单击“拾取点”按钮 ，进入绘图界面，选中窗

的左上角点，选择完成后，返回“块定义”对话框。单击“选择对象”按钮，再进入绘图界面，选中图 8-23 所示“窗户”块的 6 条直线，返回“块定义”对话框。单击“块定义”对话框的“确定”按钮，完成“窗户”块的创建，如图 8-25 所示。

块定义
名称(N)：
基点
在屏幕上指定
拾取点(K)
X: 0
Y: 0
Z: 0
对象
在屏幕上指定
选择对象(T)
保留(R)
转换为块(C)
删除(D)
未选定对象
方式
注释性(A)
使块方向与布局匹配(M)
按统一比例缩放(S)
允许分解(P)
设置
块单位(U)：
无单位
超链接(L)...
说明
在块编辑器中打开(O)
确定　取消　帮助(H)

图 8-24　“块定义”对话框

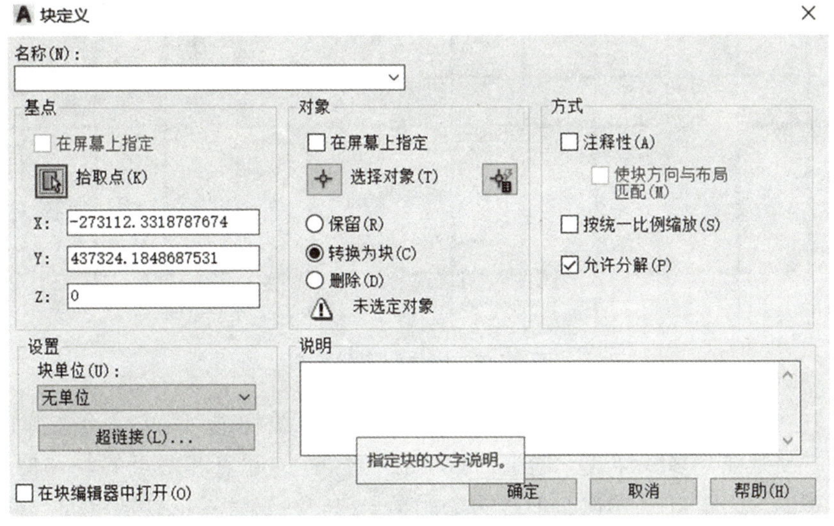

图 8-25　创建“窗户”块

2)“门”块的创建

将门窗图层置为当前图层，单击“绘图”工具栏中的“直线”按钮，绘制一个尺寸为 1 000 的门扇。单击绘图菜单中的圆弧，用“起点、圆心、角度”(以直线左上点为起点，左下点为圆心，角度为 90°)绘制如图 8-26 所示的单扇平开门。单击“绘图”工具栏中的“创建块”按钮，创建“单扇平开门”图块。

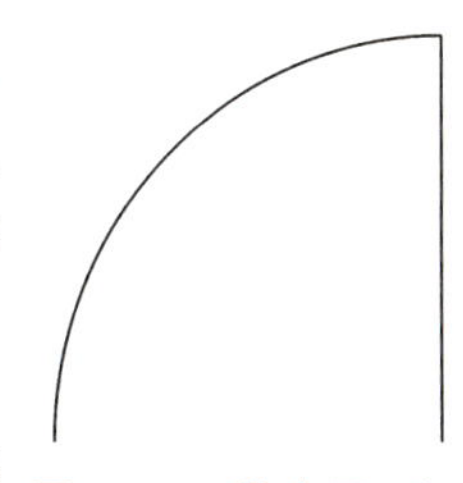

图 8-26　单扇平开门

平面图中门窗绘制的操作步骤有多种，如在“绘图”面板上选择

“直线”工具、“圆弧”工具、“矩形”工具，并配合使用对象捕捉功能，在“门窗”图层中绘制门窗图例；在“块”面板上选择“定义属性”工具，分别对门、窗两个图形对象创建图块属性；也可在“块”面板上选择“创建”工具，为以上门、窗对象分别创建名为“M-1”“C-1”的图块。

3)块的插入

单击“绘图”工具栏中“插入块”按钮，选择“工具”菜单中的“块编辑器”工具，分别为门、窗图块添加动作。需注意在绘制门窗图形前，必须先在墙体上开门窗洞口。将“墙体”置为当前图层，利用“直线”并配合使用“对象捕捉”和“动态输入”绘制门窗洞口边框线。利用“插入块”工具(提示：应注意比例，如 240 墙上的宽 1 800 的窗户，则比例是 X 方向系数 1.8，Y 方向系数 2.4)，将所创建好的门窗图块插入到平面图中。对于绘制双扇平开门，可利用上述步骤，绘制宽 1 000 的单扇平开门，单击“修改”工具栏中的“镜像”按钮，进行水平方向的镜像操作，得到宽 1 500 的双扇平开门。利用“修改”工具栏中的“复制”按钮，绘制所有门窗。单击“修改”工具栏中的“修剪”按钮，修剪门窗洞处墙线，删除辅助线。完成门窗的绘制，得到如图 8-27 所示的图形。

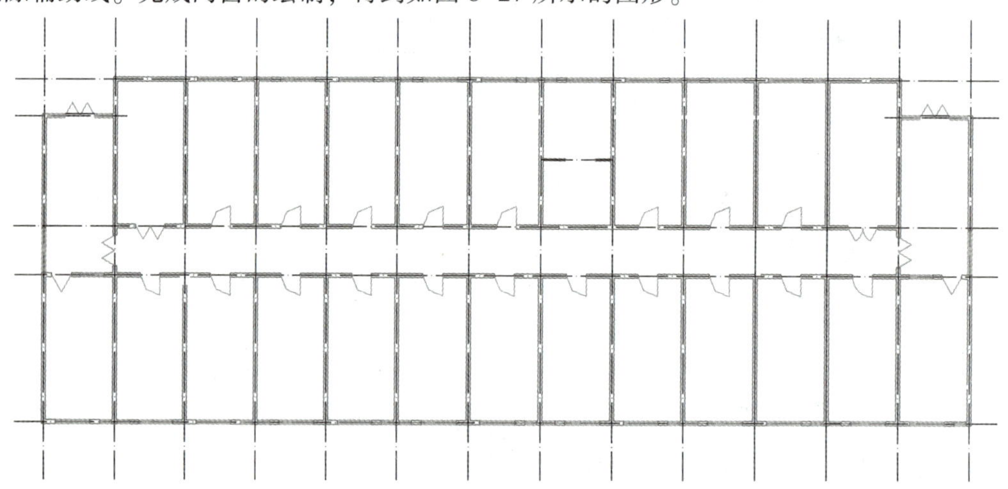

图 8-27　完成门窗的绘制

同时，也可采用多线绘制窗线。执行“格式”|“多线样式”菜单命令，弹出“多线样式”对话框。新建窗户多线样式，选中“封口”在“直线”的起点和终点的复选框。单击“元素”选项组中的“添加”按钮两次，新建两个元素。选中新建元素，分别设置“偏移”变量为“0.18”和“-0.18”，创建多线并单击“置为当前”按钮，详细的操作如下。

命令：ML

根据提示“指定起点或[对正(J)/比例(S)/样式(ST)]:”，输入 J，设置对正方式为“无(Z)”，然后按〈Space〉键确定；再根据提示输入 S，设置比例为 240，按〈Space〉键确定；样式(ST)为“窗户”，绘制不同宽度窗。切换到“墙线”图层，单击“直线”按钮，在窗线封口处绘制直线，变为粗实线。修剪多余线段，完成窗户的绘制。

5. 绘制楼梯

楼梯是连接上、下楼层间的垂直交通设施。它是由楼梯梯段、楼层平台、休息平台、栏杆和扶手组成的。楼梯样式多样，如双跑楼梯、多跑楼梯、旋转楼梯、剪刀楼梯和双分双合楼梯等。

楼梯常见坡度范围为 20°~45°，楼梯坡度小于 20°时，采用坡道，大于 45°时，采用爬梯。楼梯踏步由踏面和踢面组成，其中踏面宽 300，踢面高 150，行走较舒适，一般踏面宽度不宜小于 240，踢面和踏面的关系应满足：2×踢面高+踏面宽=600~620。楼梯栏杆扶手高度一般为 900，考虑儿童使用时，其高度为 600 或设两道栏杆扶手。楼梯段宽度要考虑人流量，住宅楼的梯段宽度一般为 1 000~1 200。楼梯平台宽度应大于或等于梯段宽度。每个梯段的踏步不应超过 18 级，亦不应少于 3 级。楼梯平台上部及下部过道处的净空不应小于 2.0 m，梯段净高不应小于 2.2 m。注：梯段净高为自踏步前缘(包括每个梯段最低和最高一级踏步前缘线以外 0.3 m 范围内)量至上方突出物下缘间的垂直高度。

楼梯可采用前面所述基本绘图命令和编辑命令来绘制。具体绘制步骤如下。

(1)首先在“格式”菜单下选择“图层”面板，单击“楼梯”图层，将其切换为当前图层。

(2)在“绘图”面板上选择“矩形”工具，绘制休息平台轮廓线。

(3)在“绘图”面板上选择“矩形”工具，并配合使用“偏移”工具，在楼梯中间位置绘制楼梯井轮廓线。

(4)在“绘图”面板上选择“直线”工具并配合使用“阵列”工具，绘制梯段的踏步线。

(5)在“修改”面板上选择“修剪”工具，对多余线条进行修剪，完成楼梯图样的绘制。

(6)在“绘图”面板上选择“多段线”工具，绘制出楼梯的“折断线”。单击“默认”选项卡“修改”面板中的“修剪”按钮，对多段线进行修剪处理。

(7)栏绘制楼梯方向指引箭头的“箭头线”。

单击“绘图”|“多段线”菜单命令，执行“多段线”命令后，命令行提示操作如下。

指定起点：输入所要绘制箭头的起点

当前线宽为 0.0000　　　　/按〈Enter〉键，默认箭头起点线宽为 0

指定下一个点或[圆弧(A)/半宽(H)/长度(L)/放弃(U)/宽度(W)]：W

/指定尾线宽

指定起点宽度<0.000>：0　/按〈Enter〉键

指定端点宽度<0.000>：90　/按〈Enter〉键

/此时打开正交开关，保证所绘箭头处于水平向或垂直向

用“绘图”命令捕捉箭头端点，绘制和箭头同处水平向或垂直向的直线，完善箭头的绘制，并利用“多行文字”工具标注楼梯的上下方向。至此，完成楼梯的绘制，如图 8-28 所示。

6. 绘制台阶

室外台阶设在建筑物出入口的位置，是用来连接建筑物室内外高差的过渡构件，属于垂直交通联系部分。台阶位于室外，位置明显，人流量大，处于露天之中，雨雪较多，为安全起见，坡度比室内楼梯小。台阶形式按照出入口的位置不同可分为单出、双出和三出式。台阶侧面也可设置挡墙、花台、花池。一般踏步高为 120~150，踏步宽为 300~400，缓冲平台的深度不小于 1 000，需做 1%坡向室外的坡度，以利于排水。

快捷的绘制方法：在绘图区，用“直线”命令先绘制 3 000、2 500 的水平和竖向直线，分别偏移 300，再利用“移动”命令捕捉中点，移动到门厅入口处，如图 8-29 所示。

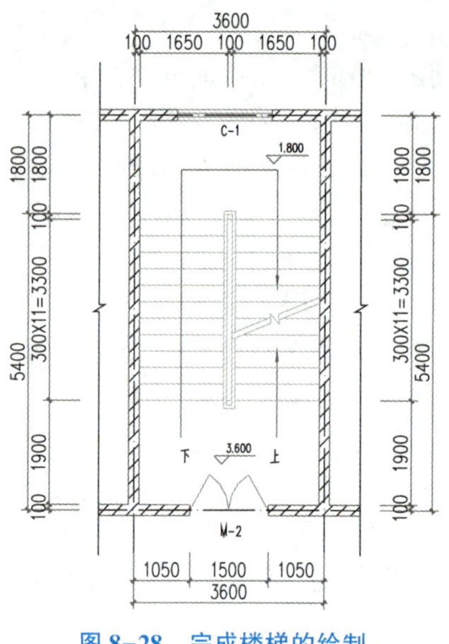

图 8-28　完成楼梯的绘制

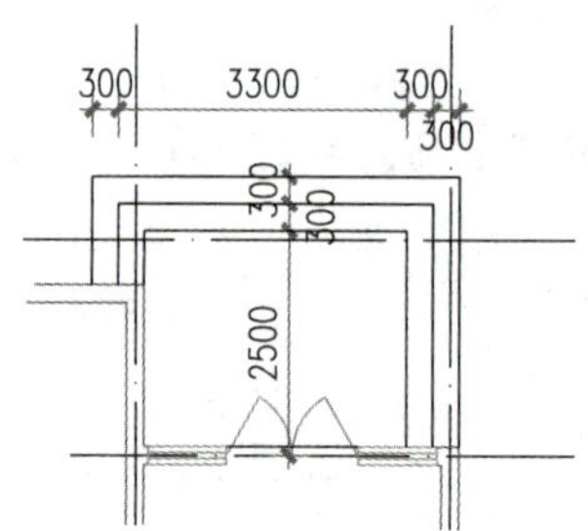

图 8-29　绘制门厅入口台阶

7. 绘制散水

绘制散水的方法有多种，最常用的方法是用单击“绘图”工具中的“直线”按钮，距离外墙 600 处绘制直线。

对于外形复杂的散水，快捷的方式还有两种。

1) 多段线绘制法

关闭除外墙体和散水外的其余图层，激活状态中的“正交”按钮，单击“绘图”工具栏上的“多段线”按钮，沿着外墙轮廓线绘制成封闭的多段线。单击“修改”工具栏中的“偏移”按钮 ，向外偏移 900。绘制其他直线，删除绘制的多段线，留下偏移的多段线，完成散水绘制。

2) 多线绘制法

执行“格式”|“多线样式”菜单命令，弹出“多线样式”对话框，单击“新建”按钮，弹出“创建新多线样式”对话框，在新样式名文本框输入 900，“继续”按钮被激活。单击“继续”按钮，弹出“新建多线样式：900”对话框。在“说明”文本框中输入 900，作为标志。在“元素”列表框中选中“0. 5”，然后在“偏移”文本框中输入数值 900。在“元素”列表框中选中“-0. 5”，然后单击“元素”选项区中的“删除”按钮。单击“确定”按钮，返回“多线样式”对话框，样式预览框中显示出新多线样式“900”的效果。

命令：ML

根据提示输入 J，设置对正方式为“无(Z)”，输入 S，设置比例为“1”，“ST=900”。

沿着外墙直接绘制，完成散水的绘制。

8. 平面图标注

在绘制完成平面图时，还需要进行尺寸标注、文字标注和一些常用符号的标注，以使建筑平面图所表示的内容更加清晰明了，便于读图。本建筑平面图采用 1∶1 比例绘图，1∶100 比例出图。在进行尺寸标注设定时，相关参数也需要扩大 100 倍。平面图标注的操作步骤如下。

1）标注样式设置

使用 DDIM 命令或“格式”菜单中的“标注样式”命令，进入“标注样式管理器”对话框，如图 8-30 所示。

单击“新建”按钮，新建一个标注样式，命名样式为“建筑标注”，如图 8-31 所示。

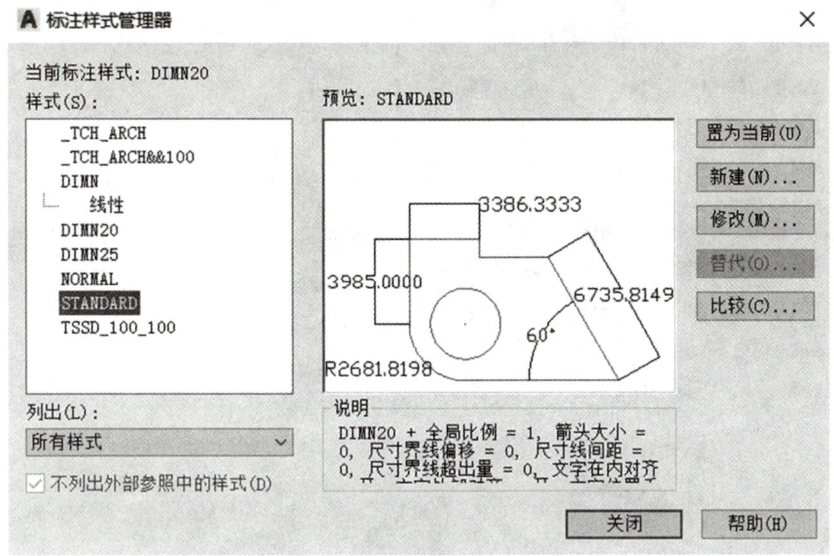

图 8-30　“标注样式管理器”对话框

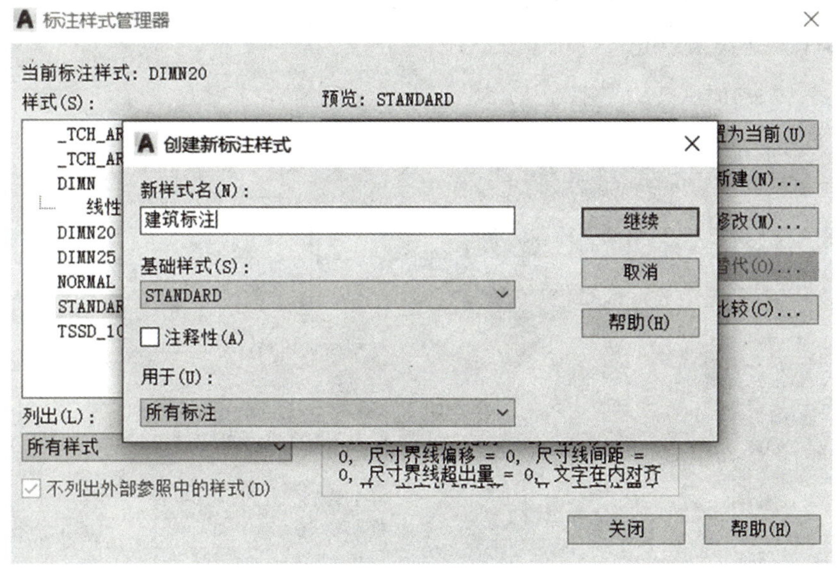

图 8-31　新建标注样式

单击“继续”按钮，弹出“新建标注样式”对话框，可以分别设置“线”“符号和箭头”“文字”“调整”“主单位”“换算单位”和“公差”等选项卡。依据平面图可以有针对性地进行相关参数的设置。

对“线”选项卡进行设置。主要包括尺寸线和尺寸界线的设置，具体参数设置如图 8-32 所示。

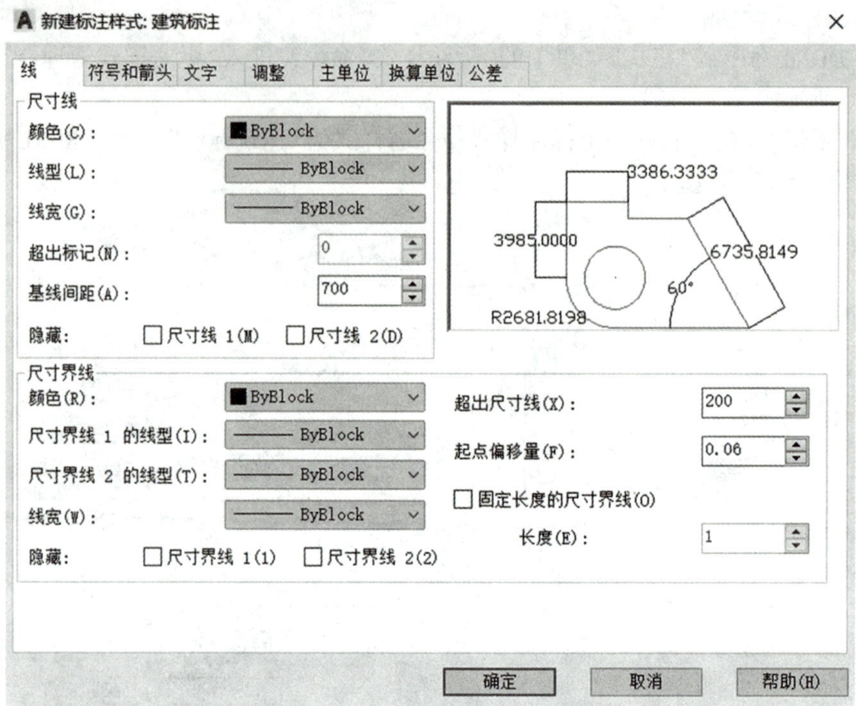

图 8-32 “线”选项卡的设置

对“符号和箭头”选项卡进行设置，如图 8-33 所示。

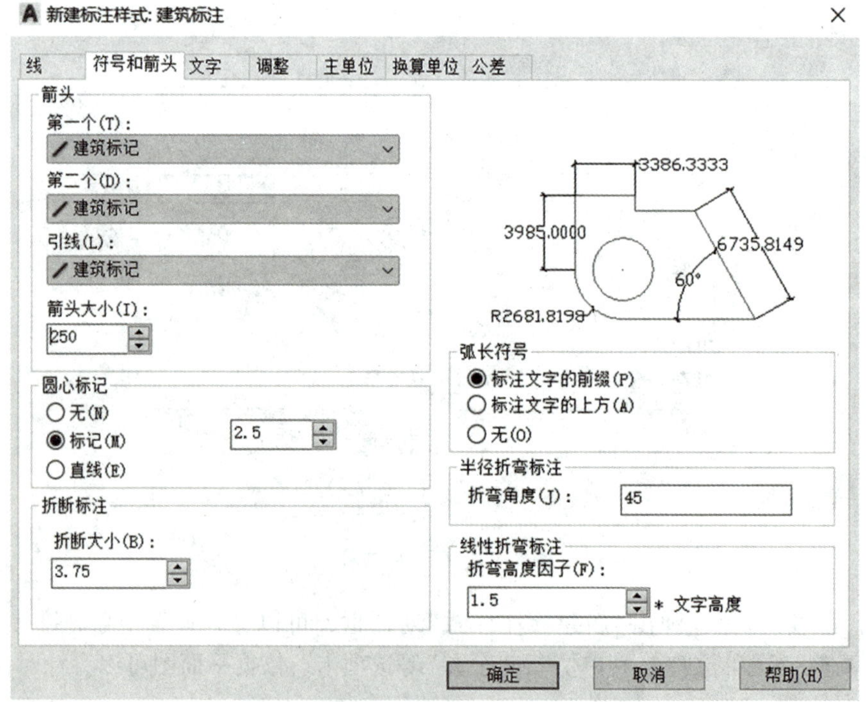

图 8-33 “符号和箭头”选项卡的设置

对“文字”选项卡进行设置，如图 8-34 所示。

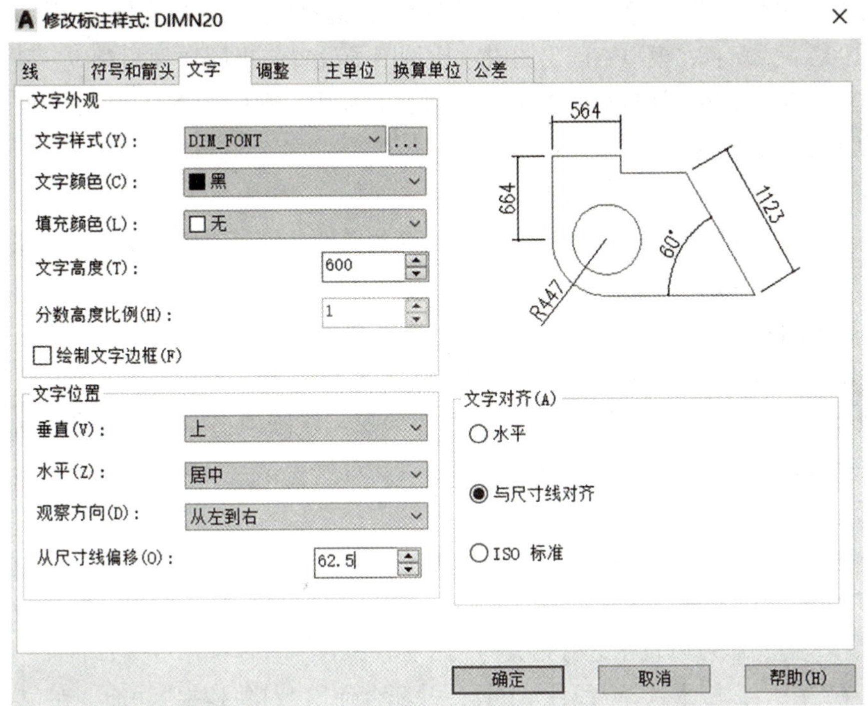

图 8-34　“文字”选项卡的设置

对“主单位”选项卡进行设置，如图 8-35 所示。

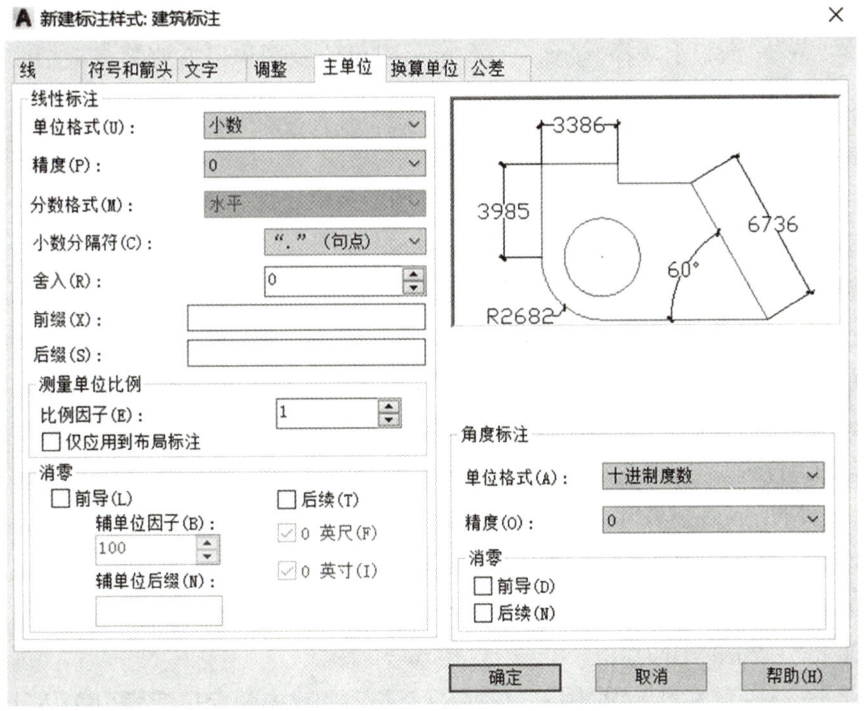

图 8-35　“主单位”选项卡的设置

在标注样式管理器中，切换到“调整”选项卡，选择“使用全局比例”，并将比例因子修改为“100”。注意：在模型空间出图时，比例因子设置与出图比例相对应，若出图比例为“1∶200”，则比例因子应设为“200”。如果在布局中，则应选择“将标注缩放到布局”，且此时也不必指定全局比例。

2)平面图的标注

建筑平面图通常有3道尺寸线，从靠近建筑物向外分别是：细部尺寸、轴线尺寸、建筑外轮廓总尺寸。3道尺寸线间距为7，如果采用1∶100比例出图，在AutoCAD中绘图时，则3道尺寸线间距为700。靠近建筑的一道尺寸线距离图形最外轮廓线10~15，如果采用1∶100比例出图，在AutoCAD中绘图时，则此距离为1 000~1 500，便于注写文字。将各轴线延伸出最外道尺寸线一定距离，便于绘制轴线圆圈。如果建筑前后或左右不对称，则在平面图的上、下、左、右四边均要注写3道尺寸线。如果有部分相同时，则可只注写不同的部分。

由于本底层平面图的尺寸均为水平标注和垂直标注，仅需用到“线性标注”和“连续标注”进行尺寸标注。同时，注意在进行尺寸标注前，必须进行尺寸标注设置。若已经进行了尺寸标注设置，则可以直接进行相关的尺寸标注操作。具体操作步骤如下。

(1)在“注释”面板上选择“线性”工具，并配合使用“对象捕捉”功能，在“标注”图层中，为建筑平面图标注第一道尺寸。

(2)在“标注”菜单中选择“连续”工具，以前一组尺寸标注位置为基础，分别标注出建筑物外部的3道尺寸和内部细部尺寸。

(3)在“修改”面板上选择“镜像”工具，对已绘制图形以右侧第一根轴线为对称轴进行镜像，并对局部进行修改，如图8-36所示。

3)轴线圈及编号的绘制

在建筑图标准中规定，轴线编号的圆圈采用细实线绘制，直径为8~10。

将轴线编号图层设置为当前。

方法一：绘制“1”轴线的圆圈并标注轴线编号。捕捉“1”轴线的端点，以其为圆心绘制一个直径为800的圆。然后打开正交功能，选中圆圈并捕捉圆圈90°圆上位置和“1”轴线相交的点，移动圆到“1”轴线的端点处，完成“1”轴线处圆圈的绘制。

单击“格式”工具栏中的“文字样式”按钮，打开“文字样式”对话框。新建“文字样式”命名为“轴线编号”，并将“轴线编号”文字样式设置为当前，关闭“文字样式”对话框。

命令：TEXT

TEXT 指定文字的中间点或[对正(J)/样式(S)]：S

TEXT 输入样式名或[?]<轴线编号>：S

TEXT 指定文字的中间点或[对正(J)/样式(S)]：J

TEXT 输入选项[左(L)/居中(C)/右(R)/对齐(A)/中间(M)布满(F)/左上(TL)/中上(TC)/右上(TR)/左中(ML)/正中(MC)/右中(MR)/左下(BL)/中下(BC)/右下(BR)/]：MC

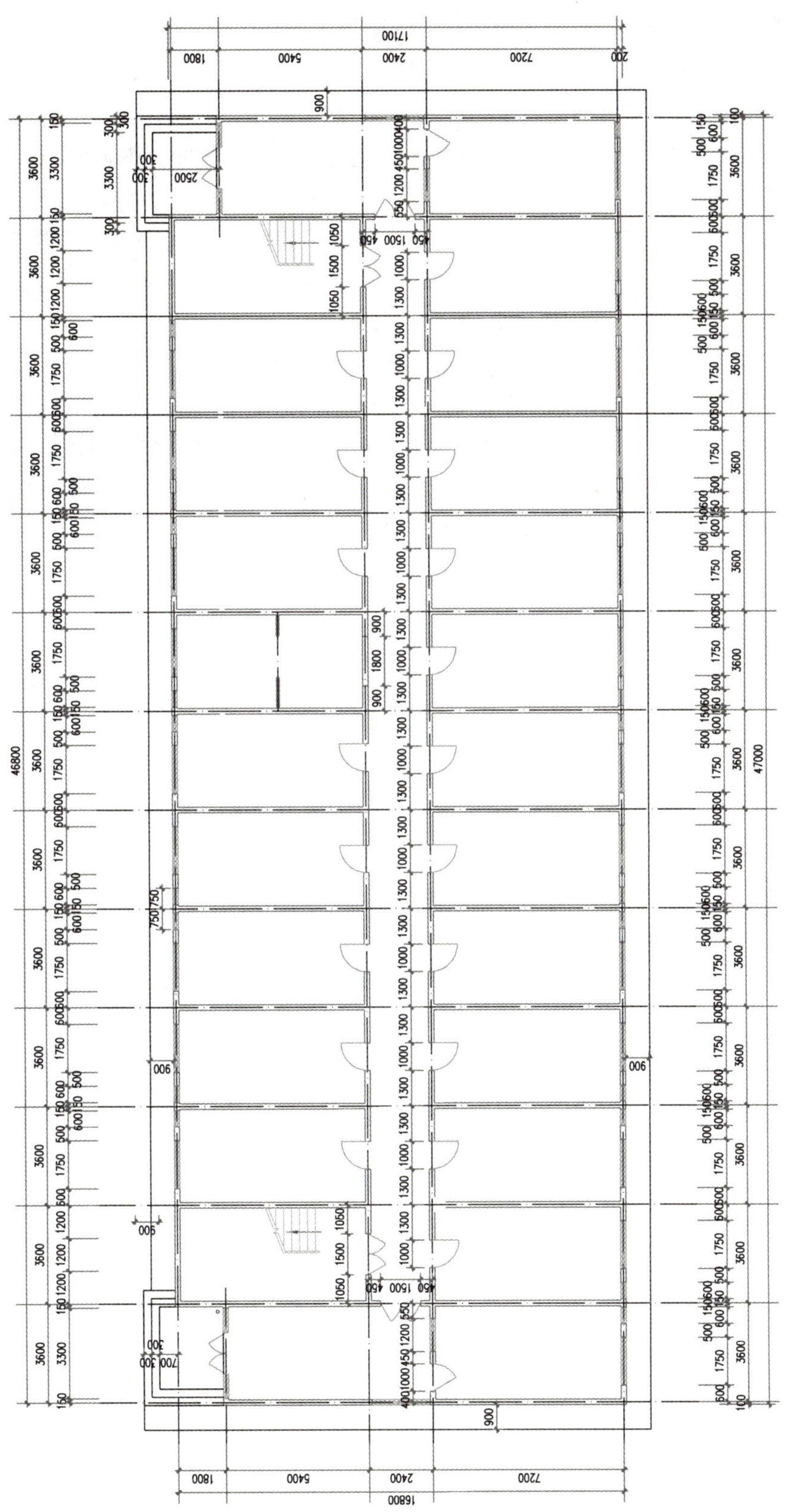

图 8-36　尺寸标注

TEXT 指定文字的中间点：捕捉 1 轴线圆圈的圆心

指定高度<0.0000>：500

TEXT 指定文字的旋转角度<0>：0

在轴线圆圈处输入 1，按〈Enter〉键两次即可完成“1”轴线的编号标注，同理可以完成所有轴线编号的标准。

方法二：单击“绘图”工具栏中的“圆”按钮，绘制直径为 800 的圆，如图 8-37 所示。执行“绘图”|“块”|“定义属性”菜单命令，单击“确定”按钮，在圆心位置输入一个块的属性值。单击“块”工具栏中的“创建”按钮，打开“块定义”对话框，在“名称”文本框中输入“轴号”，制定圆心为基点，选择整个圆和刚才的“轴号”标记为对象，单击“确定”按钮，打开“编辑属性”对话框。输入轴号为“1”，单击“确定”按钮，如图 8-38 所示。在“绘图”工具栏中，单击“插入块”按钮，选择保存块，单击“确定”按钮，返回绘图区，插入轴号，修改轴号值。如果编号数值的大小不合适，则双击轴号，弹出“增强属性编辑器”对话框。单击“文字选项”标签，在文字高度中进行调整。轴号连续标注时，标注下一个轴号时可通过连续两次按〈Enter〉键，输入轴编号数值完成。结果如图 8-39 所示。

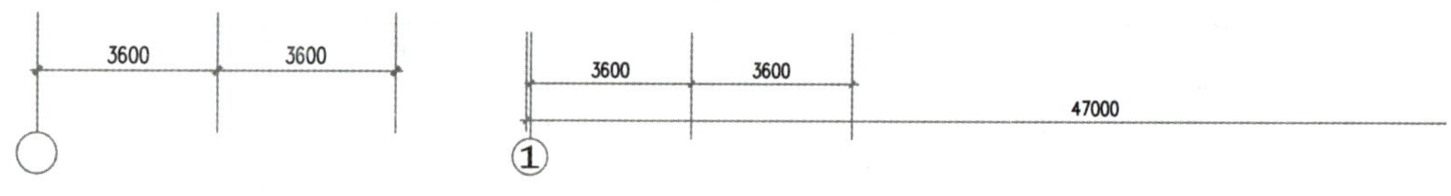

图 8-37　绘制圆　　　　图 8-38　输入轴号

4) 文本标注

文本标注包括图名、比例及房间功能等。

将图层切换到“文字”图层，单击“图层”工具栏中的“图层特性”下拉列表框，选择“文字”图层为当前图层。单击“注释”面板上的“多行文字”按钮，打开“文字样式”对话框，单击“新建”按钮，打开“新建文字样式”对话框，将文字样式命名为“说明”，单击“确定”按钮，返回“文字样式”对话框。在“文字样式”对话框中取消选中“使用大字体”复选框，然后在“字体名”下拉列表框中选中“仿宋”，“高度”设置为 150。将“文字”图层设为当前层，单击“注释”面板中的“多行文字”按钮和“修改”面板中的“复制”按钮，完成图形中的文本标注，结果如图 8-40 所示。

5) 完善细部绘制

(1) 绘制指北针。

指北针通常放置在底层平面图上，可位于图的 4 个角部。

(2) 绘制剖切符号。

一般在底层平面图上有剖切标注，如楼梯间、宿舍、门窗。

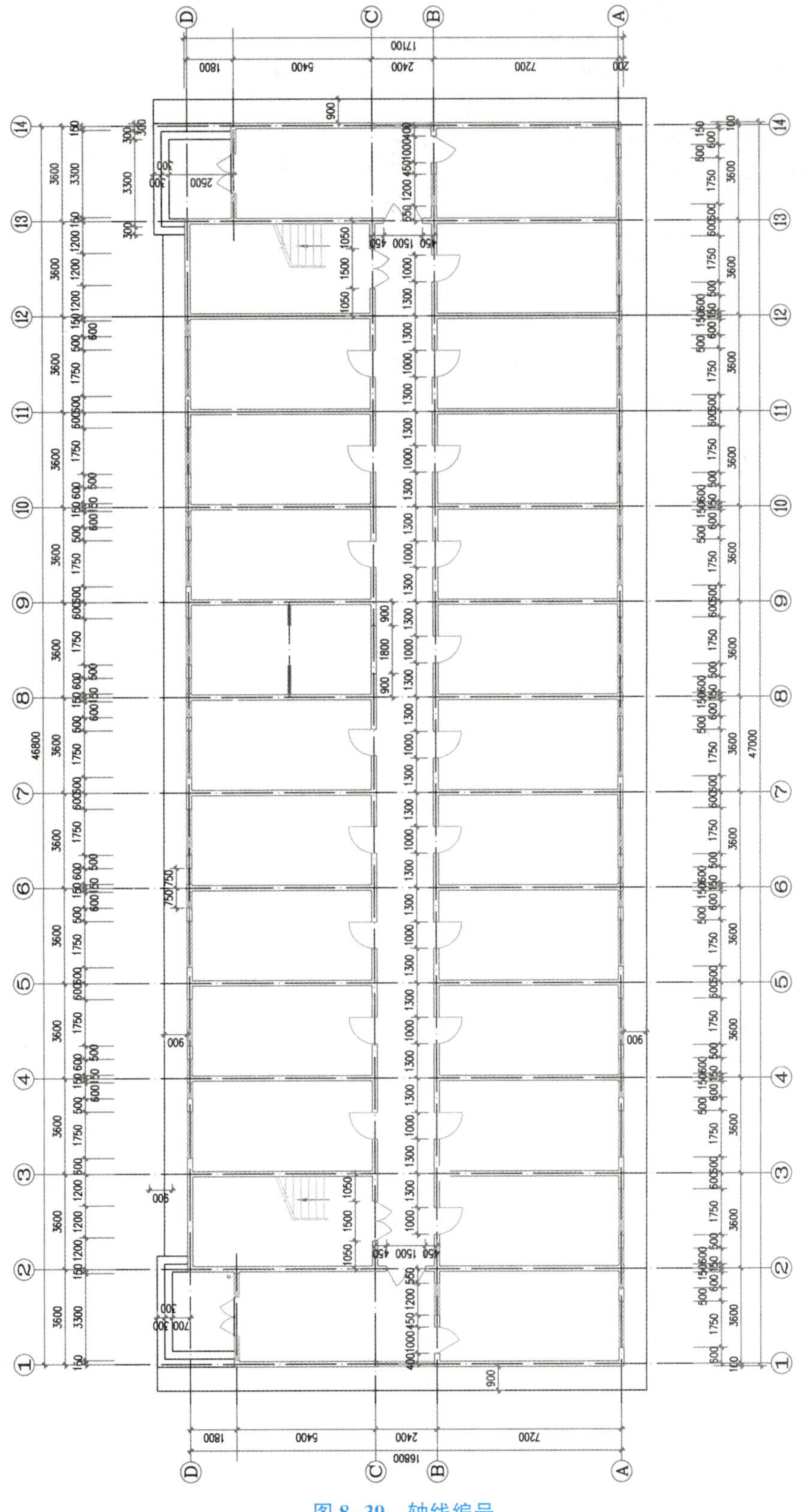

图 8-39　轴线编号

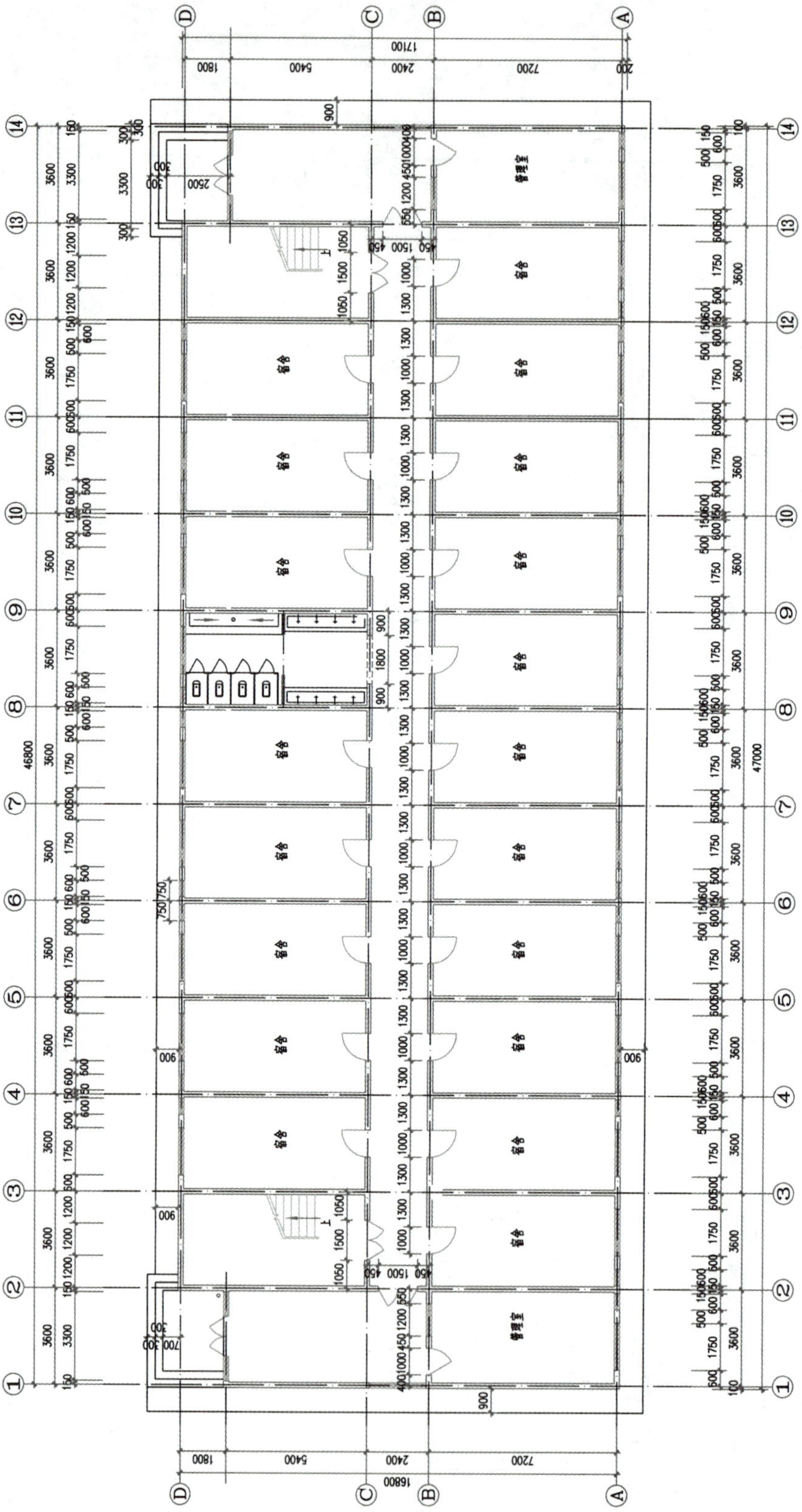

图 8-40　文本标注

单击“绘图”面板中的“多段线”按钮，指定起点宽度为 50，端点宽度为 50，在图形适当位置绘制连续多段线。单击“注释”面板中的“多行文字”按钮，在上步图形左侧添加文字说明。单击“修改”面板中的“镜像”按钮，选择上步图形为镜像对象，对其进行水平镜像。

6）绘制标高符号

平面图中的标高主要有楼层标高、楼梯间标高、室外标高。在标注标高时，同时注意不要漏标标高。

单击“绘图”菜单栏中的“直线”按钮，在图形空白区域绘制一条长度为 1 900 的水平直线，如图 8-41 所示。

单击“绘图”菜单栏中的“直线”按钮，以上步绘制的水平直线左端点为起点绘制一条斜向直线，如图 8-42 所示。

图 8-41　绘制水平直线 　　图 8-42　绘制斜向直线

单击“修改”菜单栏中的“镜像”按钮，选择上步绘制的斜向直线为镜像对象对其进行竖直镜像，如图 8-43 所示。

单击“注释”菜单栏中的“多行文字”按钮，在上步所绘图形上方添加文字，如图 8-44 所示。

图 8-43　镜像直线 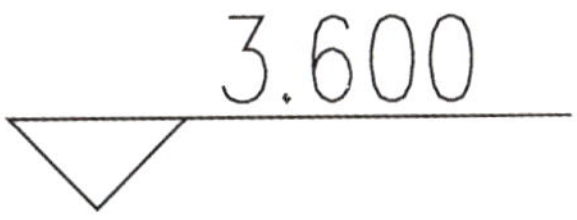　　图 8-44　添加文字

单击“修改”菜单栏中的“移动”按钮，选择上步绘制的标高图形为移动对象，将其放置在图形适当位置。完成标高符号、指北针和剖切符号绘制。

7）插入图框

利用本教材前面章节所述“图框绘制”内容，在“0”图层中绘制一个 2 号图框，并创建块。单击“默认”选项卡“块面板”中的“插入”下拉菜单，弹出“块”选项板。单击“浏览”按钮，打开“选择图形文件”对话框，选择下载的“源文件/图块/A2 图框”图块，将其放置在图形适当位置，最终完成首层平面图的绘制。单击“默认”选项卡“绘图”面板中的“直线”按钮和“注释”面板中的“多行文字”按钮，为图形添加总体名称，最终完成首层平面图的绘制，结果如图 8-45 所示。

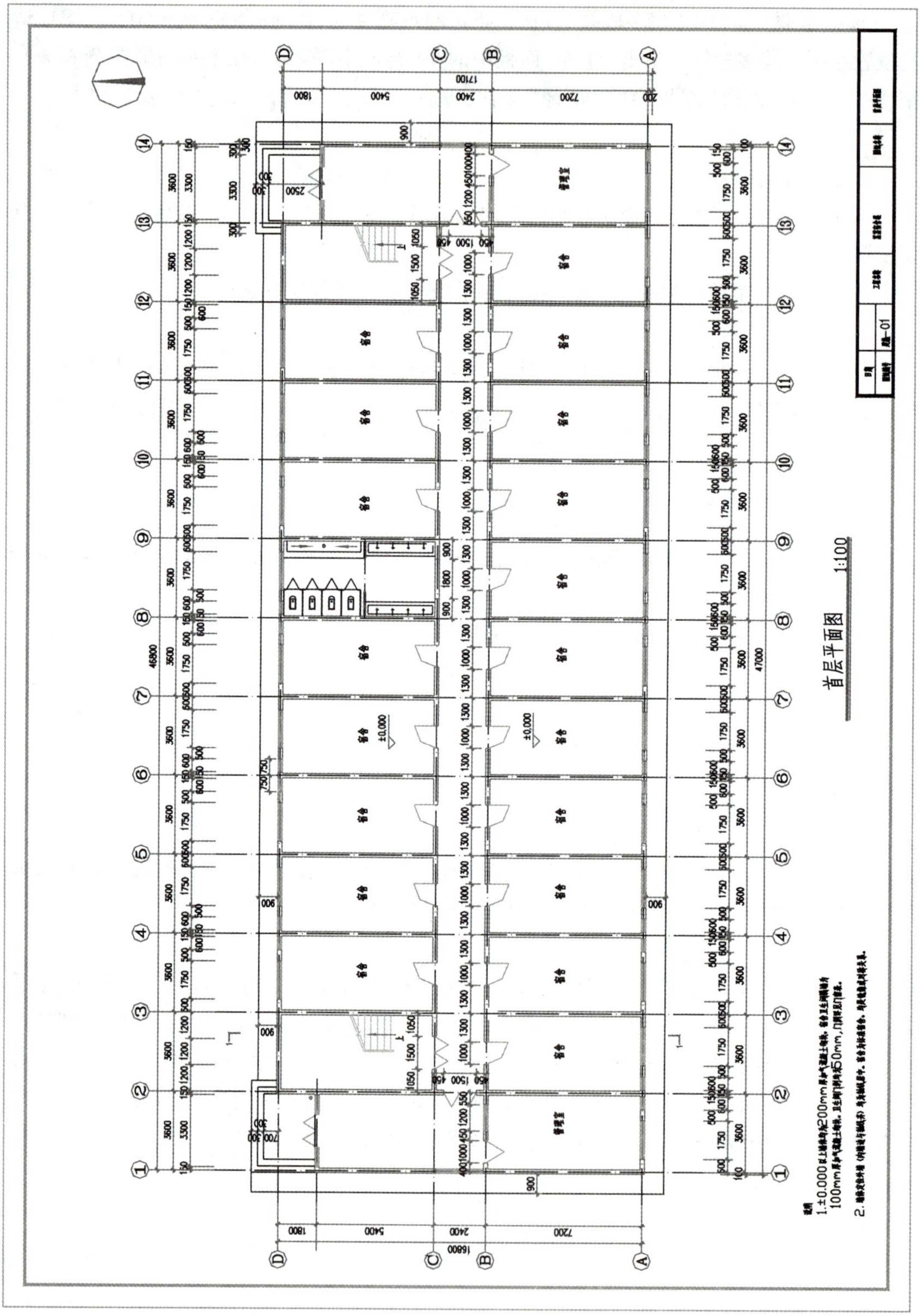

图 8-45　插入图框

8.2 建筑立面图的绘制

8.2.1　建筑立面图基本知识

建筑立面图是指用正投影法对建筑各个外墙面进行投影所得到的正投影图。与平面图一样，建筑的立面图也是表达建筑物的基本图样之一，它主要反映建筑物的立面形式和外观情况。

立面图主要是反映房屋的外貌和立面装修的做法，这是因为建筑物给人的外表美感主要来自其立面的造型和装修。建筑立面图是用来进行研究建筑立面的造型和装修的。建筑立面图中只需绘制轮廓线即可，外墙表面分格线应表示清楚，并在相应部位标示文字说明所用材料及颜色。建筑立面图使用大量图例来表示很多细部，如门窗、阳台、外檐等，这些细部的构造和做法，一般另有详图。如果建筑物有一部分立面不平行于投影面，可以将这一部分展开到与投影面平行，再画出其立面图，然后在其图名后注写“展开”字样，在转角处应准确表明轴线号。为了使建筑立面图达到一定的立体效果，通常采用主次分明线型表示，如建筑物外轮廓和较大转折处轮廓的投影通常采用粗实线来表示；外墙上的凸凹部位通常采用中粗实线表示；门窗的细部分格、外墙的装饰线通常采用细实线表示；室外地平线用加粗实线表示。另外，建筑立面图的绘制比例与建筑平面图的比例一致，常采用 1∶50、1∶100、1∶200、1∶300 的比例。

建筑立面图的图示内容主要包括以下 4 个方面。

(1) 室内外的地面线、房屋的勒脚、台阶、门窗、阳台、雨篷；室外的楼梯、墙和柱；外墙的预留孔洞、檐口、屋顶、雨水管、墙面修饰构件等。

(2) 外墙各个主要部位的标高。

(3) 建筑物两端或分段的轴线和编号。

(4) 标出各个部分的构造、装饰节点详图的索引符号。使用图例和文字说明外墙面的装饰材料和做法。

建筑立面图的命名方式：建筑立面图命名目的在于能够一目了然地识别其立面的位置。由此可见，各种命名方式都是围绕“明确位置”这一主题来实施的。至于采取哪种方式，则视具体情况而定。

(1) 以相对主入口的位置特征命名。

以相对主入口的位置特征命名的建筑立面图分为正立面图、背立面图、侧立面图。这种方式一般适用于建筑平面图方正、简单，入口位置明确的情况。

(2) 以相对地理方位的特征命名。

以相对地理方位的特征命名，建筑立面图分为南立面图、北立面图、东立面图、西立面图。这种方式一般适用于建筑平面图规整、简单，而且朝向相对正南正北偏转不大的情况。

(3) 以轴线编号来命名。

以轴线编号来命名是指用立面起止定位轴线来命名，如①—⑫立面图等。这种方式命名准确，便于查对，特别适用于平面较复杂的情况。

根据《房屋建筑制图统一标准》(GB/T 50001—2017)，有定位轴线的建筑物，宜根据两端定位轴线号编注立面图名称。无定位轴线的建筑物可按平面图各面的朝向确定名称。

8.2.2 建筑立面图绘制内容

从总体上来说，立面图是在平面图的基础上，引出定位辅助线确定立面图样的水平位置及大小，然后根据高度方向的设计尺寸确定立面图样的竖向位置及尺寸，从而绘制出一个个图样。通常，立面图绘制的内容如下。

(1)确定定位轴线：一般只绘制出建筑物两侧的轴线及其编号，以便与建筑平面图相对应。

(2)确定定位辅助线：包括墙、柱定位轴线、楼层水平定位辅助线及其他立面图样的辅助线。

(3)立面图样绘制：包括墙体外轮廓及内部凹凸轮廓、门窗(幕墙)、入口台阶及坡道、雨篷、窗台、窗楣、壁柱、檐口、栏杆、外露楼梯、各种线脚等内容。

(4)配景：包括植物、车辆、人物等。

(5)尺寸：应标注建筑长度尺寸、楼层高度尺寸和门窗的竖向尺寸。

(6)标高：应标注主要部分的标高，如室外地坪、台阶、门窗洞口顶面、雨篷、阳台、女儿墙等处的标高。

(7)详图索引符号：凡是需要绘制详图的部位均要标注索引符号，如外墙面做法、檐口、女儿墙和雨水管等部位。

(8)文字标注：在建筑立面图中外墙装修做法和一些细部处理等均需在相应的部位标注文字。

(9)线型、线宽设置。

8.2.3 建筑立面图绘制步骤

建筑平面图的绘制步骤如下。

(1)设置绘图环境。

(2)绘制地平线、定位轴线、楼层位置以及外墙轮廓线。

(3)绘制建筑构配件的可见轮廓线，如门窗洞口、楼梯间、檐口、阳台、雨篷、台阶、柱子、雨水管等。

(4)进行尺寸标注、标高、索引、文字等的标注。

(5)绘制或插入图框以及标题栏。

(6)进行图形页面设置，打印出图。

8.2.4 建筑立面图绘制实例

1. 设置绘图环境

同8.1节平面图绘图环境设置。

2. 绘制地平线与外墙线

利用直线和射线工具绘制建筑立面图轮廓，具体操作步骤如下。

(1)首先将上一节所绘制的建筑平面图插入到本图形文件，并将多余的图形对象和线条删除，作为立面图绘制的参照。

(2)在“格式”面板上选择“图层”，单击“地平线”图层，将其切换为当前图层。

(3)在“绘图”面板上选择“直线”工具或 line 命令，绘制地平线(见图 8-46)。

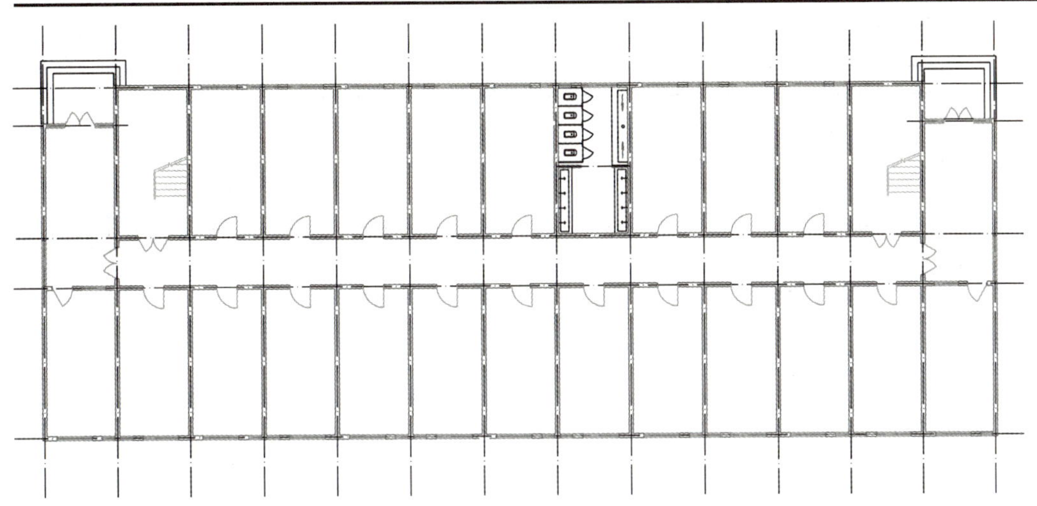

图 8-46　绘制地平线

(4)在“格式”面板上选择“图层”，单击“辅助线”图层，将其切换为当前图层，在“绘图”面板上选择“射线”工具或 radio 命令绘制辅助线(见图 8-47)。

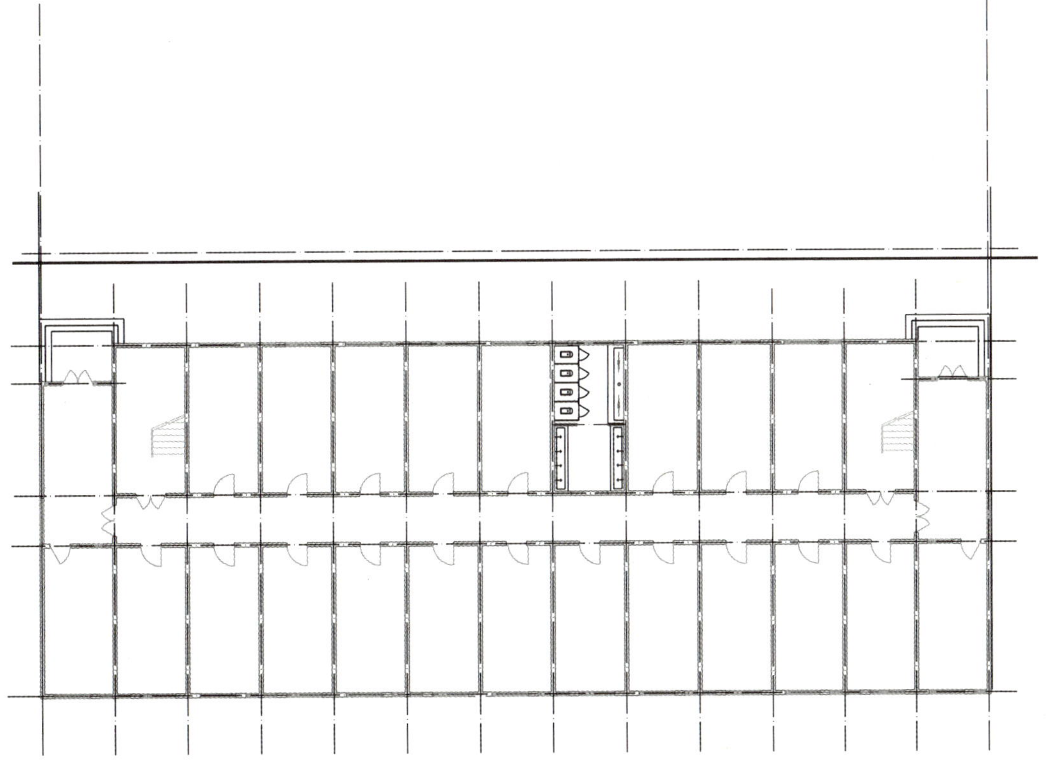

图 8-47　绘制辅助线

(5)在“修改”面板上选择“偏移”工具或 offset 命令，对所绘制的地平线进行偏移，依次完成全部辅助轴网的生产楼层高度线。

(6)在“绘图”面板上选择“直线”工具，绘制外墙轮廓线并将其线宽设为 0.4(见图 8-48)。注意：外墙轮廓线应分楼层绘制，以便于后续修改编辑。

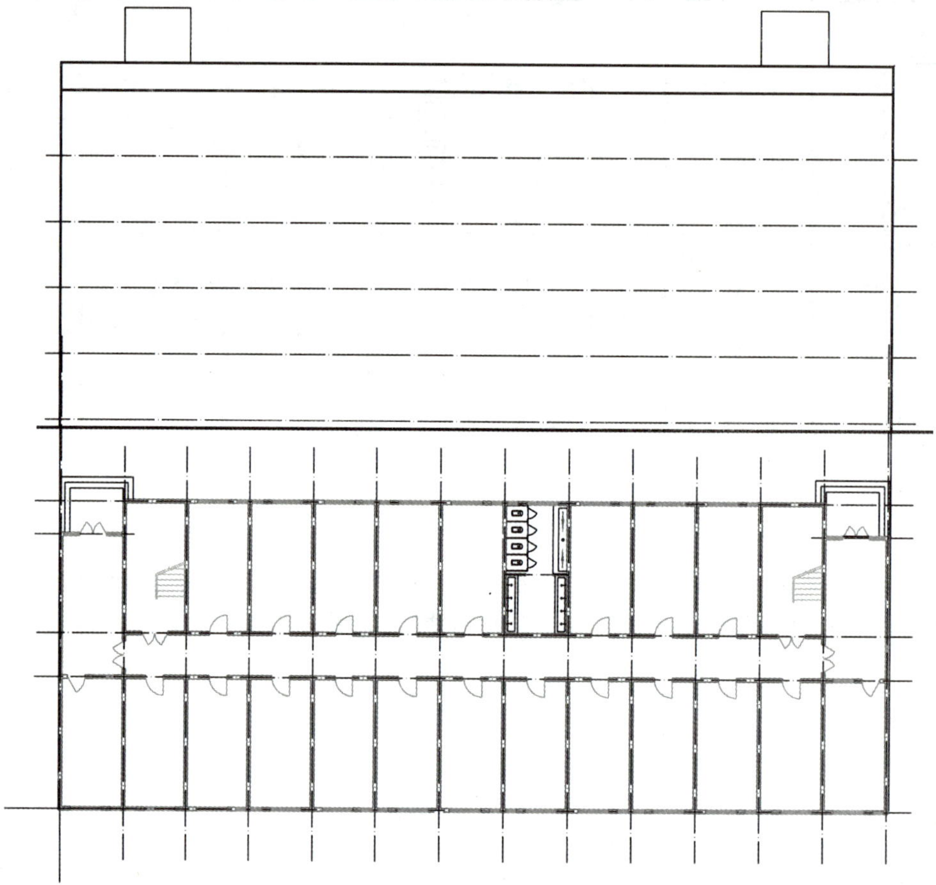

图 8-48　绘制外墙轮廓线

3. 绘制门窗

(1)单击“辅助线”图层，将其切换为当前图层，在“绘图”面板上选择“射线”工具或 radio 命令绘制门窗辅助线，如图 8-49 所示。

(2)利用“矩形”和“直线”工具在“门窗”图层中，绘制立面门窗图样，并创建为图块。

(3)在“格式”面板上选择“图层”，单击“门窗”图层，将其切换为当前图层，利用图块的“插入”功能，将所创建的门窗图块插入立面图中。同时，可执行“阵列”命令，弹出“阵列”对话框，选择“矩形阵列”方式。单击“选择对象”按钮，暂时隐藏“阵列”对话框，切换到绘图窗口，选择“已绘制好的单元立面图形”为阵列对象，右击返回“阵列”对话框。根据需要设置阵列参数，单击“确定”按钮，退出“阵列”对话框，结束命令。或者执行复制命令，完成门窗的绘制，效果如图 8-50 所示。

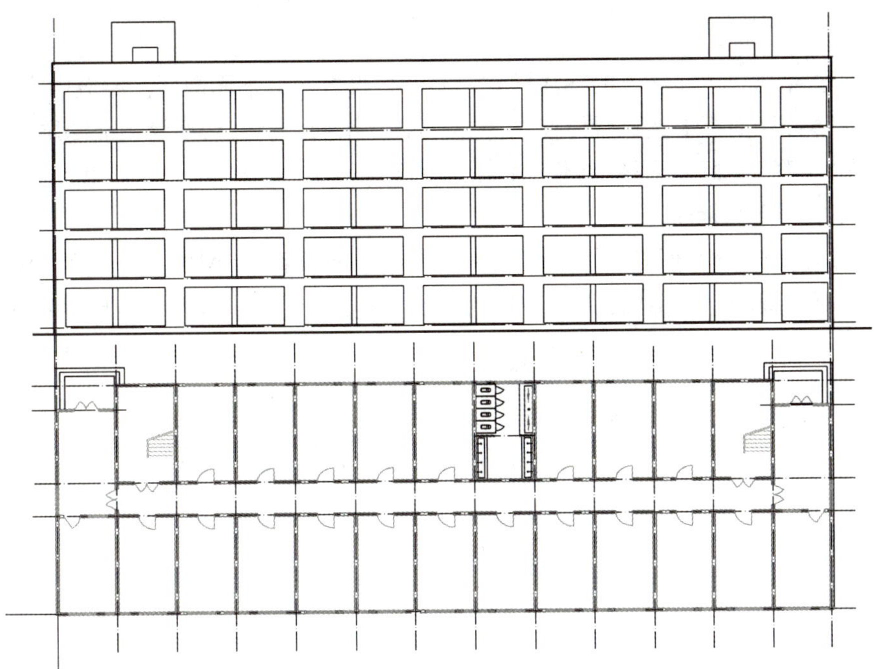

图 8-49　绘制门窗辅助线

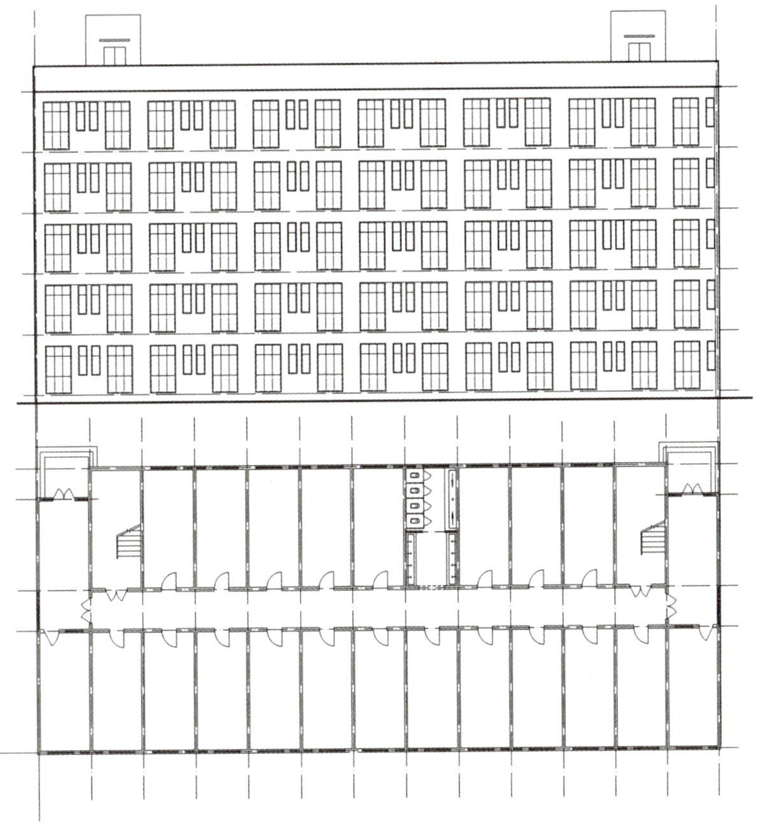

图 8-50　绘制门窗

4. 立面图标注

(1)创建名为“尺寸标注”的标注样式，其参数设置参见平面图标注相应内容。

(2)在“格式”面板上选择“图层”，单击“标注”图层，将其切换为当前图层。

(3)在“注释”面板上选择“线性”工具，并配合使用“对象捕捉”功能和“连续标注”工具，依次完成立面图标注。

(4)利用前面所述“建筑图符号标注”内容，创建“标高符号”图块，并将其定义为图块。

(5)在“块”面板上选择“插入”工具，将标高符号插入到立面图竖向尺寸右侧位置(见图 8-51)。

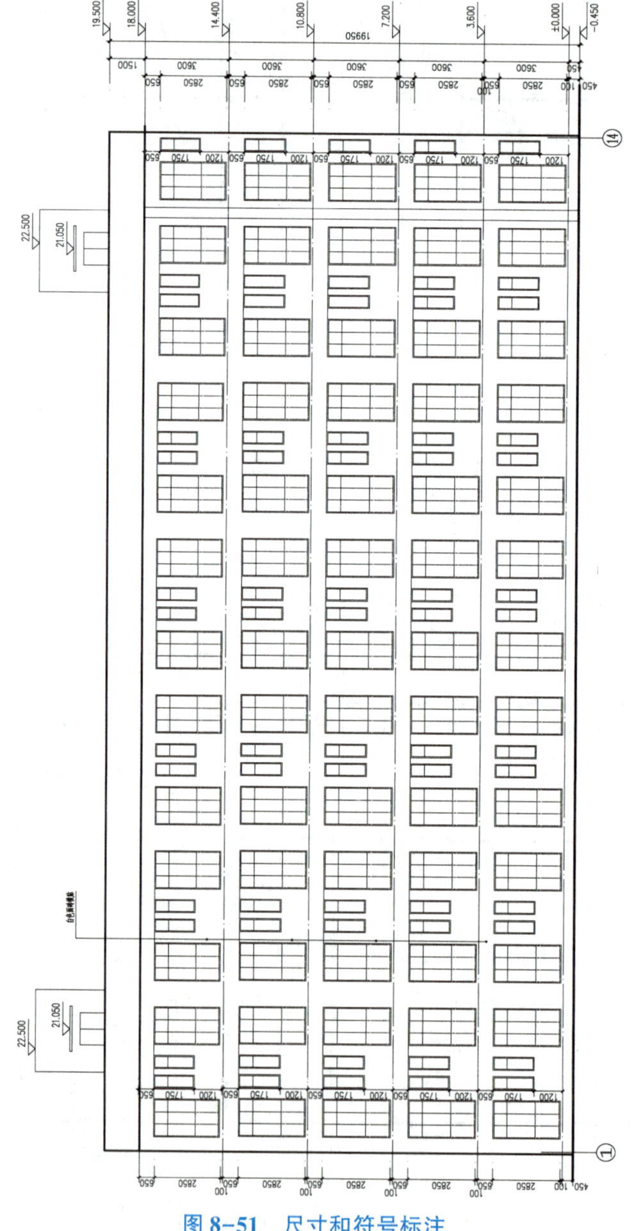

图 8-51　尺寸和符号标注

(6) 在“格式”菜单栏中选择“图层”，单击“文字”图层将其切换为当前图层。在“注释”面板上选择“多行文字”工具，对立面图图名和细部做法进行标注。

(7) 利用本教材前面章节所述“图框绘制”内容，在“0”图层中绘制一个 2 号图框，并创建块，使用图块的“插入”功能，将图框插入到适当位置(见图 8-52)。

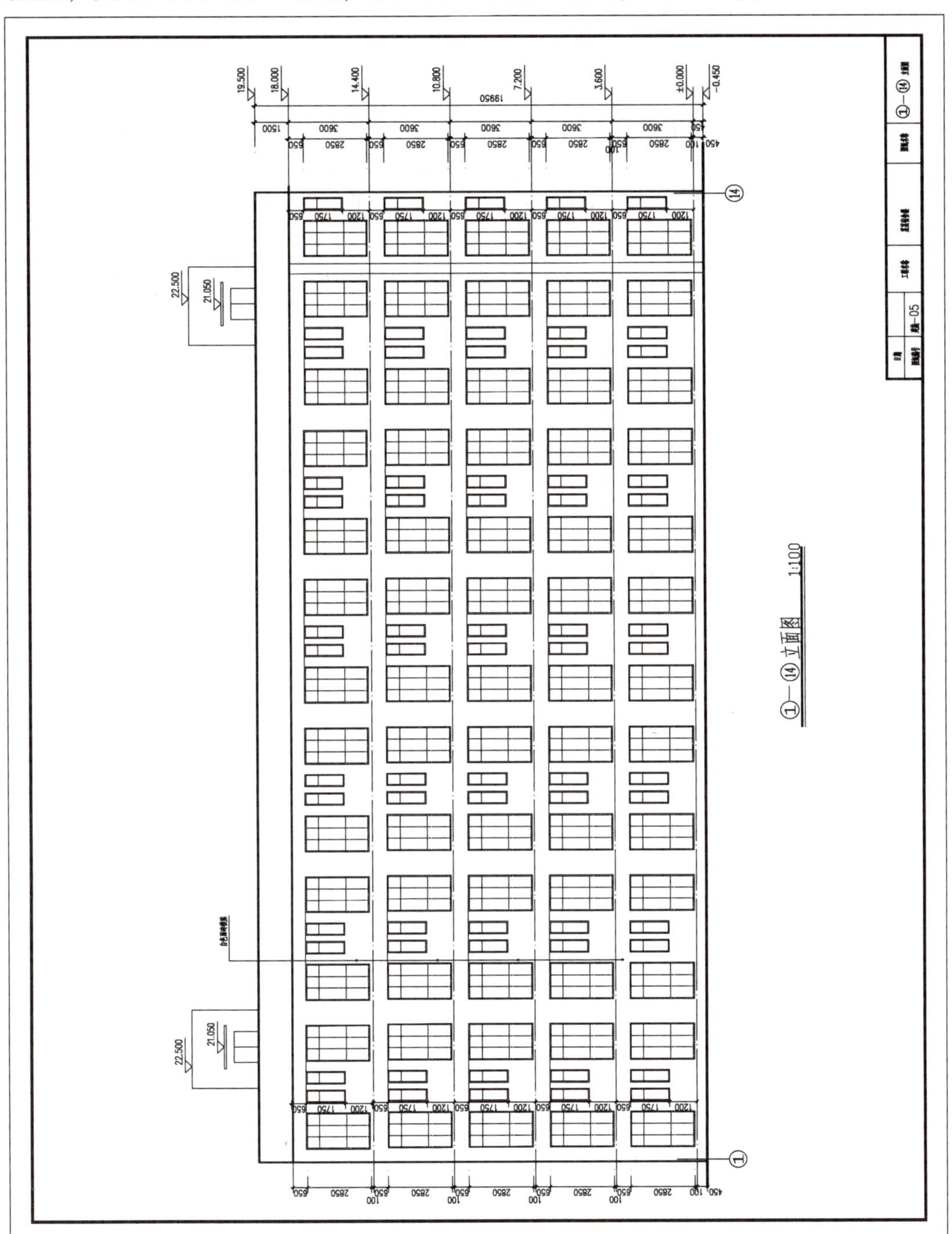

图 8-52　插入图框

8.3 建筑剖面图的绘制

8.3.1 建筑剖面图基本知识

建筑剖面图是假想用一个或多个垂直于外墙轴线的铅垂线剖切平面将房屋剖开，移去靠近观察者的部分，对留下部分按正投影原理作正投影图。建筑剖面图用以表示建筑内部的结构构造、垂直方向的分层情况、被剖切的墙体、楼地面、楼梯、阳台、屋面的构造及相关尺寸、标高等。建筑剖面图与建筑平面图、建筑立面图相配合，是建筑施工中不可缺少的重要图样之一。

剖面图一般不绘制基础，剖切面上的材料图例与图线表示均和平面图一致，如果是被剖切到的部分均采用粗实线表示；次要构件或未剖切到的部位用中粗线表示；其余部位采用细实线；需注意的是由于比例较小，被剖切开的混凝土构件应涂黑。剖面图的比例与平、立面图一致，也常采用 1∶50、1∶100、1∶200、1∶300 的比例。而对于剖面图的图名，其应和建筑底平面图中剖切符号编号相一致，如 1—1 剖面图。

剖面图的剖切位置应根据图样的用途或设计需要，在剖面图上尽量选择反应全貌、构造特征具有代表性的部位进行剖切，如楼梯间、门厅等，应尽量剖切到门窗洞口。对于剖切类型可全剖、半剖、1/4 剖、阶梯剖，而剖切符号应绘制在首层平面图内。

8.3.2 建筑剖面图绘制内容

建筑剖面图一般包括以下内容。

1. 定位轴线

一般标注承重墙和柱的定位轴线。

2. 剖切部位

一般剖切到室内外地面、楼地面、屋面、内外墙、门窗、梁、楼梯梯段、阳台等。

3. 可见部位

一般未剖切到的可见部位如墙面、门窗、雨篷、阳台等构件的位置和形状。

4. 尺寸标注

剖面图一般标注 3 道尺寸，以及室外地坪女儿墙压顶的总尺寸、层高尺寸、细部尺寸。

5. 标高

一般应标注出剖面图的室内外地坪、台阶、门窗、楼层、雨篷、阳台、檐口、女儿墙等处的标注。

6. 详图索引符号

由于剖面图比例较小，有些部位需绘制详图，所以应在这些部位绘制详图索引符号。

7. 文字标注

在剖面图中应标注相应的图名和比例等。

8.3.3　建筑剖面图绘制步骤

建筑剖面图绘制步骤如下。

(1)设置绘图环境。

(2)绘制地平线、定位轴线、各楼层地面线及外墙轮廓线。

(3)绘制剖面图门窗洞口位置、楼梯平台、女儿墙、檐口及其他可见轮廓线。

(4)绘制梁板、楼梯等构件轮廓线，并将剖切到的构件涂黑。

(5)进行尺寸、标高、索引符号和文字标注等的标注。

(6)绘制或插入图框及标题栏。

(7)进行图形页面设置，打印出图。

8.3.4　建筑剖面图绘制实例

1. 设置绘图环境

同 8.1 节平面图绘图环境设置。

2. 绘制底层剖面图

利用“直线”和“射线”工具绘制建筑立面图轮廓，具体操作步骤如下。

(1)首先将上两节所绘制的建筑平面图和建筑立面图插入到本图形文件，并将多余的图形对象和线条删除，作为剖面图绘制的参照。

(2)在“格式”面板上选择“图层”，单击“辅助线”图层，将其切换为当前图层，并利用“射线”工具绘制如图 8-53 所示的辅助线。注意，首先绘制 45°斜线，再由剖切位置的可剖到或可看到的图形对象绘制纵横向辅助线。

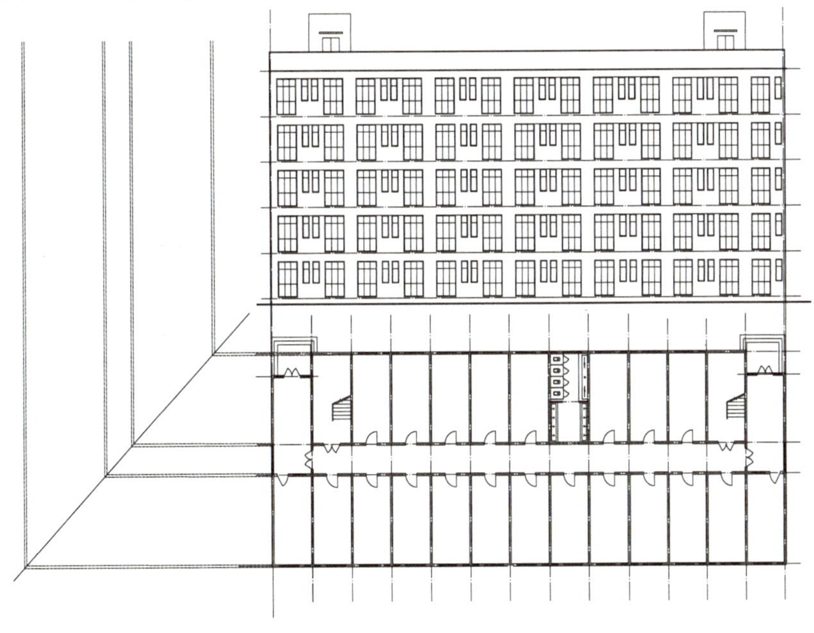

图 8-53　绘制辅助线

(3)在“格式”面板上选择“图层”，单击“地平线”图层，将其切换为当前图层，利用“多段线”工具绘制地平线。

(4)单击“绘图”面板中的“直线”按钮和“修改”面板中的“复制”按钮，在图形底部绘制图案，如图 8-54 所示。

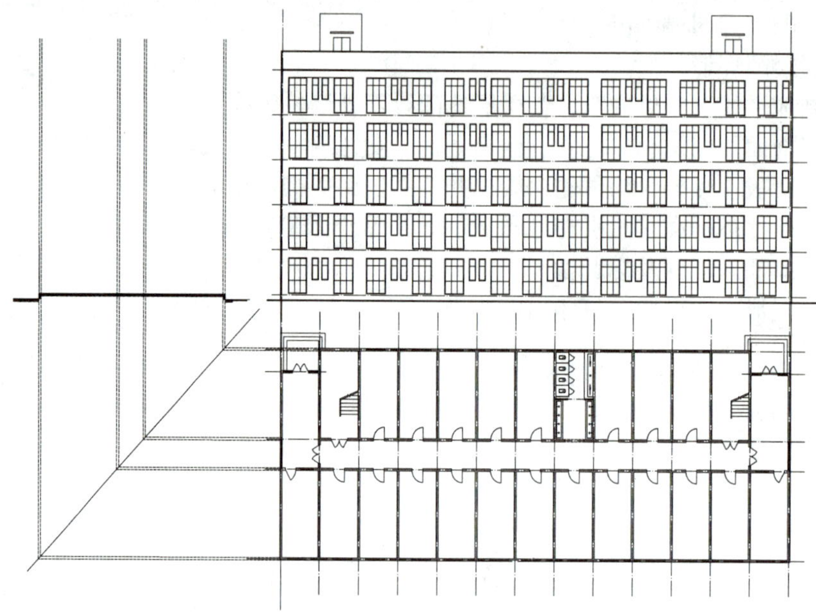

图 8-54　绘制地平线和底部图案

(5)在“格式”面板上选择“图层”，单击“墙线”图层，将其切换为当前图层。在“绘图”面板上选择“直线”工具或 line 命令，绘制首层墙线，如图 8-55 所示。

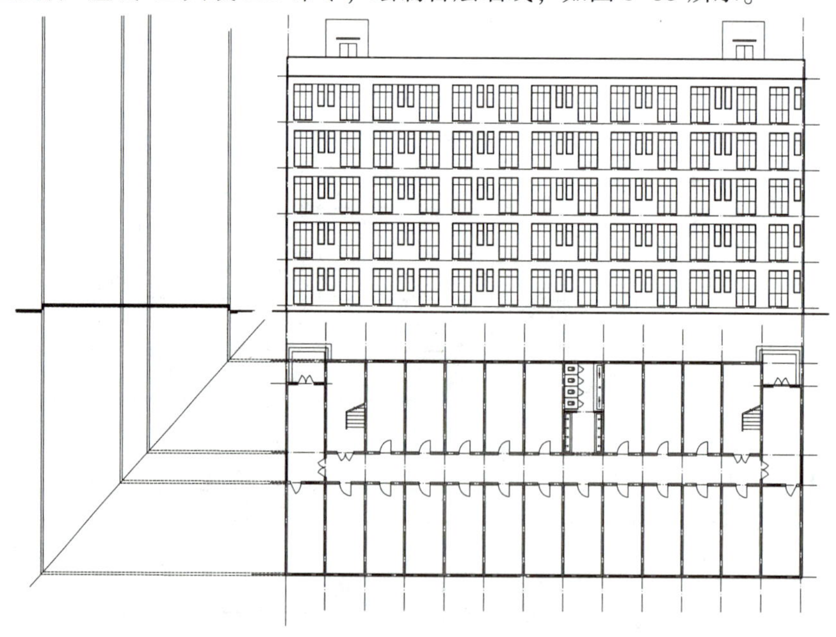

图 8-55　绘制首层墙线

(6)在功能区“图层”面板上选择“图层”下拉列表，将“梁板”切换为当前图层，利用“直线”工具，绘制首层梁板。单击“绘图”面板中的“图案填充”按钮，打开“图案填充创建”选项卡，选择 SOUD 图案类型，并设置相关参数。单击“拾取点”按钮，选择相应区域一点进行填充，最终结果如图 8-56 所示。

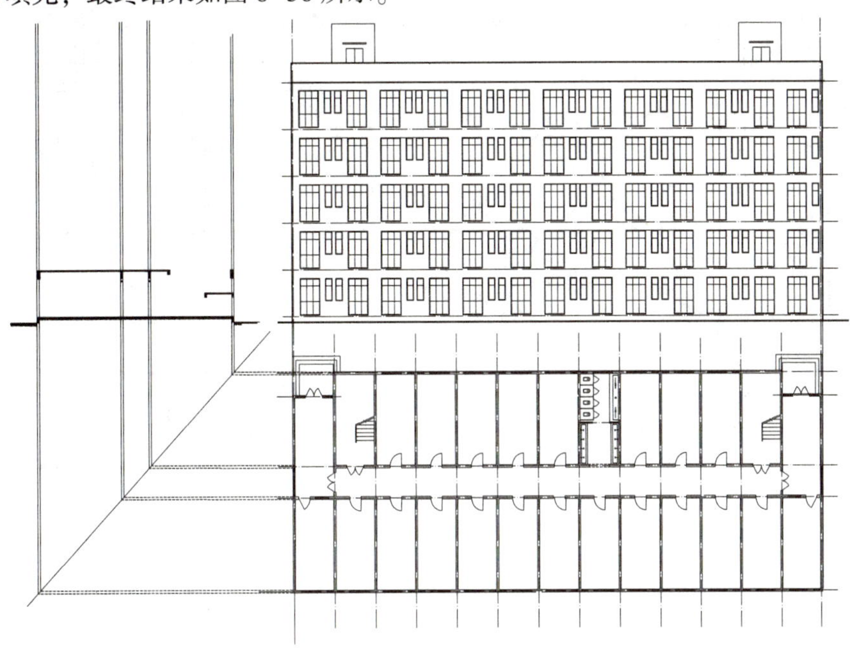

图 8-56　绘制首层梁板

(7)单击“楼梯”图层，将其切换为当前图层。利用“多段线”工具绘制首层楼梯，并利用“阵列”工具生成楼梯，如图 8-57 所示。

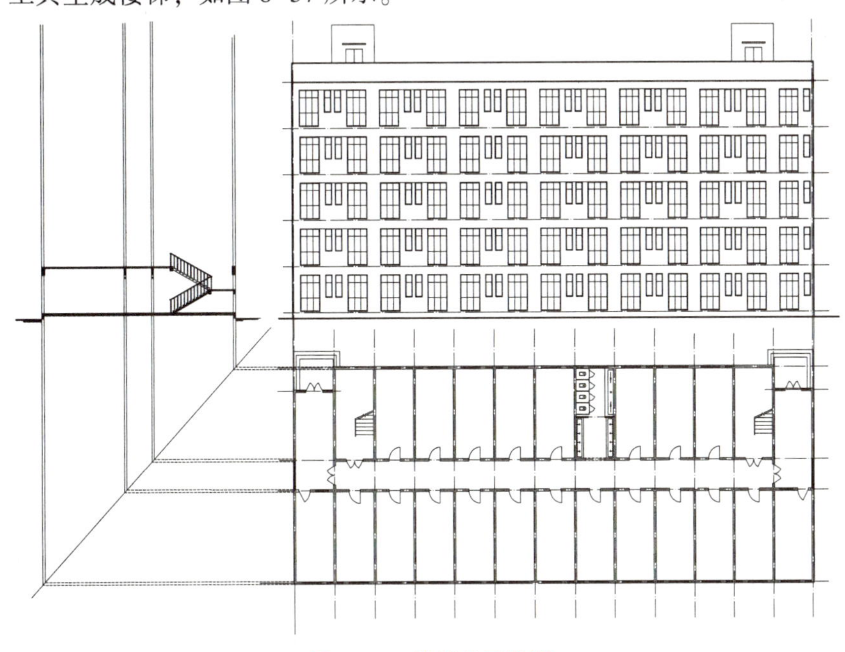

图 8-57　绘制首层楼梯

(8)利用“矩形”和“直线”工具在“门窗”图层中，绘制立面门窗图样，并创建为图块，然后在“格式”面板上选择“图层”，单击“门窗”图层，将其切换为当前图层，利用图块的“插入”功能，将所创建的门窗图块插入立面图中。利用“矩形”和“直线”工具，绘制剖面图的可见造型图样，如图 8-58 所示。

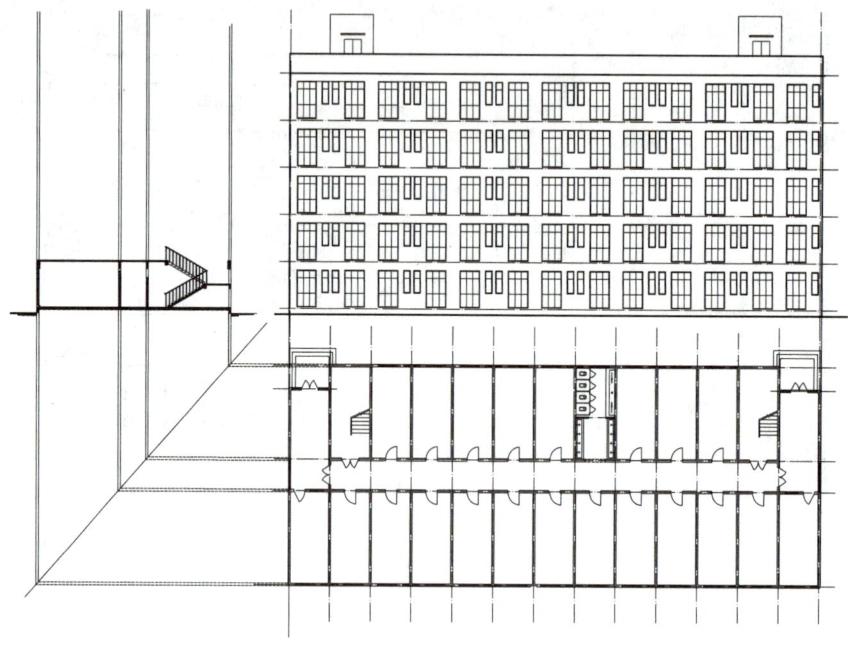

图 8-58　插入门窗

3. 绘制标准层

在“修改”面板上选择“偏移”工具或 offset 命令，对绘制好的首层剖面图基线偏移，并利用夹点功能“直线”工具，绘制剖面图剖切到和可见的造型图样(见图 8-59)。

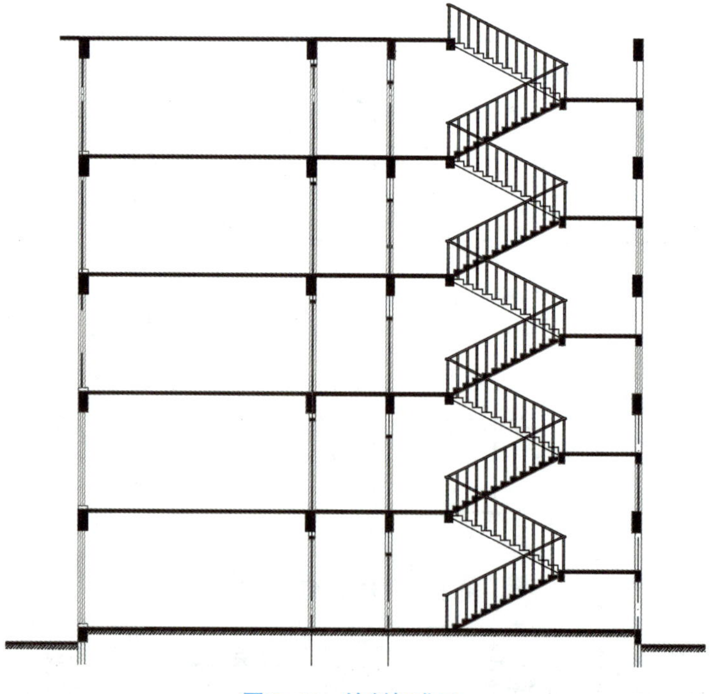

图 8-59　绘制标准层

4. 绘制屋顶

利用多段线、直线、对象捕捉、修剪和图块工具绘制建筑物屋顶剖面图，具体步骤如下。

(1)在“格式”面板上选择“图层”，单击“楼梯”图层，将其切换为当前图层。利用“多段线”工具绘制顶层的楼梯。

(2)利用“多段线”工具绘制女儿墙剖切面。

(3)利用“直线”“对象捕捉”“修剪”工具，绘制剖面图屋顶图样。

(4)利用“直线”和“矩形”工具，绘制剖面图的可见构造图样，如雨篷。

(5)在“块”面板上选择“插入”工具，将创建的剖面图屋顶图块插入到适当位置，如图 8-60 所示。

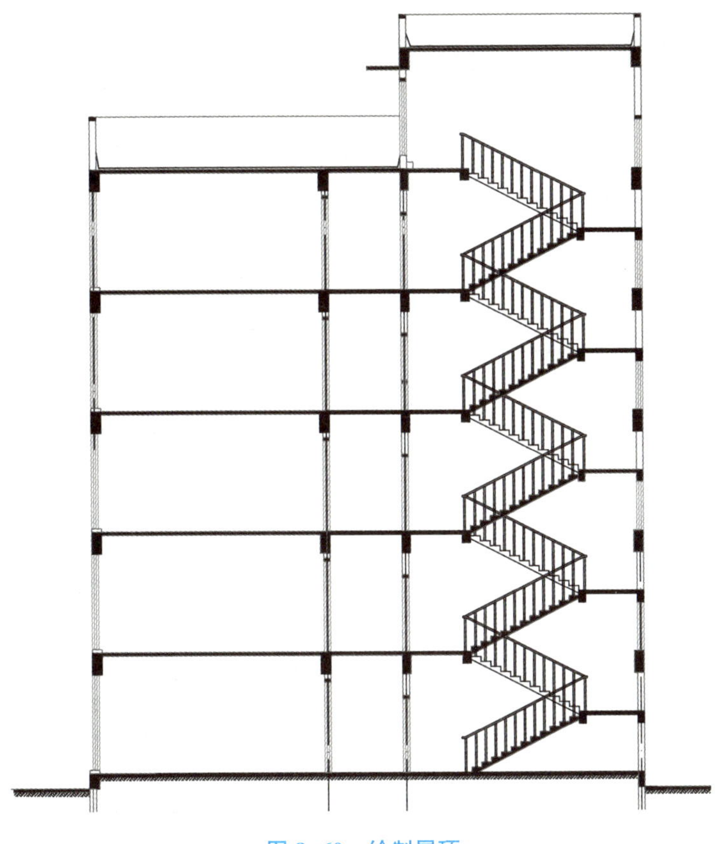

图 8-60　绘制屋顶

5. 剖面图标注

(1)创建名为“尺寸标注”的标注样式，其参数设置参见平面图标注相应内容。

(2)在“格式”面板上选择“图层”，单击“标注”图层，将其切换为当前图层。

(3)在“注释”面板上选择“线性”工具，并配合使用“对象捕捉”功能和“连续标注”工具，依次完成立面图标注。

(4)利用前面所述“建筑图符号标注”内容，创建“标高符号”图块，并将其定义为图块。

(5)在“块”面板上选择“插入”工具，将标高符号插入到剖面图两侧尺寸线外侧位置。

(6)在“格式”面板上选择“图层”，单击“文字”图层将其切换为当前图层。在“注释”面板上选择“多行文字”工具，对剖面图图名和细部做法进行标注，如图 8-61 所示。

(7)利用本教材前面章节所述“图框绘制”内容，在“0”图层中绘制一个纵向 3 号图框，并创建块，使用图块的“插入”功能，将图框插入到适当位置。结果如图 8-62 所示。

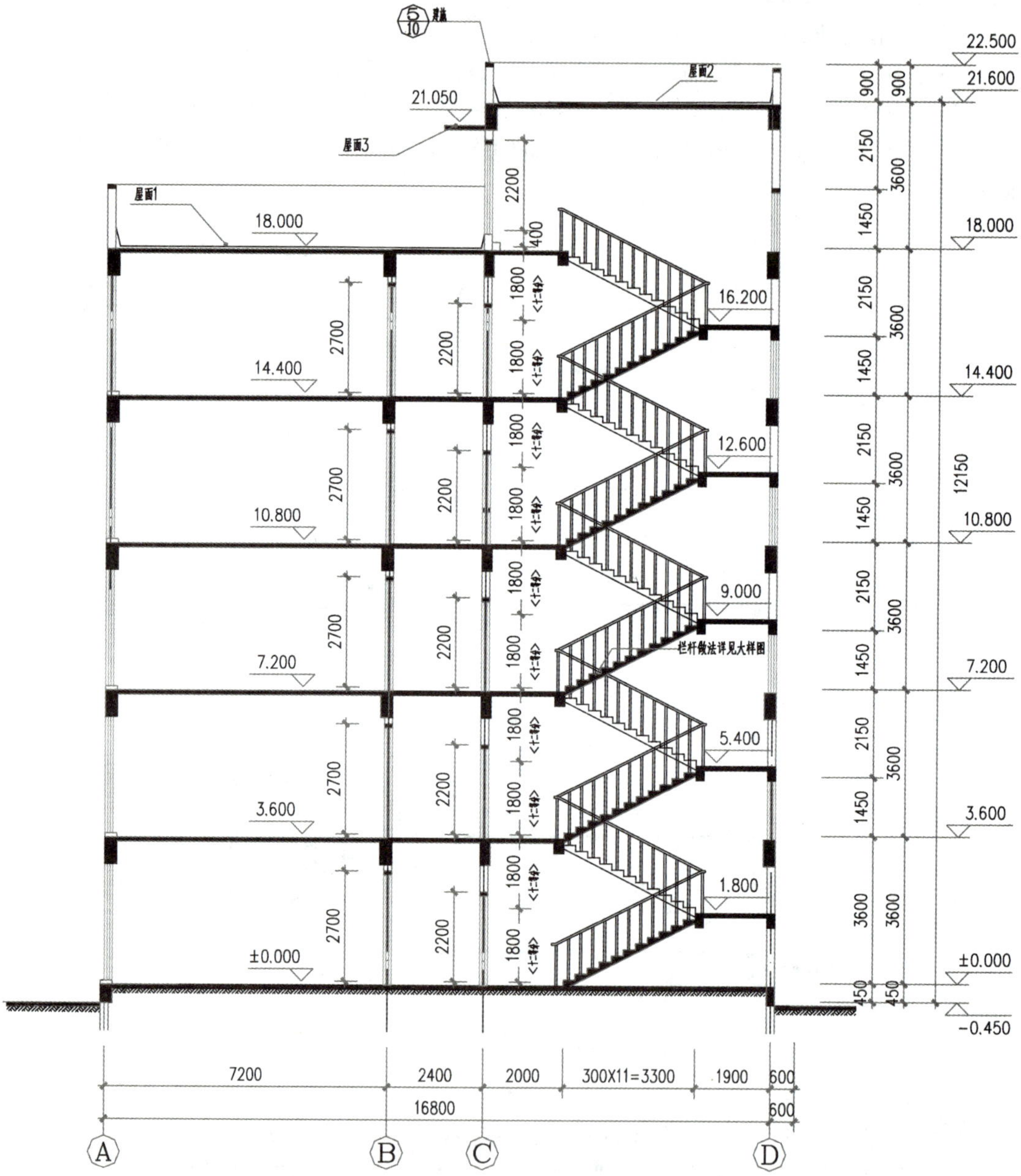

图 8-61　尺寸和文字标注

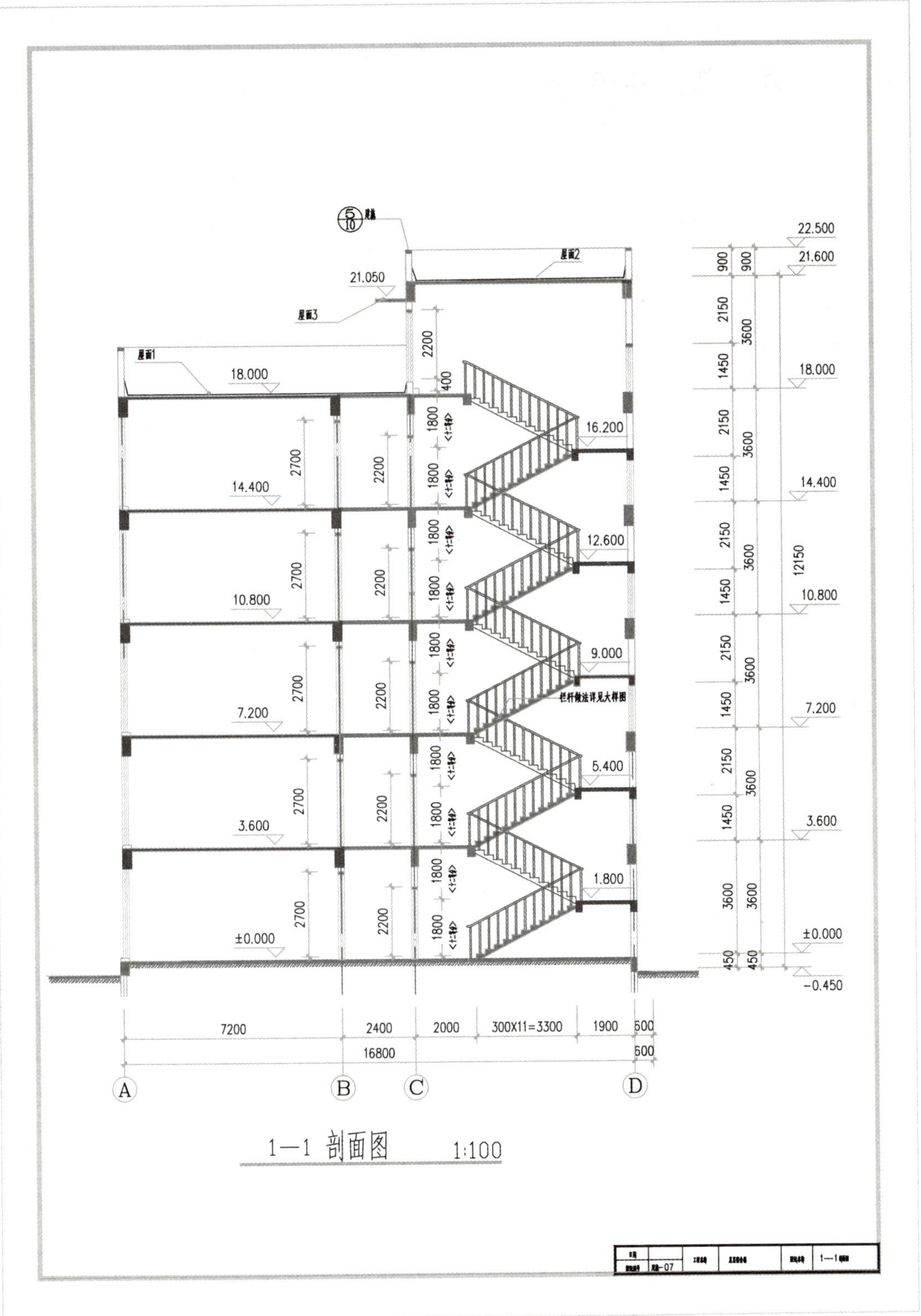

22.500
21.600
21.050
18.000
16.200
14.400
12.600
10.800
9.000
7.200
5.400
3.600
1.800
±0.000
-0.450
7200
2400
2000
300X11=3300
1900
600
16800
A
B
C
D
1—1 剖面图　1:100

图 8-62　插入图框

8.4 建筑详图的绘制

8.4.1 建筑详图基本知识

建筑平面图、建筑立面图和建筑剖面图三图配合虽能够表达建筑物全貌，但是由于所绘制比例较小，一些细部构造不能表达出来，故此，在建筑施工图中，还应把建筑物的一些细部构造，采用1∶1、1∶2、1∶10、1∶20、1∶30等较大比例将其形状、大小、材料和做法详细地表达出来，以满足施工图的深度要求。这种图样称为建筑详图，又称大样图或节点图。

建筑详图要求图示的内容详尽清楚，尺寸标注齐全，文字说明详尽。一般应表达出构配件的详细构造；所用的各种材料及其规格；各部分的构造连接方法及相对位置关系；各部位、各细部的详细尺寸；有关施工要求、构造层次及制作方法说明等。同时，建筑详图必须加注图名(或详图符号)，详图符号应与被索引的图样上的索引符号相对应，在详图符号的右下侧注写比例。对于套用标准图或通用图的建筑构配件和节点，只需注明所套用图集的名称、型号、页次，可不必另画详图。

建筑详图是施工的重要依据，详图的数量和图示内容要根据房屋构造的复杂程度而定。一般建筑施工图需绘制以下几种节点详图：外墙剖面详图、门窗详图、楼梯详图、台阶详图、卫浴间详图等。

8.4.2 建筑详图绘制的内容

建筑详图应包括以下内容。

1. 文字标注

包括相应的图名和比例，各部位和各层次的用料、做法、颜色及施工要求等。

2. 可视部位

包括建筑构配件的形状及与其他构配件的详细构造和层次，以及有关的详细尺寸和材料图例等内容。

3. 符号标注

包括标高符号、定位轴线符号及编号等。

4. 详图索引符号

包括详图索引符号及其编号，以及另需绘制详图的索引符号。

8.4.3 建筑详图绘制实例

1. 楼梯详图绘制

楼梯详图主要表示楼梯的类型、结构形式、各部位的细部尺寸及装修做法等。楼梯详

图一般由楼梯平面图、剖面图、节点详图组成。楼梯详图应尽量布置在同一张图样上，以便绘制和阅读。其具体绘制步骤如下。

方法一：绘制楼梯。

(1)将图层切换到“轴线”图层，利用“直线”工具绘制轴网。将图层切换到“墙线”图层，利用“多段线”工具绘制墙线，并利用“多线编辑”功能对多线交点进行编辑，如图 8-63 所示。

(2)将图层切换到“门窗”图层，利用“插入”命令布置门窗，如图 8-64 所示。

(3)将图层切换到“楼梯”图层，利用“矩形”工具绘制休息平台。

(4)利用“直线”工具在休息平台下侧绘制第一条踏步线，并利用“阵列”工具生成其他踏步线(见图 8-65)。

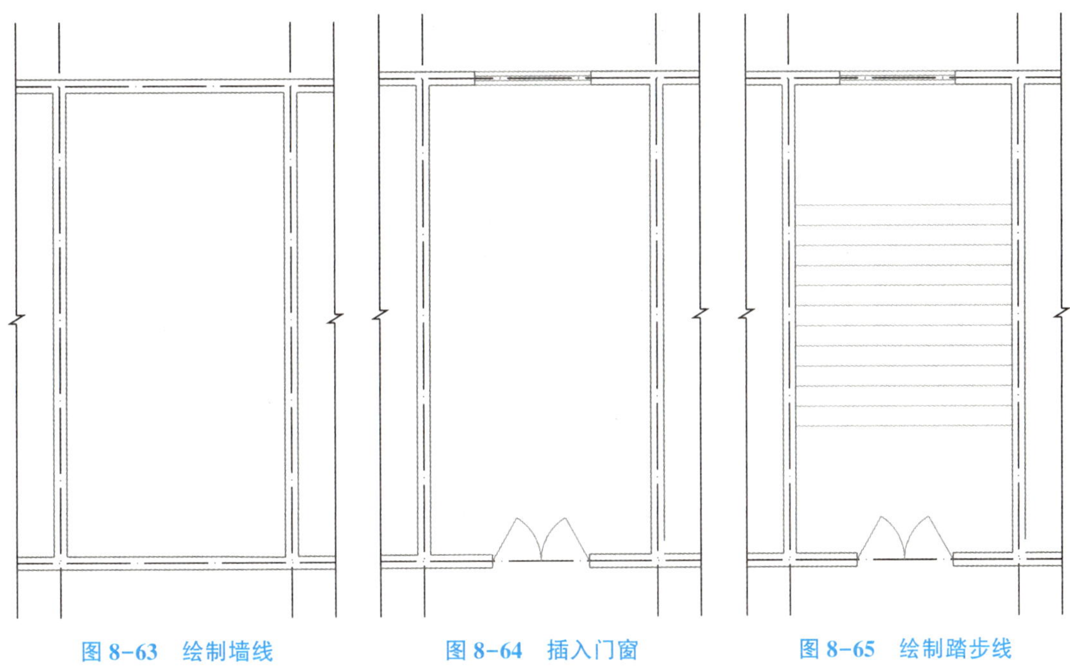

图 8-63　绘制墙线　　图 8-64　插入门窗　　图 8-65　绘制踏步线

(5)利用“矩形”“捕捉中点”“移动”“偏移”工具，绘制楼梯栏杆。利用“修剪”工具，选中全部踏步线和栏杆外侧矩形，对踏步进行修剪。绘制上行梯段的折断线，利用“多段线”工具绘制剖切线，修剪相关线型，并利用夹点功能调整剖切线样式。绘制方向示意箭头和文字标注，以及标高标注(见图 8-66)。

在“绘图”工具栏中单击“多段线”按钮。启动“多段线”命令后，命令行提示操作如下。

指定起点：输入所要绘制箭头的起点

当前线宽为 0.0000　　/按〈Enter〉键，默认箭头起点线宽为 0

指定下一点或[圆弧(A)/半款(H)/长度(L)/放弃(U)/宽度(W)/]：W

/指定尾线宽

指定起点宽度<0.000>：0　　/按〈Enter〉键

指定端点宽度<0.000>：90　　/按〈Enter〉键，打开正交开关由“绘图”命令捕捉箭头端点，绘制和箭头同处水平向或垂直向的直线，完善箭头的绘制。

(6)用“图案填充”命令，弹出“图案填充和渐变色”对话框，单击图案右侧按钮，弹出“填充图案选项板”对话框，选择“预定义”，如填充柱，选中“ANSI31”图案，比例设置为20，单击“确定”按钮，如图 8-67 所示。

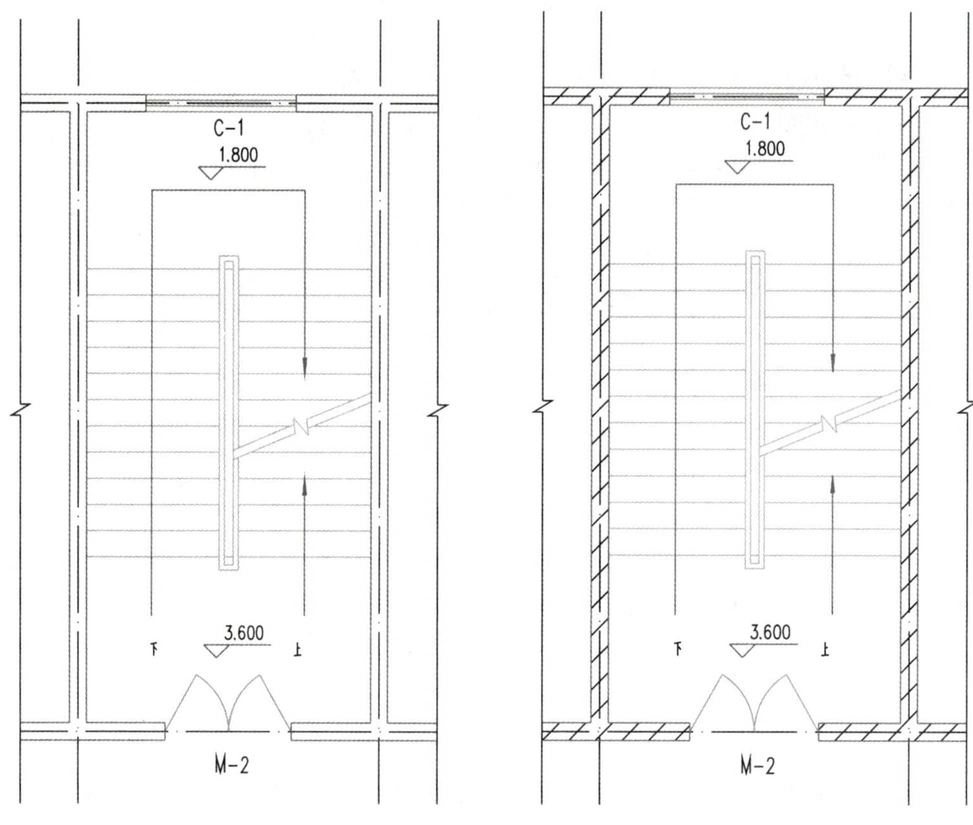

图 8-66　绘制楼梯剖切线

图 8-67　图案填充

(7)单击“标注”下拉菜单中的“线性标注”，启动“线性”命令。然后，选择“标注”下拉菜单中的“连续”，完成尺寸标注。

(8)采用本章 8. 1 节中轴线圈及编号的绘制方法一或者方法二，完成轴线编号的标注。

(9)利用“复制”工具将所绘制的楼梯平面图复制为 3 个。利用“修剪”“删除”“夹点编辑”工具，将前面所绘制的标准层楼梯平面图分别设为首层楼梯平面图和顶层楼梯平面图。将图层切换到“标注”图层，对楼梯平面图进行尺寸标注，如图 8-68 所示。

方法二：利用“修剪”命令中的“复制”“粘贴”功能从建筑平面图中提取楼梯平面图，在此基础上进行修改，并进行尺寸标注、文字标注和图案填充等。

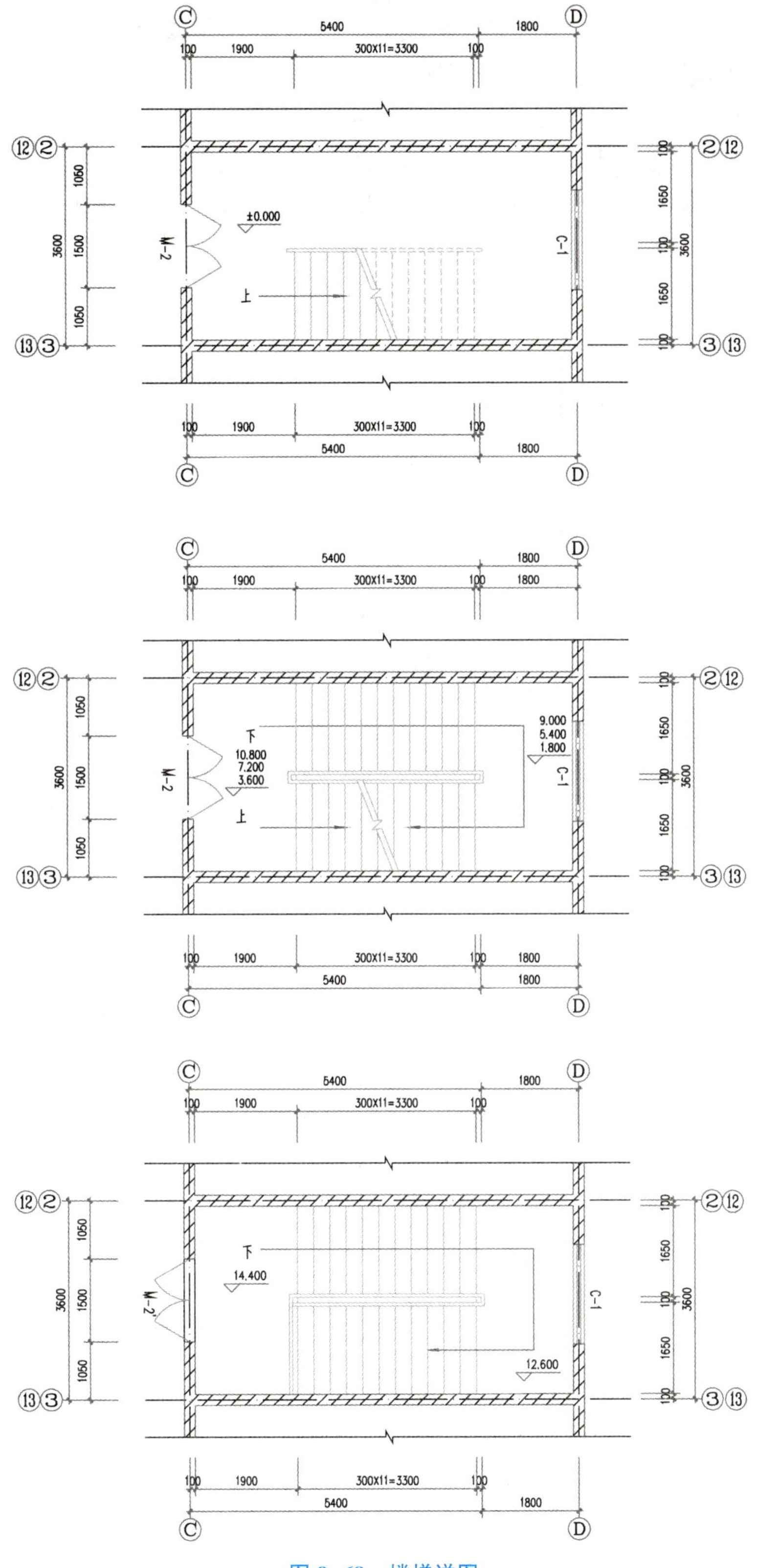

5400
1800
100
1900
300X11=3300
±0.000
M-2
C-1
上
1050
1500
3600
1650
10.800
7.200
3.600
9.000
5.400
1.800
下
14.400
12.600
M-2'

图 8-68　楼梯详图

2. 楼梯剖面详图绘制

(1)导入上次画的剖面图，选择楼梯部分，切换到“结构轮廓线”，利用“直线”工具，绘制出楼梯剖到部分的轮廓线，尺寸如图 8-69 所示。

(2)将图层切换到“材料填充”图层，利用“填充”工具，对混凝土梁板以及剖到的楼梯部分选择图案“ANSI31”和“AR-CONC”同时填充，“ANSI31”的填充比例设为 30，“AR-CONC”的填充比例设为 1.5，结果如图 8-70 所示。

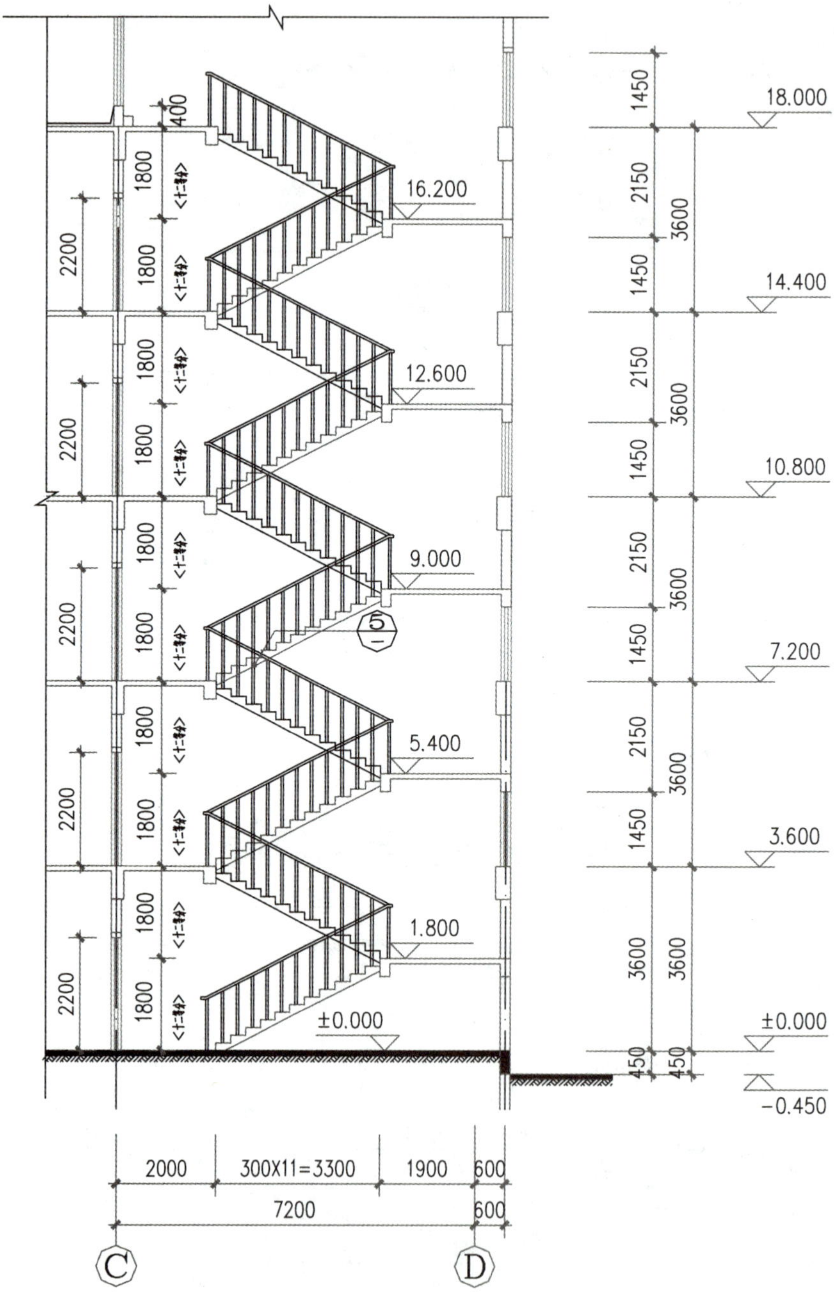

图 8-69　绘制轮廓线

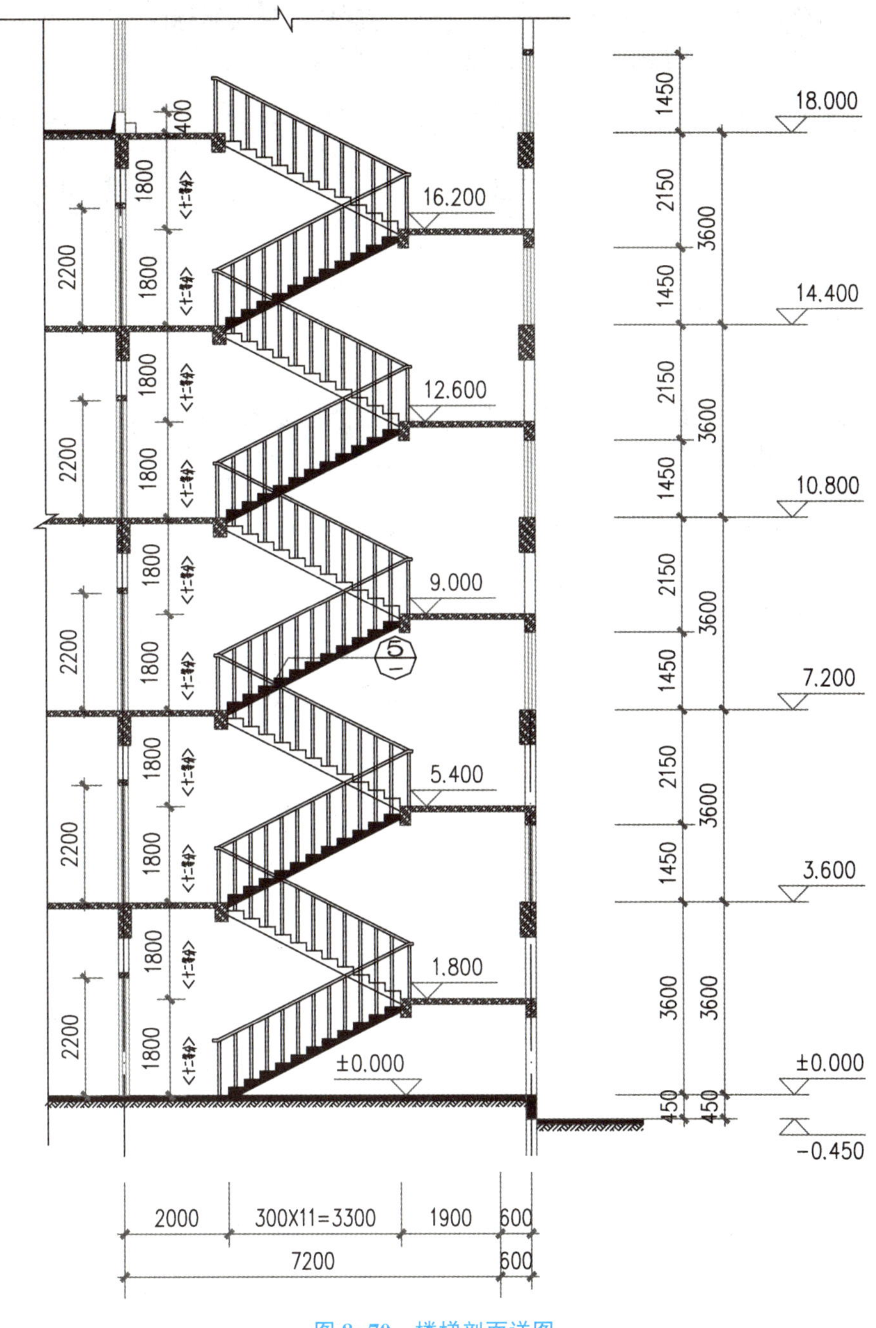

图 8-70　楼梯剖面详图

3. 楼梯踏步详图绘制

(1)将图层切换到“结构轮廓线”，利用“直线”工具，绘制出楼梯踏步的轮廓线，尺寸如图 8-71 所示。

(2)将图层切换到“抹灰层”，利用“偏移”工具，绘制如图 8-72 所示的抹灰层图样。

(3)将图层切换到“材料填充”图层，利用“填充”工具，对楼梯踏步选择图案“ANSI31”和“AR-CONC”同时填充，“ANSI31”的填充比例设为 20，“AR-CONC”的填充比例设为1，再将图层切换到“文字”。首先，使用“直线”工具绘制标注索引，然后使用“多行文字”工具进行踏步做法的文字标注，如图8-73所示。

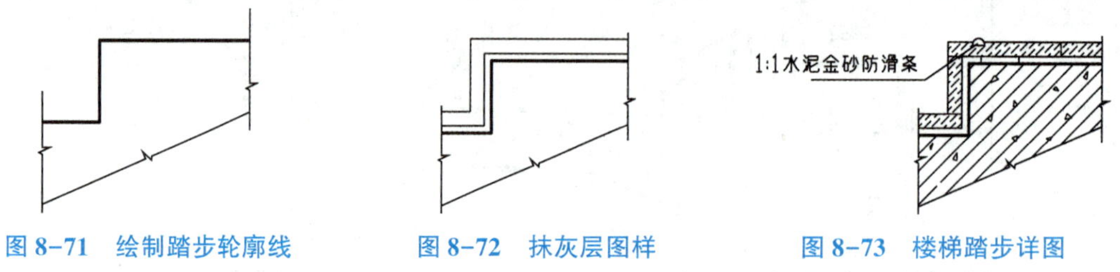

图8-71　绘制踏步轮廓线　　图8-72　抹灰层图样　　图8-73　楼梯踏步详图

4. 楼梯扶手栏杆详图绘制

(1)将图层切换到“结构轮廓线”，利用“直线”工具，绘制出楼梯扶手的轮廓线。切换到“抹灰层”，利用“偏移”工具；再切换到“楼梯栏杆”，利用“直线”“弧线”工具绘制出如图8-74所示的扶手轮廓线。

(2)将图层切换到“材料填充”图层，利用“填充”工具，对楼梯扶手混凝土选择图案“ANSI31”和“AR-CONC”同时填充，“ANSI31”的填充比例设为15，“AR-CONC”的填充比例设为0.5。再将图层切换到“文字”，使用“直线”工具绘制标注索引，然后使用“多行文字”工具进行楼梯扶手栏杆做法的文字标注，结果如图8-75所示。

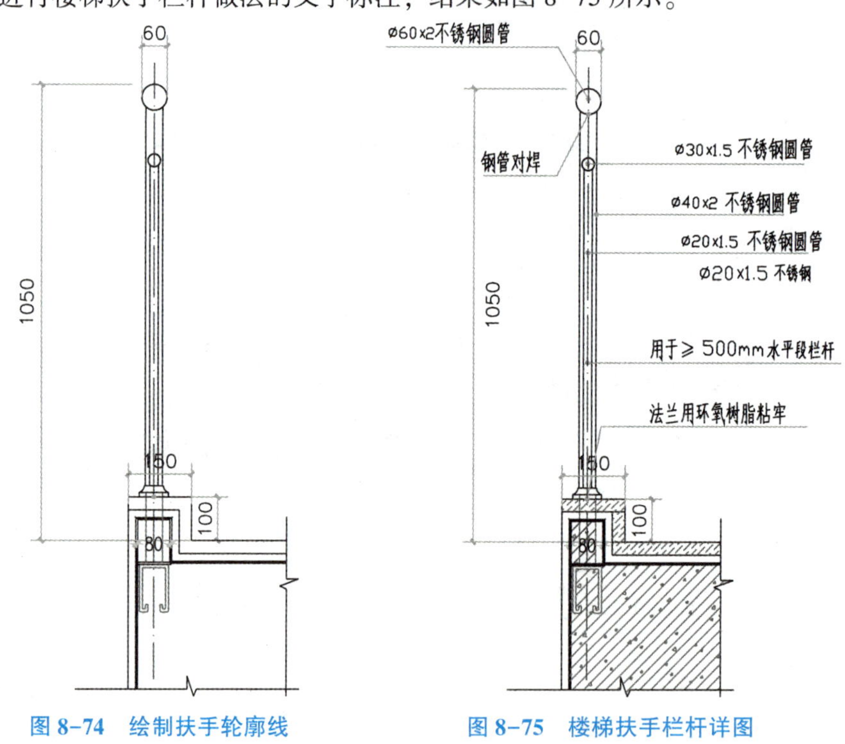

图8-74　绘制扶手轮廓线　　图8-75　楼梯扶手栏杆详图

5. 屋面详图绘制

屋面是建筑物的重要组成部分，它是建筑物顶部的外围护构件和承重构件。屋顶须具备足够的强度、刚度、防水、保温和隔热等能力。在建筑施工图中，屋面的构造做法及材料选用应通过屋面详图表示，如果屋面构造做法是根据建筑标准规范进行设计的，则可以不绘制详图，只需要在剖面图的相应部位注明所采用标准图集名称、编号或页码即可。

(1)将图层切换到“轴线”图层，利用“直线”工具，绘制屋面详图定位轴线。

(2)将图层切换到“结构轮廓线”图层，利用“直线”工具，绘制出墙体和楼板的轮廓线，尺寸如图 8-76 所示。

(3)将图层切换到“抹灰层”图层，利用“多段线”工具，绘制墙体、楼板抹灰层轮廓线以及屋面找平层轮廓线(见图 8-77)。

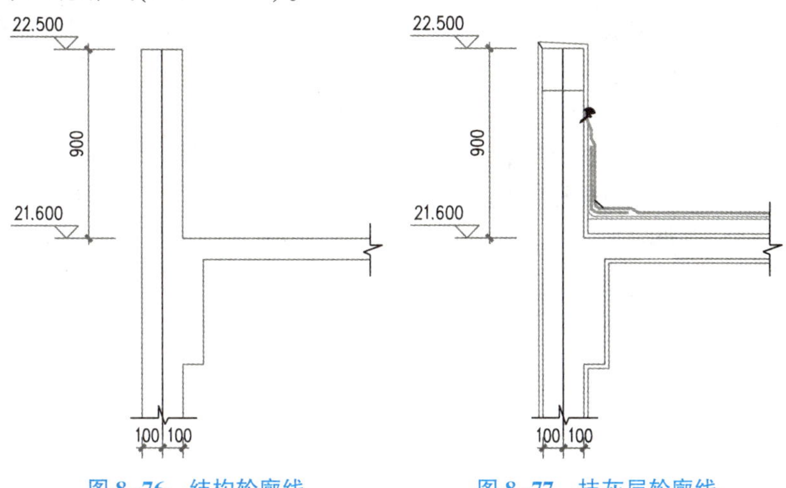

图 8-76　结构轮廓线　　　图 8-77　抹灰层轮廓线

(4)将图层切换到“材料填充”图层，利用“填充”工具，对墙体、混凝土梁板、屋面层次进行填充。墙体填充选择图案“ANSI31”，填充比例设为 30。对于混凝土梁板对象，同样选择图案“ANSI31”和“AR-SND”填充，“AR-SND”填充比例设为 1.5。屋面保温层填充图案选择“ANSI37”，填充比例设为 10。

(5)将图层切换到“文字”图层，利用“直线”工具绘制标注引线，再使用“多行文字”工具进行屋面材料做法的文字标注(见图 8-78)。

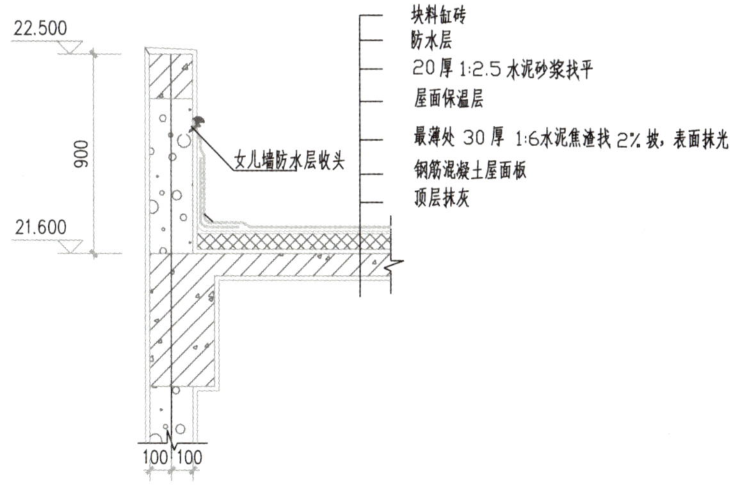

图 8-78　屋面详图

6. 墙身节点详图绘制

墙身节点详图实际上是建筑剖面图外墙部分的局部放大，主要用于表达外墙与地面、

楼面、屋面的构造情况，以及檐口、女儿墙、窗台、勒角、散水等部位尺寸、材料和做法等情况。在多层房屋中，如果各层墙体情况一致，可绘制底层、顶层或加一个中间层来表示。在绘制时，可在窗洞中间断开。其具体绘制步骤如下。

(1)将图层切换到“轴线”图层，利用“直线”工具，绘制墙身节点详图定位轴线。然后，切换到“轮廓线”图层，利用“直线”工具绘制出墙体轮廓线，如图 8-79 所示。

(2)将图层切换到“抹灰层”图层，利用“多段线”工具绘制墙面抹灰层轮廓线，如图 8-80 所示。

(3)将图层切换到“门窗”图层，利用“多线”绘制剖面图中窗的图样。

(4)将图层切换到“材料填充”图层，利用“填充”工具，对墙体、混凝土梁板、屋面层次进行填充。墙体填充选择图案“ANSI31”，填充比例设为 30。对于混凝土梁板对象，同样选择图案“ANSI31”和“AR-SND”填充，“AR-SND”填充比例设为 0.5。

(5)将图层切换到“文字”图层，利用“直线”工具绘制标注引线，再使用“多行文字”工具进行屋面材料做法的文字标注(见图 8-81)。

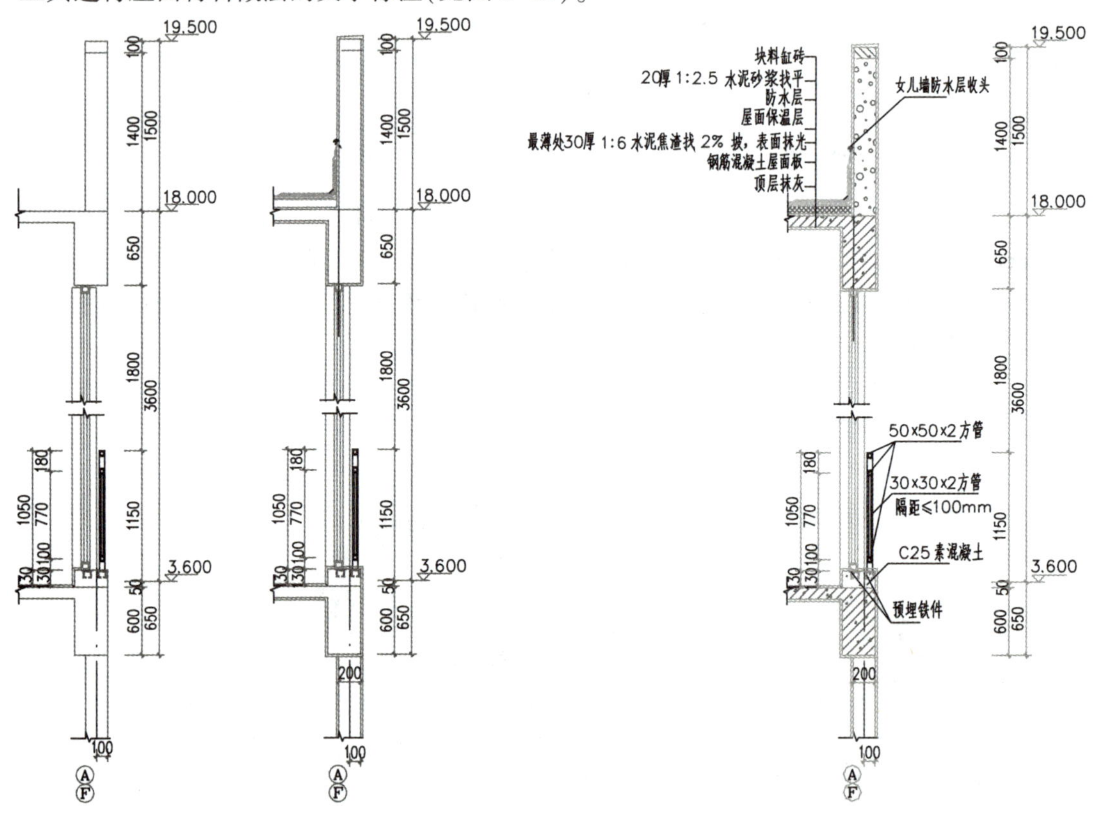

图 8-79　墙体轮廓线　图 8-80　抹灰层轮廓线　图 8-81　墙身节点详图

本章小结

本章主要介绍了建筑平面图、立面图、剖面图、详图的基本绘图步骤，以及绘制建筑平面图和剖面图所涉及的绘图和编辑命令。要求了解建筑平面图、立面图、剖面图、详图，并在理解的基础上掌握新的绘图和编辑命令。

另外，在绘制建筑平面图、立面图、剖面图、详图时对前几章所学的命令加以重复使用，以达到深入理解和熟练掌握的目的。

基本练习

1. 填空题

(1)"阵列"命令的复制方式可分为________和________两大类。

(2)在"启动"对话框中给出的新建图形的方法有________、________和__________。

(3)为了防止由于故障而丢失未保存的数据，可以在"选项"对话框________ 选项卡中"文件安全措施"栏中，减小保存间隔分钟数。

(4)以相对主入口的位置特征命名的建筑立面图分为________、背立面图、侧立面图。这种方式一般适用于建筑平面图方正、简单，________位置明确的情况。

2. 选择题

(1)使用"多线"命令 MLINE，不可以(　　)。

A. 绘制带中心线的直线　　B. 绘制不同颜色的两条直线

C. 绘制 4 条直线　　D. 绘制带线宽的多线

(2)在设置多线时，以下说法不正确的是(　　)。

A. 当前使用过的多线样式无法修改　　B. 无法设置两端用直线封端的多线

C. 无法设置两端用圆弧封端的多线　　D. 可以删除多线 STANDARD 类型

(3)用 PLINE 命令所画的有宽度的线段，用 EXPLODE 命令将其分解后，线型的宽度为(　　)。

A. 不变　　B."格式"|"线宽"中设置的线宽

C. 细实线　　D."多段线"中设置的线宽消失

(4)在下列命令中，不可以改变对象大小或长度的命令是(　　)。

A."缩放"命令　　B."拉伸"命令　　C."拉长"命令　　D."复制"命令

(5)绘制建筑平面图常用的比例尺有(　　)。

A. 1∶100　　B. 1∶50　　C. 1∶200　　D. 1∶500

(6)下列图形元素会在底层建筑平面图中出现的是(　　)。

A. 指北针　　B. 阳台　　C. 雨篷　　D. 标高符号

(7)在建筑平面图中会标注的尺寸有(　　)。

A. 轴线尺寸　　B. 总尺寸　　C. 细部尺寸　　D. 内部尺寸

(8)多次复制对象的选项为(　　)。

A. M　　B. D　　C. P　　D. E

(9)利用旋转中的"复制(C)"选项可以(　　)。

A. 将对象旋转并复制　　B. 将对象旋转

C. 将对象复制　　D. 将对象旋转并复制多个对象

(10)一条直线有3个夹点，拖动中间夹点可以(　　)。

A. 更改直线长度　　　　　　　　　B. 移动直线、旋转直线、镜像直线等

C. 更改直线的颜色　　　　　　　　D. 更改直线的斜率

3. 判断题

(1)建筑立面图中应标注建筑各部位的具体尺寸、楼层高度尺寸、门窗的竖向尺寸及主要构件的标高。(　　)

(2)建筑立面图中用字母符号来说明外墙面装修的材料及其做法。(　　)

(3)外墙上的凸出、凹进部位，如壁柱、窗台、楣线、挑檐、门窗洞口等的投影用细实线表示。(　　)

(4)对于节点构造详图，应在详图上注出详图符号或名称，以便对照查查阅。(　　)

(5)详图中应详细表达构配件或节点所用的各种做法及其规格。(　　)

4. 简答题

(1)建筑平面图绘制内容包括哪些方面?

(2)简述建筑平面图的绘制步骤。

(3)简述建筑立面图的绘制步骤。

(4)建筑详图常用的比例有哪些?

5. 绘图题

(1)绘制以下某住宅楼标准层平面图。

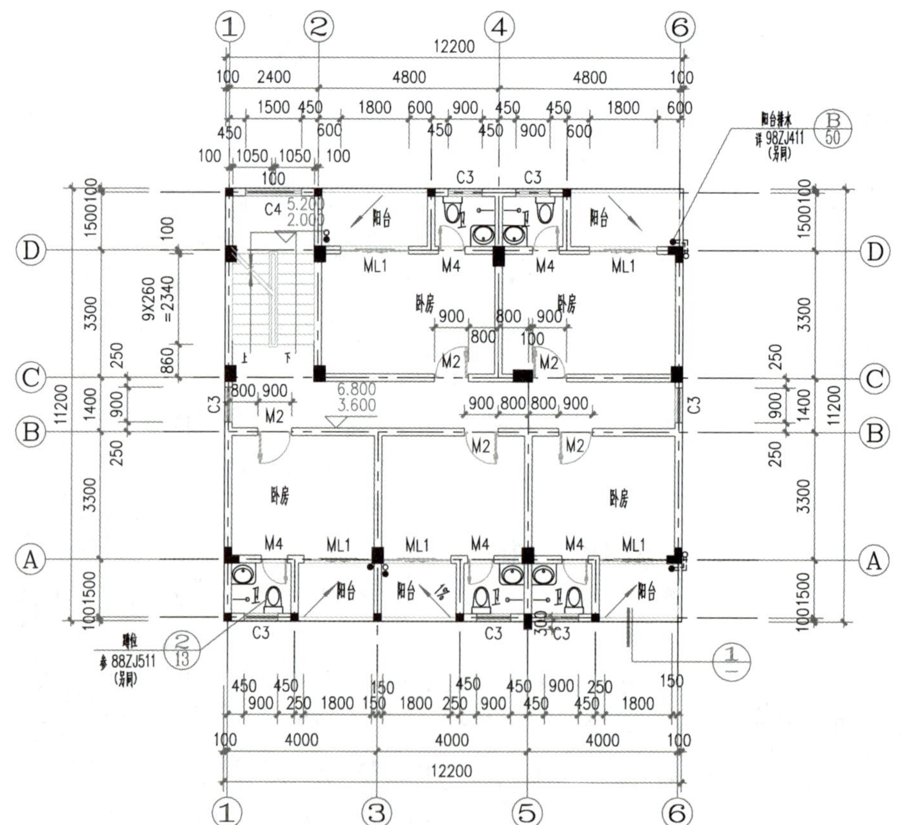

(2) 绘制以下立面图。

(3) 绘制以下剖面图。

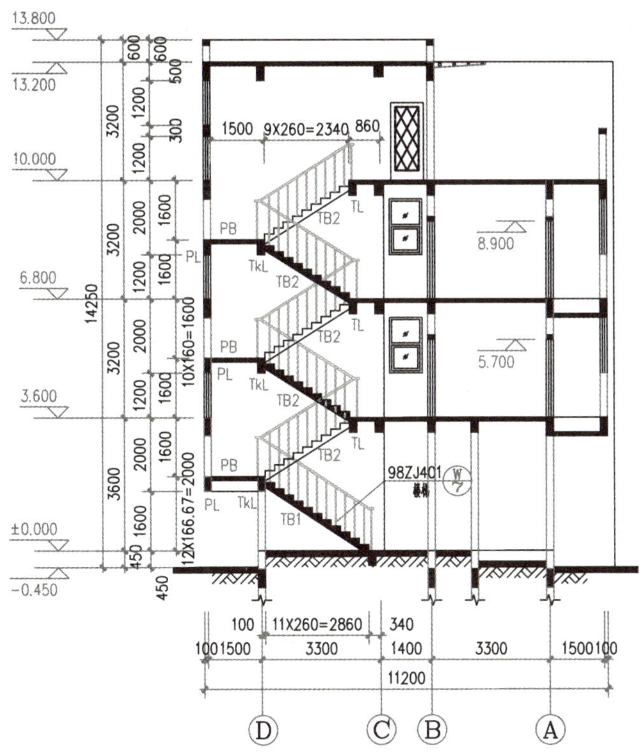

(4)绘制以下扶手水平段与墙体交接处详图。

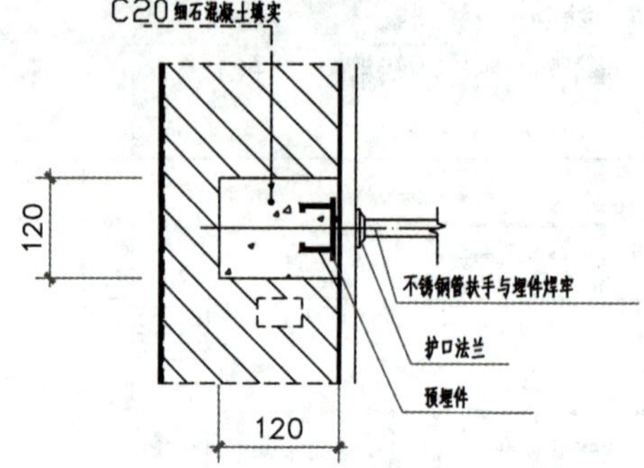

第 9 章 装饰施工图绘制

主要内容

本章主要介绍装饰施工图的绘制步骤与方法。通过本章学习学生应熟悉图层、多线、文字、尺寸标注等命令的设置方法，掌握“块”的使用方法以及家具、设备等的绘制方法，了解空间设计平面布局的合理方法。

重点难点

重点学习直线、多线、圆、圆弧、矩形、图案填充、创建块、插入块、多行文字等命令的调用方式和操作方法和技巧。其中，多线样式的设置、多段线操作中线宽和线型的变化以及图案填充中的比例调整，是本章学习的难点。

9.1 原始结构平面图的绘制

原始结构平面图相当于给设计师一张白纸，让设计从头开始。在绘制原始结构平面图之前，设计师要亲自到现场了解所要设计的室内情况，测量房间的开间、进深，墙体的高度、厚度、长度，门口、窗户的长宽高，顶棚、烟道、暖气等物理环境的设施。对于旧房改造的项目，还要准确记录下需要部分的位置和准确尺寸，以开展接下来的空间设计。在经过设计师的现场调研、测量相关尺寸数据之后，设计师根据手绘草图再利用 CAD 绘制原始结构平面图。

9.1.1 工程图样板文件创建

无论是绘制何种建筑施工图，如平面图、立面图、顶棚图、节点图、原始结构图，都需要创建工程图样板文件，它可快速绘制其他同类工程图形。在绘制如建筑平面图、立面图、剖面图或建筑详图时，可直接调用已创建的建筑工程图样板文件，从而不必每次都对图层、标注样式、绘图单位等参数进行设置，大大提高了作图效率。

1. 样板文件的创建

(1)调用已存在样板文件。AutoCAD 中提供了多个样板文件，执行“文件”|“新建”命令或是在命令行中输入 New，可打开“选择样板”对话框，在该对话框中选择所需的样板文件，然后单击“打开”按钮即可打开相应的工程图样板文件。

(2)自定义样板文件。用户可在默认的样板文件基础上修改创建一个新的图形文件。对其中的各类参数等进行重新定义，以适用于某类工程图样，并将该图形文件以样板文件的格式存储，即保存为“. dwg”格式的样板文件，供以后绘图时直接调用。

(3)调用已有图形修改为样板文件。用户可直接用已有的某个符合规定的专业工程图形文件作为样图，因其图形界限、单位、图层及实体特性、文字样式、图块、尺寸标注样式等相关系统标量已设置完成，因此，用户只需打开该文件，将文件中多余的内容删去，然后将其另存为“. dwg”格式的样板文件即可。

2. 建筑工程图样板文件的创建

在创建建筑工程图样板文件时，用户应根据自身绘图习惯及建筑专业所包含的内容来设定。

下面以某住宅为例介绍其建筑工程图样板文件所包含的内容。

(1)图形界限：由于建筑图形尺寸较大，且在绘制的时候通常按 1：1 的比例绘制，因此应将图形界限设置得大一些，以让栅格覆盖整个绘图区。以 A3 图幅为例，以1：1 比例绘图，当以 1：100 比例出图时，图纸空间将被缩小为原值的 1/100，所以，要将图形界线设为 42 000×29 700，扩大 100 倍。命令操作如下。

命令：LIMITS

重新设置模型图形空间界限：

指定左下角点或[开(ON)/关(OFF)]<0. 0000，0. 0000>：/按〈Enter〉键接受默认值

指定右上角点<420. 0000，297. 0000>：420000，29700

(2)捕捉间距：通常为 300，不符合模数的数据由键盘输入。格间距为 3 000，并启用栅格功能。

(3)单位：常为十进制，小数点后显示 0 位，以毫米为单位。

(4)图层、线型与颜色：平面图中所需的图层、线型及颜色设置。

(5)系统变量：包括线型比例，尺寸标注比例，点符号样式、大小等。

(6)标注样式：平面图中所需的文字样式和尺寸标注样式。

3. 设置绘图环境与图层

(1)设置绘图环境：执行“格式”菜单栏中的“图形界限”命令，以总体尺寸为参考，执行“格式”菜单栏中的“线型”命令，加载中心线 CENTER，根据设置的图形界限与模板的图形界限的比值设置线型比例，如图 9-1 所示。

(2)设置图层：根据不同特性创建图层以便于管理各种图形对象，如轴线层、墙体层、柱子填实层、门窗层等，如图 9-2 所示。常常将辅线设置成红色，修改轴线线型时，单击“线型”图标 Continuous ，打开“选择线型”对话框，单击“加载”按钮，打开“加载或重载线型”对话框，如图 9-3 所示。选“ACAD_ISO10W100”线型，返回到“选择线型”对话框。选择刚刚加载的“ACAD_ISO10W100”线型，如图 9-4 所示，单击“确定”按钮完成线

型设置，效果如图 9-5 所示。使用同样方法完成其图层设置。

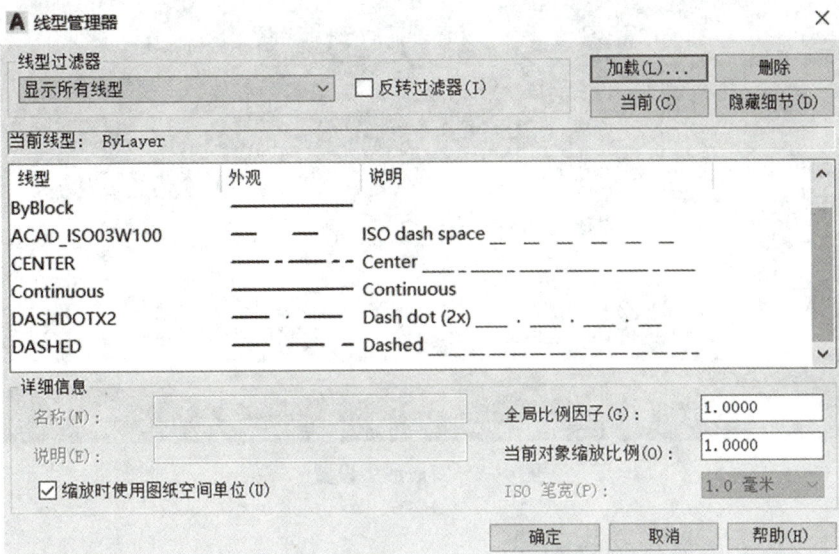

线型管理器
线型过滤器
显示所有线型
反转过滤器(I)
加载(L)...
删除
当前(C)
隐藏细节(D)
当前线型：ByLayer

线型	外观	说明
ByBlock		
ACAD_ISO03W100		ISO dash space
CENTER		Center
Continuous		Continuous
DASHDOTX2		Dash dot (2x)
DASHED		Dashed

详细信息
名称(N)：
说明(E)：
缩放时使用图纸空间单位(U)
全局比例因子(G)：1.0000
当前对象缩放比例(O)：1.0000
ISO 笔宽(P)：1.0 毫米
确定　取消　帮助(H)

图 9-1　设置线型比例

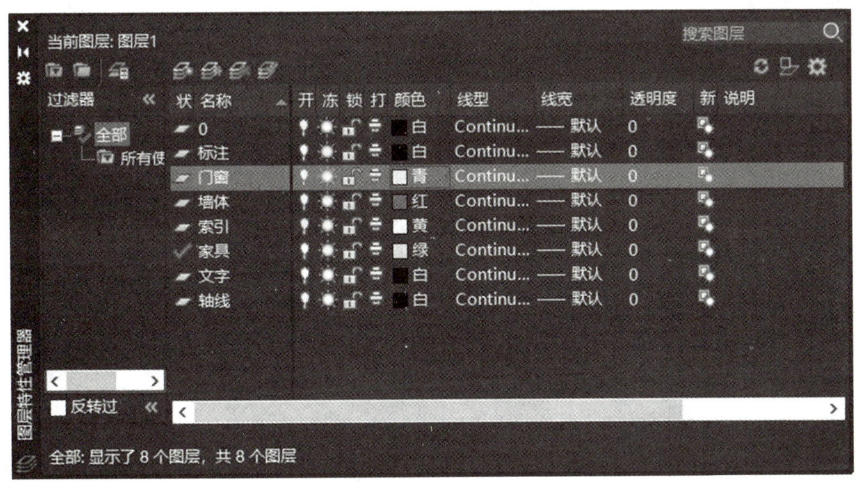

图 9-2　创建图层

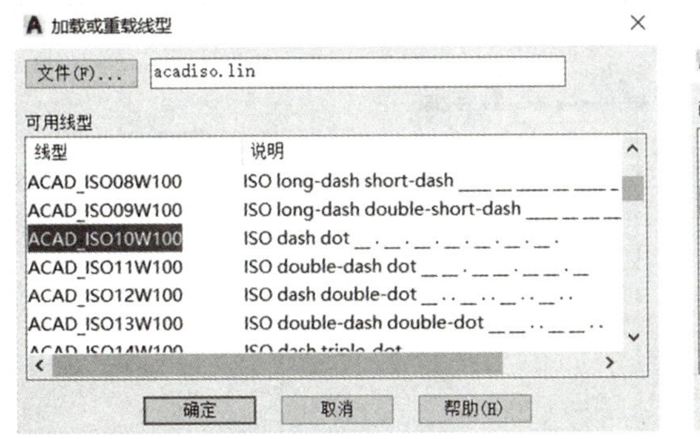

图 9-3　加载线型

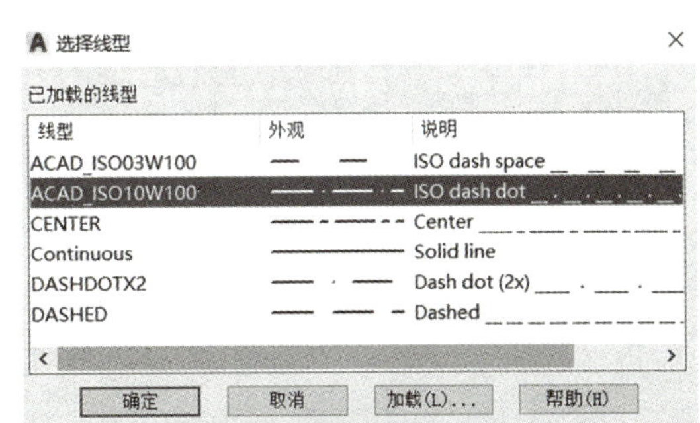

图 9-4　选择线型

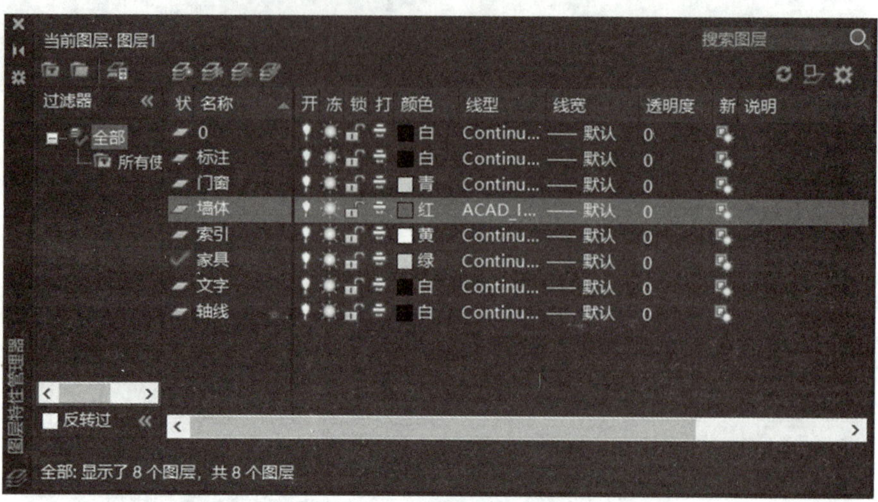

图 9-5　完成线型设置

9.1.2　绘制原始结构平面图

下面绘制如图 9-6 所示的原始结构平面图。

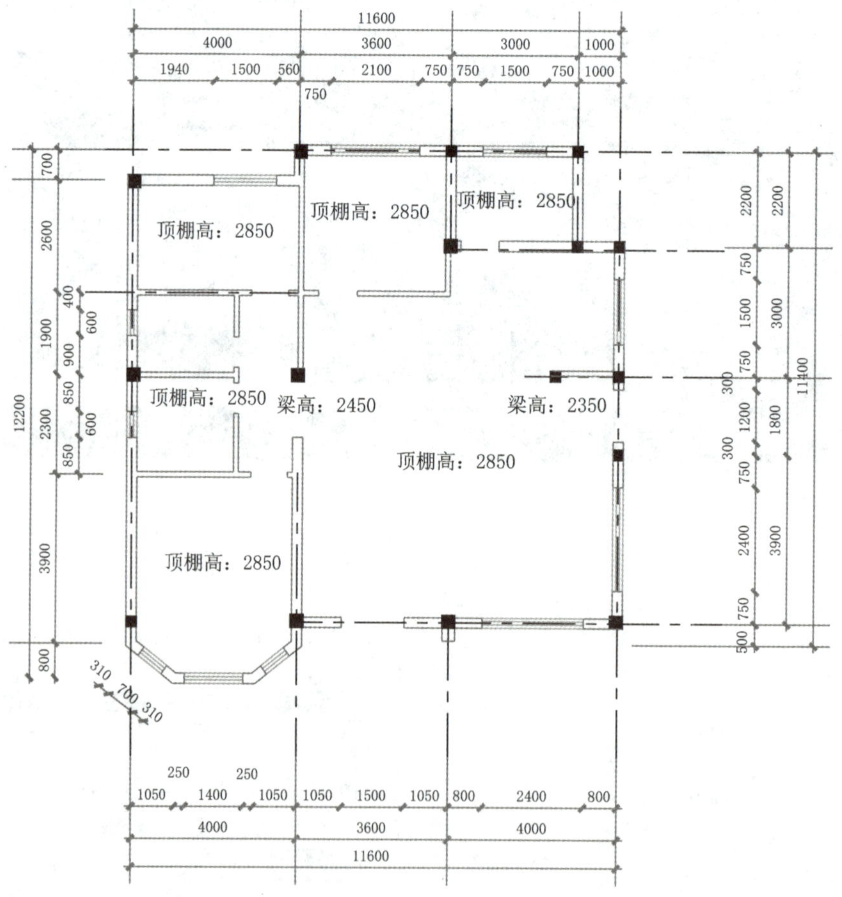

图 9-6　原始结构平面图

1. 准备草图

准备一张现场的测量数据手绘草图。

2. 轴线绘制

1)建立轴线图层

单击“默认”选项卡“图层”面板中的“图层特性”按钮，打开“图层特性管理器”对话框，建立一个新图层，命名为“轴线”，颜色选取红色，线型为 CENTER，线宽为默认并设置为当前层。确定后回到绘图状态。

选择菜单栏中的“格式”|“线型”命令，打开“线型管理器”对话框，单击右上角“显示细节”按钮，“线型管理器”下部呈现详细信息，将“全局比例因子”设为 20，这样，点画线、虚线的样式就能在屏幕上以适当的比例显示，如果仍不能正常显示，可以上下调整这个值。

2)绘制轴线

单击“默认”选项卡中的“直线”按钮，在绘图区左下角的适当位置选取直线的初始点，输入第二点的相对坐标“@0，12188”，按〈Enter〉键后画出第一条轴线。单击“默认”选项卡“修改”面板中的“偏移”按钮，向右复制其他竖向轴线。单击“默认”选项卡“绘图”面板中的“直线”按钮，用鼠标捕捉第一条竖向轴线上的端点作为第一条横向轴线的起点，移动鼠标单击最后一条竖向轴线上的端点作为第一条横向轴线的终点，按〈Enter〉键完成。

同样，单击“默认”选项卡“修改”面板中的“偏移”按钮，向下复制其他各条横向轴线，完成轴线的绘制。

3. 墙体绘制

1)建立图层

单击“默认”选型卡“图层”面板中的“图层特性”按钮，打开“图层特性管理器”对话框，建立一个新图层，命名为“墙体”，颜色为黑色，线型为 Continuous，线宽为默认，并置为当前层。其次，将轴线图层锁定，单击“默认”选项卡“图层”面板中的“图层”下拉按钮，将鼠标移动到轴线层上单击“锁定/解锁”符号将图层锁定。

2)绘制墙体

设置“多线”参数，选择菜单栏中的“绘图”|“多线”命令，按命令行提示进行操作。

命令：MLINE

当前设置：对正=上，比例=20.00，样式=STANDARD /初始参数

指定起点或[对正(J)/比例(S)/样式(ST)]：　　/选择对设置

输入时正类型[上(T)/无(Z)/下(B)]<上>：Z　　/选择两线之同的中点作为控制点

当前设置：对正=无，比例=20.00，样式=STANDARD

指定起点或[对正(J)/比例(S)/样式(ST)]：s　　/选择比例设置

输入多线比例<20.00>：240　　/输入墙厚

当前设置：对正=无，比例=240.00，样式=STANDARD

指定起点或[对正(J)/比例(S)/样式(ST)]：　　/按〈Enter〉键完成设置

重复“多线”命令，当命令行提示“指定起点或[对正(J)/比例(S)/样式(ST)]”时，用鼠标选取左下角轴线交点为多线起点绘制墙体。需要注意的是，由于测量时存在着一定的误差，在 CAD 绘图时，可能会出现一个空间内的左右两面墙的尺寸不吻合，或者直线按房子整体环绕一周后不能闭合等现象，这就要求设计师主观处理一些尺寸数据，如 3 910

可以改动为 3 900 等，要灵活运用。

此时，墙体与墙体交接处(也称节点)的线条没有正确搭接，所以需要多线编辑工具及其他编辑命令进行处理。使用多线编辑工具外的其他编辑命令，须先对多线进行分解处理。单击“默认”选项卡“修改”面板中的“分解”按钮，将所有的墙体选中(轴线已锁定)，再利用“修改”面板中的“修剪”“延伸”按钮，对每个节点进行处理。

4. 门窗绘制

1)绘制洞口

绘制洞口时，常以临近的墙线或轴线作为距离参照来帮助确定洞口位置。打开轴线层并解锁，将“墙体”图层置为当前层。单击“默认”选项卡“修改”面板中的“偏移”按钮，将最后一根横向轴线向上复制出两根新的轴线。单击“默认”选项卡“修改”面板中的“修剪”按钮，将两根轴线间的墙线剪断，最后单击“默认”选项卡“绘图”面板中的“直线”按钮，将墙体剪断处封口，并将这两根轴线删除，这样就绘制好了一个门洞。

提示：确定门窗洞口的画法多种多样，上述画法只是其中一种，读者可以灵活处理。

2)绘制门窗

建立“门窗”图层，并置为当前层。

对于门，可利用现成的图块直接插入，并给出相应的比例缩放，放置时需注意门开启方向，若方向不对，则单击“默认”选项卡“修改”面板中的“镜像”按钮和“旋转”按钮进行左右翻转或内外翻转。如不利用图块，可以直接绘制，并复制到各个洞口上。

对于窗，可以利用“多线”命令绘制。首先，在一个窗洞上绘出窗图例。其次，复制到其他洞口上。在碰到窗宽不相等时，单击“默认”选项卡“修改”面板中的“拉伸”按钮进行处理，也可采用图块插入的方式。调整好的结构平面图如图 9-7 所示。

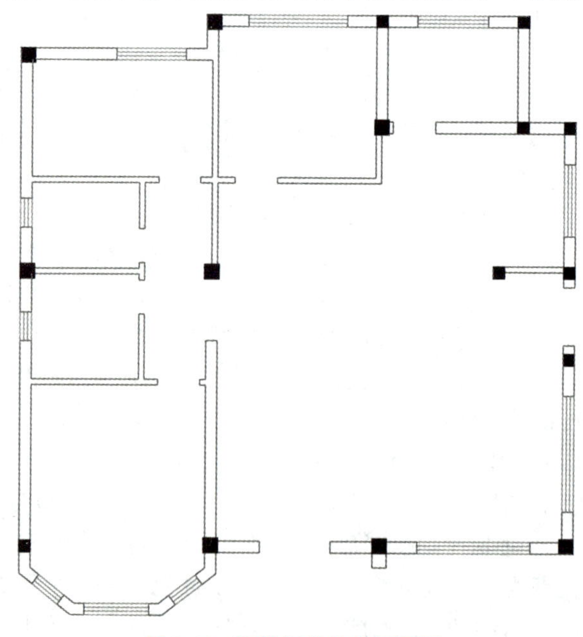

图 9-7　调整好的结构平面图

9.2 装饰施工平面布置图的绘制

绘制平面布置图，首先要掌握室内设计原理、人体工程学等学科知识。绘制各个功能空间中的家具、设备时，应根据人体工程学来确定尺寸，如过道宽度，楼梯踏步宽度、高度等。这些理论知识不清楚，是无法绘制平面布置图的。

绘制平面布置图的基本步骤如下：

(1) 调入原始结构图；

(2) 调入(或自己绘制)家具、设备、植物等 CAD 平面模型图块，根据人体工程学知识和设计方案，将家具、设备、植物等 CAD 模型修改至科学的尺寸；

(3) 标注尺寸和文字；

(4) 加图框和标题栏；

(5) 打印输出图。

下面绘制如图 9-8 所示的平面布置图。

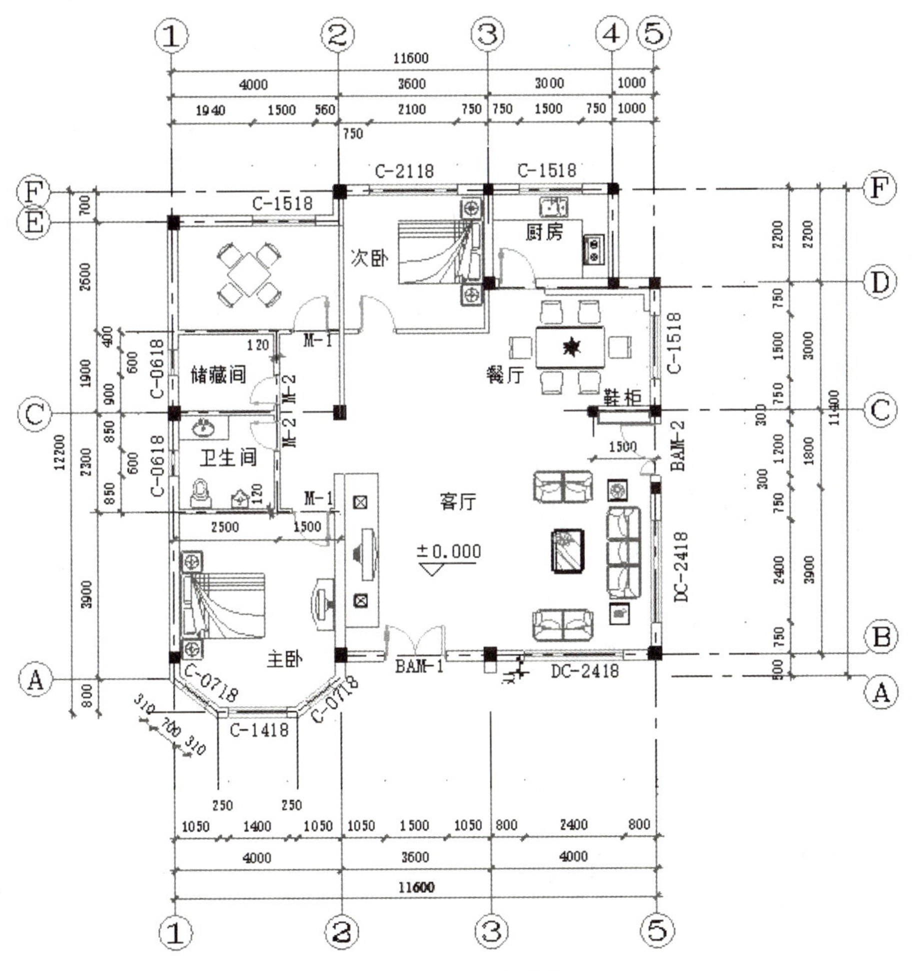

图 9-8　平面布置图

9.2.1 客厅和门厅的布置

1. 准备工作

(1)用 AutoCAD 打开已绘制好的住宅设计平面图，将图中的一些尺寸数据删除，只保留框架，另存为“住宅平面布置局图 . dwg”，然后将“轴线”图层关闭。

(2)在原始结构图的基础上根据室内设计原理及相关尺寸要求进行方案布置。可以利用以前制作好的家具、设备、植物等图块，在平面图布置时直接调入。在调入图块时，要注意进行分解和比例缩放，在缩放的时候主要以人体尺寸和设计原理的相关要求进行调整尺寸。

这里介绍一下比例缩放的快捷键的使用方法，其具体操作步骤如下。

命令：SC	/按〈Enter〉键
选择所要缩放的家具	/按〈Enter〉键
在家具上单击一点	
输入原始尺寸：	/在页面上单击
输入新尺寸：	/在命令行输入数值，按〈Enter〉键

2. 客厅

(1)沙发。建立一个“家具”图层，参数如图 9-9 所示，并置为当前层。单击“视图”选项卡“导航”面板中的“缩放”按钮，将住宅的客厅部分放大，单击“插入”选项卡“块”面板中的“插入块”按钮，打开“插入”对话框，如图 9-10 所示，然后单击上面的“浏览”按钮，打开“选择图形文件”对话框，选择源文件\\图库\\沙发 . dwg，找到沙发图块文件，单击“打开”按钮打开。选择内墙角点为插入点，单击“确定”按钮，如图 9-11 所示。

家具　绿　CONTI...　—— 默认　0

图 9-9　“家具”图层参数

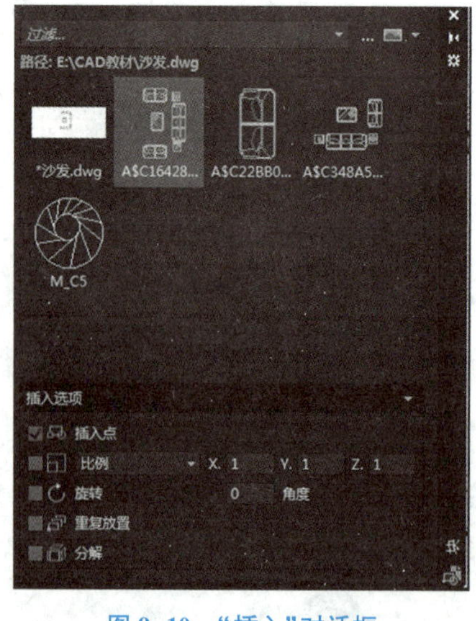

图 9-10　“插入”对话框

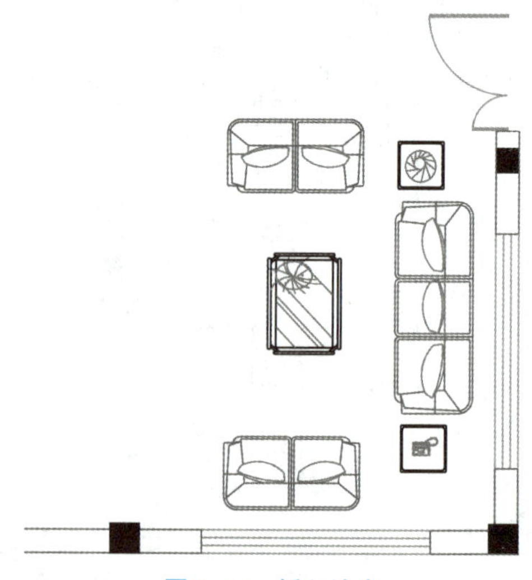

图 9-11　插入沙发

(2)电视柜。在沙发的对面靠墙位置，布置电视柜及相关的影视设备。同样采用上面图块插入方法，打开源文件\\图库\\电视柜 . dwg，将“电视柜”插入到合适位置，结果如图 9-12 所示。

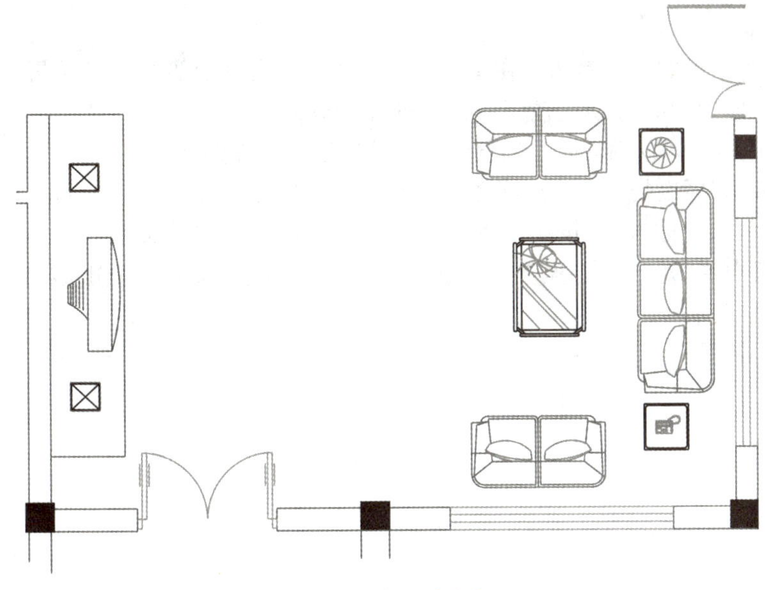

图 9-12　插入电视柜

3. 门厅

（1）玄关。在玄关的位置绘制一个鞋柜。单击“默认”选项卡“绘图”面板中的“矩形”按钮，在住宅设计平面图玄关的位置绘制一个 1 035×350 的矩形作为鞋柜的外轮廓，如图 9-13 所示。

（2）餐厅。单击“插入”选项卡“块”面板中的“插入块”按钮，将“餐桌”图块插入到门厅的就餐区。单击“默认”选项卡“绘图”面板中的“直线”按钮与“圆弧”按钮，在住宅设计平面图的餐厅位置绘制一个酒柜，结果如图 9-14 所示。

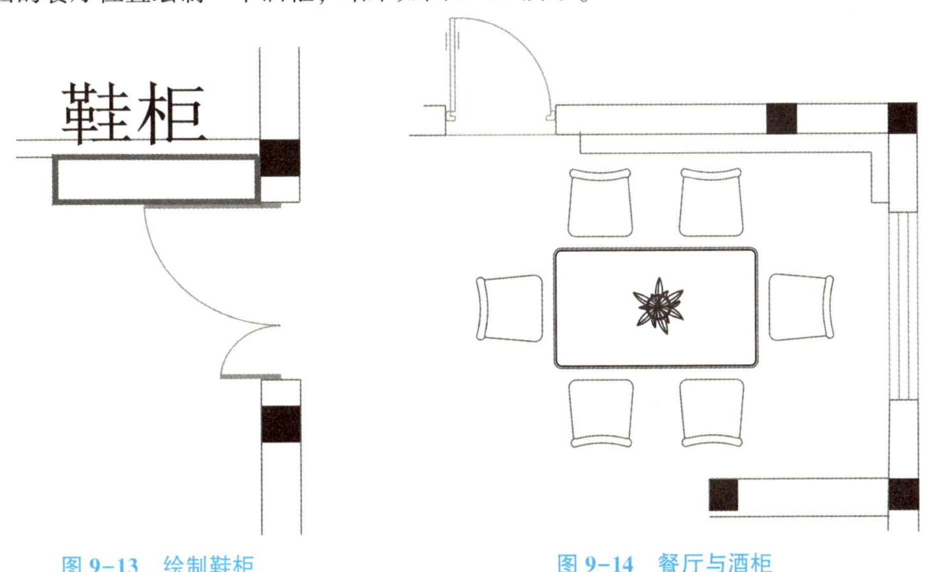

图 9-13　绘制鞋柜

图 9-14　餐厅与酒柜

9.2.2 卧室布置

1. 主卧

(1)床。卧室里的主角是床。在本任务中，将床布置在靠近飘窗的位置，单击“视图”选项卡“导航”面板中的“缩放”按钮，将主卧部分放大，单击“插入”选项卡“块”面板中的“插入块”按钮，将“双人床”插入到图中合适的位置处，如图 9-15 所示。

(2)衣柜。衣柜也是一个家庭必备的家具，它与卧室的联系比较紧密。单击“插入”选项卡“块”面板中的“插入块”按钮，将“衣柜”插入到图中合适的位置处。单击“默认”选项卡“绘图”面板中的“矩形”按钮 矩形(G)，在合适的位置绘制一个矩形作为衣柜的外轮廓，如图 9-16 所示。

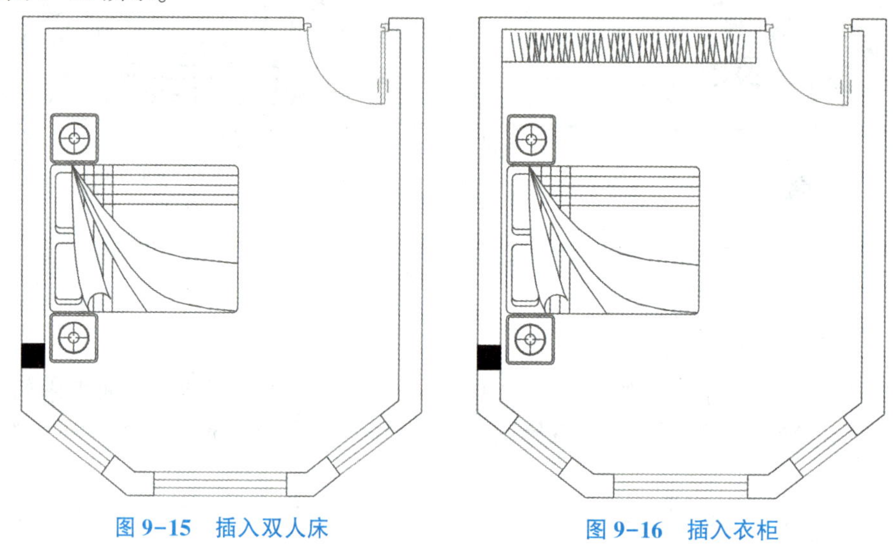

图 9-15　插入双人床　　　图 9-16　插入衣柜

(3)电视桌。在设计时可将电视桌布置在床对面卧室的一侧墙或墙角处。单击“插入块”按钮，将“电视桌”插入到图中合适的位置处，如图 9-17 所示。

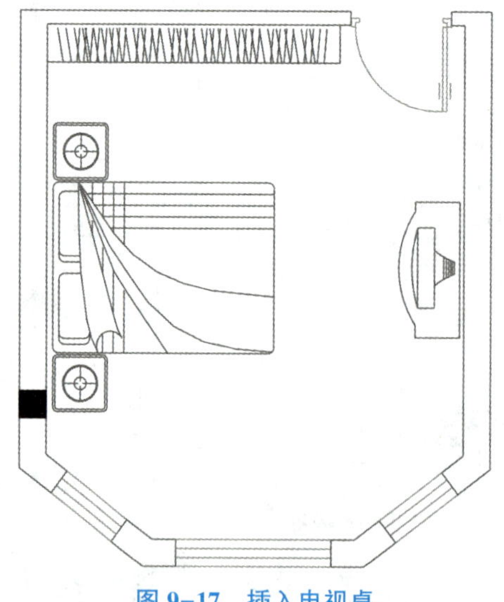

图 9-17　插入电视桌

2. 次卧

次卧的主要家具有双人床、衣柜。单击“插入”选项“块”面板中的“插入块”按钮，将“双人床”“衣柜”插入到图中合适的位置处，结果如图 9-18 所示。

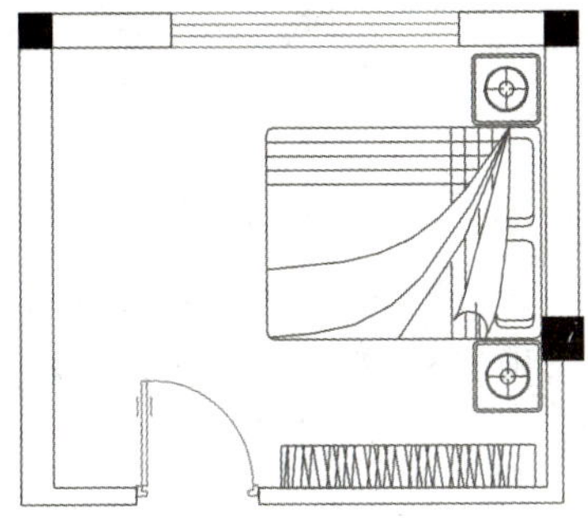

图 9-18　次卧的空间布局

9.2.3　厨房与卫生间的布置

1. 厨房

在厨房设计中，利用“直线”命令绘制一个宽度为 600 的 L 形操作台。按照操作流程依次插入“洗涤盆”和“燃气灶”图块，结果如图 9-19 所示。

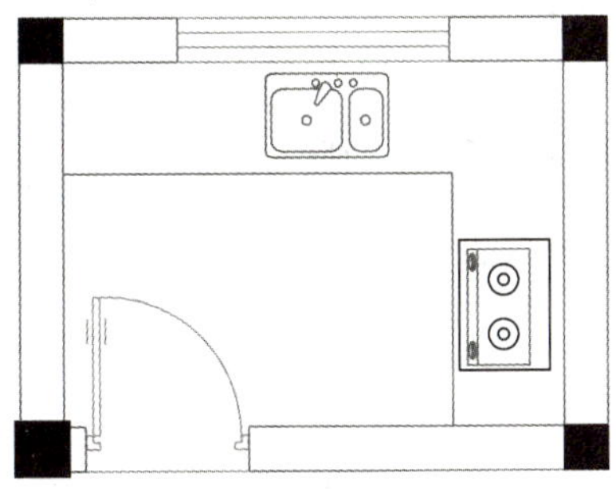

图 9-19　厨房的空间布局

2. 卫生间

由于卫生间的主要设备有马桶、淋浴、洗脸盆与拖布池。按照操作流依次插入“马桶”“洗脸盆”和“拖布池”图块，并利用“直线”命令绘制一个宽度为 665 的台面，结果如图 9-20 所示。

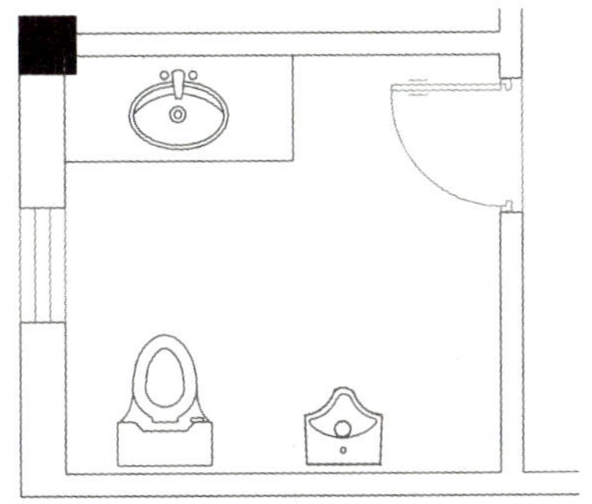

图 9-20　卫生间的空间布局

9.3 装饰施工地面铺装图的绘制

9.3.1 多行文字

单击“默认”选项卡“注释”面板中的“多行文字”按钮。回到绘图窗口，用鼠标指定边框的对角点以定义要绘制的多行文字对象的位置。在出现的文字编辑器中，对文字的样式、字体、字高、对齐方式等选项进行调整；若不需要调整，则可省略本步骤。输入文字，在绘图窗口空白处单击退出，完成多行文字标注。

9.3.2 尺寸标注

1. 打开标注样式管理器

在进行尺寸标注时，要建立尺寸的标注样式，默认的尺寸标注样式为STANDARD样式。在“注释”选项卡“标注”面板中，单击“标注，标注样式”按钮，弹出“标注样管理器”对话框，如图9-21所示。

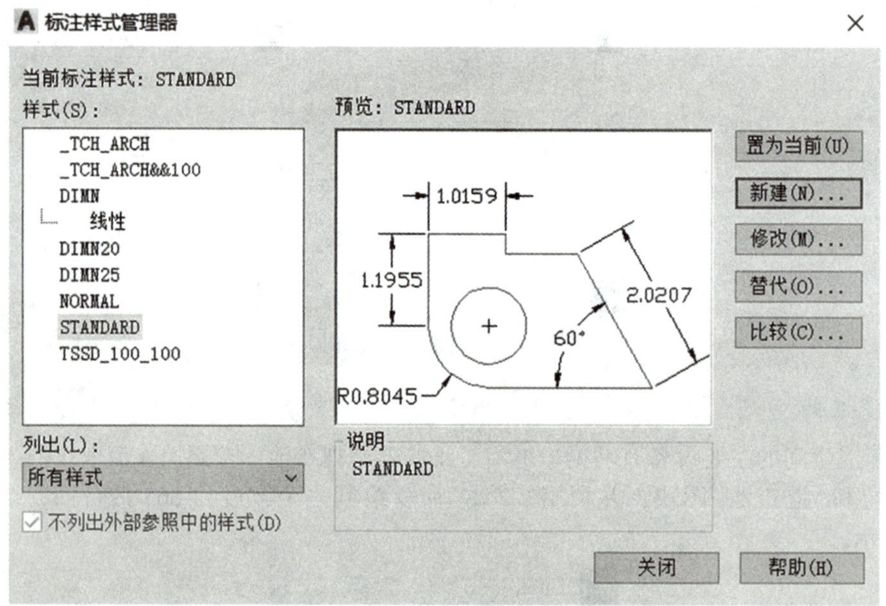

图9-21 “标注样式管理器”对话框

2. 创建尺寸标注样

(1)创建新标注样式。在该对话框内可以新建标注样式，修改已经存在的标注样式、删除标注样式和将设置的标注样式设置为当前样式等。

单击“标注样管理器”对话框中的“新建”按钮，在打开的“创建新标注样式”对话框中输入新样式的名称，如“建筑标注”，单击“继续”按钮，继续新样式“建筑标注”的创建，如图9-22所示。

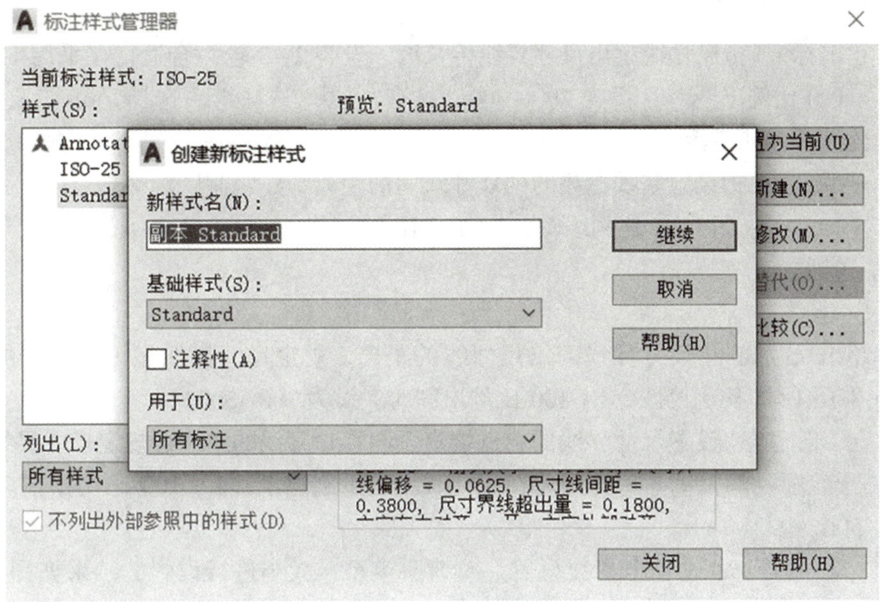

图 9-22 创建新标注样式

(2)“线”选项卡参数设置。对尺寸线、尺寸界线的参数进行调整，如图 9-23 所示。

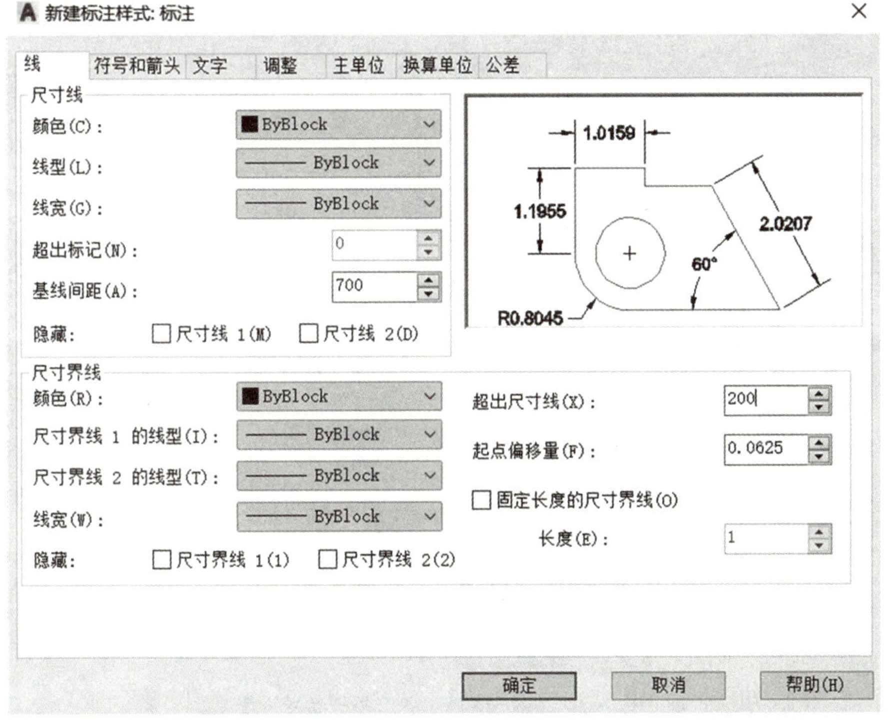

图 9-23 “线”选项卡参数设置

说明：①尺寸线。

a. “超出标记”指尺寸线超出尺寸界线传长度，设为 2~3 较为合适，在采用 1∶1 比例绘图，1∶100 比例出图时，设为 200~300。只有“箭头”选项组中选择“倾斜”或“建筑符号”时，此选项才能激活。

b. “基线间距”指设置基线标注的两尺寸线间的距离，建筑制图标准规定两尺寸线间的距离为 7~10。在采用 1∶1 比例绘图，1∶100 比例出图时，设为 700~1 000。建筑制图基本不用基线标注。

②尺寸界线。

a. “超出尺寸线”指尺寸界线超出尺寸线的距离。规定尺寸界线超出尺寸线的距离为 2~3。在采用 1∶1 比例绘图，1∶100 比例出图时，设为 200~300。

b. “起点偏移量”设置尺寸界线的起点端离开图形轮廓线的距离。规定尺寸界线的起点端离开图形轮廓线的距离不小于 2。在采用 1∶1 比例绘图，1∶100 比例出图时，设为 1 000~1 500。

(3)“符号和箭头”选项卡参数设置。对箭头类型、大小进行设置，结果如图 9-24 所示。尺寸箭头调整为建筑标记。在采用 1∶1 比例绘图，1∶100 比例出图时，箭头大小可设为 250。

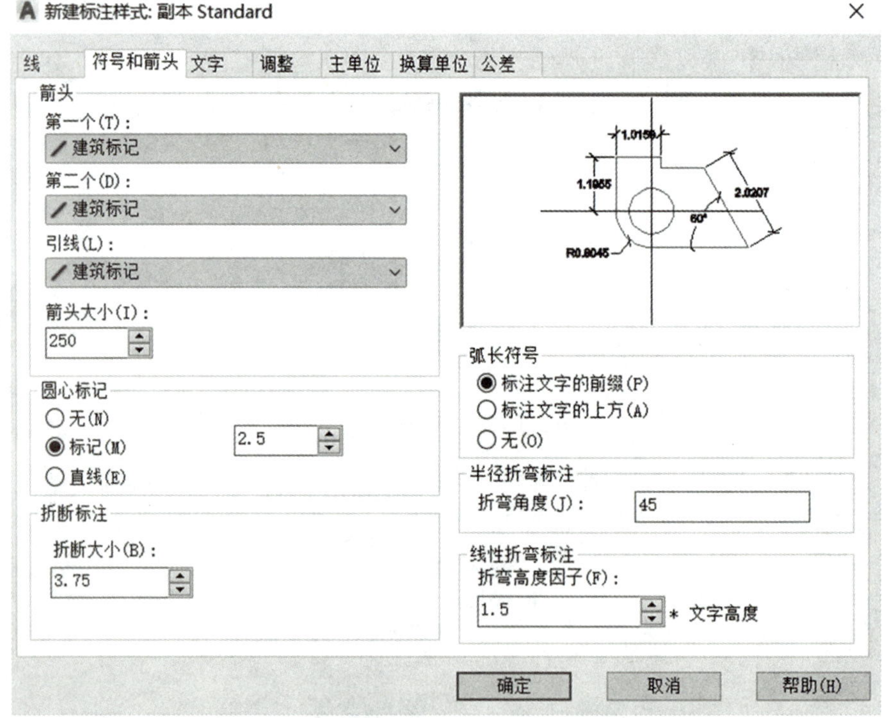

图 9-24 “符号和箭头”选项卡参数设置

(4)“文字”选项卡参数设置。对尺寸文字的高度、位置等参数进行设置，在采用 1∶1 比例绘图，1∶100 比例出图时，调整文字字高为 350，调整文字从尺寸线偏移量为 62.5，如图 9-25 所示。

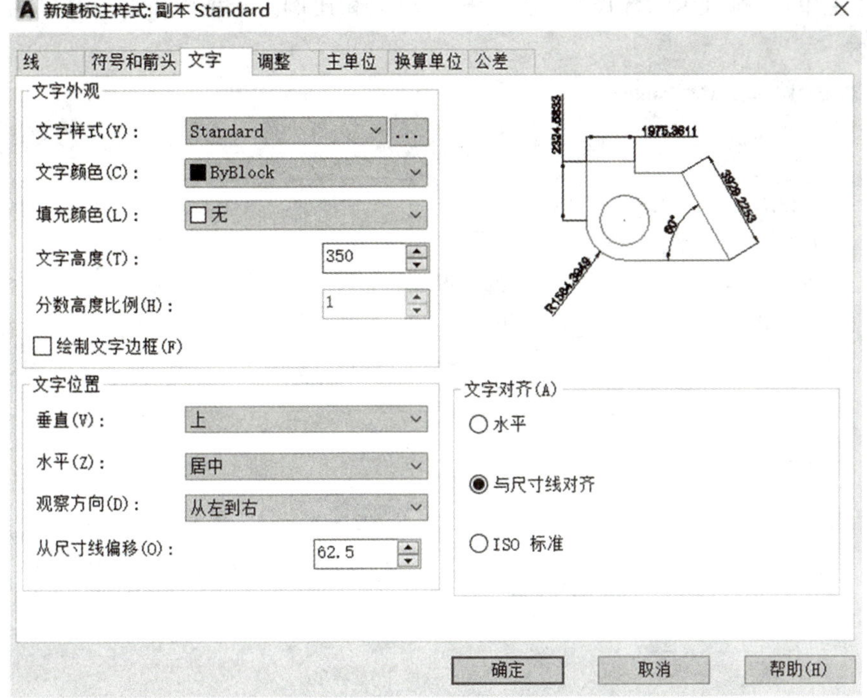

图 9-25　“文字”选项卡参数设置

(5)“调整”选项卡参数设置。进行文字位置和标注特征比例调整，如图 9-26 所示。

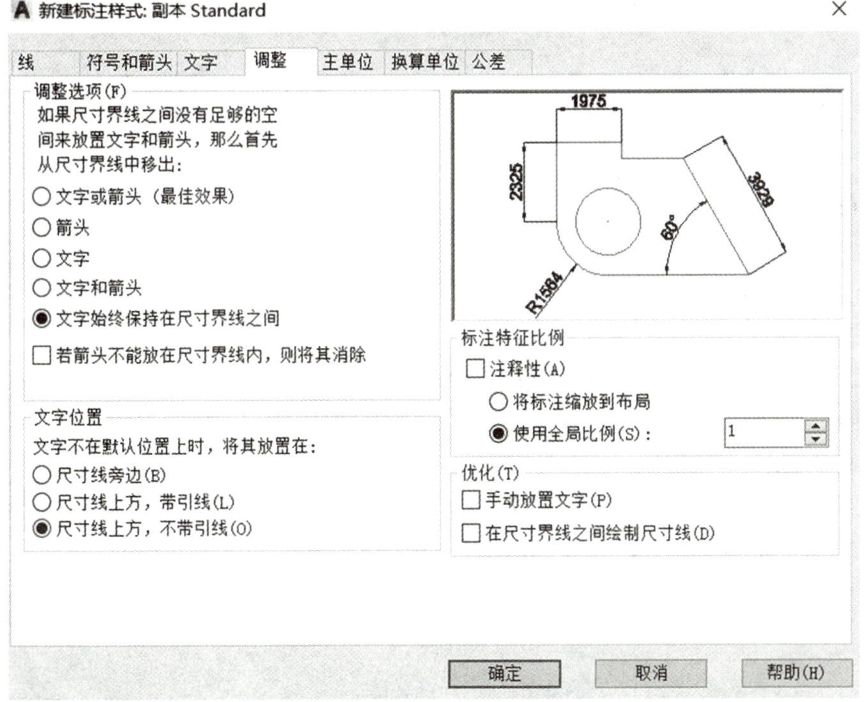

图 9-26　“调整”选项卡参数设置

(6)“主单位”选项卡参数设置。进行标注单位和比例因子调整，调整精度为 0，如图 9-27 所示。

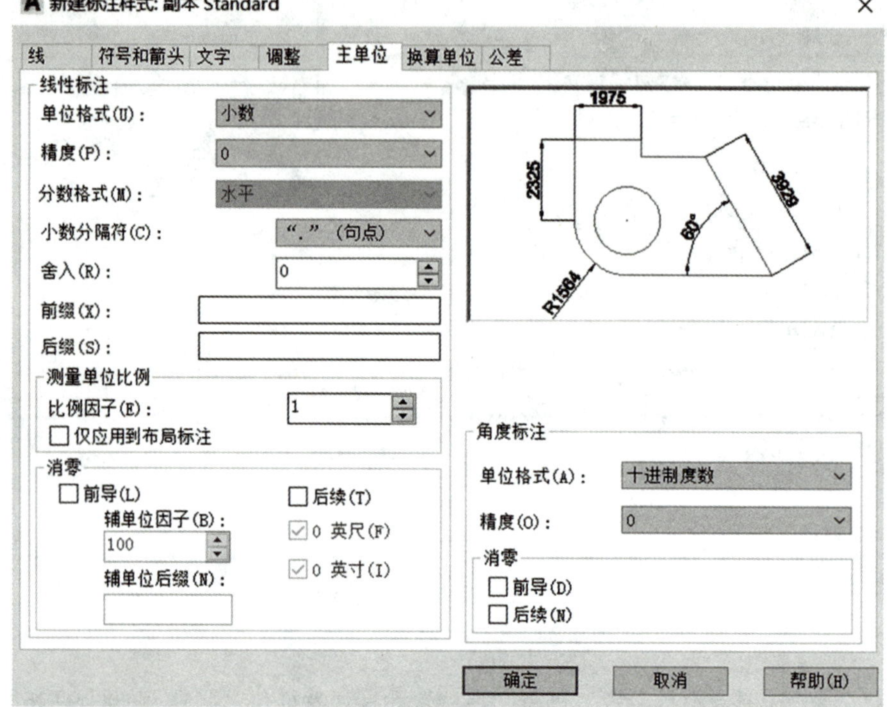

图 9-27 “主单位”选项卡参数设置

9.3.3 任务实施

1. 标注文字

(1)在绘图区合适位置指定点。

命令：MTEXT

当前文字样式：“200” 文字高度：0.2000 注释性：否

指定第一脚点： /在绘图区合适位置指定点

指定对角点或[高度(H)/对正(J)/行距(L)/旋转(R)/样式(S)/宽度(W)/栏(C1)]：
/在绘图区合适位置指定点

(2)文字输入。

确定绘图区后，系统自动跳转到文字输入界面。输入文字后，单击空白处即可。用同样的方法完成其他文字的标注，完成后结果如图 9-28 所示。

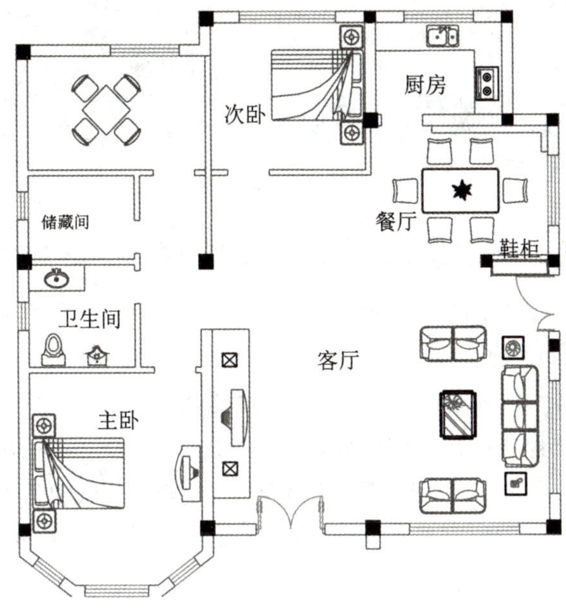

图 9-28　住宅平面图文字标注

2. 填充图案

建立“填充”图层，将图层切换到“填充”图层，并删掉所有的门。

命令：h(HATCH)

选取对象或[拾取内部点(K)/放弃(U)/设置(T)]：K

拾取内部点或[选择对象(S)/放弃(U)/设置(T)]：T

拾取点后进行图案填充，并用同样的方式填充其他房间，最终完成所有图案填充(地面铺装)，效果如图 9-29 所示。

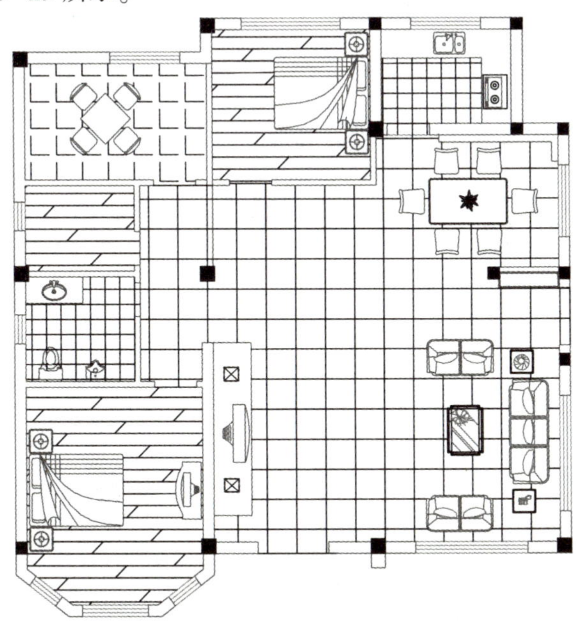

图 9-29　住宅平面图图案填充

9.4 装饰施工顶棚图的绘制

1. 准备工作

将图形“顶棚图”打开(此图在绘制平面布置图时创建)，切换到“分级吊顶”图层。

2. 绘制吊顶

(1)绘制次卧的分级吊顶。单击“默认”选项卡“绘图”面板中的“矩形”按钮，在合适的位置绘制一个 1 345×1 150 的矩形作为次卧吊顶的外轮廓；单击“默认”选项卡“修改”面板中的“偏移”按钮，将绘制的矩形向内分别偏移 50、100，如图 9-30 所示。

(2)绘制门厅的分级吊顶。单击“默认”选项卡“绘图”面板中的“圆”按钮，绘制一个半径为 1 000 的圆；单击“默认”选项卡“修改”面板中的“偏移”按钮，将绘制的圆向内分别偏移 40、300、340、600，如图 9-31 所示。

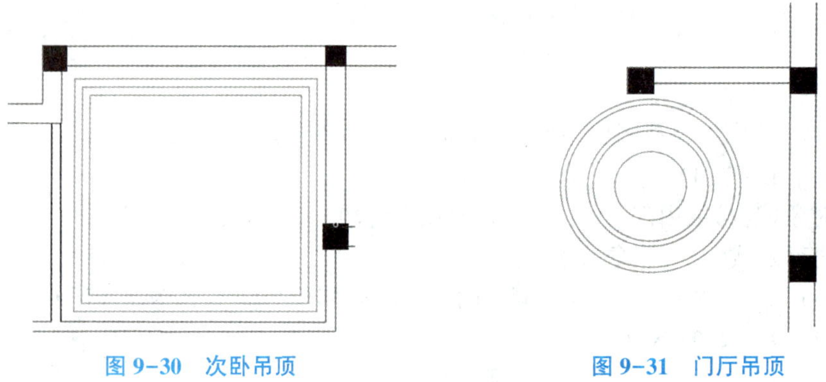

图 9-30　次卧吊顶　　　图 9-31　门厅吊顶

3. 在顶棚中插入灯具

绘制卧室对角线，插入吊灯(提前做好各种灯具图形)，如图 9-32 所示。用同样的方法插入其他灯具。

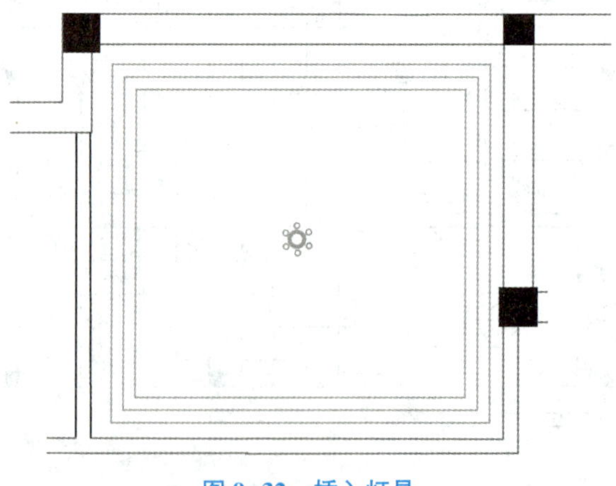

图 9-32　插入灯具

4. 标注标高

1）绘制符号

切换到“标高”图层，绘制标高符号的步骤如下。

命令：pl（PLINE）

指定起点：

指定下一点或[圆弧（A）/半宽（H）/长度（L）/放弃（U）/宽度（W）]：W

指定起点宽度<0. 0000>：

指定终点宽度<0. 0000>：

指定下一点或[圆弧（A）/闭合（C）/半宽（H）/放弃（U）/宽度（W）]：@ 150，-150

指定下一点或[圆弧（A）/闭合（C）/半宽（H）/放弃（U）/宽度（W）]：@ 150，150

指定下一点或[圆弧（A）/闭合（C）/半宽（H）/放弃（U）/宽度（W）]：C

单击“默认”选项卡中的“直线”按钮，向右绘制一条长度为 500 的直线，完成标高绘制。

2）输入文字

使用“多行文字”命令，标注文字“14. 400”，设置文字高度为 200。

命令：t（MTEXT）

当前文字样式：“standard”　文字高度：0. 2000　注释性：否

指定第一角点：

指定对角点或[高度（H）/对正（J）/行距（L）/旋转（R）/样式（S）/宽度（W）/栏（C）]：

9.5 装饰施工立面图的绘制

1. 准备工作

装饰施工立面图是建筑内部墙面装饰的正立投影，下面以 A 立面为例，绘制步骤如下。

（1）设置绘图环境：设置图层。

（2）绘制辅助线：结合平面图定位立面尺寸，绘制定位辅助线，具体操作如下。

执行“矩形”命令，绘制 6 728×2 800 的矩形作为内墙体线。

命令：rectang

指定第一个角点或[倒角（C）/标高（E）/圆角（F）/厚度（T）/宽度（W）]：单击绘图区任一点

指定另一个角点或[面积（A）/尺寸（D）/旋转（R）]：D

指定矩形的长度<10. 0000>：6728

指定矩形的宽度<10. 0000>：2800

指定另一个脚点或[面积（A）/尺寸（D）/旋转（R）]：

（3）执行“分解”命令，分解矩形。

（4）执行“偏移”命令，将左侧的竖线向右依次偏移 300、1 402、1 852、2 014、4 814、

4 976、5 426、6 528；上侧的线向下偏移 200、300。执行“修剪”命令，将线条修剪为如图 9-33 所示。

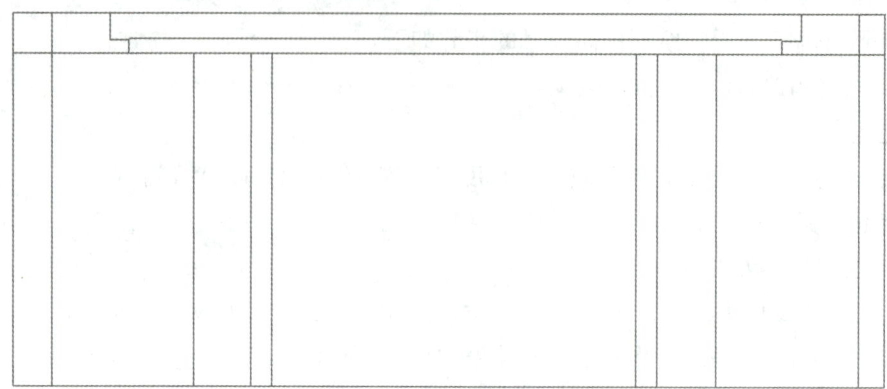

图 9-33 修剪定位辅助线

2. 绘制立面造型

在辅助线的基础上使用绘图及编辑工具绘制立面造型，并删除不必要的线段，效果如图 9-34 所示。在细部绘制的基础上进行图块的插入，设计摆放家具，此时注意缩放的比例，同时考虑人体活动所需的尺寸和美学原理，完成效果如图 9-35 所示。

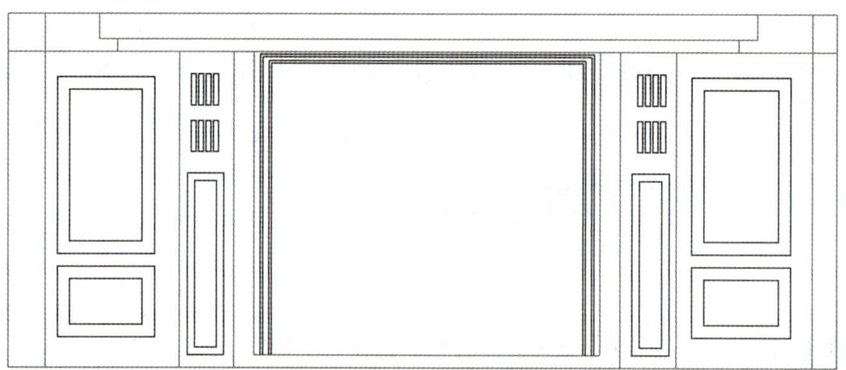

图 9-34 绘制立面造型

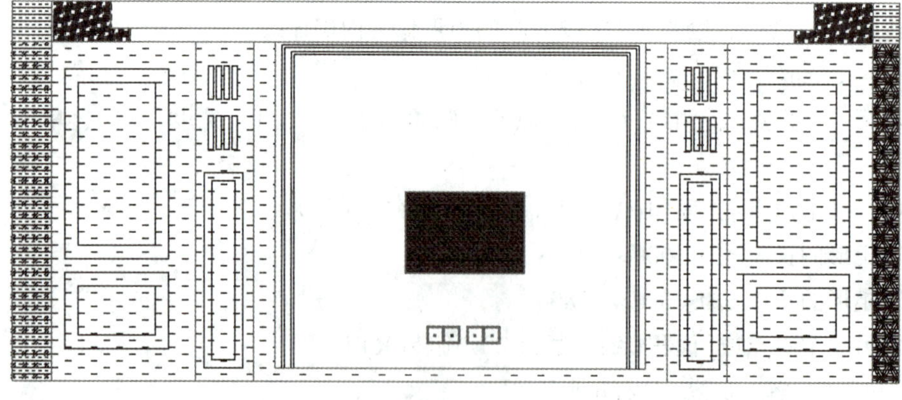

图 9-35 客厅立面图

本章小结

本章主要介绍了装饰施工平面布置图、地面铺装面、顶棚图和立面图的绘制过程，介绍了图层、图块、多线、标注样式、文字样式等多个命令。

基本练习

绘制如下图所示的建筑平面图。

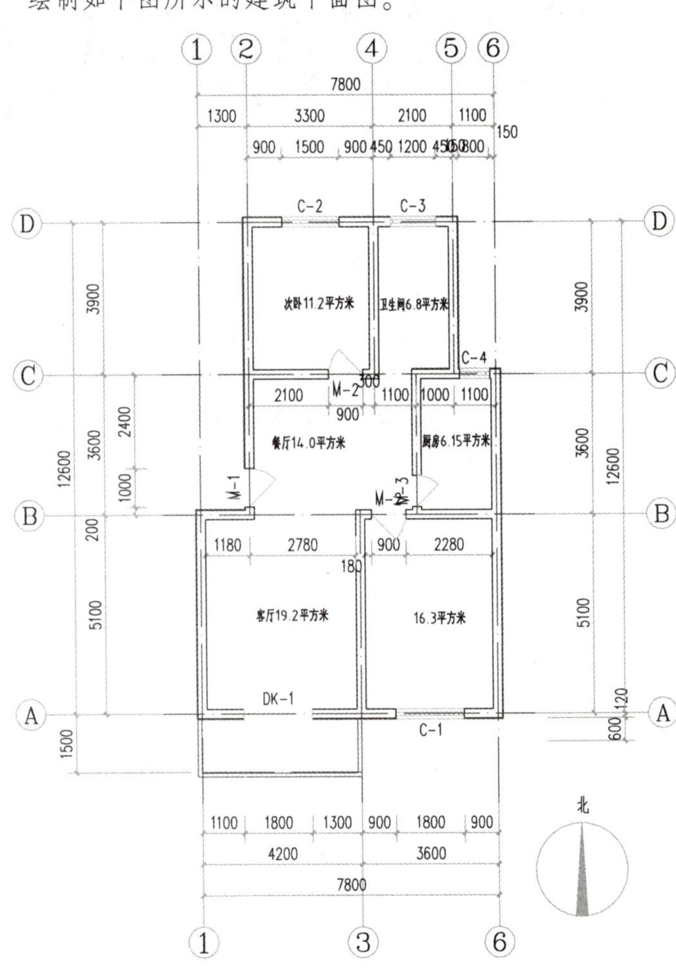

门窗表

类型	设计编号	洞口尺寸(mm)	数量
普通门	M-1	1000X2100	1
	M-2	900X2100	2
	M-3	800X2100	1
普通窗	C-2	1500X1500	1
	C-3	1200X1800	1
	C-4	800X1800	1
	C-1	1800X1800	1
洞口	DK-1	1800X2100	1

第 10 章 专业绘图软件的介绍

主要内容

AutoCAD 作为一款应用范围广泛的通用软件，其缺点就是在绘制专业性较强的建筑图时比较麻烦。而天正建筑作为一款专业性建筑软件，在绘制建筑图时比较方便、快捷，目前在国内很多建筑设计领域得到广泛使用。本章结合建筑图实例，详细介绍天正建筑的操作方法。

重点难点

在熟悉天正建筑主菜单主要作用和功能的基础上，重点掌握建筑施工平面图中轴网、墙体、门窗、楼梯、阳台、台阶、尺寸标注和符号标注等参数的设置和操作要点，以及工程管理创建后，建筑立(剖)面图的生成和编辑修改。其中，门窗类型的选择和插入方式，以及楼梯参数设置和标注编辑，是本章学习的难点。

10.1 天正建筑软件简介

AutoCAD 具有很强的通用性，广泛应用于机械设计、航空航天、轻工化工、服装设计、规划园林、装饰装潢、土木建筑等诸多领域。不过，通用性的优点伴随而来是专业性不好，从而降低了在专业领域的工作效率。AutoCAD 本身提供了二次开发的平台，从而基于该平台可以开发各类专业软件。天正建筑是目前国内建筑设计行业应用较为普遍的专业性软件。该软件针对绘制建筑图的特点开发，与 AutoCAD 等通用软件比较起来，用它绘制建筑图可以大大提高绘图效率。

既然天正建筑绘图更方便、快捷，直接学习天正建筑就可以，为什么还要花费时间学习 AutoCAD 呢？事实上天正建筑虽然绘图速度快，但绘出的图有时并不是很准确和完善，这就需要使用 AutoCAD 来编辑和修改。因此，需要联合使用天正建筑和 AutoCAD 绘制建筑图。

天正建筑用户界面如图 10-1 所示。界面保留了 AutoCAD 的所有菜单栏和工具栏，具备 AutoCAD 所有的功能。最大的区别是天正建筑增加了屏幕菜单，该屏幕菜单含有绘制建筑图一些专业性的命令按钮，这些命令按钮都是模块化操作，操作简单、方便。

图 10-1　天正建筑用户界面

天正建筑大部分功能都可以在命令行输入命令执行。屏幕菜单、右键菜单、键盘命令，三种形式调用命令的效果是相同的。键盘命令多为菜单命令的拼音缩写，如屏幕菜单中的“绘制墙体”命令，对应键盘命令是 T71_TWall。天正建筑少数功能只能单击菜单执行，不能从命令行输入。按〈Ctrl+〉组合键可关闭或打开屏幕菜单。屏幕菜单有轴网柱子、墙体、门窗、楼梯其他、尺寸标注、符号标注、文字表格、图库图案、工程管理、文件布图、房间屋顶等功能命令。这些命令是完成建筑图的主要工具，其操作方法简单，操作过程方便易学。

10.2 绘制建筑平面图

建筑平面图主要表示建筑物的水平方向、房间各组成部分组合关系和尺寸的图纸。由于建筑平面图能突出表达建筑的组成和功能关系等方面内容，因此绘制建筑图都先绘制平面图，然后再绘制其他建筑图。平面图绘制主要包含轴线、墙体、门窗、楼梯、台阶、阳台、散水、尺寸标注、文字说明、室内家具和洁具等部分的绘制。本章内容将以图 10-2 为例，介绍如何使用天正建筑绘制建筑图。

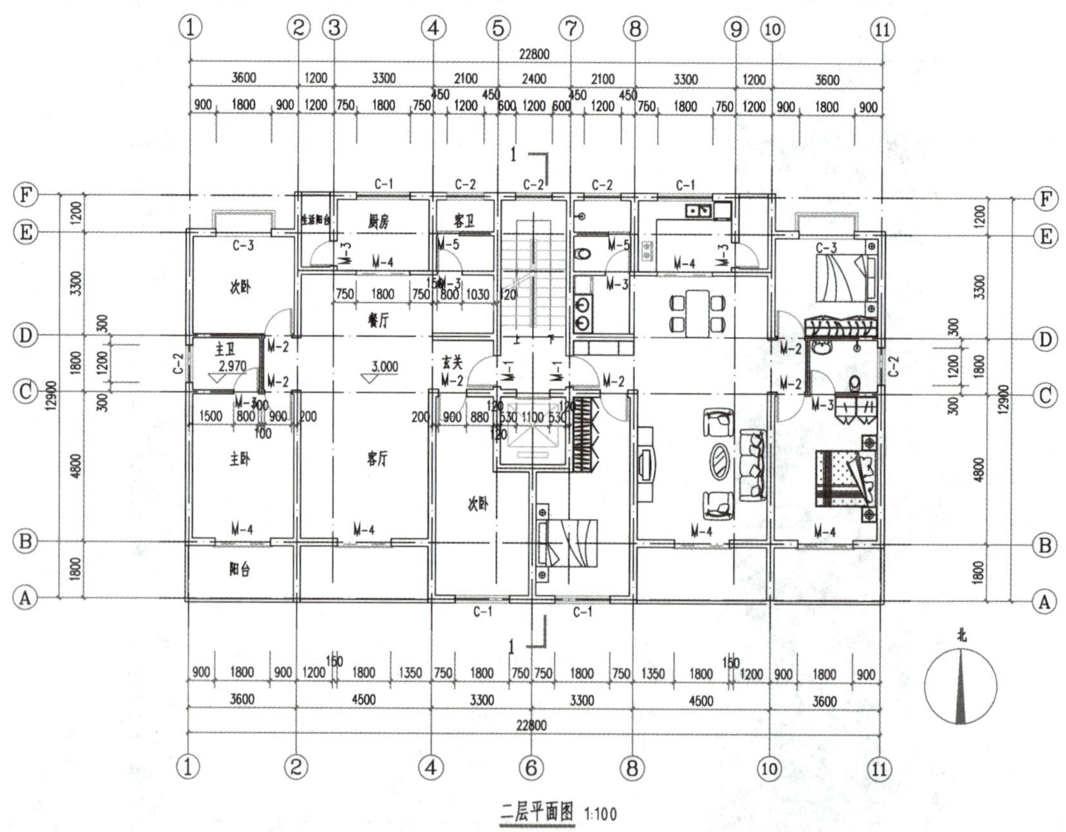

图 10-2 建筑平面图

10.2.1　绘制轴网和轴网标注

轴网是由两组到多组轴线与轴号、尺寸标注组成的平面网格，是建筑物单体平面布置和墙柱等称重构件定位的依据。完整的轴网由轴线、轴号和尺寸标注 3 个相对独立的系统构成。

天正建筑默认轴线的图层是 DOTE，用户可以通过设置菜单中的“图层管理”命令修改默认的图层标准。

轴线一般是建筑承重构件的定位中心线，起到定位作用。在天正建筑屏幕菜单有“轴网柱子”按钮。单击“轴网柱子”按钮则会展开下一级子菜单选项，如图 10-3 所示。

T20天...
设　置
轴网柱子
绘制轴网
墙生轴网
添加轴线
轴线裁剪
轴网合并
轴改线型
轴网标注
单轴标注
添补轴号
删除轴号
一轴多号
轴号隐现
主附转换
标准柱
角　柱
构造柱
柱齐墙边

图 10-3　“轴网柱子”菜单

1. 轴号系统

轴号是内部带有比例的自定义专业对象，是按照《房屋建筑制图统一标准》(GB/T 50001—2017)的规定编制的，它默认是在轴线两端成对出现，可以通过对象编辑单独控制隐藏单侧轴号或者隐藏某一轴号的显示，“轴号隐现”命令管理轴号的隐藏和显示；轴号号圈的轴号顺序默认是水平方向号圈以数字排序，垂直方向号圈以字符排序，按标准规定 I、O、Z 不用于轴线编号，1 号轴线和 A 号轴线前不排主轴号，附加轴号分母分别为 01 和 0A。

2. 绘制轴网

直线轴网功能用于生成正交轴网、斜交轴网或单向轴网，由“绘制轴网”命令中的“直线轴网”标签执行，命令支持拾取已有轴网参数的方法。

1)命令调用

主菜单：“轴网柱子”|“绘制轴网”命令。

命令行：在命令行中直接输入 HZZW，并按〈Enter〉键。

单击菜单命令后，显示“绘制轴网”对话框，如图 10-4 所示。

2)操作指南

单击“绘制轴网”菜单命令后，显示“绘制轴网”对话框，在其中单击“直线轴网”标签，输入开间和进深。

输入轴网数据方法如下。

(1)直接在“输入”栏内输入轴网数据，每个数据之间用空格或英文逗号隔开，输入完毕后按〈Enter〉键生效。

(2)在电子表格中输入“轴间距”和“个数”，常用值可直接点取右方数据栏或下拉列表的预设数据。

(3)切换到对话框单选按钮“上开”“下开”“左进”“右进”之一，单击“拾取”按钮，在已有的标注轴网中拾取尺寸对象获得轴网数据。“上开”表示建筑物上部轴线开间尺寸；“下开”表示建筑物下部轴线开间尺寸；“左进”表示建筑物左侧轴线进深尺寸；“右进”表示建筑右侧轴线进深尺寸。

在对话框中输入所有尺寸数据后，命令行提示：

请选择插入点[旋转 90 度(A)/切换插入点(T)/左右翻转(S)/上下翻转(D)/改转角(R)]：

此时可拖动基点插入轴网，直接点取轴网目标位置或按选项提示回应。

在对话框中仅仅输入单向尺寸数据后，命令行提示：

单向轴线长度<1000>：

此时给出指示该轴线的长度的两个点或者直接输入该轴线的长度。接着提示：

请选择插入点[旋转 90 度(A)/切换插入点(T)/左右翻转(S)/上下翻转(D)/改转角(R)]：

此时可拖动基点插入轴网，直接点取轴网目标位置或按选项提示回应。

删除已有轴网的方法如下。

单击“删除轴网”按钮，命令行提示：

请选择要删除的轴网：

此时可选择已有轴线，选择完成右击确定可将不需要的轴线删除。

拾取已有轴网参数的方法如下。

切换到对话框单选按钮“上开”“下开”“左进”“右进”之一，单击“拾取”按钮，命令行提示：

请选择表示轴网尺寸的标注<返回>：

选择对应“左进”选项，以图 10-2 案例为例，自上而下分别输入“1 800、4 800、1 800、3 300、1 200”数据，如图 10-5 所示。按同样方式，输入“上开”“下开”“右进”尺寸，最终绘制结果如图 10-6 所示。注意在输入“上开”“下开”尺寸时，是从左至右的顺序。

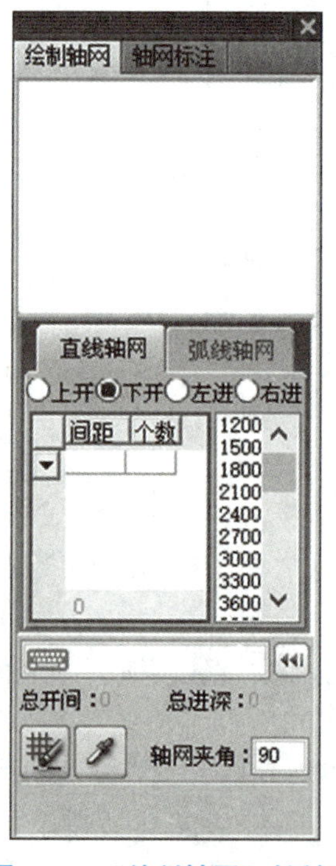

图 10-4 “绘制轴网”对话框

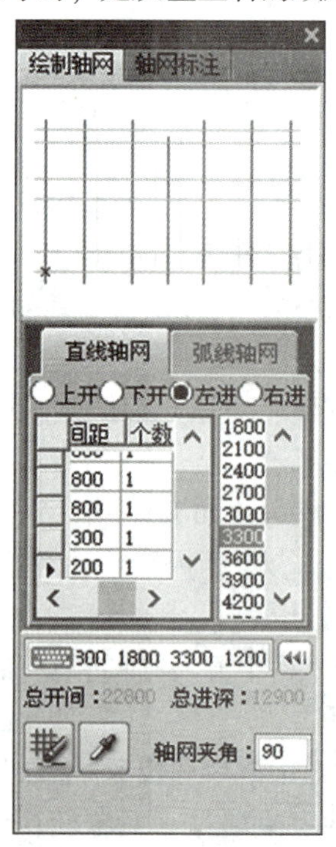

图 10-5 输入“左进”数据

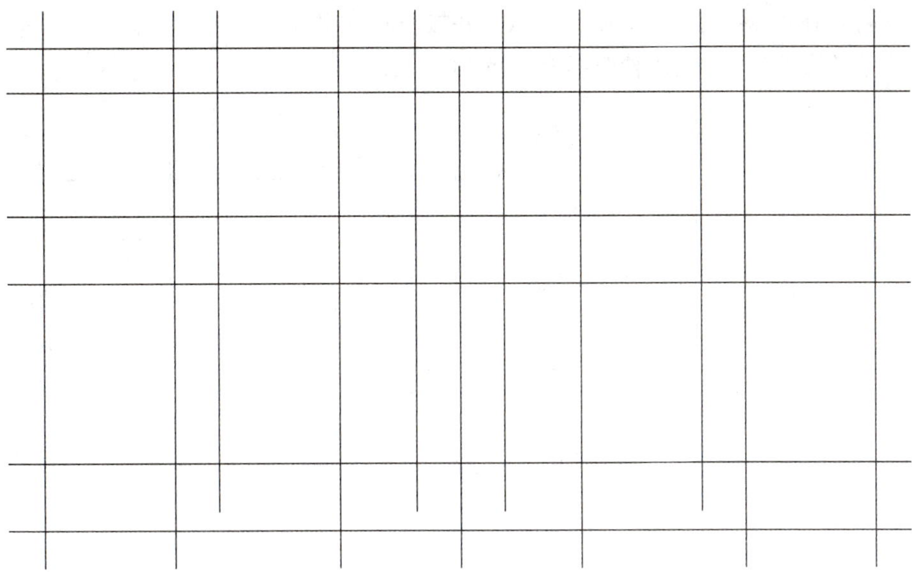

图 10-6　绘制轴网

3. 轴网合并

本命令用于将多组轴网的轴线，按指定的 1~4 条边界延伸，合并为一组轴线，同时将其中重合的轴线清理。目前本命令不对非正交的轴网和多个非正交排列的轴网进行处理。

1)命令调用

主菜单："轴网柱子"｜"轴网合并"命令。

命令行：在命令行中直接输入 ZWHB，并按〈Enter〉键。

单击菜单命令后，显示"轴网合并"对话框。

2)操作指南

单击菜单命令后，命令行提示：

请选择需要合并对齐的轴线<退出>:

　　　　/圈选多个轴网里面的轴线，对同一个轴网内的轴线没有合并必要

请选择需要合并对齐的轴线<退出>:

　　　　/选取或者按〈Enter〉键结束选择

请选择对齐边界<退出>:

　　　　/在图上显示出 4 条对齐边界，点取需要对齐的边界，命令开始合并轴线

请选择对齐边界<退出>:

　　　　/继续点取其他对齐边界

请选择对齐边界<退出>:

　　　　/按〈Enter〉键结束合并

4. 轴改线型

轴线线型一般是点画线，绘制轴网的轴线线型是实线，如果要设置为点画线，可以通过"轴改线型"命令，使轴线由实线变为点画线，如图 10-7 所示。命令调用方法如下。

主菜单："轴网柱子"｜"轴改线型"命令。

命令行：在命令行中直接输入 ZGXX，并按〈Enter〉键。

单击菜单命令后，显示“轴改线型”对话框。

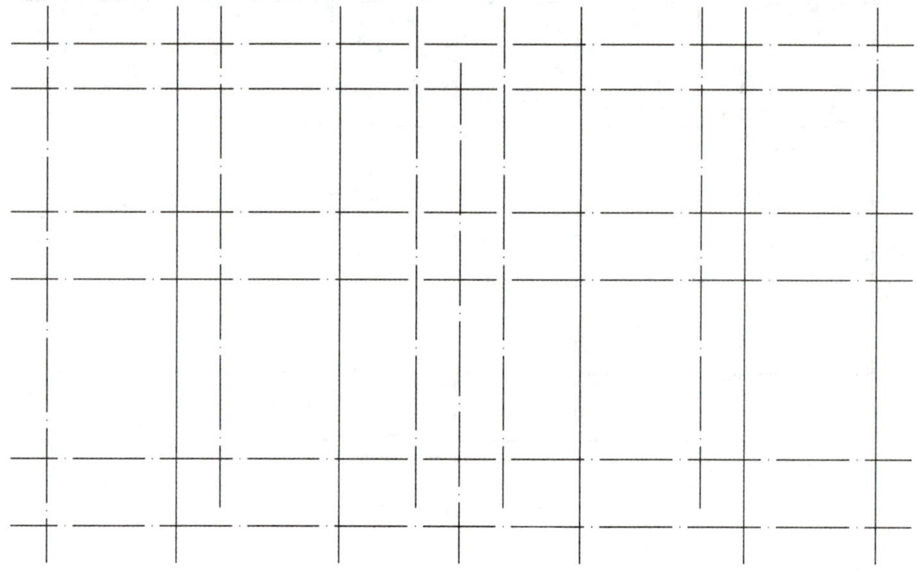

图 10-7　轴改线型

5. 轴网标注

轴网的标注包括轴号标注和尺寸标注，轴号可按规范要求用数字、大写字母、小写字母、双字母、双字母间隔连字符等方式标注，可适应各种复杂分区轴网的编号规则。按照《房屋建筑制图统一标准》BG/T 50001—2017 的规定，字母 I、O、Z 不用于轴号，在排序时会自动跳过这些字母。

本命令对始末轴线间的一组平行轴线（直线轴网与圆弧轴网的进深）或者径向轴线（圆弧轴线的圆心角）进行轴号和尺寸标注，自动删除重叠的轴线。

“轴网标注”命令能一次完成轴号和尺寸的标注，但轴号和尺寸标注两者属独立存在的不同对象，不能联动编辑，用户修改轴网时应注意自行处理。

1）命令调用

主菜单：“轴网柱子”|“轴网标注”命令。

命令行：在命令行中直接输入 ZWBZ，并按〈Enter〉键。

单击菜单命令后，显示“轴网标注”对话框，如图 10-8 所示。

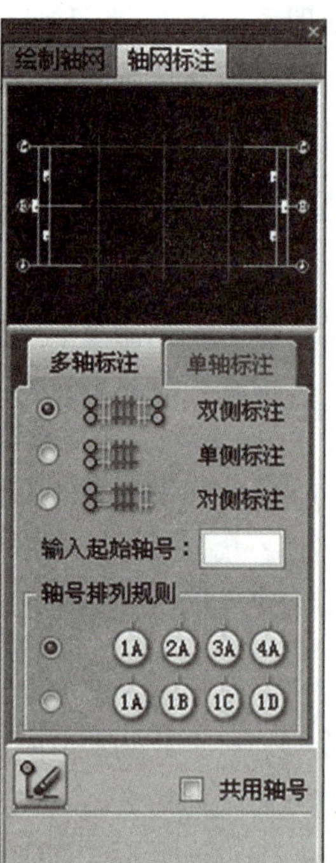

图 10-8　“轴网标注”对话框

2）操作指南

在单侧标注的情况下，选择轴线的哪一侧就标在哪一侧。可按照《房屋建筑制图统一标准》BG/T 50001—2017，支持类似 1-1、A-1 与 AA、A1 等分区轴号标注，按用户选取的“轴号规则”预设的轴号变化规律改变各轴号的编号。

默认的“起始轴号”在选择起始和终止轴线后自动给出，水平方向为 1，垂直方向为 A，用户可在编辑框中自行给出其他轴号，也可删空以标注空白轴号的轴网。

命令行首先提示点取要标注的始末轴线，在其间标注直线轴网，命令交互如下：

请选择起始轴线<退出>：　/选择一个轴网某开间(进深)一侧的起始轴线，点 P1

请选择终止轴线<退出>：　/选择一个轴网某开间(进深)同一侧的末轴线，点 P2，此时始末轴线范围的所有轴线亮显

请选择不需要标注的轴线：/选择那些不需要标注轴号的辅助轴线，这些选中的轴线恢复正常显示，按〈Enter〉键结束选择完成标注

请选择起始轴线<退出>：　/重新选择其他轴网进行标注或者按〈Enter〉键退出命令

根据情况自行选择，然后按〈Enter〉键，则自动标注好轴号和轴线尺寸。

同样根据本章案例，按照上述操作完成轴网标注，如图 10-9 所示。

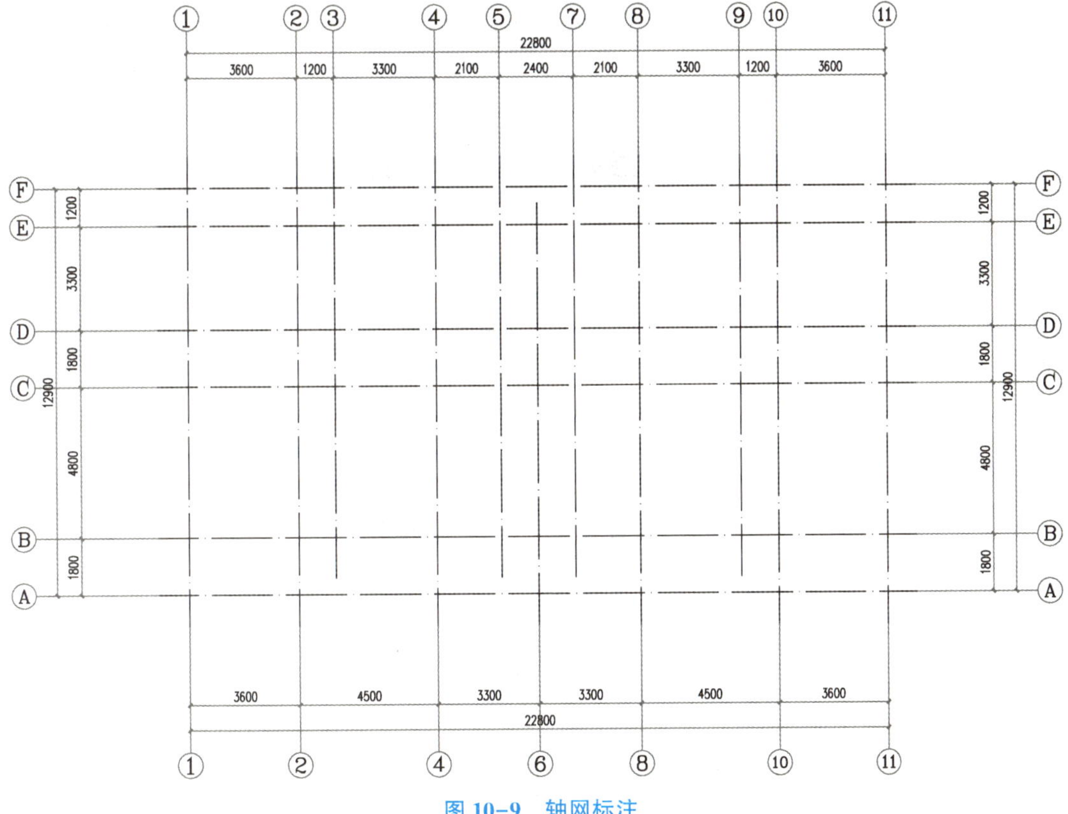

图 10-9　轴网标注

10.2.2　绘制墙体

墙体是建筑中的主要构件，起到承重、围护和分割作用。天正建筑模拟实际墙体的专业特性构建而成，可实现墙角的自动修剪、墙体之间按材料特性连接、与柱子和门窗互相关联等智能特性，并且墙体是建筑房间的划分依据，因此理解墙体对象的概念非常重要。墙体对象不仅包含位置、高度、厚度这样的几何信息，还包括墙体类型、材料、内外墙这样的内在属性。

单击主菜单下的"墙体"二级菜单，出现绘制和编辑墙体的各种工具按钮，如图 10-10 所示。

本命令启动名为"绘制墙体"的非模式对话框，其中可以设定墙体参数，不必关闭对话框即可直接使用"直墙""弧墙"和"矩形布置"3 种方式绘制墙体对象，墙线相交处自动处理，墙宽随时定义、墙高随时改变，在绘制过程中墙端点可以回退，用户使用过的墙厚参数在数据文件中按不同材料分别保存。

T20天...
设　置
轴网柱子
墙　体
绘制墙体
墙体切割
等分加墙
单线变墙
墙体分段
幕墙转换
倒墙角
倒斜角
修墙角
基线对齐
边线对齐
净距偏移
墙柱保温
墙体造型
墙齐屋顶
墙体工具
墙体立面
识别内外
o 双线 o

图 10-10　"墙体"菜单

1. 命令调用

主菜单："墙体"｜"绘制墙体"命令。

命令行：在命令行中直接输入 HZQT，并按〈Enter〉键。

单击菜单命令后，显示"绘制墙体"对话框，如图 10-11 所示。

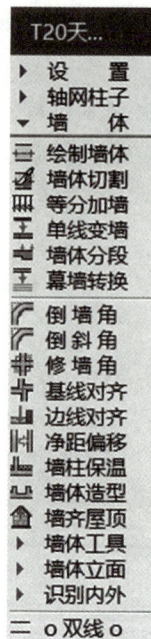

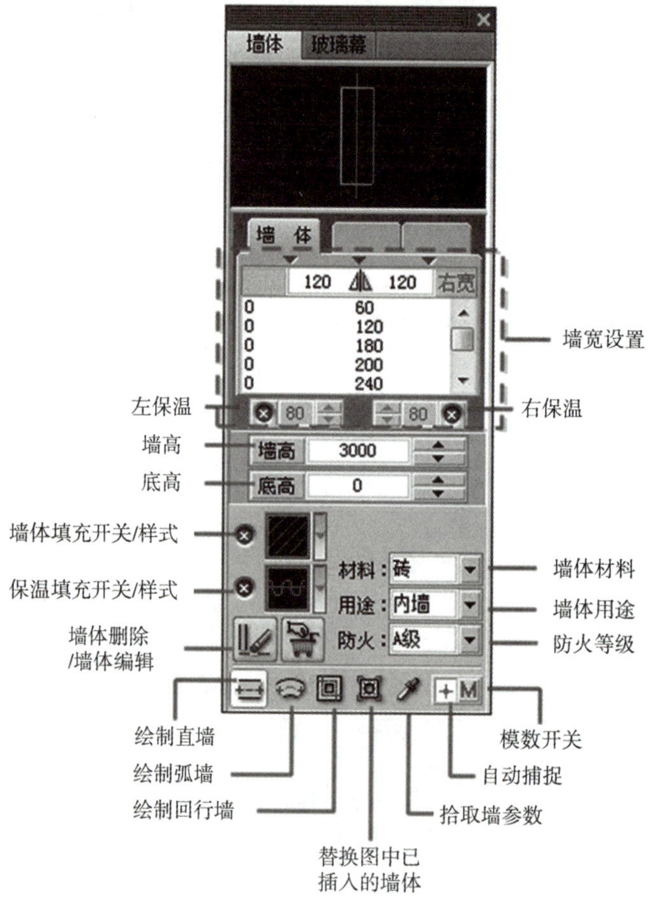

图 10-11　"绘制墙体"对话框

2. 墙宽设置

墙宽设置包括左宽、右宽、左保温、右保温，一共 4 个参数，其中墙体的左宽、右宽，指沿墙体定位点顺序，基线左侧和右侧部分的宽度，对于矩形布置方式，则分别对应基线内侧宽度和基线外侧的宽度。左宽、右宽都可以是正数，也可以是负数，也可以为零。

(1)左右翻转按钮，单击一次将左右宽度数值互换，如左宽 50，右宽 150，单击按钮后，则变成左宽 150，右宽 50。

(2)墙体左宽和右宽通过轴线来区分，可以通过数据确定墙体轴线两侧的尺寸。如果一侧墙宽为 0，表示轴线不在墙线中，而是墙线沿着轴线重合绘制。

(3)左保温、右保温，当保温按钮打开时，即表示绘制墙体时同时要加保温，反之则表示不加保温，输入框中可输入数值，默认值为 80。

3. 操作指南

在对话框中选取要绘制墙体的左右墙宽组数据，选择一个合适的墙基线方向，然后单击下面的工具栏图标，在“直墙”“弧墙”“矩形布置”3 种绘制方式中选择其中之一，进入绘图区绘制墙体。

为了准确地定位墙体端点位置，天正建筑内部提供了对已有墙基线、轴线和柱子的自动捕捉功能。可以按下〈F3〉键打开 AutoCAD 的捕捉功能。

可以根据具体情况设置墙体宽度和绘制方式。本案例选择绘制直墙，大部分墙体宽度为 240，左宽和右宽各 120；部分卫生间和厨房墙体宽度为 120，左宽和右宽各 60。最终绘制墙体如图 10-12 所示。

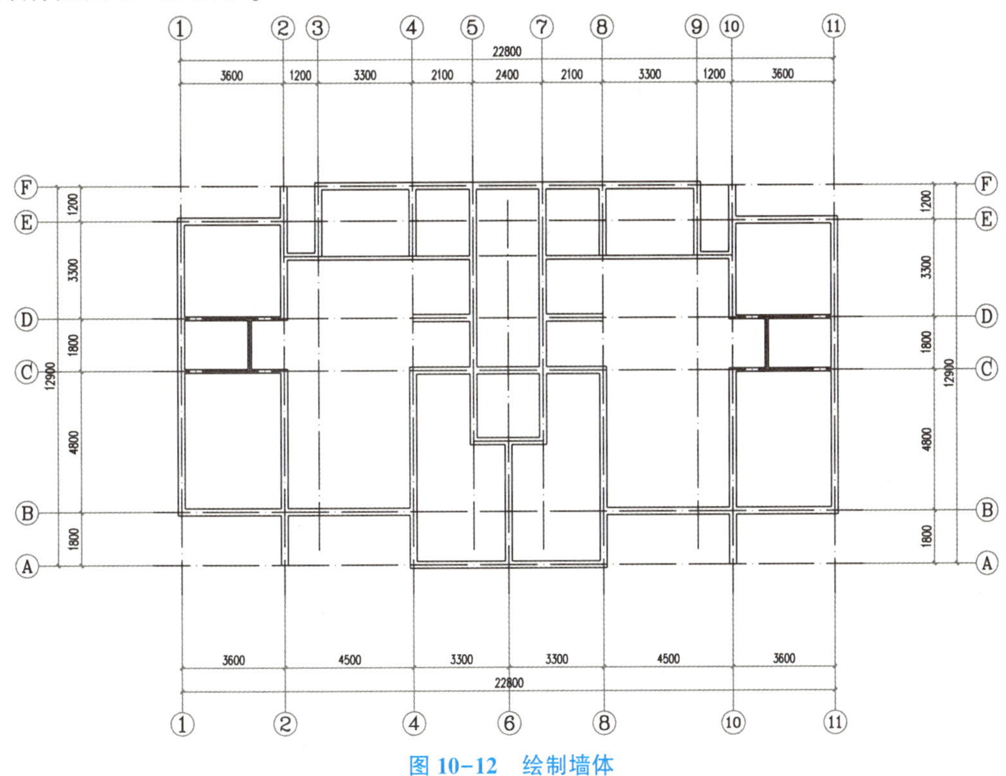

图 10-12　绘制墙体

10.2.3　插入门窗

门窗是建筑图的重要组成构件。天正建筑提供了类型丰富和形式多样的门窗，有常见的平开门窗、推拉门窗，还有卷帘门、高窗和凸窗；同时也提供了多样门窗材料的选择。

创建门窗，就是要在墙上确定门窗的位置，天正建筑有多种插入方式供操作，满足不同门窗位置的确定。

单击打开“门窗”二级菜单，会出现绘制和编辑门窗的各种工具操作命令按钮，如图 10-13 所示。

图 10-13 “门窗”菜单

1. 插门

普通门、普通窗、弧窗、凸窗和矩形洞等的定位方式基本相同，因此用本命令即可创建这些门窗类型，支持智能门窗插入功能，方便快速插入门窗。

1）命令调用

主菜单：“门窗”|“插门”命令。

命令行：在命令行中直接输入 CM，并按〈Enter〉键。

单击菜单命令后，显示“门”对话框，如图 10-14 所示。

2）操作指南

本命令可创建普通门、子母门和门连窗。“门”对话框上部为门立面样式和平面样式的选择，中间部位是门的尺寸参数设置，靠下部是门材料参数的选用，对话框最下方工具栏为门定位模式图标(即插入方式的图标)。由于门界面是无模式对话框，单击工具栏图标选择门类型以及定位模式后，即可按命令行提示进行交互插入门，自动编号功能可从编号列表中选择“自动编号”，软件会按洞口尺寸自动给出门编号。

根据图 10-2 设计要求，以 M-1 为例设置其参数。设置门宽、门高和门槛高的尺寸，同时，可以设置门的编号、门的类型和门的材料，如图 10-15 所示。

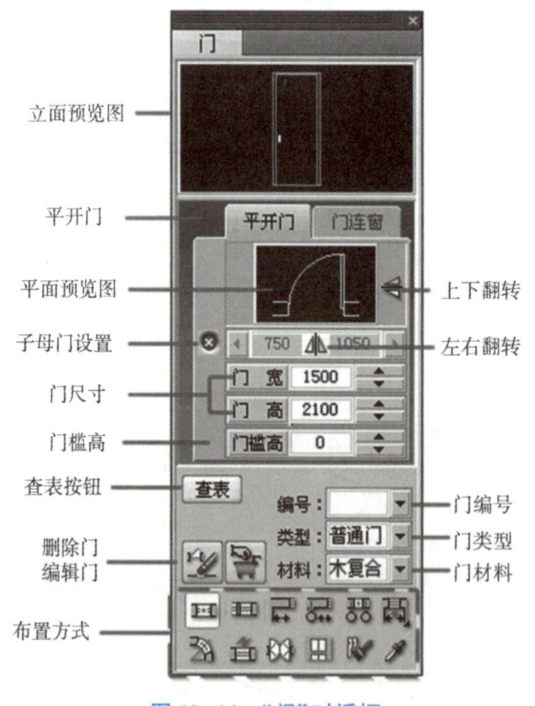

图 10-14 “门”对话框

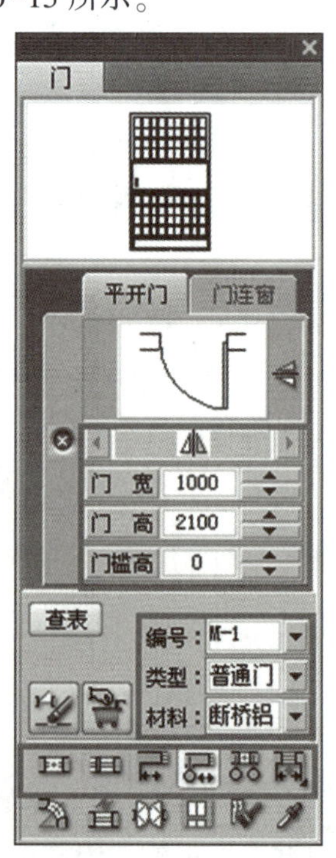

图 10-15 门 M-1 参数设置

单击门立面样式，会弹出“天正图库管理系统”，在左侧树状列表选择门的立面样式图库，如图 10-16 所示，根据需求选择适合门 M-1 的立面样式。同样方式，可以单击平面样式，会弹出“天正图库管理系统”，在左侧树状列表选择门的平面样式图库，如图 10-17 所示，根据需求选择适合门 M-1 的平面样式。

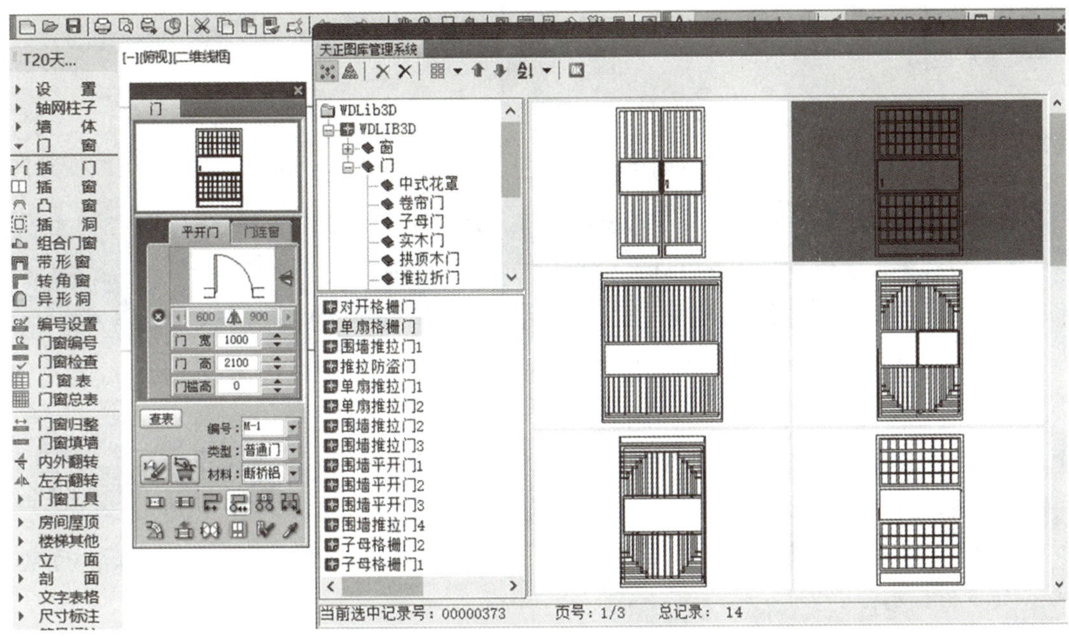

图 10-16　门立面样式图库

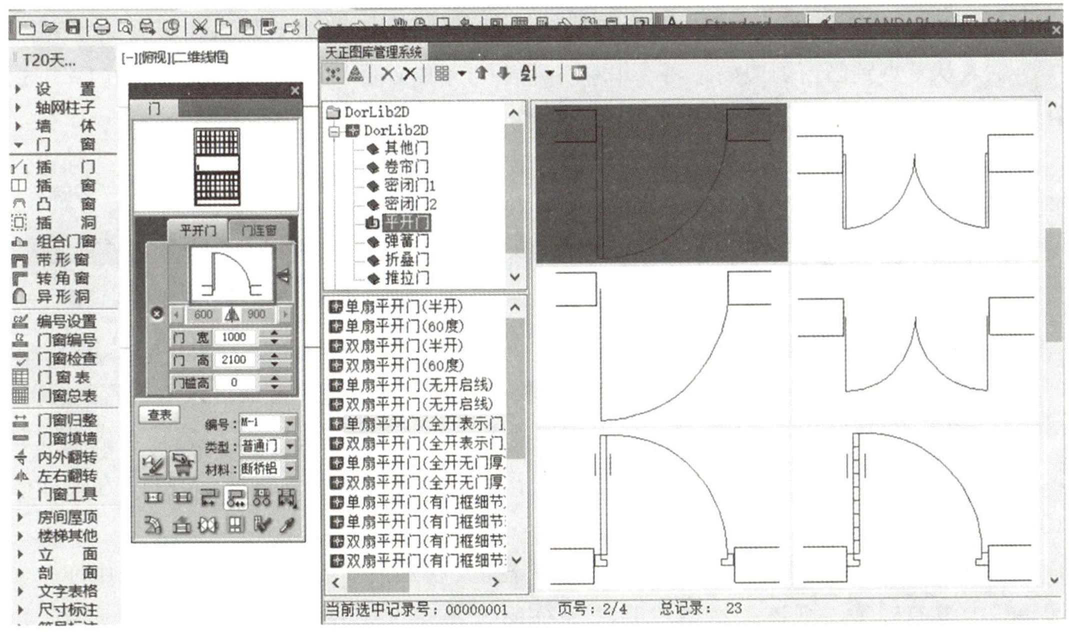

图 10-17　门平面样式图库

门的样式和有关尺寸设置后，下面就是门的插入方式。天正建筑提供了多种门窗的插入方式。

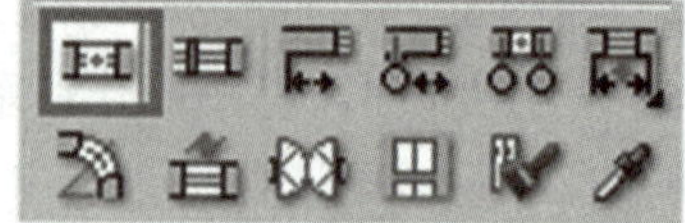
图 10-18　自由插入门窗方式

（1）自由插入：可在墙段的任意位置插入，速度快但不易准确定位，通常用在方案设计阶段。天正建筑 T20 界面中的自由插入门窗方式如图 10-18 所示。

命令行提示：

点取门窗插入位置(Shift-左右开，Ctrl-上下开)<退出>：

/点取要插入门窗的墙体即可插入门窗，按〈Shift〉、〈Ctrl〉键改变开向

提示：以墙中线为分界内外移动光标，可控制内外开启方向，按〈Shift〉键控制左右开启方向，单击墙体后，门窗的位置和开启方向就完全确定了。天正建筑 T20 界面中的插入方式在命令行提示中多添加了“Ctrl-上下开”，可按〈Ctrl〉键控制上下的开启方向。

（2）沿墙顺序插入：以距离点取位置较近的墙边端点或基线端为起点，按给定距离插入选定的门窗。此后顺着前进方向连续插入，插入过程中可以改变门窗类型和参数。在弧墙顺序插入时，门窗按照墙基线弧长进行定位。天正建筑 T20 界面中的沿墙顺序插入门窗方式如图 10-19 所示，命令行中添加了间距的设置。

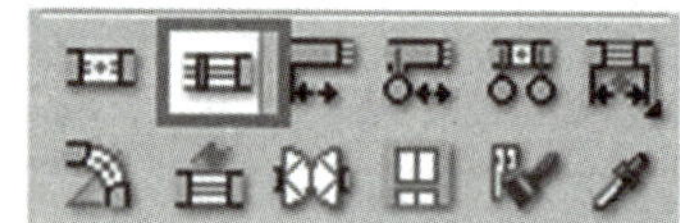
图 10-19　沿墙顺序插入门窗方式

命令行提示：

点取墙体<退出>：　　　　/点取要插入门窗的墙线

输入从基点到门窗侧边的距离或［取间距 300(L)］<退出>：

/输入起点到第一个门窗边的距离或输入 L 设置间距值

输入从基点到门窗侧边的距离或［左右翻转(S)/内外翻转(D)/取间距 3000(L)］<退出>：　　　　/输入到前一个门窗边的距离

（3）垛宽定距插入：系统选取距点取位置最近的墙边线顶点作为参考点，按指定垛宽距离插入门窗。垛宽定距插入门窗方式如图 10-20 所示，本命令特别适合插入室内门。

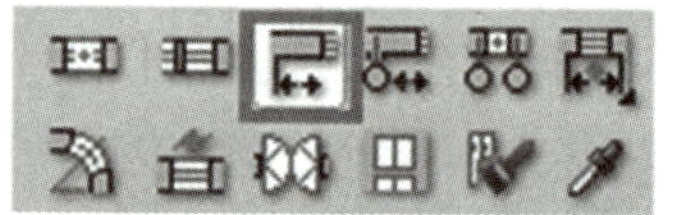
图 10-20　垛宽定距插入门窗方式

命令行提示：

点取门窗大致的位置和开向(Shift-左右开，Ctrl-上下开)［当前间距：300(L)］<退出>：

/点取参考垛宽一侧的墙段插入门窗或输入 L 设置间距值

（4）轴线定距插入：与垛宽定距插入相似，系统自动搜索距离点取位置最近的轴线与墙体的交点，将该点作为参考位置按预定距离插入门窗。轴线定距插入门窗方式如图 10-21 所示。

（5）轴线等分插入：将一个或多个门窗等分插入到两根轴线间的墙段等分线中间，如果墙段内没有轴线，则该侧按墙段基线等分插入。轴线等分插入门窗方式如图 10-22 所示。

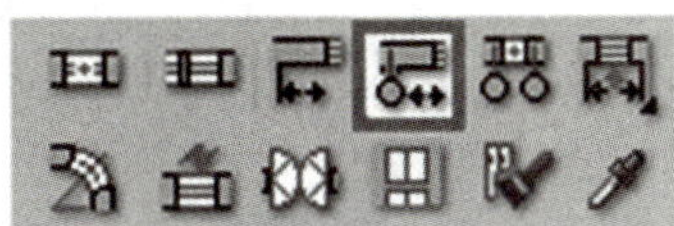

图 10-21　轴线定距插入门窗方式

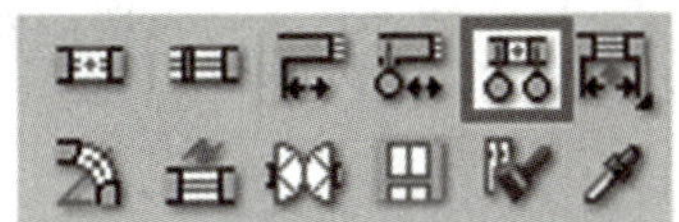

图 10-22　轴线等分插入门窗方式

命令行提示：

点取门窗大致的位置和开向(Shift-左右开，Ctrl-上下开)<退出>：

/在插入门窗的墙段上点取任取一点，可按〈Shift〉、〈Ctrl〉键改变开向

指定参考轴线[S]/门窗或门窗组个数(1~3)<1>：3

/输入插入门窗的个数 3

括弧中给出按当前轴线间距和门窗宽度计算可以插入的个数范围；输入 S 可跳过亮显的轴线，选取其他轴线作为等分的依据，但要求仍在同一个墙段内。

(6)墙段等分插入：与轴线等分插入相似，本命令在一个墙段上按墙体较短的一侧边线，插入若干个门窗，按墙段等分使各门窗之间墙垛的长度相等，如图 10-23 所示。

图 10-23　墙段等分插入门窗方式

该按钮一个空间可执行多个操作，在该按钮处右击或按住左键 1 s 后可选择执行的命令。

命令行提示：

点取门窗大致的位置和开向(Shift-左右开，Ctrl-上下开)<退出>：

/在插入门窗的墙段上点取一点，可按〈Shift〉、〈Ctrl〉键改变开向

门窗个数(1~3)<1>：3

/输入插入门窗的个数，括号中给出按当前墙段与门窗宽度计算可用个数的范围

(7)满墙插入：是门窗在门窗宽度方向上完全充满一段墙，使用这种方式时，门窗宽度参数由系统自动确定。

命令行提示：

点取门窗大致的位置和开向(Shift-左右开)<退出>：

/点取墙段，按〈Enter〉键结束

(8)按角度定位插入：本命令专用于弧墙插入门窗，按给定角度在弧墙上插入直线型门窗，如图 10-24 所示。

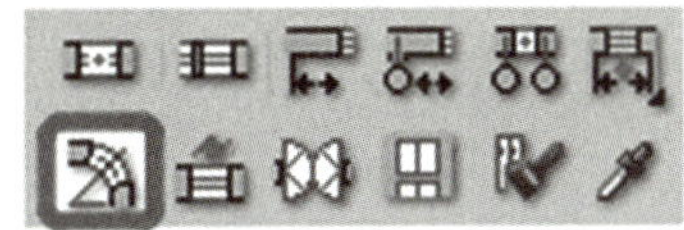

图 10-24　按角度定位插入门窗方式

命令行提示：

点取弧墙<退出>：

/点取弧线墙段

门窗中心的角度<退出>：

/输入需插入门窗的角度值

(9)智能插入：本命令用于在墙段中按预先定义的规则自动按门窗在墙段中的合理位

置插入门窗，可适用于直墙与弧墙，如图 10-25 所示。

图 10-25 智能插入门窗方式

命令行提示：

点取门窗的大致位置或[设为轴线定距(Q)，当前：墙线定距][设置定距距离(L)，当前：300]<退出>：

/输入 L 可设置定距距离，点取墙段，按〈Enter〉键结束

智能插入门窗的规则是把插入门窗的当前墙段以临时分格线预先分为三段，当门窗在墙中段时自动居中插入，在墙边两段时按当前设置的垛宽定距或者轴线定距插入，方式在命令行中可选，两种插入模式在插入时以临时分格线颜色区别。

提示：当选择轴线定距插入，但当前墙段两端无轴线时，会自动把相交墙的墙基线作为轴线。

(10)在已有洞口插入多个门窗：在同一个墙体已有的门窗洞口内再插入其他样式的门窗，常用于防火门、密闭门和户门、车库门中，如图 10-26 所示。

图 10-26 在已有洞口插入多个门窗

先单击“在已有洞口内插入多个门窗”图标，选择插入的门窗样式和参数，在命令行提示下选取已有洞口中的门窗，即可在该门窗洞口处增加新门窗。

(11)插入上层门窗：在同一个墙体已有的门窗上方再加一个宽度相同、高度不同的窗，这种情况常常出现在高大的厂房外墙中，如图 10-27 所示。

图 10-27 插入上层门窗

先单击“插入上层门窗”图标，然后输入上层窗的编号、窗高和上下层窗间距离。使用本方式时，注意尺寸参数中上层窗的顶标高不能超过墙顶高。

(12)门窗替换：用于批量修改门窗，包括门窗类型之间的转换。用对话框内的当前参数作为目标参数，替换图中已经插入的门窗，如图 10-28 所示。

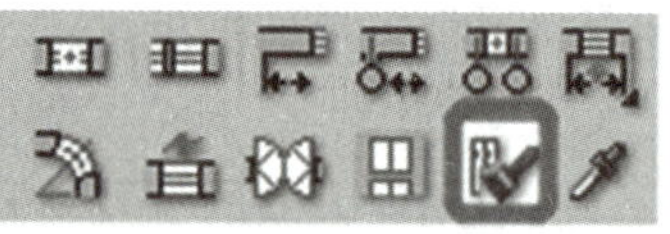
图 10-28 门窗替换

命令行提示：

选择被替换的门窗：

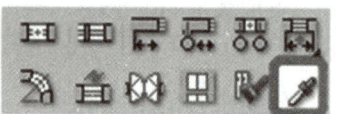

/屏幕上点取需要替换的门窗，选择完成后确定，系统将选择的门窗进行替换

(13)参数提取：用于查询图中已有门窗对象并将其尺寸参数提取到门窗对话框中的功能，方便在原有门窗尺寸基础上加以修改，如图 10-29 所示。

图 10-29 参数提取

命令行提示：

请拾取参考门窗<返回对话框>:

/点取已有的一个门窗，随即对话框中参数改为该门窗参数，命令行恢复到当前门窗插入状态

根据图 10-2 设计要求，以及门参数的设置和插入，最终效果如图 10-30 所示。

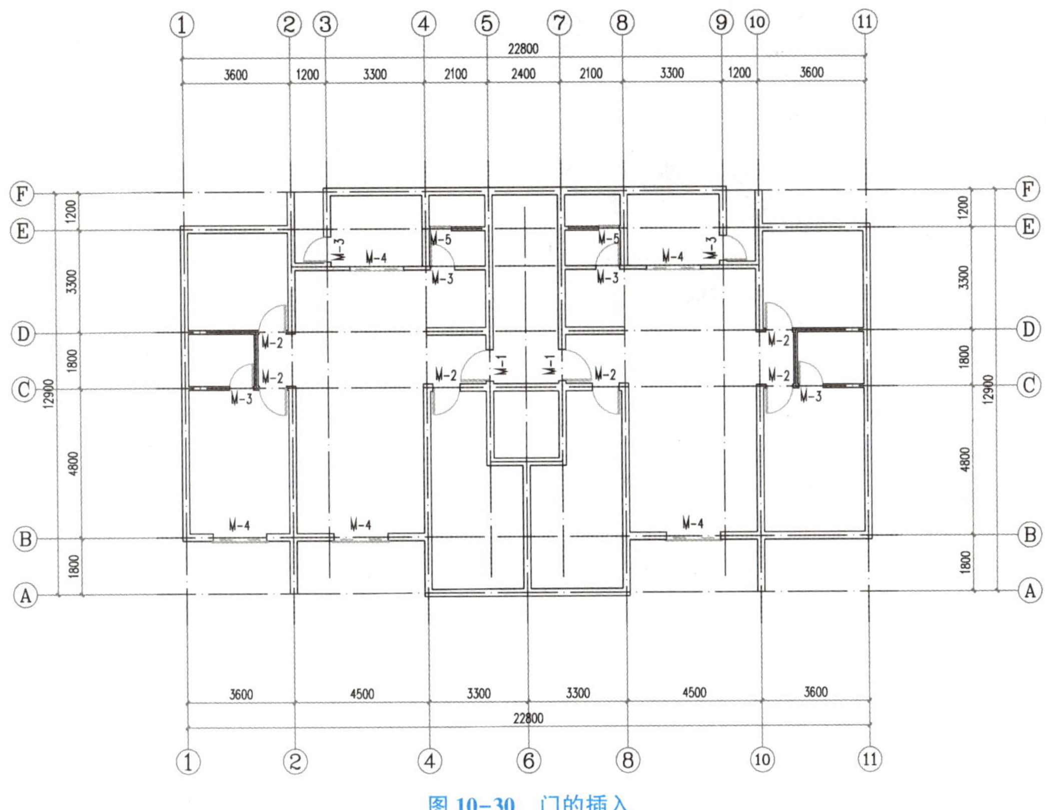

图 10-30　门的插入

2. 插窗

窗和门在开启方式和材料选用等很多方面是相同的，因此插窗和插门也有类似的操作方法。

1) 命令调用

主菜单：“门窗”|“插窗”命令。

命令行：在命令行中直接输入 CC，并按〈Enter〉键。

单击菜单命令后，显示“窗”对话框，如图 10-31 所示。

2) 操作指南

启动“窗”对话框后，可以看到“窗”对话框和“门”对话框基本一样，同样在对话框里可以设置窗的样式、窗的尺寸、窗的编号、窗的材质。除了高窗和凸窗，最下部工具中插入方式也基本一致。

根据图 10-2 设计要求，以 C-1 为例设置其参数。设置窗宽、窗高和窗台高的尺寸。同时，可以设置窗的编号、窗的类型和窗的材料，如图 10-32 所示。

单击窗立面样式，会弹出“天正图库管理系统”，在左侧树状列表选择窗的立面样式图库，如图 10-33 所示，根据需求选择适合窗 C-1 的立面样式。同样方式，可以单击平面

样式，会弹出“天正图库管理系统”，在左侧树状列表选择窗的平面样式图库，如图 10-34 所示，根据需求选择适合窗 C-1 的平面样式。

窗的插入方式和门的插入方式相同，可以参照插门的操作，此处不再赘述。根据图 10-2 设计要求，门窗的插入最终效果如图 10-35 所示。

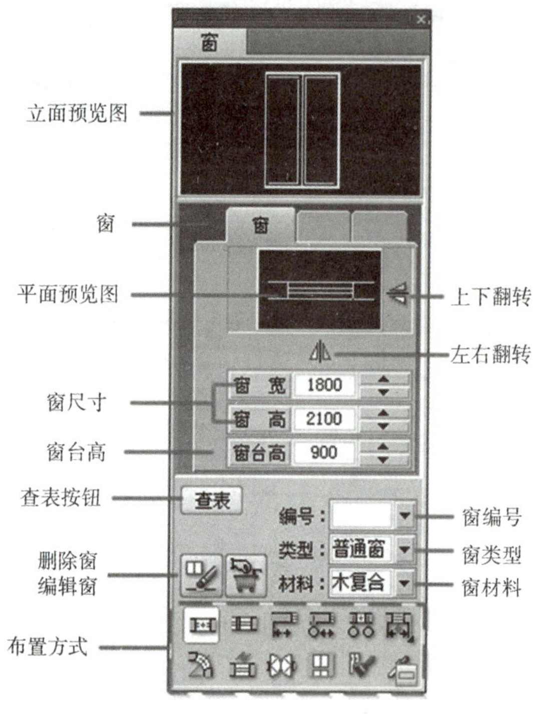

图 10-31 “窗”对话框

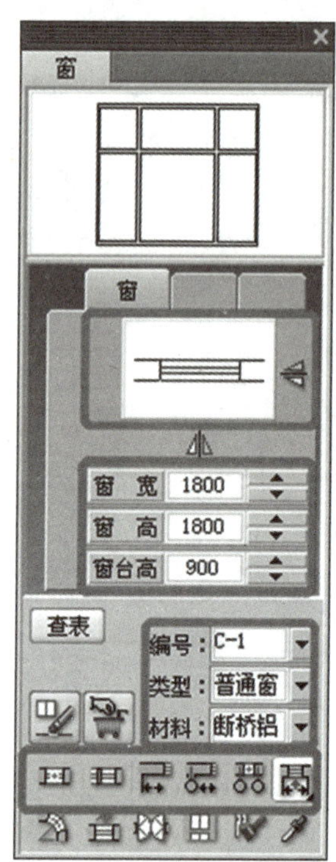

图 10-32 窗 C-1 参数设置

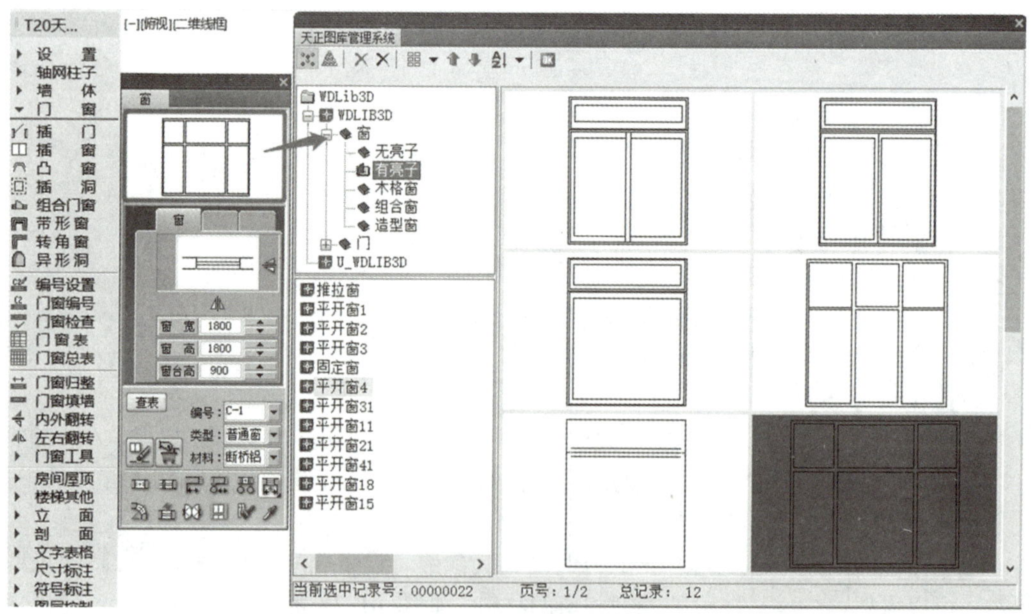

图 10-33 窗立面样式图库

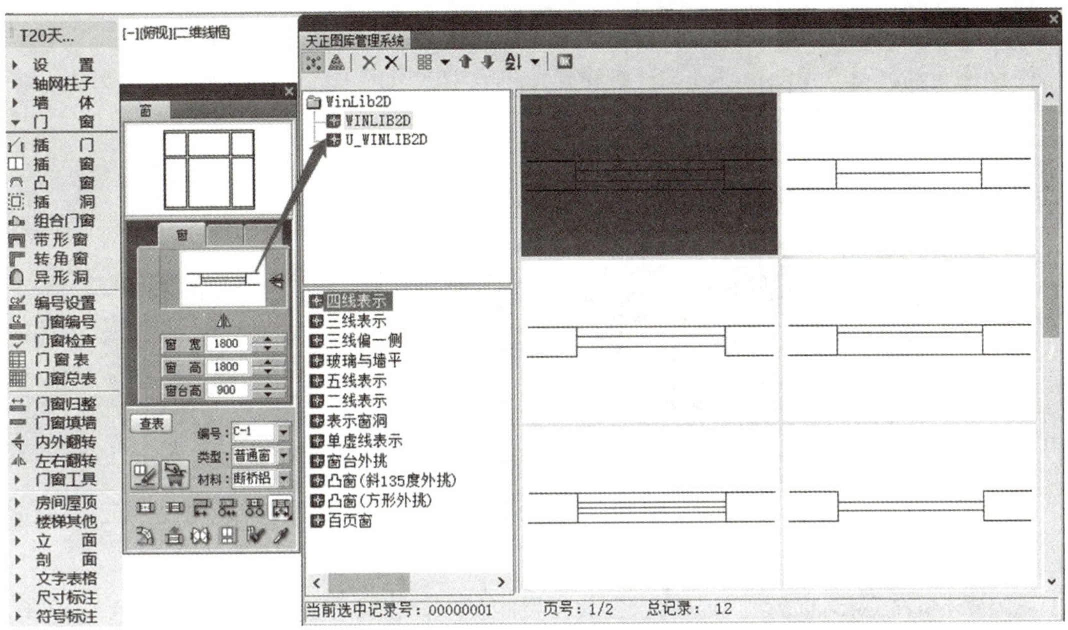

图 10-34　窗平面样式图库

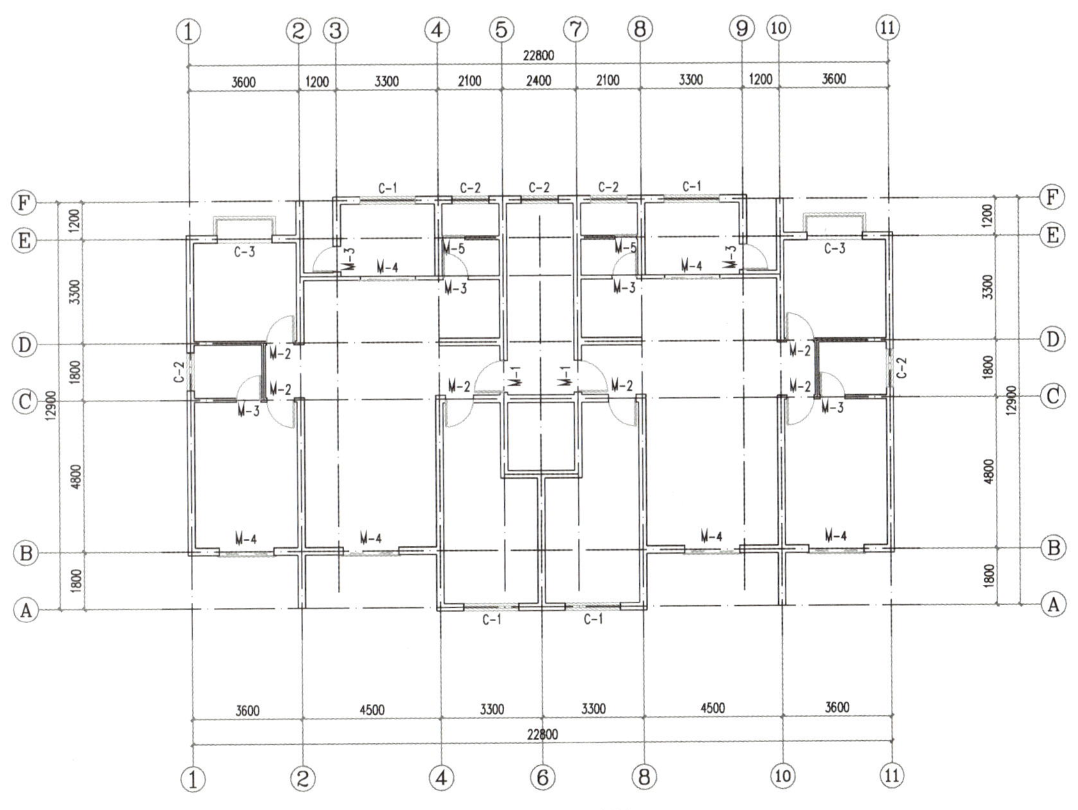

图 10-35　门窗的插入

3. 凸窗

凸窗即外飘窗，是凸出墙外的一种窗户，可以增大室内采光，扩大室内的视野。

1)命令调用

主菜单："门窗"|"凸窗"命令。

命令行：在命令行中直接输入 TC，并按〈Enter〉键。

单击菜单命令后，显示"凸窗"对话框，如图 10-36 所示。

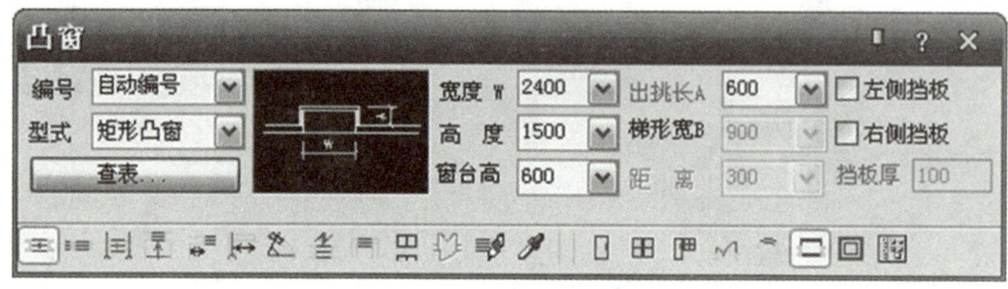

图 10-36 "凸窗"对话框

2)操作指南

启动"凸窗"对话框后，与普通窗参数设置相似，同样需要设置编号、型式平面样式、尺寸、出挑长度，以及插入方式。

4. 组合门窗

组合门窗即门联窗。本命令不会直接插入一个组合门窗，而是把使用"门窗"命令插入的多个门窗组合为一个整体的"组合门窗"，组合后的门窗按一个门窗编号进行统计。还可以使用构件入库命令把将创建好的常用组合门窗入构件库，使用时从构件库中直接选取。

1)命令调用

主菜单："门窗"|"组合门窗"命令。

命令行：在命令行中直接输入 ZHMC，并按〈Enter〉键。

2)操作指南

单击菜单命令后，命令行提示：

选择需要组合的门窗和编号文字： /选择要组合的第一个门窗
选择需要组合的门窗和编号文字： /选择要组合的第二个门窗
选择需要组合的门窗和编号文字： /选择要组合的第三个门窗
选择需要组合的门窗和编号文字： /按〈Enter〉键结束选择
输入编号：MC-1 /输入组合门窗编号，更新这些门窗为组合门窗

5. 带形窗

本命令创建窗台高与窗高相同，沿墙连续的带形窗对象，按一个门窗编号进行统计。带形窗转角可以被柱子、墙体造型遮挡，也可以跨过多道隔墙(请选择级别低于外墙的材料)。

1)命令调用

主菜单："门窗"|"带形窗"命令。

命令行：在命令行中直接输入 DXC，并按〈Enter〉键。

单击菜单命令后，显示"带形窗"对话框，如图 10-37 所示。

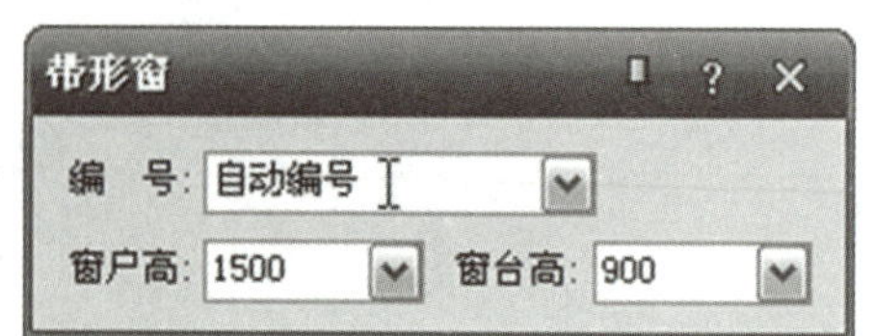

图 10-37 "带形窗"对话框

2)操作指南

单击菜单命令后，显示对话框，在其中输入带形窗参数，命令行提示：

起始点或［参考点(R)］<退出>：　　/在带形窗开始墙段点取准确的起始位置

终止点或［参考点(R)］<退出>：　　/在带形窗结束墙段点取准确的结束位置

选择带形窗经过的墙：　　/选择带形窗经过多个墙段(此时必须逐段选取，不能漏选和错选)

选择带形窗经过的墙：　　/按〈Enter〉键结束命令

带形窗标注如图 10-38 所示。带形窗的编号可在“编号设置”命令中设为按顺序或按展开长度编号，展开长度按包括保温层在内的墙中线计算，如图 10-38 中的 L=L1+L2。

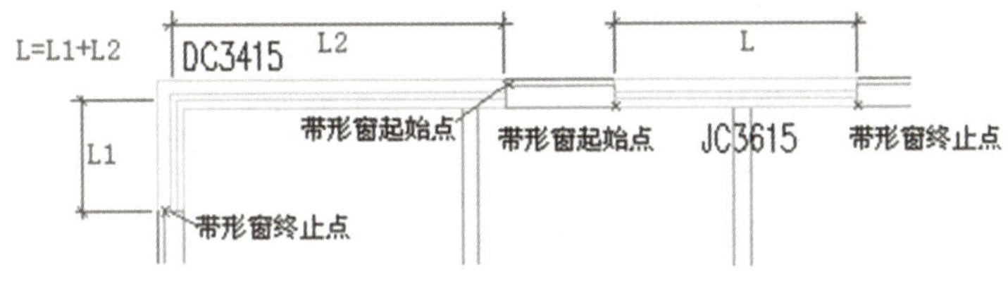

图 10-38　带形窗标注

6. 转角窗

本命令是在墙角位置创建窗户，可设置窗高和窗台高，如 10-39(a)所示。勾选“凸窗”复选框后，可以绘制角凸窗，如图 10-39(b)所示。对话框中可设角凸窗两侧窗为挡板，挡板厚度参数可以设置，转角窗支持外墙保温层的绘制，如外墙带保温时加转角窗，在挡板外侧会根据基本设定的图形设置内容决定是否加保温层。角凸窗两边的出挑长可以不一样，还可以绘制一边出挑为 0 的角凸窗。

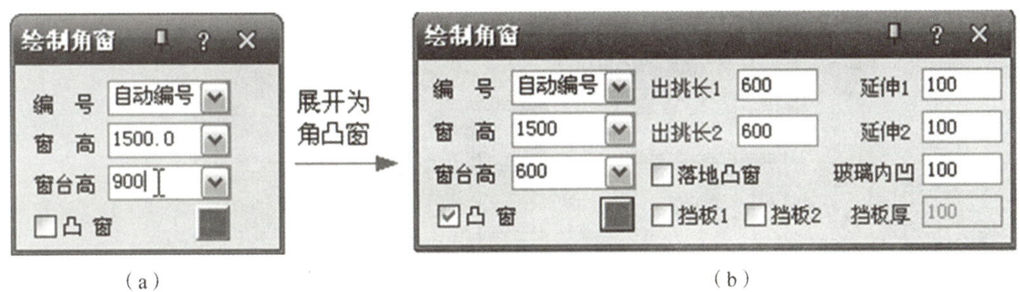

图 10-39　转角窗

1)命令调用

主菜单：“门窗”|“转角窗”命令。

命令行：在命令行中直接输入 ZJC，并按〈Enter〉键。

2)操作指南

(1)对话框控件。

单击菜单命令后，显示对话框，对话框中各控件含义说明如下。

①出挑长 1：凸窗窗台凸出于一侧墙面外的距离，在外墙加保温时从结构面起算，单侧无出挑时可输入 0。

②出挑长 2：凸窗窗台凸出于另一侧墙面外的距离，在外墙加保温时从结构面起算，单侧无出挑时可输入 0。

③延伸 1/延伸 2：窗台板与檐口板分别在两侧延伸出窗洞口外的距离，常作为空调搁板、花台等。

④玻璃内凹：凸窗玻璃从外侧起算的厚度。

⑤凸窗：勾选后，单击箭头按钮可展开绘制角凸窗。

⑥落地凸窗：勾选后，墙内侧不画窗台线。

⑦挡板 1/挡板 2：勾选后凸窗的侧窗改为实心的挡板，挡板的保温厚度默认按 30 绘制，是否加保温层在“天正选项”|“基本设定”|“图形设置”下定义。

⑧挡板厚：挡板厚度默认 100，勾选挡板后可在这里修改。

(2)“凸窗”复选框。

对话框上关于“凸窗”复选框选择说明：

①默认不勾选“凸窗”复选框，就是普通角窗，窗随墙布置；

②勾选“凸窗”复选框，不勾选“落地凸窗”复选框，就是普通的角凸窗；

③勾选“凸窗”复选框，再勾选“落地凸窗”复选框，就是落地的角凸窗。

(3)操作演示。

选择转角窗类型后，在对话框中输入其他转角窗参数，绘制转角窗，如图 10-40 所示。命令行提示(按默认演示操作)：

请选取墙内角<退出>：　　/点取转角窗所在墙内角，窗长从内角起算

转角距离 1<1000>：2000　　/当前墙段变虚，输入从内角计算的窗长

转角距离 2<1000>：1200　　/另一墙段变虚，输入从内角计算的窗长

请选取墙内角<退出>：　　/执行本命令绘制角窗，按〈Enter〉键退出命令

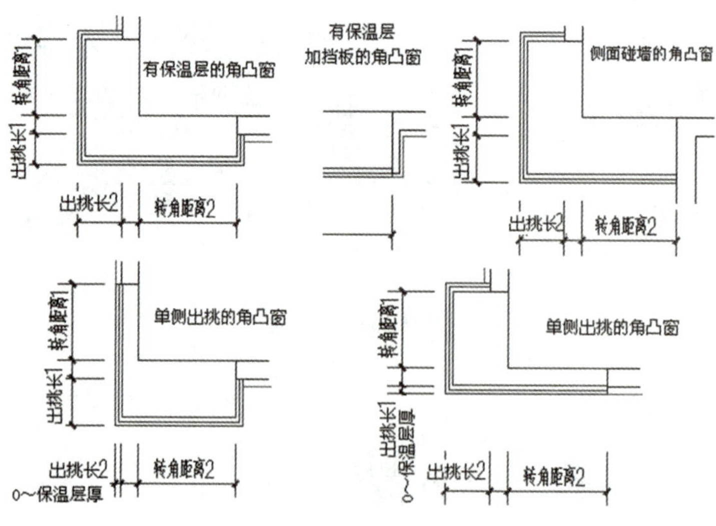

图 10-40　转角窗绘制

(4)转角窗编辑。

双击转角窗进入转角窗的对象编辑，弹出如图 10-41 所示对话框，参数修改完成后以单击“确定”按钮更新。

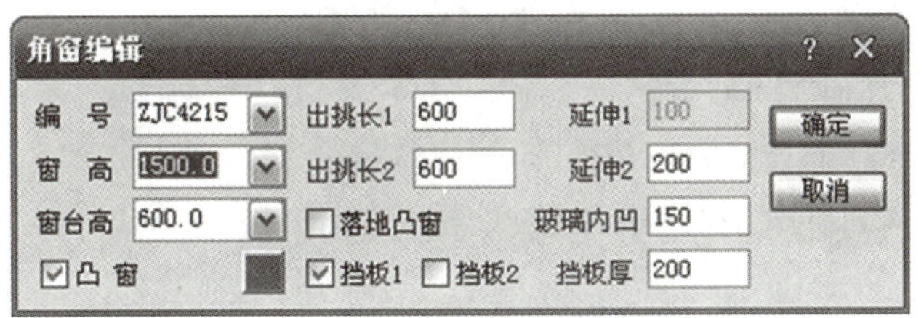

图 10-41　转角窗编辑

提示：

(1) 在侧面碰墙、碰柱时角凸窗的侧面玻璃会自动被墙或柱对象遮挡，特性表中可设置转角窗"作为洞口"处理；玻璃分格的三维效果请使用"窗棂展开"与"窗棂映射"命令处理；

(2) 有保温层墙上绘制无挡板的角凸窗前，请先执行"内外识别"或"指定外墙"命令指定外墙外皮位置，保温层和凸窗关系才能正确处理，否则保温层线和玻璃的绘制有问题。

(3) 转角窗的编号可在"编号设置"命令中设为按顺序或按展开长度编号，展开长度可在"编号设置"命令中设为按墙中线、墙角阴面、墙角阳面计算。

10.2.4　楼梯其他

天正建筑提供了由自定义对象建立的基本梯段对象，包括直线、圆弧与任意梯段，由梯段组成了常用的双跑楼梯对象、多跑楼梯对象。双跑楼梯具有梯段方便地改为坡道、标准平台改为圆弧休息平台等灵活可变特性，各种楼梯与柱子在平面相交时，楼梯可以被柱子自动剪裁；天正建筑双跑楼梯的上下行方向标识符号可以随对象自动绘制，剖切位置可以预先按踏步数或标高定义。

单击打开"楼梯其他"二级菜单，会出现各种常见楼梯和电梯、自动扶梯、阳台、台阶、坡道、散水等绘制按钮，如图 10-42 所示。本节主要详细介绍常用的楼梯类型：双跑楼梯、直线梯段、多跑楼梯、双分平行楼梯、剪刀楼梯和圆弧梯段；以及电梯、阳台和台阶等的操作方法。

图 10-42　"楼梯其他"菜单

1. 双跑楼梯

双跑楼梯是最常见的楼梯形式，由两跑直线梯段、一个休息平台、一个或两个扶手和一组或两组栏杆构成的自定义对象，具有二维视图和三维视图。双跑楼梯可分解为基本构件即直线梯段、平板和扶手栏杆等，楼梯方向线在天正建筑中属于楼梯对象的一部分，方便随着剖切位置改变自动更新位置和形式。

双跑楼梯对象内包括常见的构件组合形式变化，如是否设置两侧扶手、中间扶手在平台是否连接、设置扶手伸出长度、有无梯段边梁(尺寸需要在特性栏中调整)、休息平台是半圆形或矩形、有效的疏散半径等，尽量满足建筑的个性化要求。

1)命令调用

主菜单："楼梯其他"|"双跑楼梯"命令。

命令行：在命令行中直接输入 SPLT，并按〈Enter〉键。

单击菜单命令后，显示"双跑楼梯"对话框，如图 10-43 所示。对话框内控件说明如表 10-1 所示。

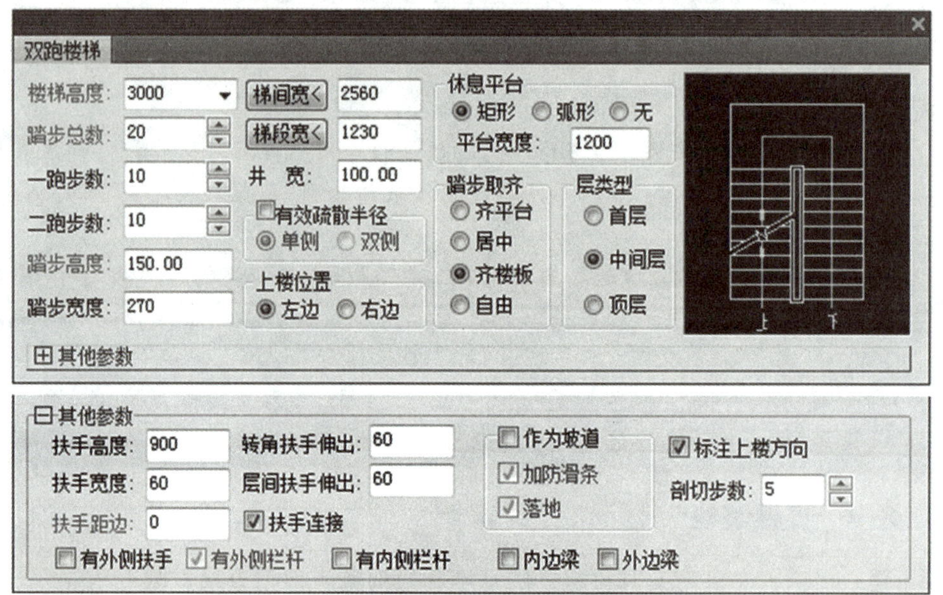

图 10-43 "双跑楼梯"对话框

表 10-1 "双跑楼梯"对话框控件说明

控件	功能
梯间宽<	双跑楼梯的总宽。单击按钮可从平面图中直接量取楼梯间净宽作为双跑楼梯总宽
梯段宽<	默认宽度或由总宽计算，余下二等分作梯段宽初值，单击按钮可从平面图中直接量取
楼梯高度	双跑楼梯的总高，默认自动取当前层高的值，对相邻楼层高度不等时应按实际情况调整
井宽	设置井宽参数，井宽=梯间宽-(2×梯段宽)，最小井宽可以等于 0，这 3 个数值互相关联
有效疏散半径	设置是否绘制和单双侧绘制有效疏散半径
踏步总数	默认踏步总数 20，是双跑楼梯的关键参数
一跑步数	以踏步总数推算一跑与二跑步数，总数为奇数时先增二跑步数
二跑步数	二跑步数默认与一跑步数相同，两者都允许用户修改
踏步高度	踏步的高度。用户可先输入大约的初始值，由楼梯高度与踏步数推算出最接近初值的设计值，推算出的踏步高有均分的舍入误差
踏步宽度	踏步沿梯段方向的宽度，是用户优先决定的楼梯参数，但在勾选"作为坡道"复选框后，仅用于推算出的防滑条宽度

续表

控件	功能
休息平台	有矩形、弧形、无 3 种选项，在非矩形休息平台时，可以选无平台，以便自己用平板功能设计休息平台
平台宽度	按建筑设计规范，休息平台的宽度应大于梯段宽度，在选弧形休息平台时应修改宽度值，最小值不能为 0
踏步取齐	除了两跑步数不等时可直接在“齐平台”“居中”“齐楼板”中选择两梯段相对位置，也可以通过拖动夹点任意调整两梯段之间的位置，此时踏步取齐为“自由”
层类型	在平面图中按楼层分为 3 种类型绘制：①首层只给出一跑的下剖断；②中间层的一跑是双剖断；③顶层的一跑无剖断
扶手高度、扶手宽度	默认值分别为 900 高，60×100 的扶手断面尺寸
扶手距边	在 1∶100 图上一般取 0，在 1∶50 详图上应标以实际值
转角扶手伸出	设置在休息平台扶手转角处的伸出长度，默认 60，为 0 或者负值时扶手不伸出
层间扶手伸出	设置在楼层间扶手起末端和转角处的伸出长度，默认 60，为 0 或者负值时扶手不伸出
扶手连接	默认勾选此复选框，扶手过休息平台和楼层时连接，否则扶手在该处断开
有外侧扶手	在外侧添加扶手，但不会生成外侧栏杆，在室外楼梯时需要选择以下项添加
有外侧栏杆	外侧绘制扶手也可选择是否绘制外侧栏杆，边界为墙时常不用绘制栏杆
有内侧栏杆	默认创建内侧扶手，勾选此复选框自动生成默认的矩形截面竖栏杆
标注上楼方向	默认勾选此复选框，在楼梯对象中，按当前坐标系方向创建标注上楼下楼方向的箭头和“上”“下”文字
剖切步数(高度)	作为楼梯时按步数设置剖切线中心所在位置，作为坡道时按相对标高设置剖切线中心所在位置
作为坡道	勾选此复选框，楼梯段按坡道生成，对话框中会显示出如下“单坡长度”的编辑框
单坡长度	勾选“作为坡道”复选框后，显示此编辑框，在这里输入其中一个坡道梯段的长度，但精确值依然受踏步数×踏步宽度的制约

注意：1. 勾选“作为坡道”复选框前要求楼梯的两跑步数相等，否则坡长不能准确定义；

2. 坡道的防滑条的间距用步数来设置，要在勾选“作为坡道”复选框前要设好。

2)操作指南

在确定楼梯参数和类型后即可把鼠标拖到作图区插入楼梯，命令行提示：

点取位置或［转 90 度(A)/左右翻(S)/上下翻(D)/对齐(F)/改转角(R)/改基点(T)］<退出>:　　　　/输入关键字改变选项，点选插入楼梯

点取插入点后在平面图中插入双跑楼梯；根据新的建筑设计防火规范要求，增加“有效疏散半径”绘制功能，可以选择是否绘制和单双侧绘制。

双跑楼梯为自定义对象，可以通过拖动夹点进行编辑，夹点的意义如图 10-44 所示，也可以双击楼梯进入对象编辑重新设定参数。

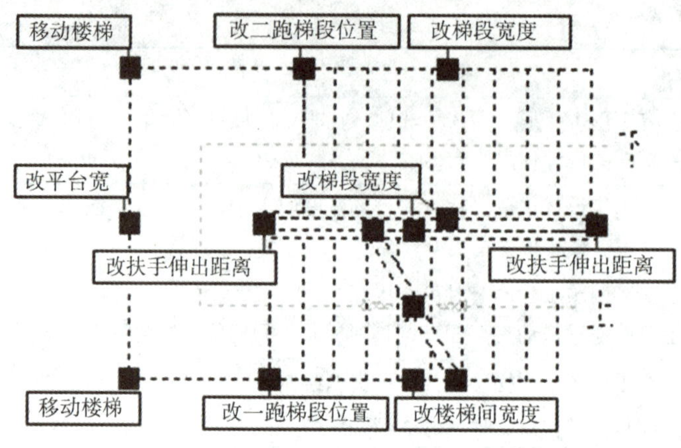

图 10-44　双跑楼梯夹点的意义

2. 直线梯段

本命令在对话框中输入梯段参数绘制直线梯段，可以单独使用或用于组合复杂楼梯与坡道。

1) 命令调用

主菜单："楼梯其他" | "直线梯段"命令。

命令行：在命令行中直接输入 ZXTD，并按〈Enter〉键。

单击菜单命令后，显示"直线梯段"对话框，如图 10-45 所示。其对话框内控件功能和双跑楼梯类似，不再详细介绍。

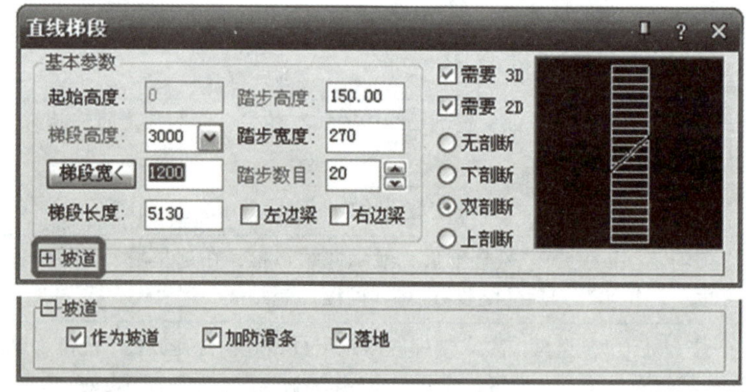

图 10-45　"直线梯段"对话框

2) 操作指南

在无模式对话框中输入参数后，拖动光标到绘图区，命令行提示：

点取位置或[转 90 度(A)/左右翻(S)/上下翻(D)/对齐(F)/改转角(R)/改基点(T)]<退出>：　　/点取梯段的插入位置和转角插入梯段

直线梯段为自定义的构件对象，因此具有夹点编辑的特征，同时可以用对象编辑重新设定参数。

直线梯段的绘图实例如图 10-46 所示，图中上下楼方向箭头和文字用"箭头引注"命令添加。

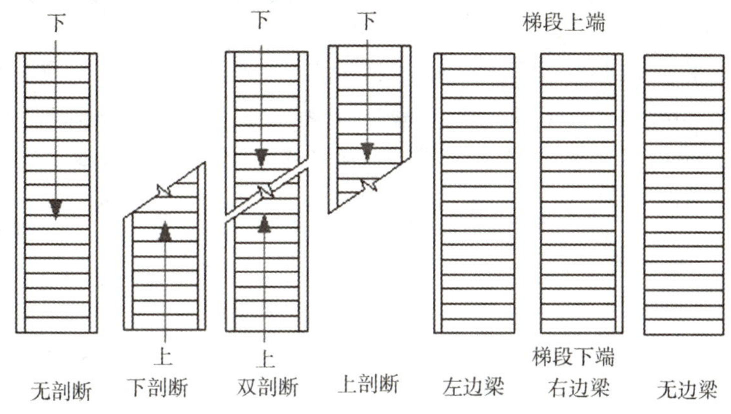

图 10-46　直线梯段绘图实例

3. 多跑楼梯

本命令创建由梯段开始且以梯段结束、梯段和休息平台交替布置、各梯段方向自由的多跑楼梯，要点是先在对话框中确定“基线在左”或“基线在右”的绘制方向，在绘制梯段过程中能实时显示当前梯段步数、已绘制步数以及总步数，便于设计中决定梯段起止位置。绘图交互中的快捷键切换基线路径左右侧的命令选项，便于绘制休息平台间走向左右改变的 Z 型楼梯。在天正建筑中在对象内部增加了上楼方向线，用户可定义扶手的伸出长度，剖切位置可以根据剖切点的步数或高度设定，可定义有转折的休息平台。

1) 命令调用

主菜单：“楼梯其他”|“多跑楼梯”命令。

命令行：在命令行中直接输入 DPLT，并按〈Enter〉键。

单击菜单命令后，显示“多跑楼梯”对话框，如图 10-47 所示。对话框内控件说明如表 10-2 所示。

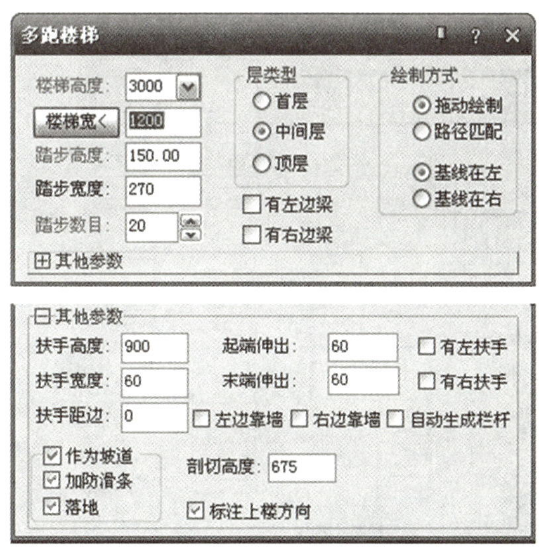

图 10-47　“多跑楼梯”对话框

表 10-2　“双跑楼梯”对话框控件说明

控件	功能
拖动绘制	暂时进入图形中，量取楼梯间净宽作为双跑楼梯总宽
路径匹配	楼梯按已有多段线路径（红色虚线）作为基线绘制，线中给出的梯段起末点不可省略或重合，如直角楼梯给 4 个点（三段），三跑楼梯是 6 个点（五段），路径分段数是奇数，如下图所示分别是以上楼方向为准，选“基线在左”和“基线在右”的两种情况
基线在左	拖动绘制时是以基线为标准的，这时楼梯画在基线右边
基线在右	拖动绘制时是以基线为标准的，这时楼梯画在基线左边
左边靠墙	按上楼方向，左边不画出边线
右边靠墙	按上楼方向，右边不画出边线

2）操作指南

多跑楼梯由给定的基线生成，基线就是多跑楼梯左侧或右侧的边界线。基线可以事先绘制好，也可以交互确定，但不要求基线与实际边界完全等长。按照基线交互点取顶点，当步数足够时结束绘制，基线的顶点数目为偶数，即梯段数目的两倍。多跑楼梯的休息平台是自动确定的，休息平台的宽度与梯段宽度相同，休息平台的形状由相交的基线决定，默认的剖切线位于第一跑，可拖动改为其他位置。

多跑楼梯类型多样，图 10-48 是常见多跑楼梯的操作路径。图中最右侧多跑楼梯为选路径匹配，基线在左时的转角楼梯生成，注意即使 P2、P3 为重合点，绘图时仍应分开绘制。

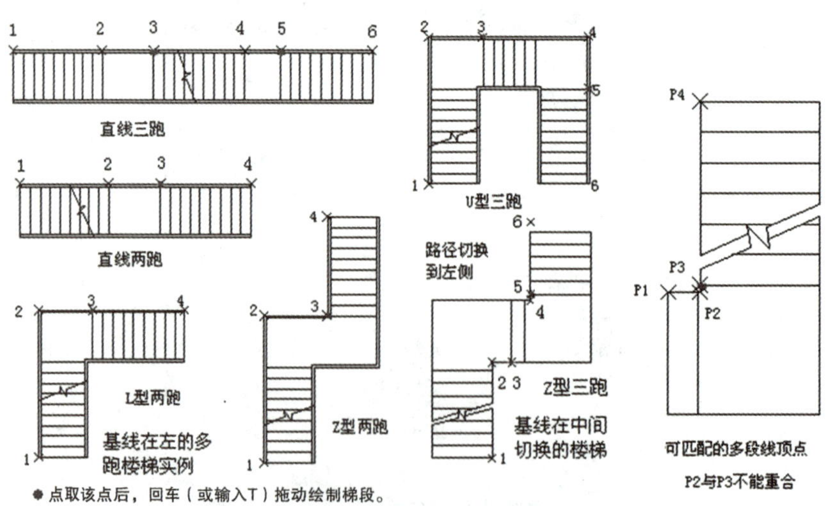

图 10-48　常见多跑楼梯的操作路径

3) 实例操作

以图 10-49 所示工程为例，楼梯宽度为 1 820，按“基线在右”绘制实例，确定楼梯参数和类型后，拖动鼠标到绘图区绘制，其操作步骤如下：

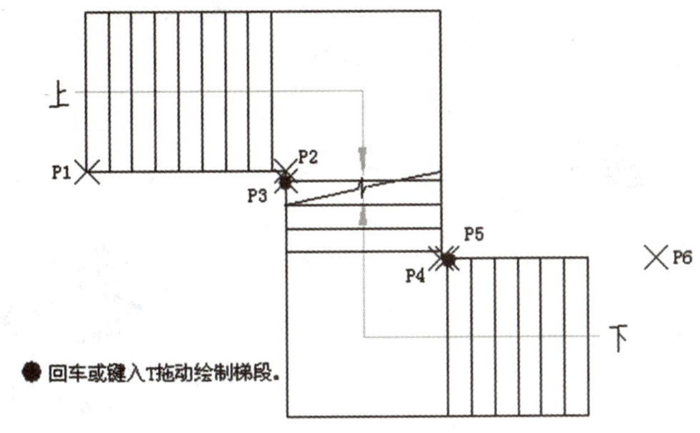

图 10-49　多跑楼梯工程实例

起点<退出>：/在辅助线处点取首梯段起点 P1 位置

输入下一点或［路径切换到左侧(Q)］<退出>：

/在楼梯转角处点取首梯段终点 P2(此时过梯段终点显示当前 9/20 步)

输入下一点或［路径切换到左侧(Q)/撤消上一点(U)］<退出>：

/拖动楼梯转角后在休息平台结束处点取 P3 作为第二梯段起点

输入下一点或［绘制梯段(T)/路径切换到左侧(Q)/撤消上一点(U)］<切换到绘制梯段>：　/此时按〈Enter〉键结束休息平台绘制，切换到绘制梯段

输入下一点或［绘制平台(T)/路径切换到左侧(Q)/撤消上一点(U)］<退出>：Q

/输入 Q 切换路径到左侧方便绘制

输入下一点或［绘制平台(T)/路径切换到右侧(Q)/撤消上一点(U)］<退出>：

/拖动绘制梯段到显示踏步数为 4，13/20 给点作为梯段结束点 P4

输入下一点或［路径切换到右侧(Q)/撤消上一点(U)］<退出>：

/拖动并转角后在休息平台结束处点取 P5 作为第三梯段起点

输入下一点或［绘制梯段(T)/路径切换到右侧(Q)/撤消上一点(U)］<切换到绘制梯段>：　/此时按〈Enter〉键结束休息平台绘制，切换到绘制梯段

输入下一点或［绘制平台(T)/路径切换到右侧(Q)/撤消上一点(U)］<退出>：

/拖动绘制梯段到梯段结束，步数为 7，20/20 梯段结束点 P6

起点<退出>：/按〈Enter〉键结束绘制

4. 双分平行楼梯

本命令在对话框中输入梯段参数绘制双分平行楼梯，可以选择从中间梯段上楼或者从边梯段上楼，通过设置平台宽度可以解决复杂的梯段关系。

1) 命令调用

主菜单：“楼梯其他”|“双分平行楼梯”命令。

命令行：在命令行中直接输入 SFPX，并按〈Enter〉键。

单击菜单命令后，显示“双分平行楼梯”对话框，如图 10-50 所示。其对话框内控件功能和双跑楼梯类似，不再详细介绍。

2)操作指南

在对话框中输入楼梯的参数，可根据右侧的动态显示窗口，确定楼梯参数是否符合要求。单击“确定”按钮，命令行提示：

点取位置或[转90度(A)/左右翻(S)/上下翻(D)/对齐(F)/改转角(R)/改基点(T)]<退出>：　　/点取梯段的插入位置和转角插入楼梯，如果希望设定方向，请在插入时输入选项，对楼梯进行各向翻转和旋转

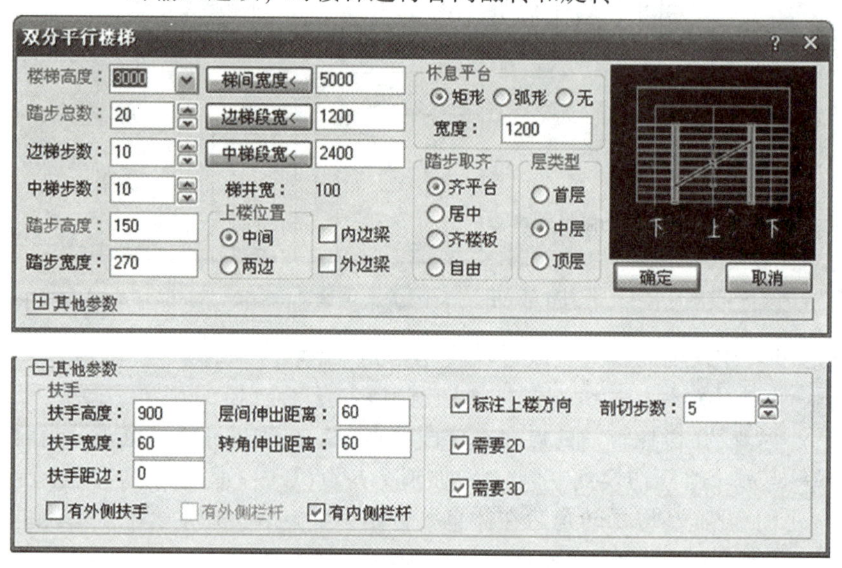

图 10-50　“双分平行楼梯”对话框

楼梯为自定义的构件对象，因此具有夹点编辑的特征，可以通过拖动夹点改变楼梯的特征，夹点的意义如图 10-51 所示。也可以双击楼梯对象，用对象编辑重新设定参数。

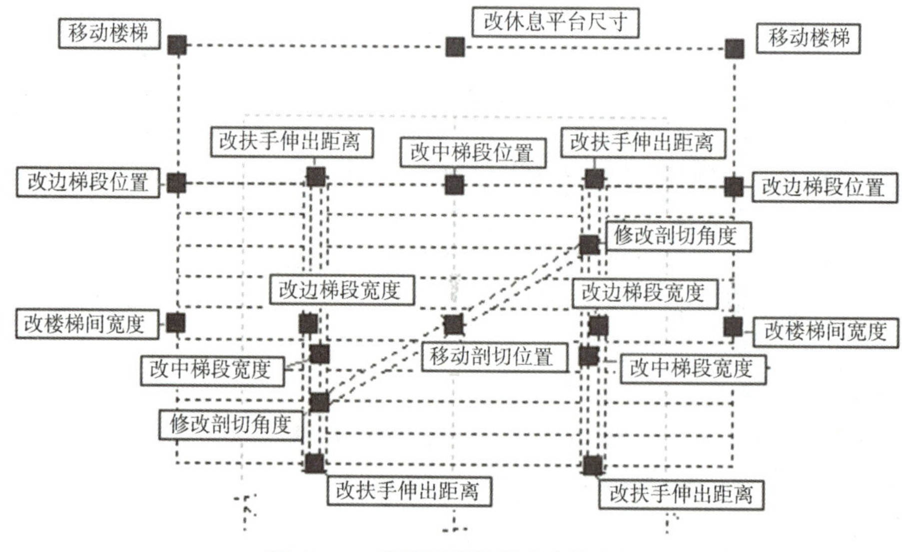

图 10-51　双分平行楼梯夹点的意义

5. 剪刀楼梯

本命令在对话框中输入梯段参数绘制剪刀楼梯，考虑作为交通核内的防火楼梯使用，

两跑之间需要绘制防火墙，因此本楼梯扶手和梯段各自独立，在首层和顶层楼梯有多种梯段排列可供选择。

1）命令调用

主菜单：“楼梯其他”|“剪刀楼梯”命令。

命令行：在命令行中直接输入 JDLT，并按〈Enter〉键。

单击菜单命令后，显示“剪刀楼梯”对话框，如图 10-52 所示。

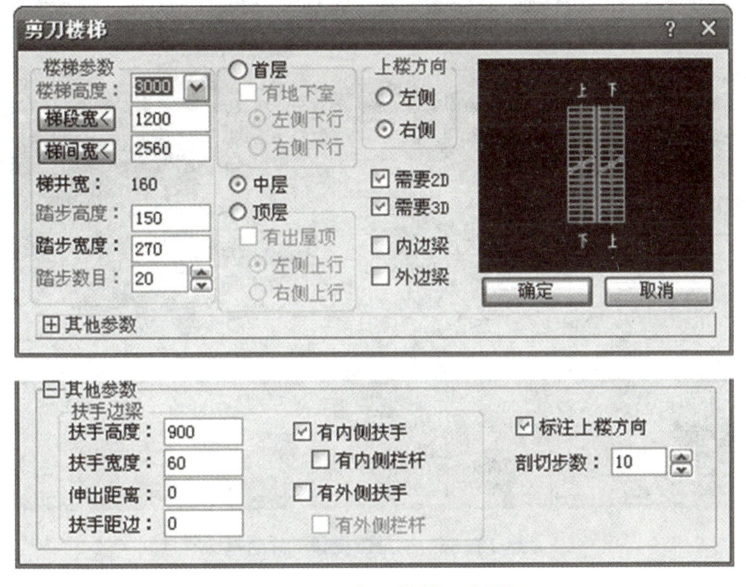

图 10-52　“剪刀楼梯”对话框

2）操作指南

单击“确定”按钮，命令行提示：

点取位置或[转 90 度(A)/左右翻(S)/上下翻(D)/对齐(F)/改转角(R)/改基点(T)]<退出>：　　/点取梯段的插入位置和转角插入楼梯，如果希望设定方向，请在插入时输入选项，对楼梯进行各向翻转和旋转

楼梯为自定义的构件对象，因此具有夹点编辑的特征，可以通过拖动夹点改变楼梯的特征，夹点的意义如图 10-53 所示。也可以双击楼梯对象，用对象编辑重新设定参数。

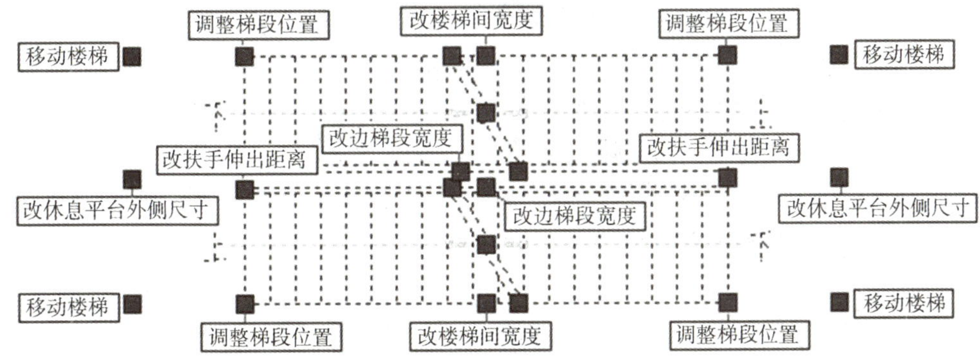

图 10-53　剪刀楼梯夹点的意义

6. 圆弧梯段

本命令创建单段圆弧梯段，适合单独的圆弧楼梯，也可与直线梯段组合创建复杂楼梯和坡道，如大堂的螺旋楼梯与入口的坡道。

1) 命令调用

主菜单：“楼梯其他”|“圆弧梯段”命令。

命令行：在命令行中直接输入 YHTD，并按〈Enter〉键。

单击菜单命令后，显示“圆弧梯段”对话框，如图 10-54 所示。

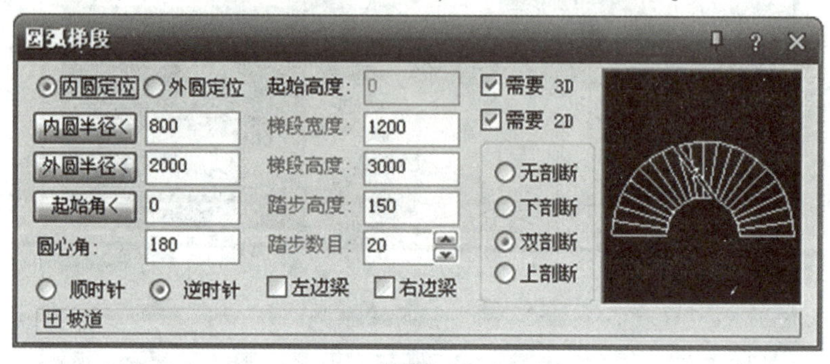

图 10-54 “圆弧梯段”对话框

2) 操作指南

在对话框中输入楼梯的参数，可根据右侧的动态显示窗口，确定楼梯参数是否符合要求。对话框中的选项与“直线梯段”类似，不再介绍。

在无模式对话框中输入参数后，拖动光标到绘图区，命令行提示：

点取位置或[转 90 度(A)/左右翻(S)/上下翻(D)/对齐(F)/改转角(R)/改基点(T)]<退出>：　　　　/点取梯段的插入位置和转角插入圆弧梯段

圆弧梯段为自定义对象，可以通过拖动夹点进行编辑，也可以双击楼梯进入对象编辑重新设定参数。

7. 电梯

本命令创建的电梯图形包括轿厢、平衡块和电梯门，其中轿厢和平衡块是二维线对象，电梯门是天正门窗对象；绘制条件是每一个电梯周围已经由天正墙体创建了封闭房间作为电梯井，如要求电梯井贯通多个电梯，请临时加虚墙分隔。电梯间一般为矩形，梯井道宽为开门侧墙长。

1) 命令调用

主菜单：“楼梯其他”|“电梯”命令。

命令行：在命令行中直接输入 DT，并按〈Enter〉键。单击菜单命令后，显示“电梯参数”对话框，如图 10-55 所示。

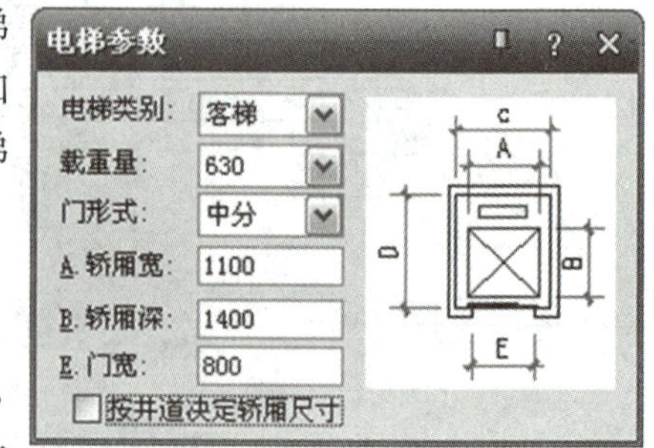

图 10-55 “电梯参数”对话框

2）操作指南

在对话框中设定电梯类型、载重量、门形式、门宽、轿厢宽、轿厢深等参数。其中，电梯类别分别有客梯、住宅梯、医院梯、货梯 4 种类别，每种电梯形式均有已设定好的不同的设计参数，输入参数后按命令行提示执行命令，不必关闭对话框。命令行提示：

请给出电梯间的一个角点或［参考点(R)］<退出>：
　　　　　　　　　　　　　　　/点取第一角点
再给出上一角点的对角点：　　　/点取第二角点
请点取开电梯门的墙线<退出>：　/点取开门墙线
请点取平衡块的所在的一侧<退出>：/点取平衡块所在的一侧的墙体后按〈Enter〉键开始绘制
请点取其他开电梯门的墙线<无>：　/开双门时点取第二电梯门墙线，否则按〈Enter〉键返回角点提示，绘制另一座电梯

对不需要按类别选取预设设计参数的电梯，可以按井道决定适当的轿厢与平衡块尺寸，勾选对话框中的“按井道决定轿厢尺寸”复选框，对话框把不用的参数虚显，保留门形式和门宽两项参数由用户设置，同时把门宽设为常用的 1 100，门宽和门形式会保留用户修改值。去除复选框勾选后，门宽等参数恢复由电梯类别决定。

8. 阳台

本命令以几种预定样式绘制阳台，或选择预先绘制好的路径转成阳台，以任意绘制方式创建阳台；一层的阳台可以自动遮挡散水，阳台对象可以被柱子局部遮挡。

1）命令调用

主菜单：“楼梯其他”|“阳台”命令。

命令行：在命令行中直接输入 YT，并按〈Enter〉键。

单击菜单命令后，显示“绘制阳台”对话框，如图 10-56 所示。

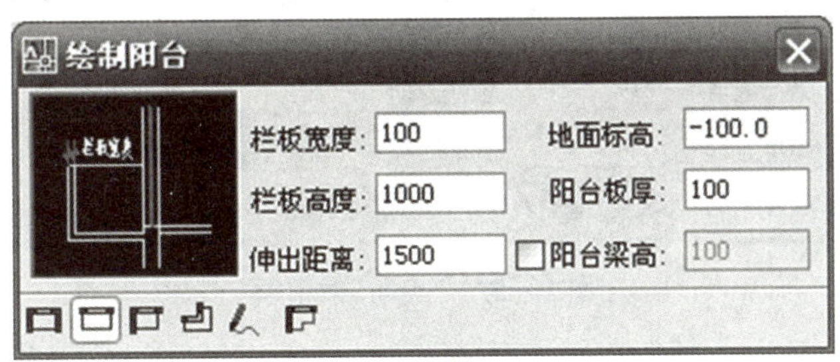

图 10-56　“绘制阳台”对话框

2）操作指南

工具栏从左到右分别为凹阳台、矩形阳台、阴角阳台、偏移生成、任意绘制与选择已有路径绘制共 6 种阳台绘制方式，勾选“阳台梁高”后，输入阳台梁高度可创建梁式阳台。阳台栏板能按不同要求处理保温墙体的保温层的关系，在“高级选项”中用户可以设定阳台栏板是否遮挡墙保温层。

> **提示**：有外墙保温层时，应注意阳台绘制时的定位点定义在结构层线而不是在保温层线，因此“伸出距离”应从结构层起算，这样做的好处是因为结构层的位置是相对固定的，调整墙体保温层厚度时不影响已经绘制的阳台对象。

3)栏板切换

阳台对象的栏板切换命令，为用户提供了分段显示栏板的功能。选择阳台对象后右击出现右键菜单，单击其中“栏板切换”命令，命令行提示：

请选择阳台<退出>：/点取要切换栏板的阳台对象

请点取需添加或删除栏板的阳台边界<退出>：

/此时阳台栏板变虚，单击要切换(删除或添加)栏板的边界分段

请点取需添加或删除栏板的阳台边界<退出>：

/此时重复点取的阳台栏板分段会在显示与不显示之间来回切换

9. 台阶

1)命令调用

主菜单：“楼梯其他”|“台阶”命令。

命令行：在命令行中直接输入 TJ，并按〈Enter〉键。

单击菜单命令后，显示“台阶”对话框，如图 10-57 所示。

2)操作指南

本命令直接绘制矩形单面台阶、矩形三面台阶、阴角台阶、沿墙偏移等预定样式的台阶，或把预先绘制好的 PLINE 转成台阶、直接绘制平台创建台阶。如平台不能由本命令创建，应下降一个踏步高绘制下一级台阶作为平台；直台阶两侧需要单独补充直线画出二维边界；台阶可以自动遮挡之前绘制的散水。

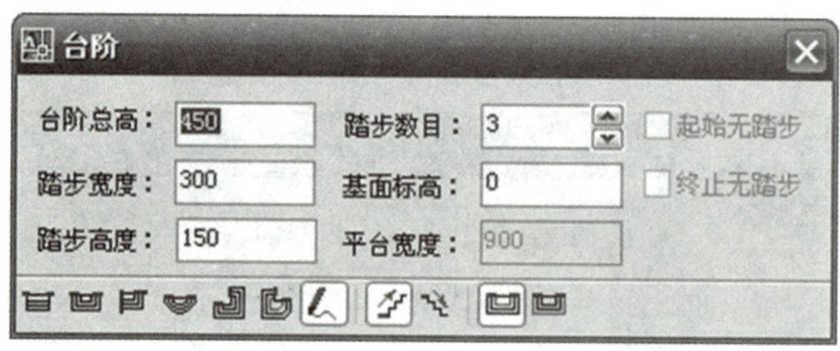

图 10-57 “台阶”对话框

工具栏从左到右分别为绘制方式、楼梯类型、基面定义 3 个区域，可组合成满足工程需要的各种台阶类型。

(1)绘制方式包括：矩形单面台阶、矩形三面台阶、矩形阴角台阶、弧形台阶、沿墙偏移绘制、选择已有路径绘制和任意绘制共 7 种。

(2)楼梯类型分为普通台阶与下沉式台阶两种，前者用于门口高于地坪的情况，后者用于门口低于地坪的情况。

(3)基面定义可以是平台面和外轮廓面两种，后者多用于下沉式台阶。

“台阶”对话框控件功能说明如图 10-58 所示。

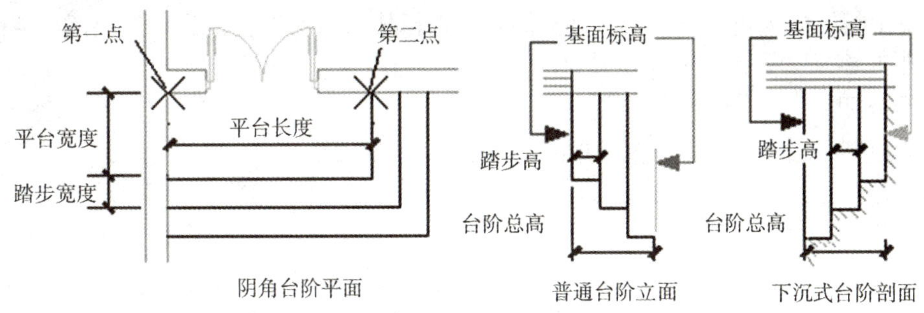

图 10-58　“台阶”对话框控件功能说明

10. 添加扶手

本命令以楼梯段或沿上楼方向的 PLINE 路径为基线，生成楼梯扶手；本命令可自动识别楼梯段和台阶，但是不识别组合后的多跑楼梯与双跑楼梯。

1) 命令调用

主菜单：“楼梯其他”|“添加扶手”命令。

命令行：在命令行中直接输入 TJFS，并按〈Enter〉键。

2) 操作指南

单击菜单命令后，命令行提示：

请选择梯段或作为路径的曲线(线/弧/圆/多段线)：

/选取梯段或已有曲线

扶手宽度<60>：100　　/输入新值或按〈Enter〉键接受默认值

扶手顶面高度<900>：　　/输入新值或按〈Enter〉键接受默认值

扶手距边<0>：　　/输入新值或按〈Enter〉键接受默认值

双击创建的扶手，可进入“扶手”对话框进行编辑，如图 8-59 所示。

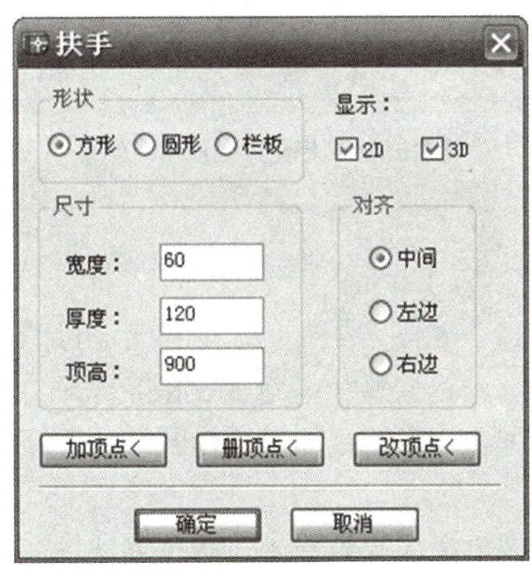

图 10-59　“扶手”对话框

11. 连接扶手

本命令把未连接的扶手彼此连接起来，如果准备连接的两段扶手的样式不同，连接后的样式以第一段为准；连接顺序要求是前一段扶手的末端连接下一段扶手的始端，梯段的扶手则按上行方向为正向，需要从低到高顺序选择扶手的连接，接头之间应留出空隙，不能相接和重叠。

1)命令调用

主菜单：“楼梯其他”|“连接扶手”命令。

命令行：在命令行中直接输入 LJFS，并按〈Enter〉键。

2)操作指南

单击菜单命令后，命令行提示：

选择待连接的扶手(注意与顶点顺序一致)：/选取待连接的第一段扶手

选择待连接的扶手(注意与顶点顺序一致)：/选取待连接的第二段扶手

12. 实例操作

1)楼梯

图 10-2 示例采用的是双跑楼梯，层高 3 m，楼梯间开间净距 2 160，进深 5 200。具体操作如下。

(1)命令调用。

主菜单：“楼梯其他”|“双跑楼梯”(SPLT)，弹出“双跑楼梯”对话框，如图 10-60 所示。

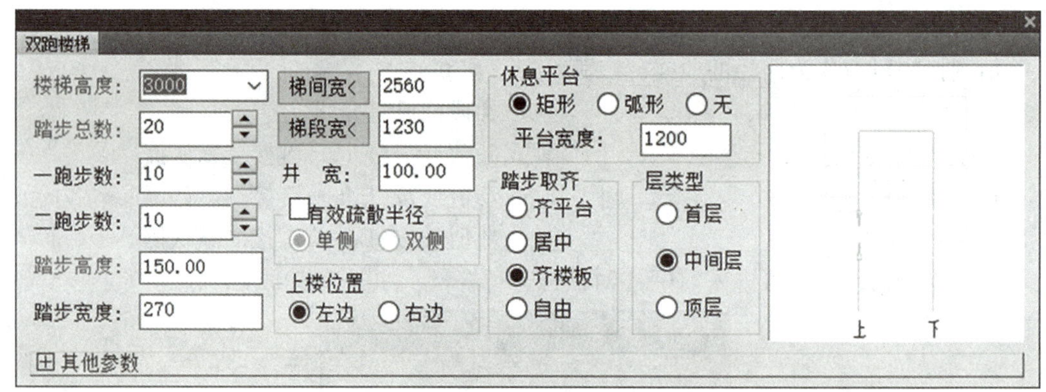

图 10-60 “双跑楼梯”对话框

(2)参数设置。

①楼梯高度：一般等于层高(3.0 m)；

②踏步总数：根据层高 3.0 m，一般踏步高度 150，可计算出需要踏步个数 20 个；改楼梯按照等跑楼梯设置，那么一跑步数和二跑步数相等都为 10 步；

③踏步高度：已经按高度 150 确定；如果楼梯间尺寸不够大，可以先设踏步高度再确定踏步个数；

④踏步宽度：一般楼梯间进深尺寸足够大，踏步宽度尺寸可按常用宽度 300 设计；如果楼梯间尺寸大小有限，踏步宽度尺寸也可在符合规范范围内调小；

⑤梯间宽：楼梯间开间净距，可以直接点取楼梯间宽度两点之间净间距；

⑥梯段宽：梯间宽减去井宽的一半尺寸，本例为 1 040；

⑦井宽：梯井宽度，按要求设置即可，本例设置为 80；

⑧上楼位置：需要根据实际情况自行设定，本例设计为左边；

⑨休息平台：休息平台的形状根据需求设计，本例为矩形；

⑩平台宽度：规范要求不小于楼梯梯段净宽，且不得小于 1.2 m，本例为 1 300；

⑪踏步取齐：需要根据实际情况自行设定，本例设计为齐楼板；

⑫层类型：按实际情况选择，本例为中间层。

最终设置参数后，“双跑楼梯”对话框显示如图 10-61 所示。然后单击楼梯插入点至楼梯间合适的位置。

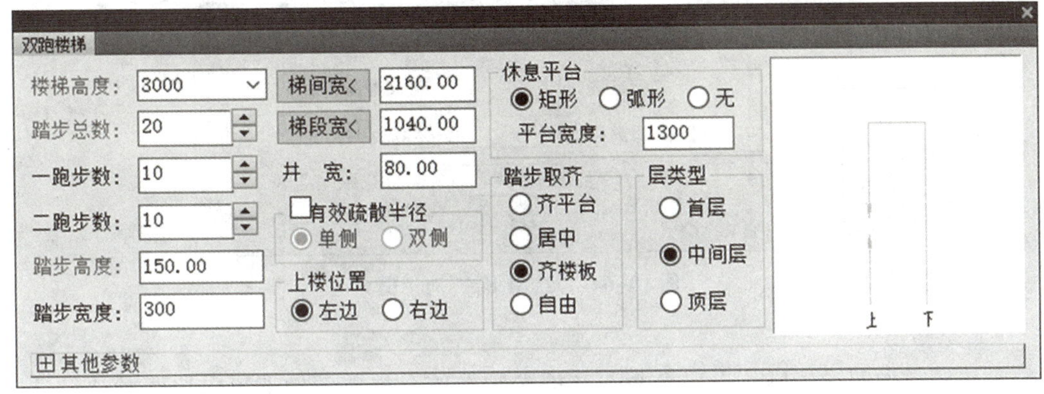

图 10-61　设置参数后的“双跑楼梯”对话框

2）电梯

（1）命令调用。

主菜单：“楼梯其他”｜“电梯”（DT），弹出“电梯参数”对话框，如图 10-62 所示。

（2）参数设置。

本工程案例是模拟项目，选择按井道决定轿厢尺寸，如图 10-63 所示。实际工程则按照具体使用和规范等要求进行参数设置。

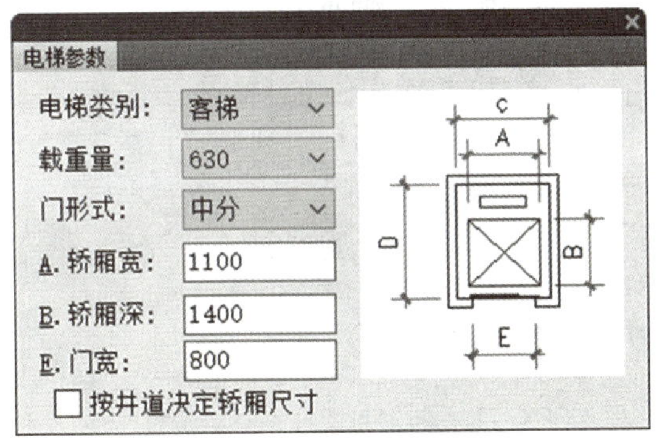

图 10-62　“电梯参数”对话框

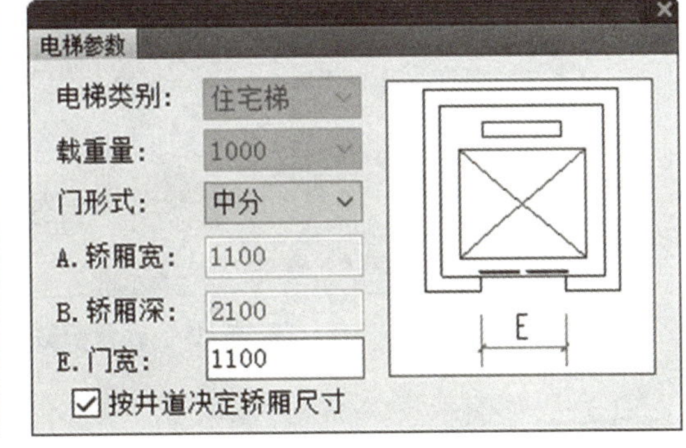

图 10-63　设置参数后的“电梯参数”对话框

（3）操作演示。

设置参数后，命令行提示：

命令：TElevator（DT）

请给出电梯间的一个角点或［参考点（R）］<退出>：/选择电梯间一个角点

再给出上一角点的对角点：　　　　　　　　　/选择电梯间另一个对角点

请点取开电梯门的墙线<退出>：　　　　　　　/选择电梯门开设的墙段

请点取平衡块的所在的一侧<退出>：　　　　　　/选择电梯平衡块所在的墙段，
按〈Enter〉键结束命令

3）阳台

本例有 3 个阳台，以②④和ⒶⒷ轴线的阳台为例，改阳台为凹阳台，操作步骤如下。

（1）命令调用。

主菜单：“楼梯其他”|“阳台”（YT），弹出“绘制阳台”对话框，如图 10-64 所示。

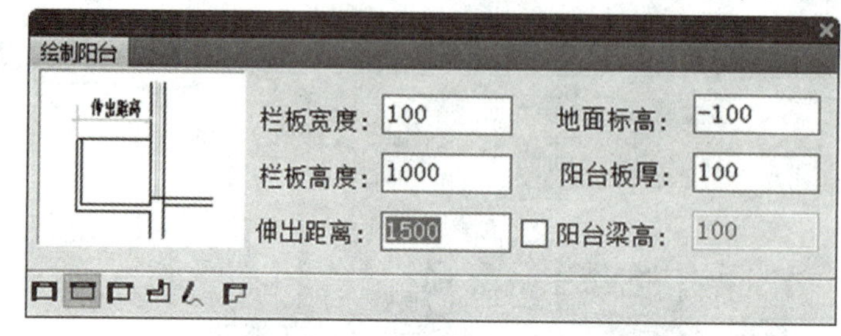

图 10-64　“绘制阳台”对话框

（2）参数设置。

伸出距离按照设计尺寸设置参数，其他参数在符合规范条件下可以按照默认尺寸设置，如图 10-65 所示。

①栏板宽度：按默认设置 100，具体情况按实际设置；

②栏板高度：按默认设置 1 000，具体情况按实际设置；

③伸出距离：图上设计尺寸 1 800；

④地面标高：按默认设置，具体情况按实际设置；

⑤阳台板厚：按默认设置，具体情况按实际设置；

⑥阳台类型：根据所处位置选择，本例为凹阳台。

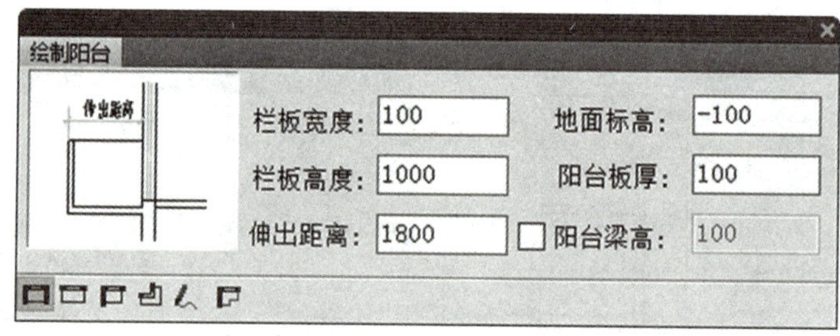

图 10-65　设置参数后的“绘制阳台”对话框

（3）操作演示。

设置参数后，命令行提示：

命令：TBalcony（YT）

阳台起点<退出>：　　　　/选择阳台起点

阳台终点或［翻转到另一侧（F）］<取消>：

/选择阳台另外一点；如果绘制阳台方向和所设计不符合，可以输入 F，翻转到另一侧

①②和ⒶⒷ轴线的阳台为阴角阳台，除了阳台类型选择“阴角阳台”，其他参数设置与上述阳台操作一致。②③和ⒺⒻ轴线处的阳台属于凹阳台，与前面操作方法相同。该案例

平面图是对称的，绘制完一侧的阳台可以使用镜像命令，直接绘制出另外一侧阳台。最后完成楼梯、电梯和阳台的绘制，如图 10-66 所示。

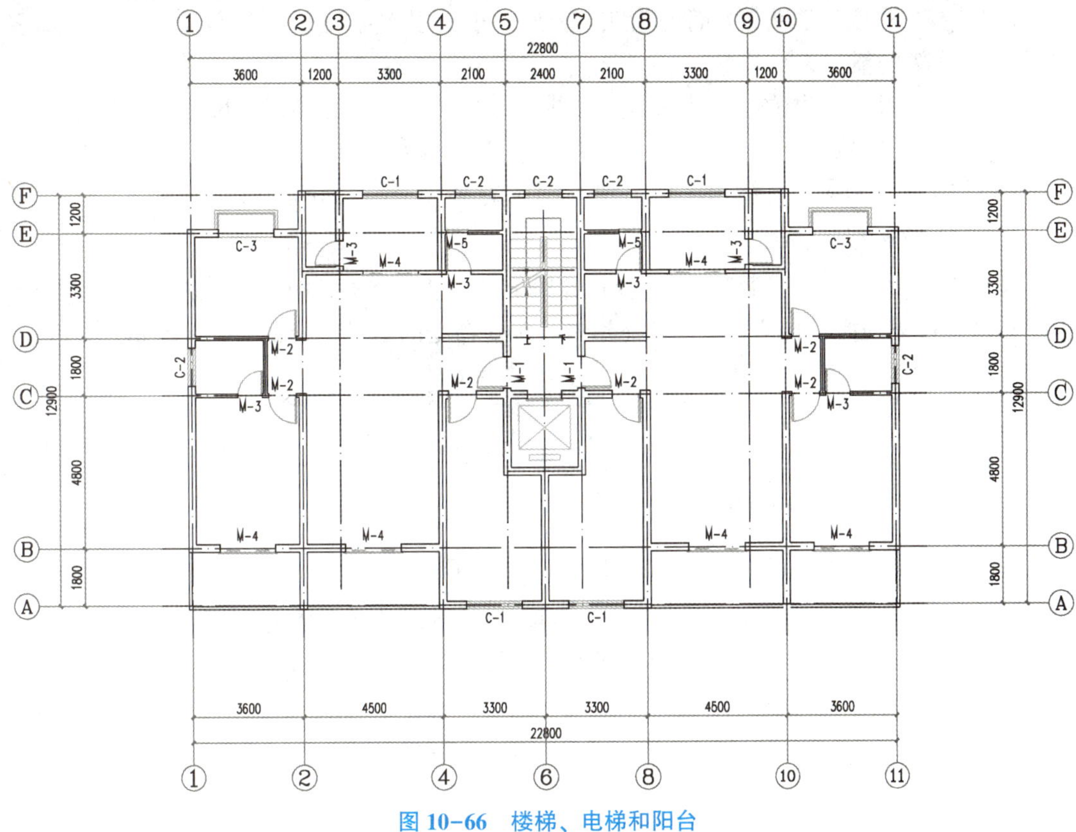

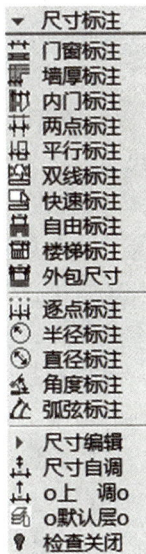

图 10-66　楼梯、电梯和阳台

10.2.5　尺寸标注

单击打开“尺寸标注”二级菜单，会显示门窗标注、墙厚标注、内门标注、两点标注、快速标注、逐点标注、直径(半径)标注、角度(弧弦)标注，以及尺寸编辑和尺寸自调等操作命令，如图 10-67 所示。用户可以根据不同标注位置采用不同标注方式，也可以根据本人操作习惯来选择合适的方式。

▾ 尺寸标注
门窗标注
墙厚标注
内门标注
两点标注
平行标注
双线标注
快速标注
自由标注
楼梯标注
外包尺寸
逐点标注
半径标注
直径标注
角度标注
弧弦标注
▸ 尺寸编辑
尺寸自调
o上　调o
o默认层o
检查关闭

图 10-67　“尺寸标注”菜单

1. 标注对象的样式

尺寸标注是设计图纸中的重要组成部分，图纸中的尺寸标注在国家颁布的建筑制图标准中有严格的规定。直接沿用 AutoCAD 本身提供的尺寸标注命令不适合建筑制图的要求，特别是编辑尺寸尤其显得不便，为此软件提供了自定义的尺寸标注系统，完全取代了 AutoCAD 的尺寸标注功能，分解后退化为 AutoCAD 的尺寸标注。

天正建筑自定义尺寸标注对象是基于 AutoCAD 的几种标注样式开发的，因此用户可通过修改 DDIM 中这几种 AutoCAD 标注样式更新尺寸标注对象的特性，支持角度与弧长标注中使用的箭头大小，尺寸文字离开标准位置时可以自动增加引线，但这些参数需要用户自行设置。

(1)支持修改“线”页面的尺寸线>超出标记实现尺寸线出头效果，修改“文字”页面文字位置的“从尺寸线偏移”调整文字与尺寸线距离。

(2)支持“符号和箭头”页面的箭头>箭头大小，用于标注弧长和角度的尺寸样式_TCH_ARROW 的箭头大小调整。

(3)支持“调整”页面的文字位置>尺寸线上方，带引线，使得移出尺寸界线外的小尺寸文字的归属更明确。

(4)角度标注对象的标注角度格式改为“度/分/秒”，符合制图规范的要求。

2. 尺寸标注的状态设置

菜单中提供了“尺寸自调”开关，使尺寸线上的标注文字拥挤时能自动进行上下移位调整，可来回反复切换，自调开关的状态影响各标注命令的结果，如图 10-68 所示。

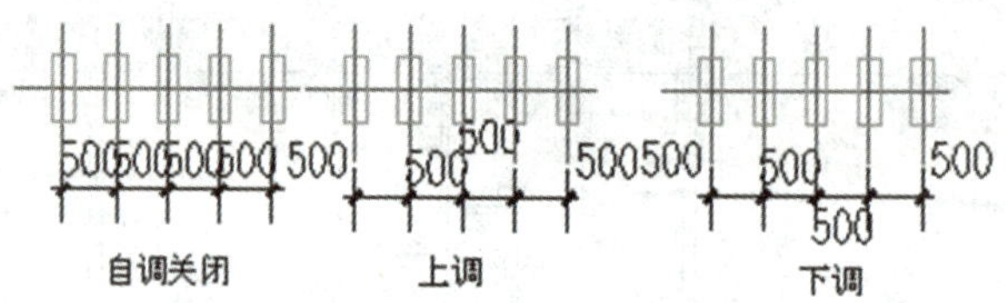

图 10-68　尺寸自调

菜单中提供了“尺寸检查”开关，使尺寸线上的文字能自动检查与测量值不符的标注尺寸，经人工修改过的尺寸以红色文字显示在尺寸线下的括号中，如图 10-69 所示。

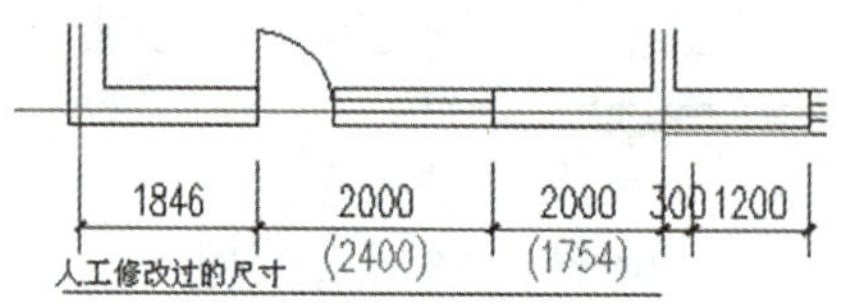

图 10-69　尺寸检查

3. 门窗标注

本命令适合标注建筑平面图的门窗尺寸，有两种使用方式：

(1)在平面图中参照轴网标注的第一、第二道尺寸线，自动标注直墙和圆弧墙上的门窗尺寸，生成第三道尺寸线；

(2)在没有轴网标注的第一、第二道尺寸线时，在用户选定的位置标注出门窗尺寸线。

1)命令调用

主菜单：“尺寸标注” | “门窗标注”命令。

命令行：在命令行中直接输入 MCBZ，并按〈Enter〉键。

2)操作指南

单击菜单命令后，命令行提示：

请用线选第一、第二道尺寸线及墙体：

起点<退出>：　/在第一道尺寸线外面不远处取一个点 P1

终点<退出>：　/在外墙内侧取一个点 P2，系统自动定位置绘制该段墙体的门窗标注

选择其他墙体：/添加被内墙断开的其他要标注墙体，按〈Enter〉键结束命令

操作过程可以参考图 10-70。

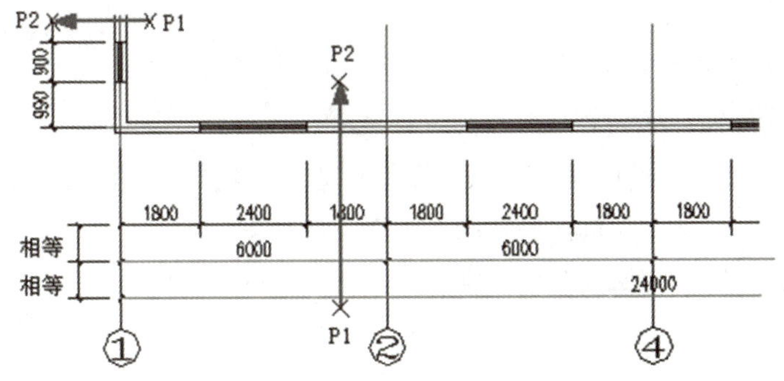

图 10-70　门窗标注

3)门窗标注联动

“门窗标注”命令创建的尺寸对象与门窗宽度具有联动的特性，在发生包括门窗移动、夹点改宽、对象编辑、特性编辑和格式刷特性匹配，使门窗宽度发生线性变化时，线性的尺寸标注将随门窗的改变联动更新；门窗的联动范围取决于尺寸对象的联动范围设定，即由起始尺寸界线、终止尺寸界线以及尺寸线和尺寸关联夹点所围合范围内的门窗才会联动，避免发生误操作。

沿着门窗尺寸标注对象的起点、中点和结束点另一侧共提供了 3 个尺寸关联夹点，其位置可以通过鼠标拖动改变，对于任何一个或多个尺寸对象可以在特性表中设置联动是否启用。

提示：目前带形窗与角窗(角凸窗)、弧窗还不支持门窗标注的联动；通过镜像、复制创建新门窗不属于联动，不会自动增加新的门窗尺寸标注。

4. 墙厚标注

本命令在图中一次标注两点连线经过的一至多段墙体对象的墙厚尺寸，标注中可识别墙体的方向，标注出与墙体正交的墙厚尺寸，在墙体内有轴线存在时标注以轴线划分的左右墙宽，墙体内没有轴线存在时标注墙体的总宽。

1)命令调用

主菜单：“尺寸标注”|“墙厚标注”命令。

命令行：在命令行中直接输入 QHBZ，并按〈Enter〉键。

2)操作指南

单击菜单命令后，命令行提示：

直线第一点<退出>:　　　　/在标注尺寸线处点取起始点

直线第二点<退出>:　　　　/在标注尺寸线处点取结束点

5. 两点标注

本命令为两点连线附近有关系的轴线、墙线、门窗、柱子等构件标注尺寸，并可标注各墙中点或者添加其他标注点，快捷键〈U〉可撤销上一个标注点。

1)命令调用

主菜单：“尺寸标注”|“两点标注”命令。

命令行：在命令行中直接输入 LDBZ，并按〈Enter〉键。

2)操作指南

单击菜单命令后，命令行提示：

选择起点(当前墙面标注)或［墙中标注(C)］<退出>：

/在标注尺寸线一端点取起始点或输入 C 进入墙中标注，提示相同

选择终点<退出>：　/在标注尺寸线另一端点取结束点

选择标注位置点：　/通过光标移动的位置，程序自动搜索离尺寸段最近的墙体上的门窗和柱子对象，靠近哪侧的墙体，该侧墙上的门窗、柱子对象的尺寸线会被预览出来

选择终点或门窗柱子：/可继续选择门窗柱子标注，按〈Enter〉键结束选择

取点时可选用有对象捕捉(快捷键〈F3〉切换)的取点方式定点，天正建筑将前后多次选定的对象与标注点一起完成标注。

两点标注的实例如图 10-71 所示。墙中标注的实例如图 10-72 所示。

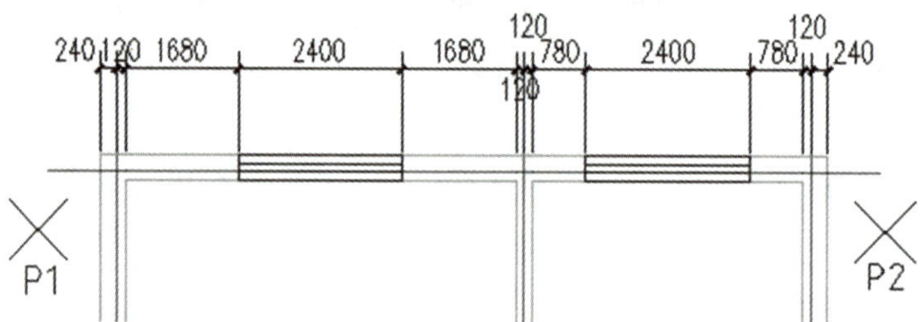

图 10-71　两点标注

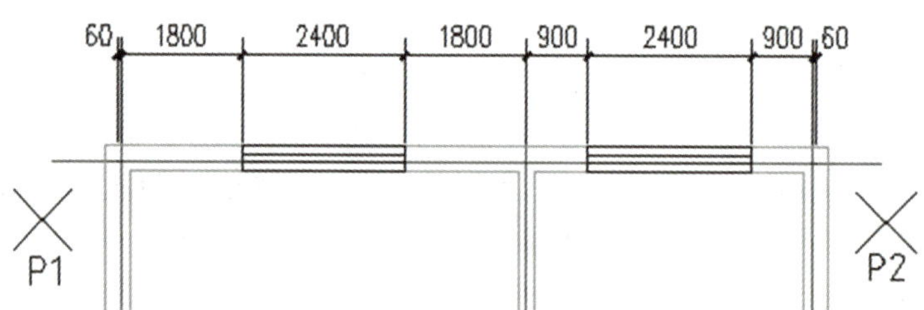

图 10-72　墙中标注

6. 平行标注

本命令用于平面平行轴线以及其他平行对象之间的间距尺寸标注。

1)命令调用

主菜单：“尺寸标注”|“平行标注”命令。

命令行：在命令行中直接输入 PXBZ，并按〈Enter〉键。

2)操作指南

单击菜单命令后，命令行提示：

请选择起点或［设置图层过滤(S)］<退出>：

/在需要标注的轴线一侧点取起点或者输入 S 来设置图层过滤

选择终点<退出>：　/在标注对象的另一侧点取终点，程序自动生成标注

请点取尺寸线位置<退出>：

/单击尺寸线位置，命令完成；右击，或者按〈Enter〉键、〈Space〉键结束命令

如果在命令行第一步提示后输入 S，则弹出“图层过滤设置”对话框，如图 10-73 所示。

首次执行命令文本框中默认的图层为轴线图层 DOTE。

如果需要在图层过滤设置中添加图层，可单击对话框右侧的“图中选取<”按钮，对话框关闭，命令行提示：

请选择对象<返回>：

点选或者框选需要添加图层上的对象，命令行反复提示直到结束命令，重新弹出“图层过滤设置”对话框，此时对话框已添加了所选对象所在的图层，如选择了墙体，则对话框中增加了墙体图层名称，如图 10-74 所示。

图 10-73　“图层过滤设置”对话框

图 10-74　添加图层

或者在执行命令之前选择了所需添加图层上的对象，在此步骤可以直接单击“图中选取<”按钮，文本框中自动添加所选对象的图层名称，此功能可重复操作。

完成上一步选取后可单击对话框的“确定”按钮，如果要撤销之前的选取，可单击“取消”按钮，命令行回到第一步操作步骤提示。

如果把文本框中所有的图层删除，单击“确定”按钮，则标注不受图层限制，即所有的图层上的对象均可被标注。

7. 内门标注

本命令用于标注平面室内门窗尺寸以及定位尺寸线，其中定位尺寸线与邻近的正交轴线或者墙角（墙垛）相关。

1）命令调用

主菜单：“尺寸标注”｜“内门标注”命令。

命令行：在命令行中直接输入 NMBZ，并按〈Enter〉键。

2）操作指南

单击菜单命令后，弹出“内门标注”对话框，如图 10-75 所示，显示内门标注依据：轴线定位、垛宽定位和轴线+垛宽。选择合适的标注依据后，命令行提示：

请用线选门窗，并且第二点作为尺寸线位置！

起点或[垛宽定位（A）]<退出>：

/在标注门窗的另一侧点取起点或者输入 A 改为垛宽定位

终点<退出>：　　/经过标注的室内门窗，在尺寸线标注位置上给定终点

图 10-75 “内门标注”对话框

8. 逐点标注

本命令是一个通用的灵活标注工具，对选取的一串给定点沿指定方向和选定的位置标注尺寸。特别适用于没有指定天正对象特征，需要取点定位标注的情况，以及其他标注命令难以完成的尺寸标注。

1)命令调用

主菜单：“尺寸标注”|“逐点标注”命令。

命令行：在命令行中直接输入 ZDBZ，并按〈Enter〉键。

2)操作指南

单击菜单命令后，命令行提示：

起点或［参考点(R)］<退出>:/点取第一个标注点作为起始点

第二点<退出>:　　　　　　/点取第二个标注点

请点取尺寸线位置或［更正尺寸线方向(D)］<退出>:

/拖动尺寸线，点取尺寸线就位点，或输入 D 选取线或墙对象用于确定尺寸线方向

请输入其他标注点或［撤消上一标注点(U)］<结束>:

/逐点给出标注点，并可以回退

……

请输入其他标注点或［撤消上一标注点(U)］<结束>:

/继续取点，按〈Enter〉键结束命令

逐点标注实例如图 10-76 所示。

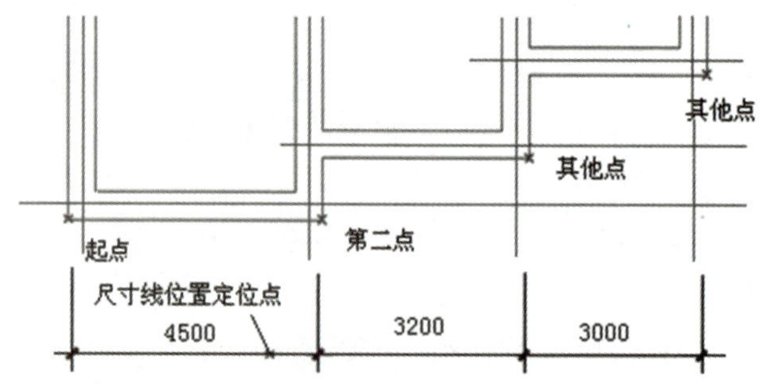

图 10-76 逐点标注

尺寸标注除了以上讲解的标注方式，还有“自由标注”“快速标注”“楼梯标注”“外包尺寸”“直径标注”“半径标注”“角度标注”和“弧弦标注”，其标注方法可以按照命令行提示进行操作。

本例选用门窗标注和逐点标注等方式进行第三道尺寸线标注和内部门窗的标注，具体如图 10-77 所示。

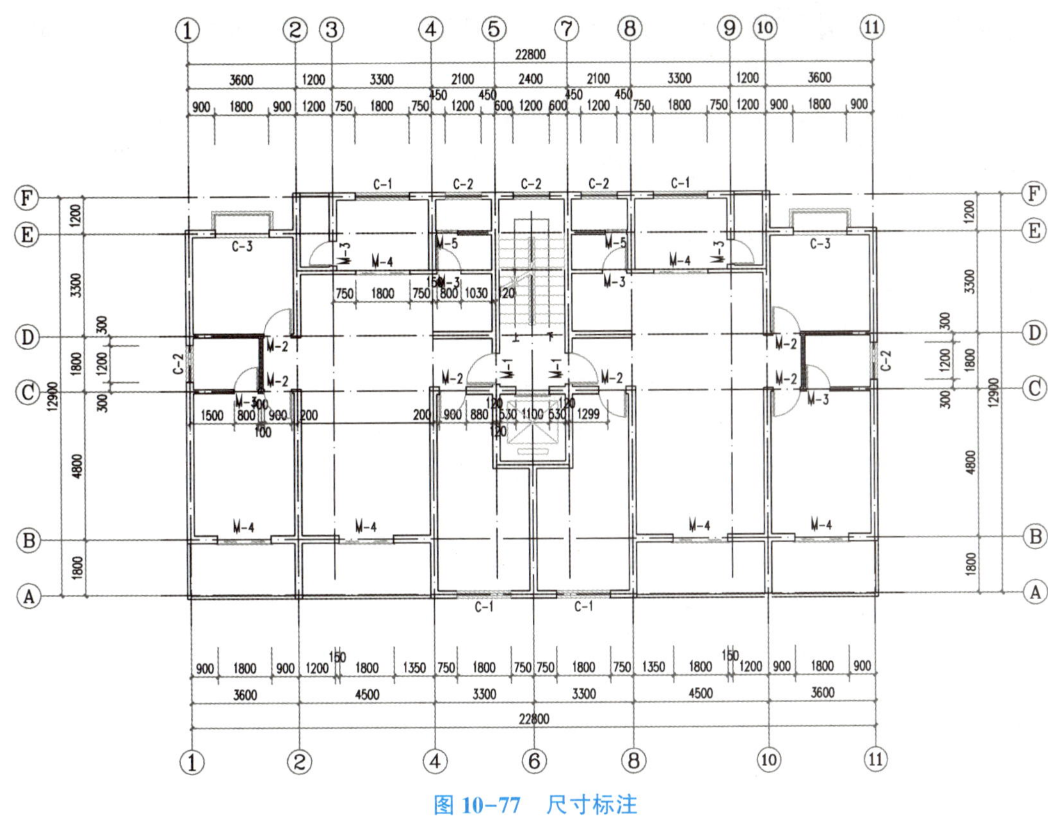

图 10–77　尺寸标注

10. 2. 6　符号标注

建筑施工图有大量的工程符号，如剖切符号、标高标注、做法标注、坐标标注、指北针、箭头引注、引出标注、图名标注等。“符号标注”菜单如图 10–78 所示。

天正软件提供了一整套的自定义工程符号对象，这些符号对象可以方便地绘制。使用自定义工程符号对象，不是简单地插入符号图块，而是在图上添加代表建筑工程专业含义的图形符号对象。工程符号对象提供了专业夹点定义和内部保存有对象特性数据，根据绘图的不同要求，还可以在图上已插入的工程符号上，拖动夹点或者按〈Ctrl+1〉启动对象特性栏，在其中更改工程符号的特性，双击符号中的文字，启动在位编辑即可更改文字内容。

1. 符号标注的特点

(1) 引入了文字的在位编辑功能，只要双击符号中涉及的文字进入在位编辑状态，无需命令即可直接修改文字内容。

(2) 索引符号提供多索引，拖动“改变索引个数”夹点可增减索引号，还提供了在索引延长线上标注文字的功能。

(3) 剖切索引符号可添加多个剖切位置线，可拖动夹点分别改变剖切位置线各段长度，引线可增加转折点。

T20天...
设　置
轴网柱子
墙　体
门　窗
房间屋顶
楼梯其他
立　面
剖　面
文字表格
尺寸标注
符号标注
静态标注
坐标标注
坐标检查
标高标注
标高检查
标高对齐
箭头引注
引出标注
做法标注
索引符号
索引图名
剖切符号
绘制云线
加折断线
画对称轴
画指北针
图名标注
o默认层o
文字复位

图 10–78　“符号标注”菜单

（4）箭头引注提供了规范的半箭头样式，用于坡度标注，坐标标注提供了4种箭头样式。

（5）图名标注对象方便了比例修改时的图名的更新，文字加圈功能便于注写轴号。

（6）工程符号标注改为无模式对话框连续绘制方式，不必单击“确定”按钮，提高了效率。

（7）做法标注结合了“专业词库”命令，提供了标准的楼面、屋面和墙面做法，支持新制图规范的索引点标注功能。

2. 符号标注的功能

天正的符号对象可随图形指定范围的绘图比例的改变，对符号大小、文字字高等参数进行适应性调整以满足规范的要求。剖面符号除了可以满足施工图的标注要求，还为生成剖面定义了与平面图的对应规则。天正符号标注扩展了“文字复位”命令的功能，可以恢复包括标高符号、箭头引注、剖面剖切和断面剖切4个对象中的文字原始位置。

符号标注的各命令由主菜单下的“符号标注”子菜单引导：

（1）“索引符号”和“索引图名”用于标注索引号；

（2）“剖切符号”用于标注多种剖切符号，同时为剖面图的生成提供了依据；

（3）“画指北针”和“箭头绘制”分别用于在图中画指北针和指示方向的箭头；

（4）“引出标注”和“做法标注”主要用于标注详图；

（5）“图名标注”为图中的各部分注写图名；

（6）“绘制云线”表示审校后需要修改的范围。

3. 标高标注

“标高标注”命令在界面中分为两个页面，分别用于建筑专业的平面图标高标注、立剖面图楼面标高标注，以及总图专业的地坪标高标注、绝对标高和相对标高的关联标注。地坪标高符合总图制图规范的三角形、圆形实心标高符号，提供可选的两种标注排列。标高数字右方或者下方可加注文字，说明标高的类型。标高文字提供夹点，需要时可以拖动夹点移动标高文字。

1）命令调用

主菜单：“符号标注”|“标高标注”命令。

命令行：在命令行中直接输入BGBZ，并按〈Enter〉键。

单击菜单命令后，显示“标高标注”对话框，如图10-79所示。

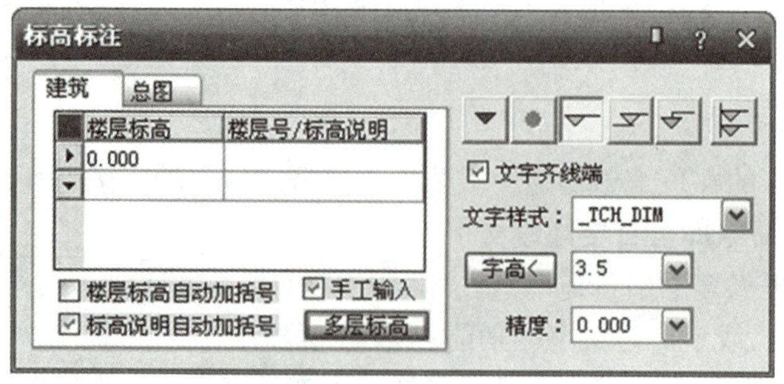

图10-79 “标高标注”对话框

2) 操作指南

单击菜单命令后，显示对话框。默认不勾选“手工输入”复选框，自动取光标所在的 Y 坐标作为标高数值；当勾选“手工输入”复选框时，要求在表格内输入楼层标高。

其他参数包括文字位置、文字样式与字高、精度的设置。上面有 5 个可按下的图标按钮：“实心三角”除了用于总图也用于沉降点标高标注，其他几个按钮可以同时起作用，如可注写带有“基线”和“引线”的标高符号，此时命令提示点取基线端点，也提示点取引线位置。

4. 剖切符号

本命令支持任意角度的转折剖切符号绘制功能，用于图中标注制图标准规定的剖切符号，用于定义编号的剖面图，表示剖切断面上的构件以及从该处沿视线方向可见的建筑部件。生成剖面时执行“建筑剖面”与“构件剖面”命令需要事先绘制此符号，用以定义剖面方向。

1) 命令调用

主菜单：“符号标注” | “剖切符号”命令。

命令行：在命令行中直接输入 PQFH，并按〈Enter〉键。

单击菜单命令后，显示“剖切符号”对话框，如图 10-80 所示。

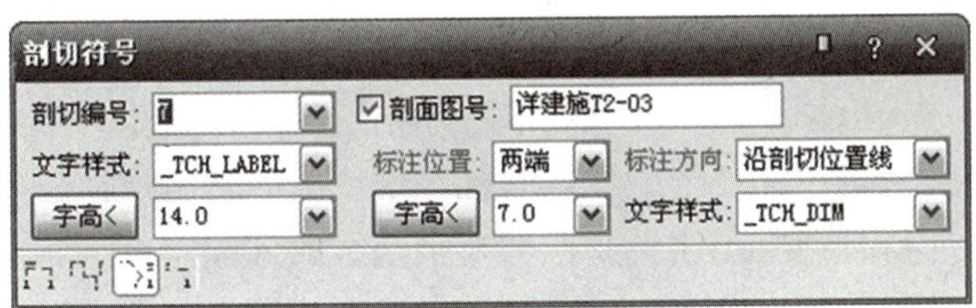

图 10-80　“剖切符号”对话框

2) 操作指南

单击菜单命令后，显示对话框。工具栏从左到右，分别是“正交剖切”“正交转折剖切”“非正交转折剖切”“断面剖切”命令共 4 种剖面符号的绘制方式，勾选“剖面图号”，可在剖面符号处标注索引的剖面图号，右边的标注位置、标注方向、字高、文字样式都是有关剖面图号的。剖面图号的标注方向有两个：剖切位置线与剖切方向线，两者的含义如图 10-81 所示。

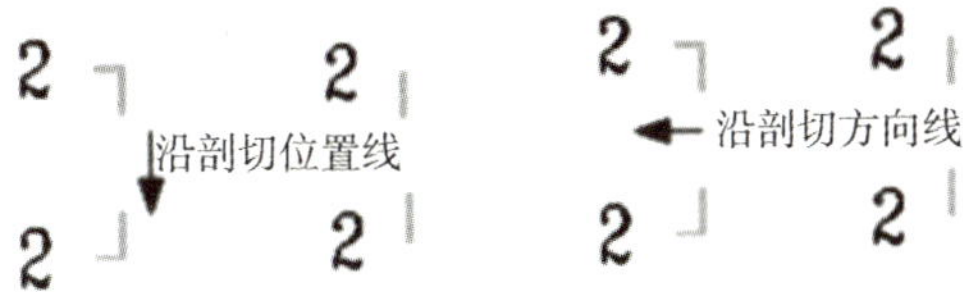

图 10-81　剖切位置线与剖切方向线

5. 做法标注

“做法标注”用于在施工图纸上标注工程的材料做法，通过专业词库可调入常用的墙面、地面、楼面、顶棚和屋面标准做法，软件提供了多行文字的做法标注文字，支持多行文字位置和宽度的控制夹点。

1)命令调用

主菜单：“符号标注”|“做法标注”命令。

命令行：在命令行中直接输入 ZFBZ，并按〈Enter〉键。

单击菜单命令后，显示“做法标注”对话框，如图 10-82 所示。

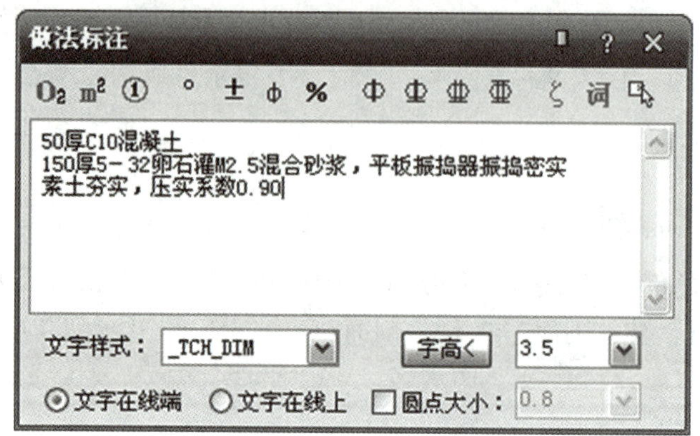

图 10-82 “做法标注”对话框

2)操作指南

单击菜单命令后，显示对话框。在对话框中编辑好标注内容及其形式后，命令行提示：

请给出标注第一点<退出>: /点取标注引线端点位置作为第一点

请给出标注第二点<退出>: /点取标注引线上的转折点

请给出文字线方向和长度<退出>: /拉伸文字基线的末端定点

请输入其他标注点<结束>: /拖动在做法标注圆点位置上定点

请输入其他标注点<结束>: /拖动在做法标注圆点位置上定点

请输入其他标注点<结束>: /按〈Enter〉键结束命令

符号标注类型较多，本节主要介绍了“标高标注”“剖切符号”“做法标注”，其他如“坐标标注”“指北针”“箭头引注”“引出标注”“图名标注”等，其操作方法大同小异，要么十分简单，不再赘述。

10.2.7 文字表格

文字表格的绘制在建筑制图中占有重要的地位，所有的符号标注和尺寸标注的注写离不开文字内容，而必不可少的设计说明整个图面主要由文字和表格所组成。

1. 文字样式

1)命令调用

主菜单：“文字表格”|“文字样式”命令。

命令行：在命令行中直接输入 WZYS，并按〈Enter〉键。

单击菜单命令后，显示“文字样式”对话框，如图 10-83 所示。

2)操作指南

可以根据制图要求对字体样式进行设置。如果没有特殊要求，选用天正默认字体样式即可。天正对 AutoCAD 的部分字体存在名义字高与实际字高不等的问题作了自动修正，使汉字与西文的文字标注符合国家制图标准的要求。

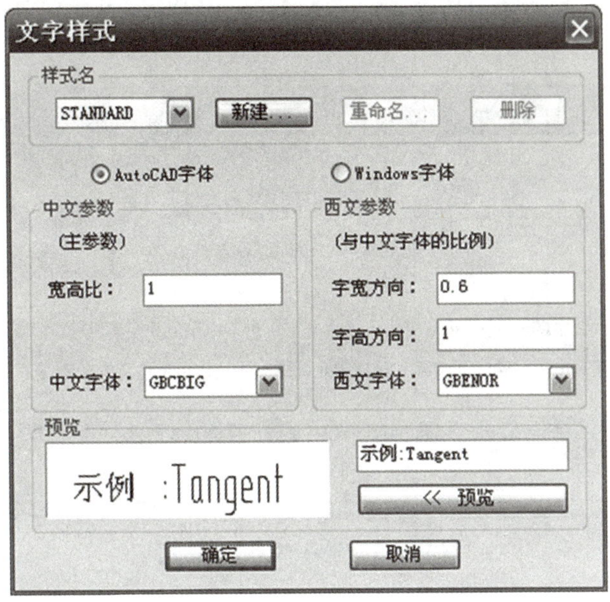

图 10-83 “文字样式”对话框

2. 单行文字

“单行文字”命令使用已经建立的天正文字样式，输入单行文字，可以方便为文字设置上下标、加圆圈、添加特殊符号，导入专业词库内容。

1) 命令调用

主菜单：“文字表格”|“单行文字”命令。

命令行：在命令行中直接输入 DHWZ，并按〈Enter〉键。

2) 操作指南

单击菜单命令后，显示“单行文字”对话框，如图 10-84 所示。按要求直接输入相应文字即可。

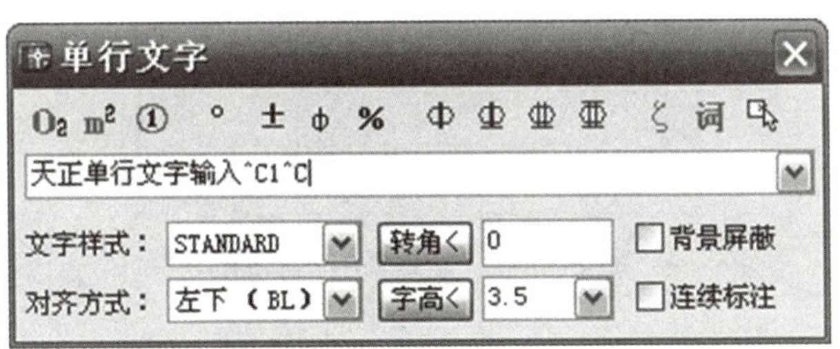

图 10-84 “单行文字”对话框

3. 多行文字

“多行文字”和“单行文字”命令都是使用天正文字样式。不同的是“多行文字”可以按段落输入多行中文文字，可以方便设定页宽与硬回车位置，并随时拖动夹点改变页宽。

1) 命令调用

主菜单：“文字表格”|“多行文字”命令。

2)操作指南

单击菜单命令后，显示“多行文字”对话框，如图 10-85 所示。按要求直接输入相应文字即可。

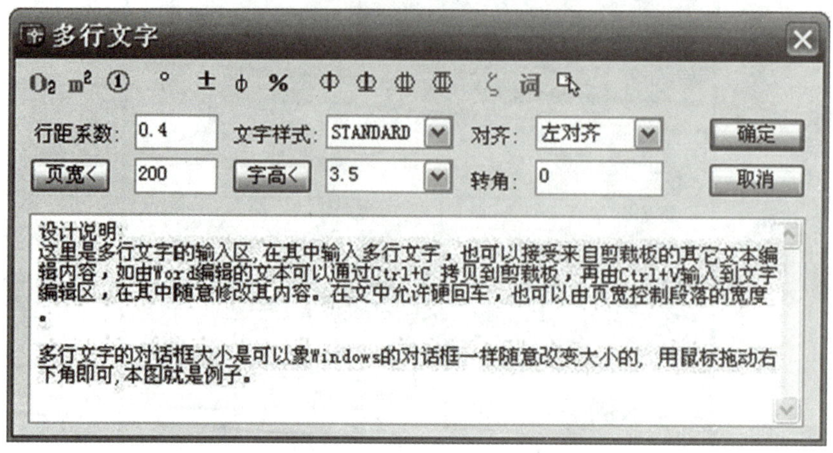

图 10-85 “多行文字”对话框

4. 新建表格

从已知行列参数通过对话框新建一个表格，提供以最终图纸尺寸值(毫米)为单位的行高与列宽的初始值，考虑了当前比例后自动设置表格尺寸大小。

1)命令调用

主菜单：“文字表格”|“新建表格”命令。

命令行：在命令行中直接输入 XJBG，并按〈Enter〉键。

单击菜单命令后，显示“新建表格”对话框，如图 10-86 所示。

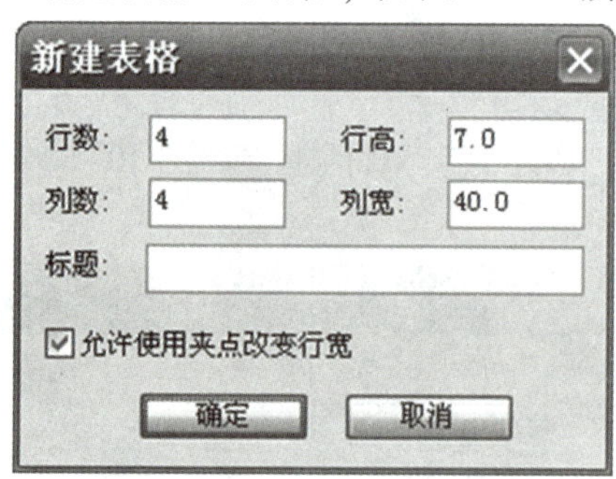

图 10-86 “新建表格”对话框

2)操作指南

在其中输入表格的标题以及所需的行数和列数，单击“确定”按钮后，命令行提示：

左上角点或［参考点(R)］<退出>:　　/给出表格在图上的位置

单击选中表格，双击需要输入的单元格，即可启动“在位编辑”功能，在编辑栏进行文字输入。

本例“符号标注”和“文字表格”标注了“剖切符号”“指北针”“图名标注”及“文字标注”，具体如图 10-87 所示。

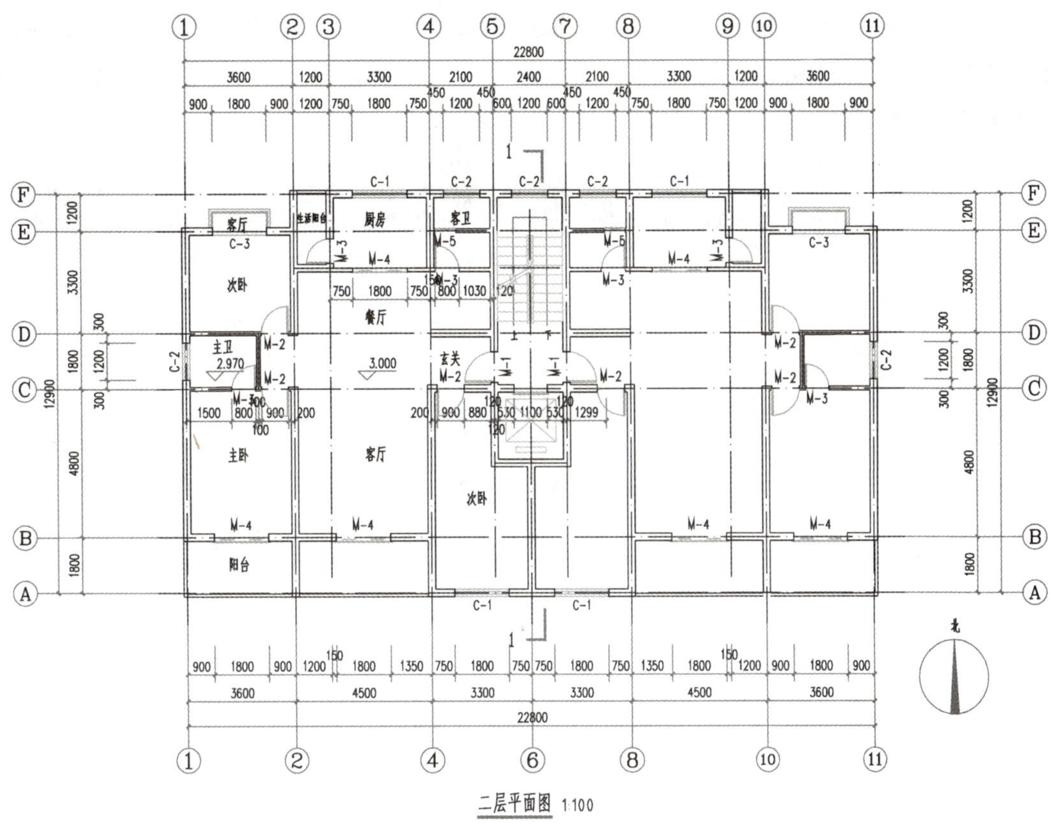

图 10-87　符号和文字标注

10.2.8　图块图案

天正图库提供大量建筑图块，方便用户直接插入常用的图块和模型，如门窗图库、家具图库等，减轻设计者重复的工作。

1. 通用图库

调用图库管理系统的菜单命令，除了本命令，其他很多命令也在其中调用图库中的有关部分进行工作，如插入图框时就调用了其中的图框库内容。图块名称表提供了人工拖动排序操作和保存当前排序功能，方便了用户对大量图块的管理。图库的内容既可以选择按天正图块插入，也可以按 AutoCAD 图块插入，满足了用户插入 AutoCAD 属性块和动态块的需求。

1) 命令调用

主菜单："图块图案" | "通用图库"命令。

命令行：在命令行中直接输入 TYTK，并按〈Enter〉键。

单击菜单命令后，显示"天正图库管理系统"对话框，如图 10-88 所示。

2) 操作指南

单击菜单命令后，图库显示对话框。天正图库界面包括六大部分：图库工具栏、菜单栏、图库类别区、图块名称表、图块预览区、图库状态栏。对话框大小可随意调整并记录最后一次关闭时的尺寸。类别区、图块名称表和图块预览区之间也可随意调整最佳可视大小及相对位置，贴近用户的操作顺序，符合 Windows 的使用风格，其中菜单栏方便不熟悉图标的用户使用。对话框控件具体说明如表 10-3 所示。

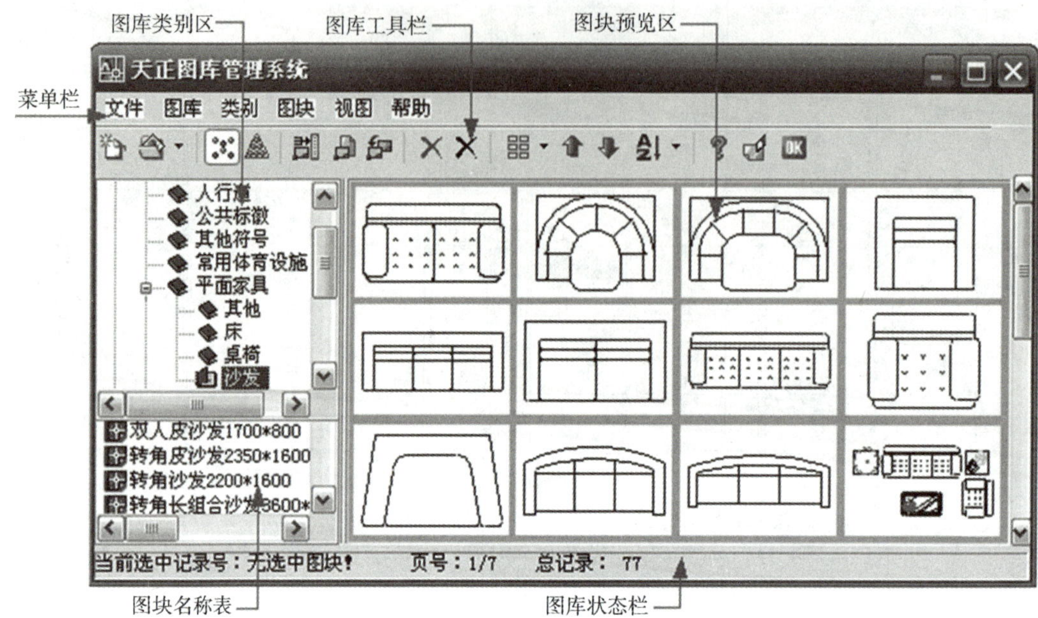

图 10-88 “天正图库管理系统”对话框

表 10-3 “天正图库管理系统”对话框控件具体说明

控件	功能
图库工具栏	提供部分常用图库操作的按钮命令
菜单栏	和图库工具栏功能类似，以下拉菜单的形式提供常用图库操作的命令
图库类别区	显示当前图库或图库组文件的树形分类目录
图块名称表	图块的描述名称(并非插入后的块定义名称)，与图块预览区的图片一一对应。选中某图块名称，然后单击该图块可重新命名
图块预览区	显示类别区被选中类别下的图块幻灯片或彩色图片，被选中的图块会被加亮显示，可以使用滚动条或鼠标滚轮翻滚浏览
图库状态栏	根据状态的不同显示图块信息或操作提示

2. 图块的对象编辑

无论是天正图块还是 AutoCAD 图块，可以通过“对象编辑”功能准确地修改尺寸大小。选中图块，右击并选择“对象编辑”命令，即可调出“图块编辑”对话框对图块进行编辑和修改，可以按“输入比例”修改或者按“输入尺寸”修改，单击“确定”按钮完成修改，如图 10-89 所示。

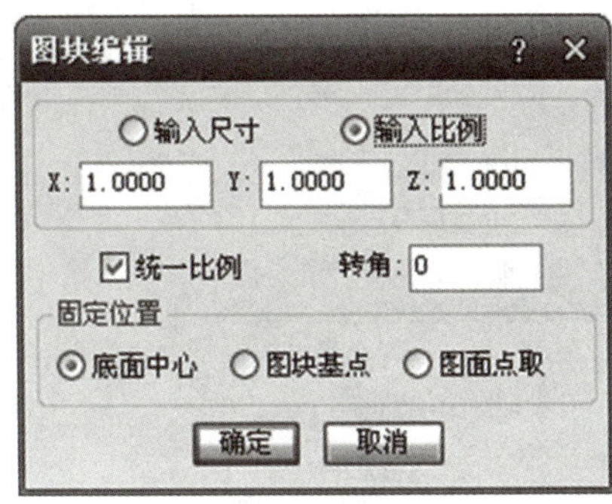

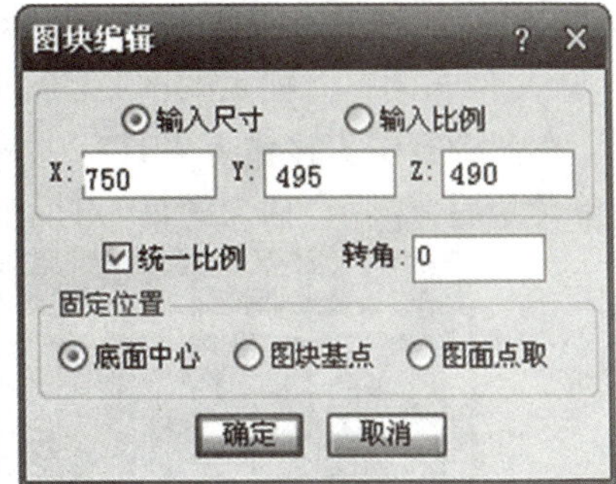

图 10-89　“图块编辑”对话框

10.2.9　文件布图

“文件布图”主要包含“工程管理”“插入图框”“图纸目录”“定义视口”“改变比例”等功能模块。

1. 工程管理

工程管理允许用户使用一个 DWG 文件通过楼层范围(默认不显示)保存多个楼层平面，通过楼层范围定义自然层与标准层关系，也容许用一个 DWG 文件保存一个楼层平面，此时也需要定义楼层范围，用于区分在 DWG 文件中属于工程的平面图部分，通过楼层范围中的对齐点把各楼层平面对齐并组装起来。

本命令启动工程管理界面，建立由各楼层平面图组成的楼层表，在界面上方提供了创建立面、剖面、三维模型等图形的工具栏图标。

1)命令调用

主菜单：“文件布图”|“工程管理”命令。

命令行：在命令行中直接输入 GCGL，并按〈Enter〉键。

单击菜单命令后，显示“工程管理”对话框，如图 10-90 所示。

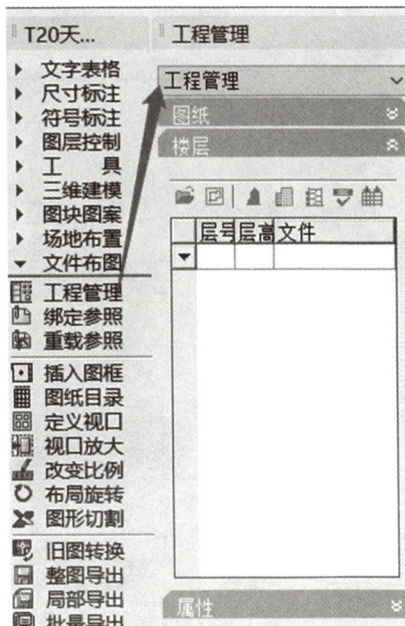

图 10-90　“工程管理”对话框

2)操作指南

单击菜单命令或按快捷键〈Ctrl+~〉均可启动工程管理界面，并可设置为“自动隐藏”，仅显示一个共用的标题栏。单击界面上方的下拉列表，可以打开工程管理菜单，其中选择“工程管理”命令。

2. 插入图框

在当前模型空间或图纸空间插入图框，新增“标准标题栏”和“通长标题栏”功能，以及“直接插图框”功能，预览图像框提供鼠标滚轮缩放与平移功能，插入图框前按当前参数拖动图框，用于测试图幅是否合适。图框和标题栏均统一由图框库管理，能使用的标题栏和图框样式不受限制，带属性标题栏支持图纸目录生成。

1）命令调用

主菜单：“文件布图”|“插入图框”命令。

命令行：在命令行中直接输入 CRTK，并按〈Enter〉键。

单击菜单命令后，显示“插入图框”对话框，如图 10-91 所示。

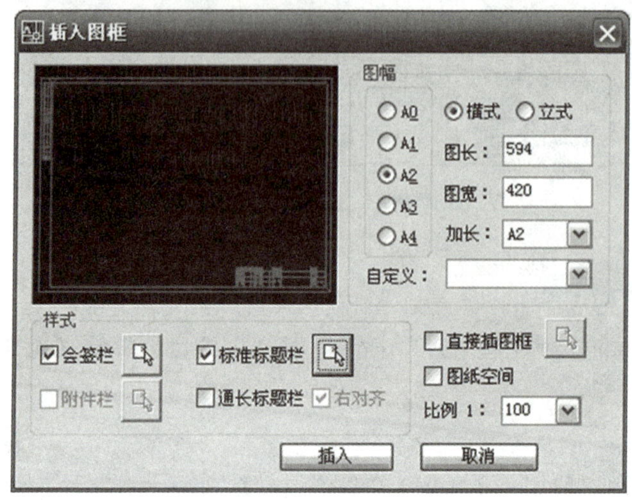

图 10-91 “插入图框”对话框

2）操作指南

单击菜单命令后，显示对话框，根据图纸情况设置插入图框对话框有关数据信息。本案例选择 A3 图纸，如图 10-92 所示。

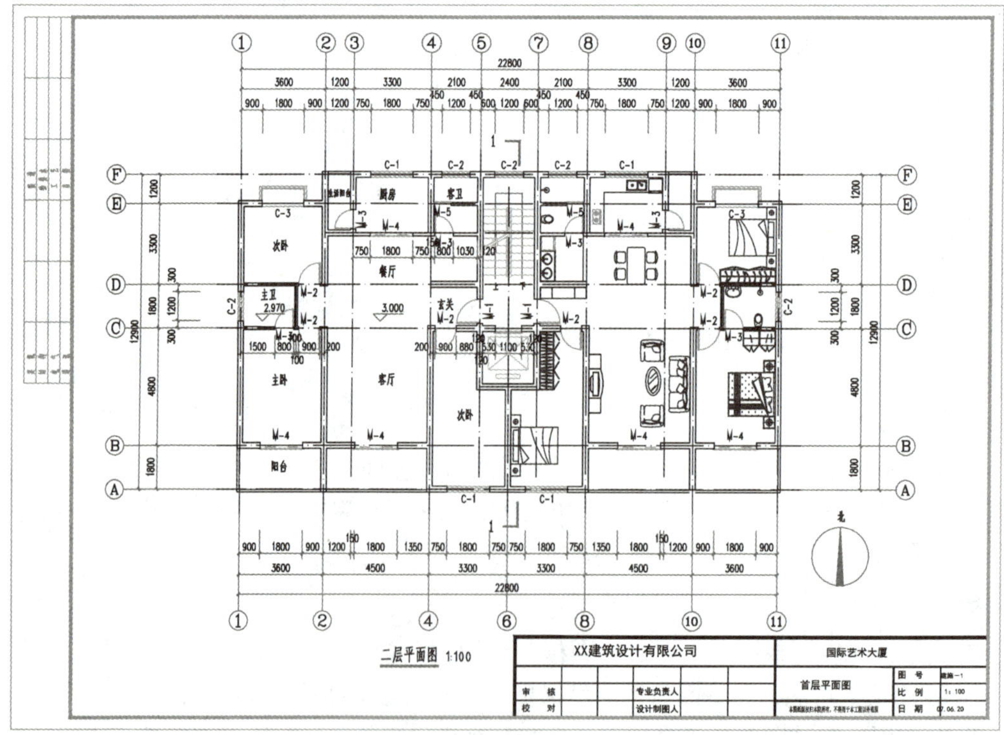

图 10-92 插入图框

10.3 绘制建筑立面图和剖面图

建筑平面图是绘制建筑施工图的基础，通常在完成建筑平面图后，需要根据平面图来绘制建筑立面图和建筑剖面图。天正建筑除了可以方便快捷地绘制建筑平面图，还可以根据画完的平面图，自动生成立面图和剖面图。在自动生成建筑立面图和建筑剖面图之前，需要将不同楼层的平面图准确规范地绘制完毕。

10.3.1 工程管理

天正建筑可以根据之前绘制的平面图自动生成建筑立(剖)面图，但条件是需要使用天正主菜单命令完成平面图的绘制，且要设置和高度有关的尺寸。建筑平面图完成以后，还需要进行工程管理，才能自动生成建筑立(剖)面图。

1. 命令调用

主菜单：“文件布图”|“工程管理”命令。

命令行：在命令行中直接输入 GCGL，并按〈Enter〉键。

2. 操作指南

单击菜单命令后，显示“工程管理”对话框。

(1)新建工程：单击“工程管理”对话框上部“新建工程”命令，如图 10-93 所示。接着弹出“另存为”对话框，如图 10-94 所示。

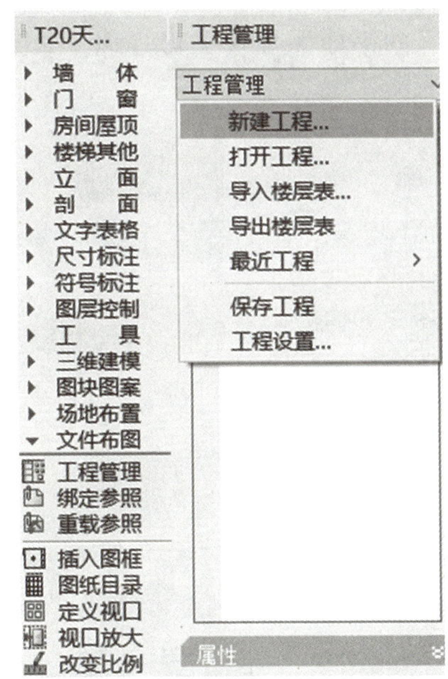

图 10-93 “新建工程”命令

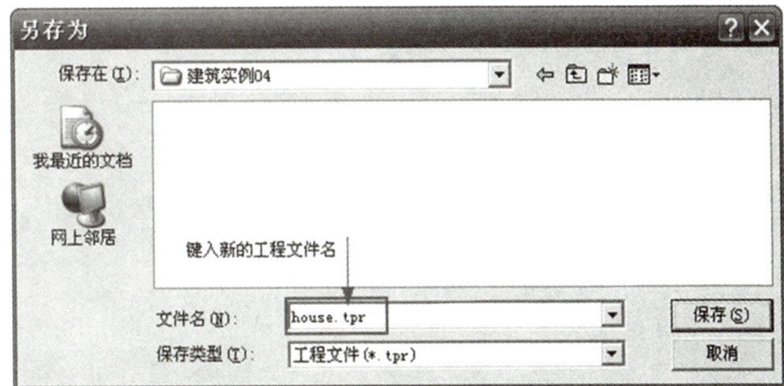

图 10-94 “另存为”对话框

(2)导入楼层：将之前绘制的每一层建筑平面图，导入楼层表。单击“选择标准层文件”图标，如图 10-95 所示。然后打开每一层平面图文件，设置层高。同样，单击楼层表里最后的按钮也可以导入楼层，如图 10-96 所示。

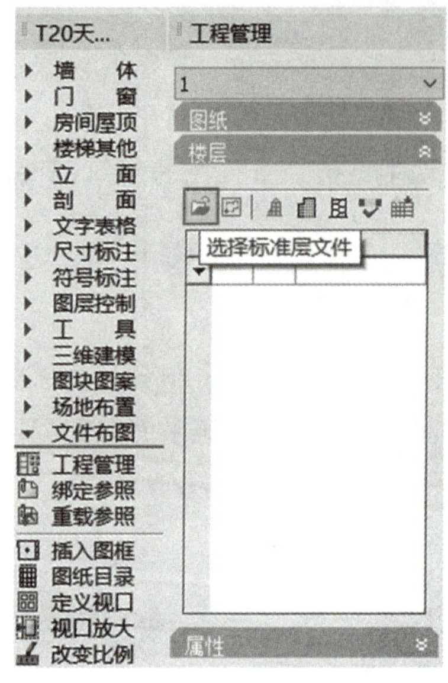

图 10-95 “导入楼层”方式 1

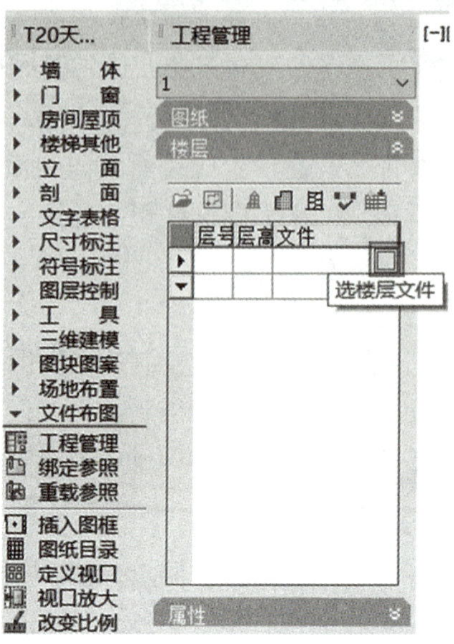

图 10-96 “导入楼层”方式 2

3. 实例操作

(1)新建工程：单击“工程管理”对话框上部“新建工程”命令，会弹出“另存为”对话框，如图 10-97 所示，输入文件名后保存。

(2)导入楼层：通过上述讲解的方式，将之前绘制好的平面图导入工程管理，如图 10-98 所示。

图 10-97 “另存为”对话框

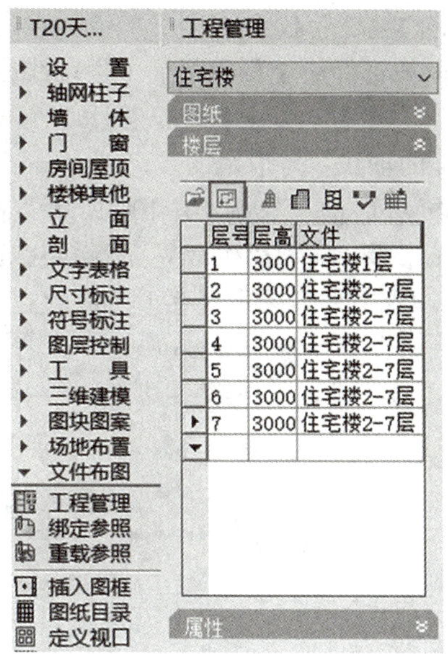

图 10-98　导入楼层

10.3.2　绘制立面图

1. 生成立面

接着前面的楼层导入后，可以单击“建筑立面”按钮，如图 10-99 所示。命令行提示：

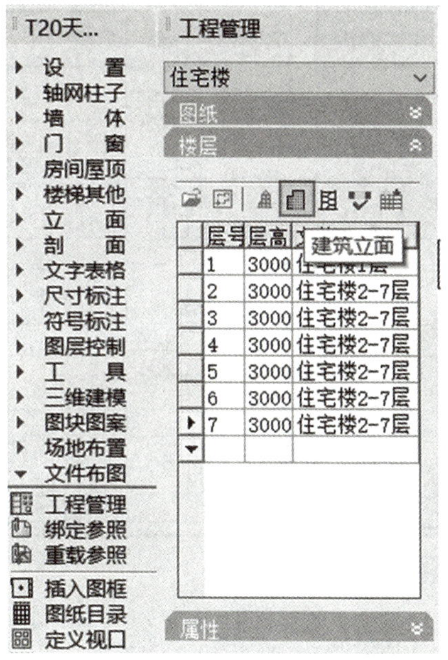

图 10-99　“建筑立面”按钮

命令：TBudElev

请输入立面方向或［正立面(F)/背立面(B)/左立面(L)/右立面(R)］<退出>：F

/根据情况选择要生成的建筑立面，输入相应的字母

请选择要出现在立面图上的轴线：找到 1 个

/一般选择第 1 根和最后 1 根轴线，或者立面有变化位置的轴线

请选择要出现在立面图上的轴线：找到 1 个，总计 2 个

请选择要出现在立面图上的轴线：＊取消＊

接着出现“立面生成设置”对话框，如图 10-100 所示，根据对话框提示，对“标注”“内外高差”和“出图比例”进行设置。单击“生成立面”按钮，则弹出“输入要生成的文件”对话框，如图 10-101 所示，输入文件名即可保存。生成的立面图如图 10-102 所示。

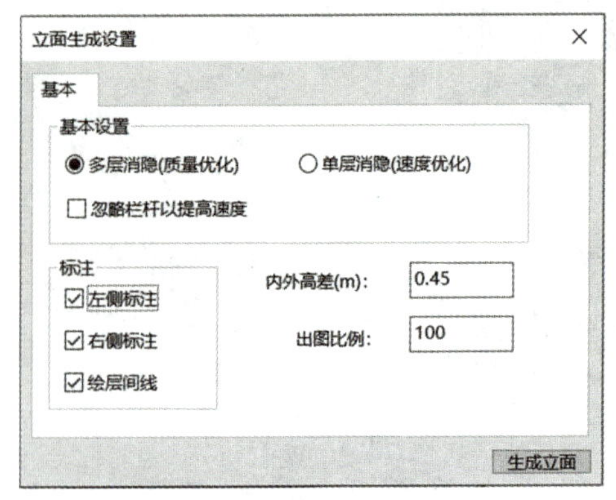

图 10-100 “立面生成设置”对话框

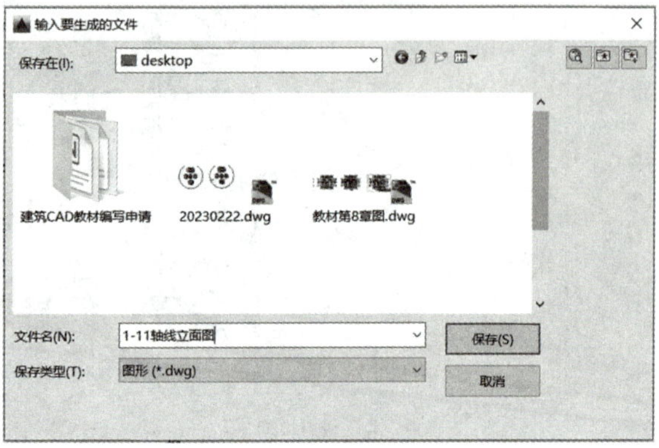

图 10-101 “输入要生成的文件”对话框

图 10-102 天正建筑自动生成的立面图

2. 修改立面

虽然使用天正建筑命令自动生成建筑立面比较方便，但是与要求绘制的立面图还有一定的差距，需要用天正建筑的其他命令和 AutoCAD 命令进行修改，如图 10-103 所示。

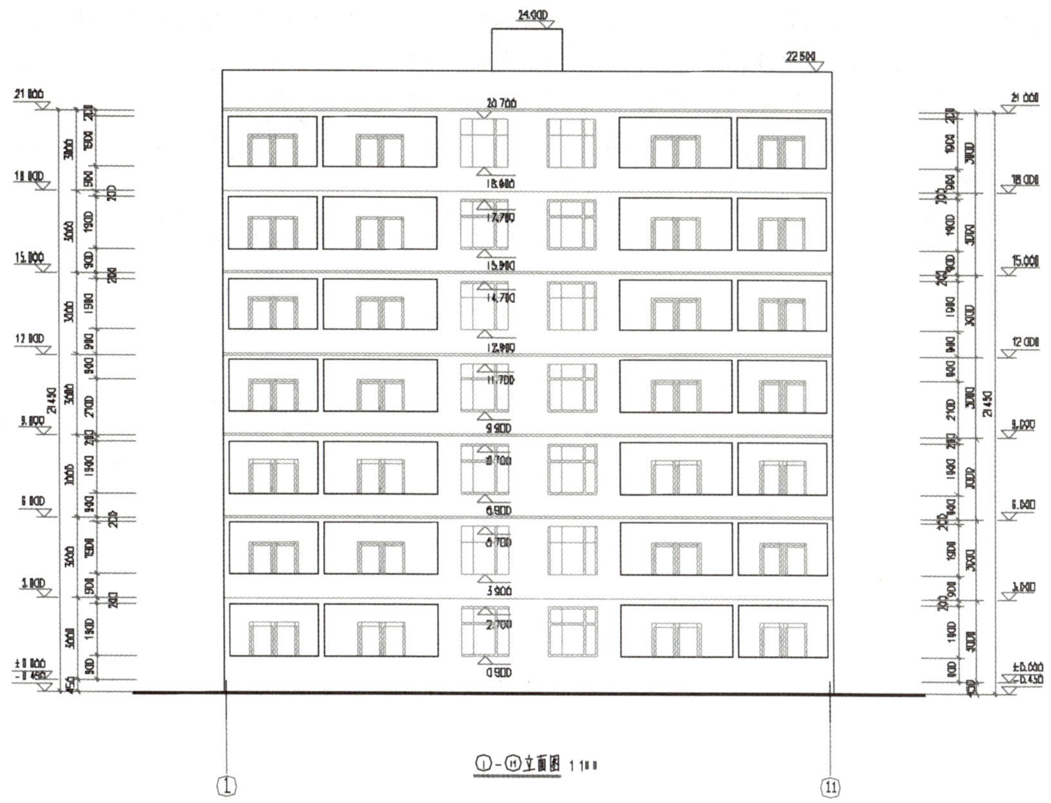

图 10-103　修改后的立面图

10.3.3　绘制剖面图

1. 生成剖面

天正建筑生成剖面图和生成立面图方法相同，在创建完楼层表后，单击“建筑剖面”按钮生成剖面，如图 10-104 所示。命令行提示：

命令：TBudSect

请选择一剖切线：

请选择要出现在剖面图上的轴线：找到 1 个

请选择要出现在剖面图上的轴线：找到 1 个，总计 2 个

请选择要出现在剖面图上的轴线：找到 1 个，总计 3 个

请选择要出现在剖面图上的轴线：找到 1 个，总计 4 个

请选择要出现在剖面图上的轴线：

按〈Enter〉键后，接着出现“剖面生成设置”对话框，如图 10-105 所示，根据对话框提示，对“标注”“内外高

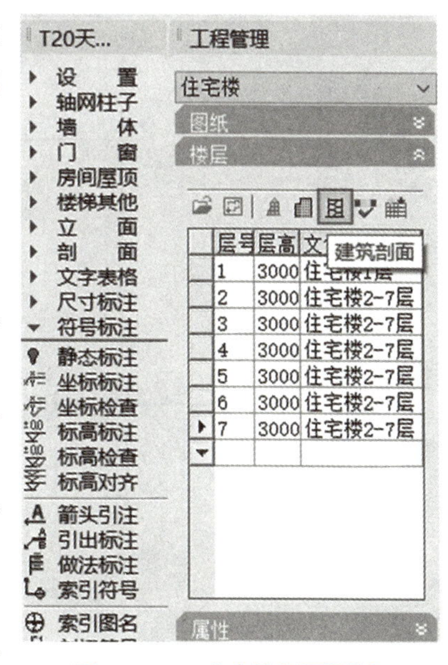

图 10-104　“建筑剖面”按钮

差”和“出图比例”进行设置。单击“生成剖面”按钮，则弹出“输入要生成的文件”对话框，如图 10-106 所示，输入文件名即可保存。生成的剖面图如图 10-107 所示。

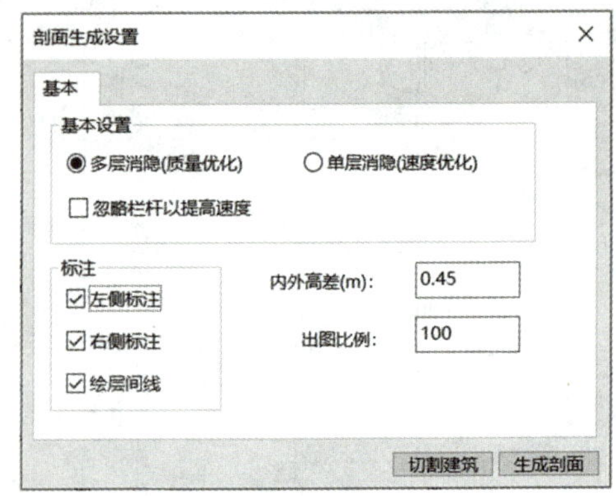

图 10-105 “剖面生成设置”对话框

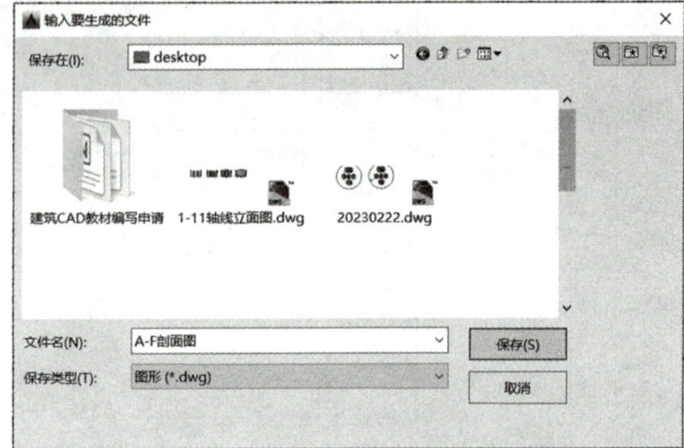

图 10-106 “输入要生成的文件”对话框

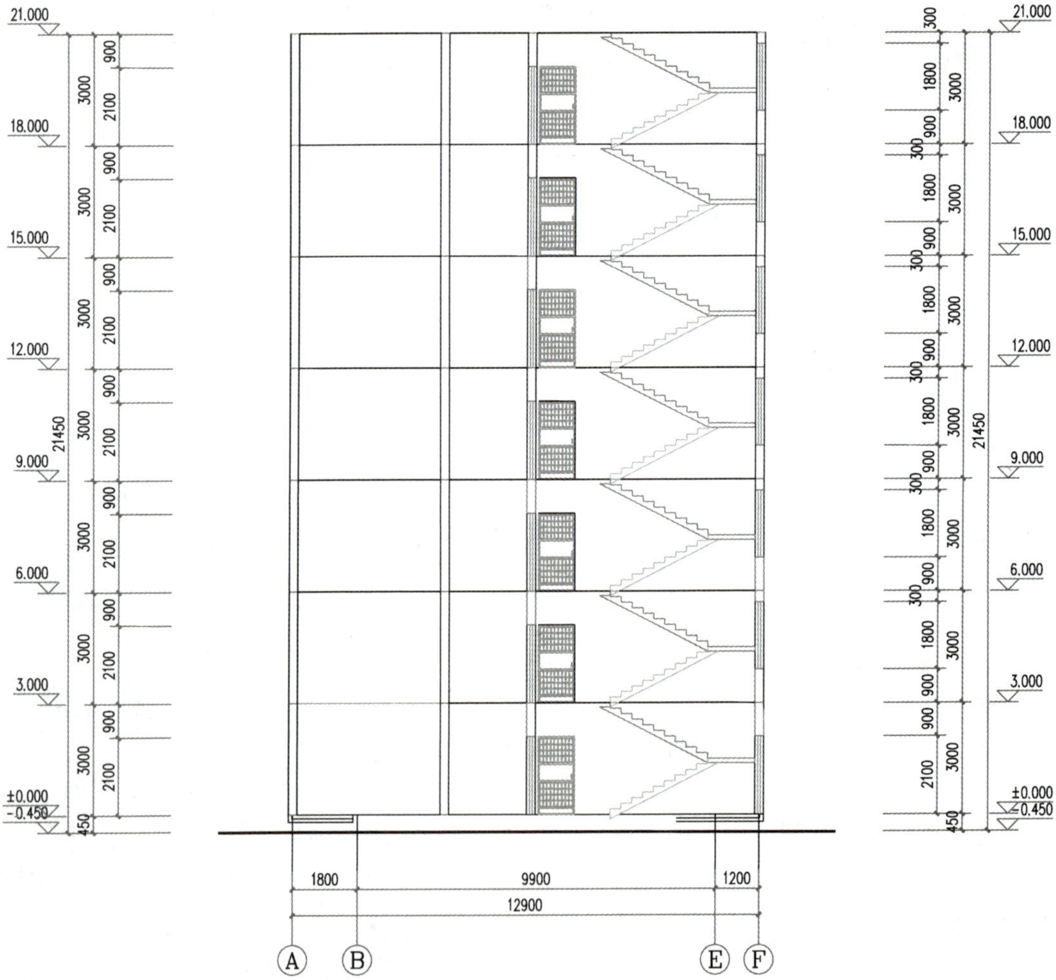

图 10-107 天正建筑自动生成的剖面图

2. 修改剖面

使用天正建筑命令自动生成的建筑剖面图与要求绘制的剖面图还有一定的差距，需要用天正建筑的其他命令和 AutoCAD 命令进行修改，如图 10-108 所示。

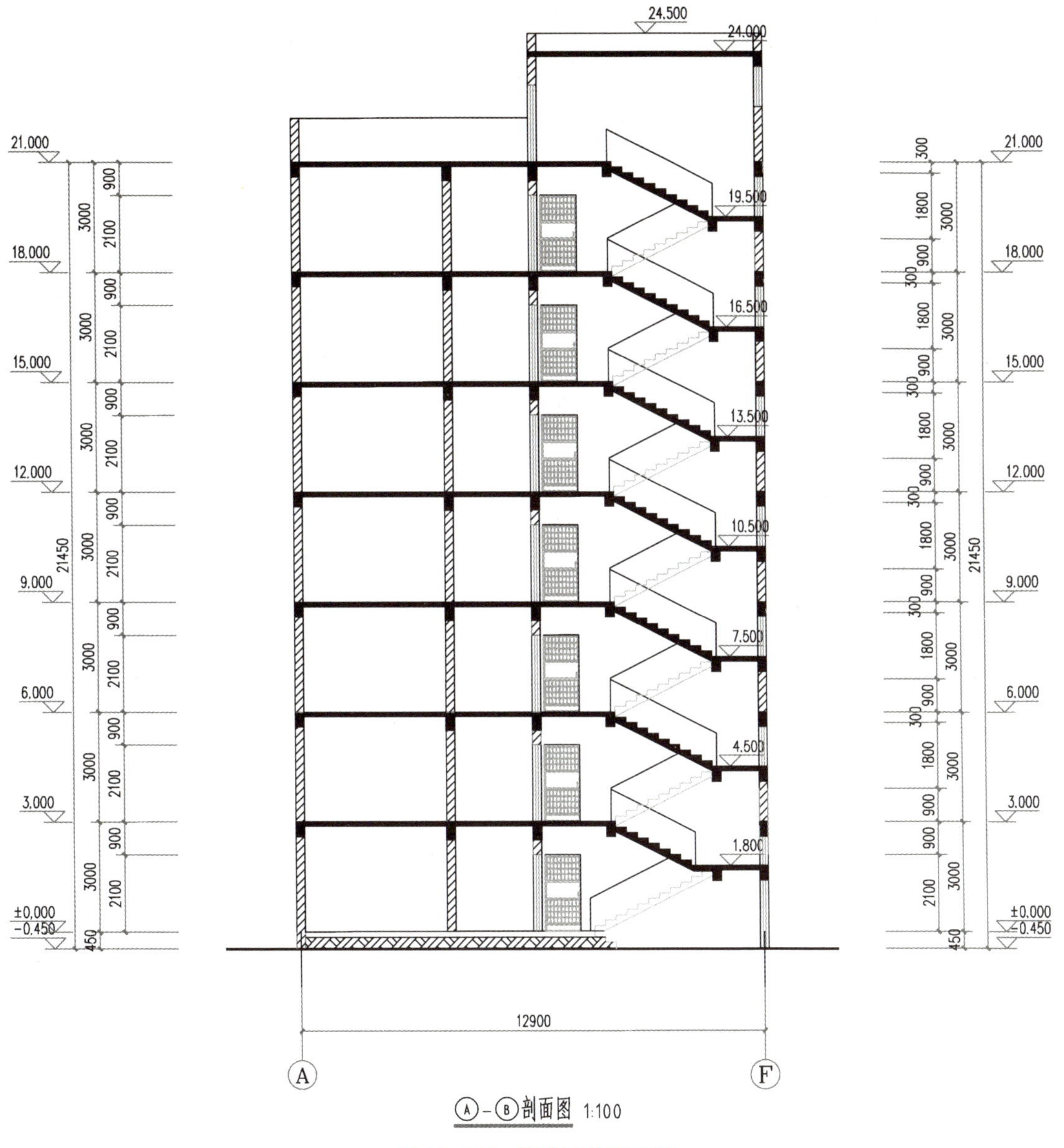

图 10-108　修改后的剖面图

本章小结

AutoCAD 软件是一个通用软件，使用广泛是它的优点，但是同时也是缺点，在绘制专业建筑时比较麻烦。本章介绍的天正建筑软件是在 AutoCAD 软件基础上，针对建筑绘图而设计的。天正建筑软件将绘图模块化，具有专业化、规范化、方便化等优点，适应目前快速发展的建设行业。天正建筑软件主要包含绘制轴网柱子、墙体、门窗、楼梯其他、文字表格、尺寸标注、符号标注、图库图案、文件布图等内容。需要注意的是，AutoCAD 软件是绘图的基础，天正建筑功能即使再强大，也不是万能的，很多问题还需要使用 AutoCAD 软件来完成，所以必须学完 AutoCAD 软件，再学习天正建筑。

基本练习

1. 填空题

(1) 天正建筑屏幕菜单常用功能有______________________________(至少 7 个)。

(2) 天正建筑轴网柱子中绘制轴网尺寸从__________、__________、__________、__________4 个方向输入尺寸大小。

(3) 轴网标注轴号号圈，水平方向从________至________以__________排序；水平方向从________至________以__________排序。

(4) 第三道标注用来标注外墙门窗尺寸，最方便的方法是用____________方法标注。

2. 判断题

(1) 用天正建筑作图前，首先要建立图层。 (　　)

(2) 天正建筑的“文字样式”命令可以分别设置中文和西文的样式。 (　　)

(3) 开间是横向相邻轴线之间的距离，进深是纵向相邻轴线之间的距离。 (　　)

(4) 标注轴网的轴线编号可以自动生成。 (　　)

(5) 调用“建筑立面”命令之前，要先制作楼层表。 (　　)

(6) 天正建筑在生成剖面图时必须绘制剖面剖切符号。 (　　)

(7) 用平面图的墙体命令和剖面墙体命令画墙体，效果完全相同。 (　　)

(8) 天正建筑软件的系统图库用户也可以添加图块。 (　　)

能力提升

结合楼梯平面图尺寸和门窗表，利用天正建筑软件绘制下列图形。

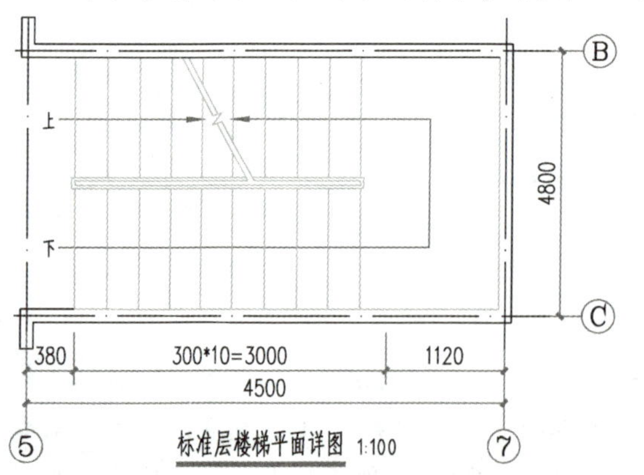

标准层楼梯平面详图 1:100

门窗表

类型	设计编号	洞口尺寸(mm)	数量
普通门	M-1	1200X2100	1
	M-2	1200X2100	4
	M-3	700X2100	1
	M-4	3600X2100	1
普通窗	C-1	1800X900	2
	C-2	1200X900	6

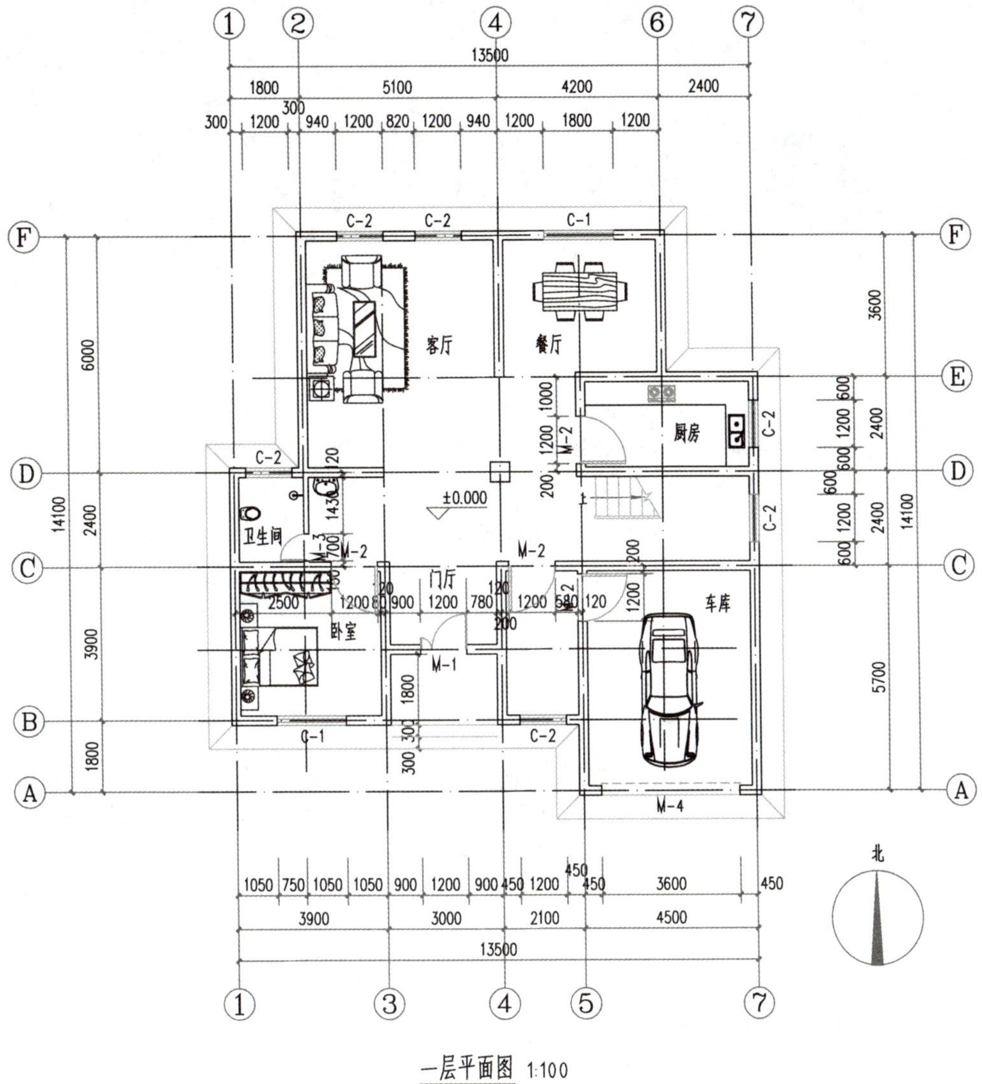

一层平面图 1:100

第 11 章 三维绘图简介

主要内容

本章主要介绍 AutoCAD 三维绘图的基本知识，包括三维绘图概述、设置三维环境、创建和编辑三维实体模型等内容。通过对本章内容的学习，应了解三维几何模型的分类，熟悉三维模型的显示方法，掌握用户坐标系的创建，掌握三维实体模型的创建和编辑。

重点难点

重点学习用户坐标系的创建、基本三维实体模型的创建、平面图生成三维实体的方法、布尔运算的使用、三维实体的编辑等内容。其中，由平面图生成三维实体的 4 种操作方法，以及三维实体中面、边、体的编辑是本章学习的难点。

11.1 三维绘图概述

传统的工程设计图纸只能表现二维图形，即使是三维轴测图也是设计人员利用轴测图画法把三维模型绘制在二维图纸上，本质上仍然是二维的。

现在，在计算机上，能够通过计算机辅助设计软件真实地创建出和现实生活中一样的模型，这些模型对工程设计有着重要的意义。在具体生产、制造、施工前，可以对三维模型仔细地研究，如进行力学分析、运动机构的干涉检查等，及时发现设计时的问题并加以优化，最大限度地降低设计失误带来的损失。

AutoCAD 中有三类三维模型：三维线框模型、三维曲面模型和三维实体模型。三维线框模型是由三维直线和曲线命令创建的轮廓模型，没有面和体的特征；三维曲面模型是由曲面命令创建的没有厚度的表面模型，具有面的特征；三维实体模型是由实体命令创建的具有线、面、体特征的实体模型。AutoCAD 提供了丰富的实体编辑和修改命令，各实体之间可以进行多种布尔运算命令，从而可以创建出复杂形状的三维实体模型。

AutoCAD 2020 提供了更利于创建三维对象的工作空间，配合动态输入，让简单三维模型更接近参数化，并且增加了动态 UCS 等工具，让 AutoCAD 三维建模变得更加简单容易。

11.2 设置三维环境

AutoCAD 2020 专门为三维建模设置了三维的工作空间，需要使用时，单击状态栏中的按钮切换工作空间，选择“三维建模”即可，如图 11-1 所示。

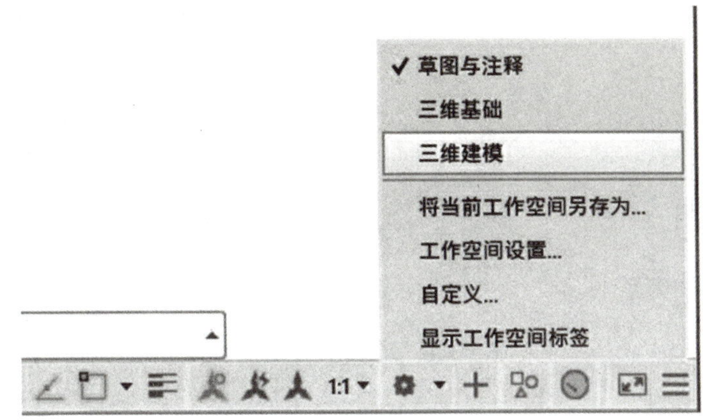

图 11-1　选择“三维建模”

新建图形时使用“acadiso3D. dwt”样板图，并且选择了“三维建模”工作空间后，整个工作界面成为专门为三维建模设置的环境，如图 11-2 所示，绘图区成为一个三维的视图，上方的按钮标签变为一些三维建模常用的设置。

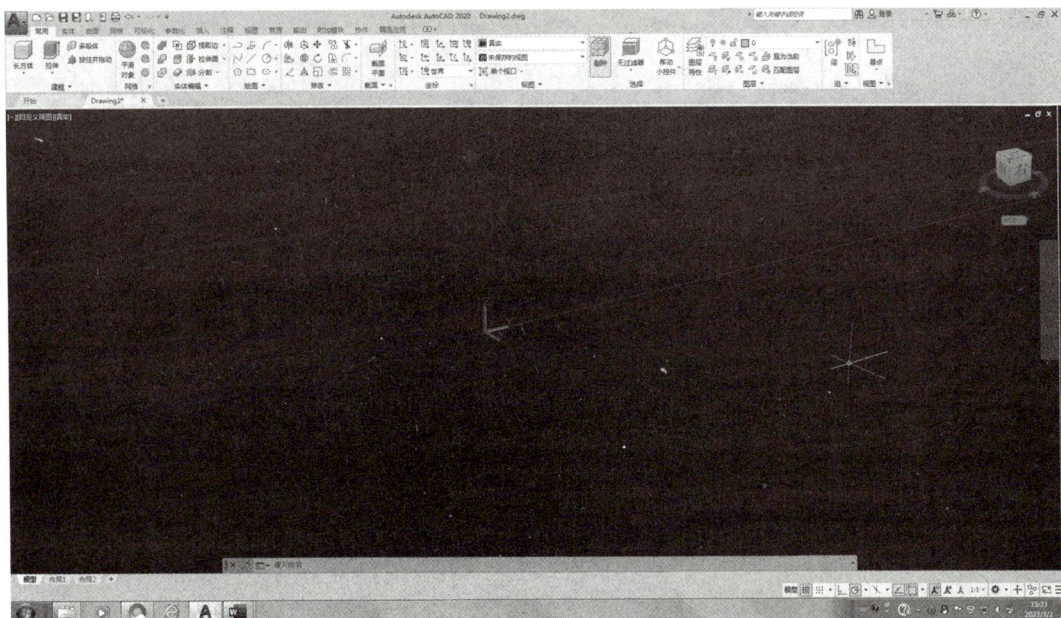

图 11-2　三维建模工作界面

11.2.1 三维建模使用的坐标系

1. 三维笛卡尔坐标系

笛卡尔坐标系在三维空间扩展为三维笛卡尔坐标系，增加了 Z 轴，坐标将表示为(X，Y，Z)，如图 11-3 所示。

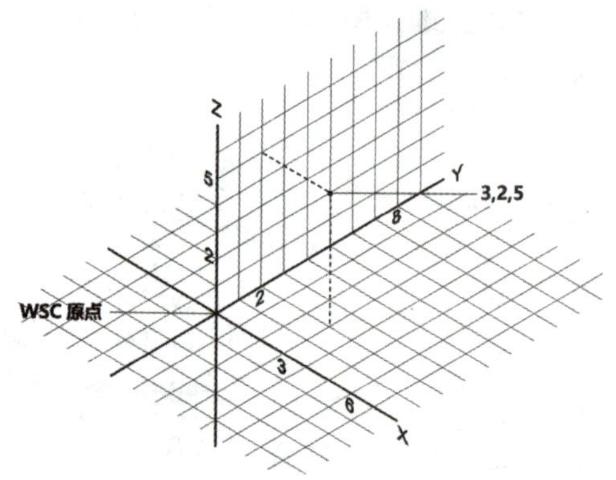

图 11-3 三维笛卡尔坐标系

2. 柱坐标系与球坐标系

对于极坐标系在三维空间中有两种扩展，一种是增加了 Z 轴的柱坐标系，一种是增加了与 XY 平面所成的角度的球坐标系，如图 11-4 所示。柱坐标表示为(X<[与 X 轴所成的角度]，Z)，而球坐标将表示为(X<[与 X 轴所成的角度]<[与 XY 平面所成的角度])。

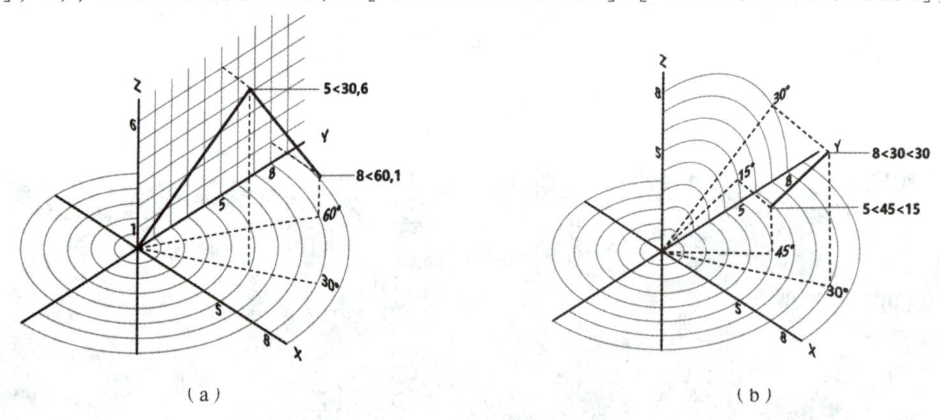

图 11-4 柱坐标系与球坐标系

(a)柱坐标系；(b)球坐标系

3. 世界坐标系与用户坐标系

还有一种坐标分类：一个是被称为世界坐标系(WCS)的固定坐标系；一个是用户根据绘图需要自己建立的被称为用户坐标系(UCS)的可移动坐标系。系统初始设置中，这两个坐标系在新图形中是重合的，系统一般只显示用户坐标系。

在 AutoCAD 三维建模中，主要使用的都是用户坐标系，如图 11-5 所示。如果默认的坐标系在图形中下的位置，AutoCAD 通常是在基于当前坐标系的 XOY 平面上进行绘图的；如果想要在立方体的两个侧面绘制圆形，就需要将当前的用户坐标系变换到需要绘制圆形的平面上去，如图变换到 UCS1 后可以在左侧立面绘制圆形，变换到 UCS2 后则可以在右侧立面绘制圆形。

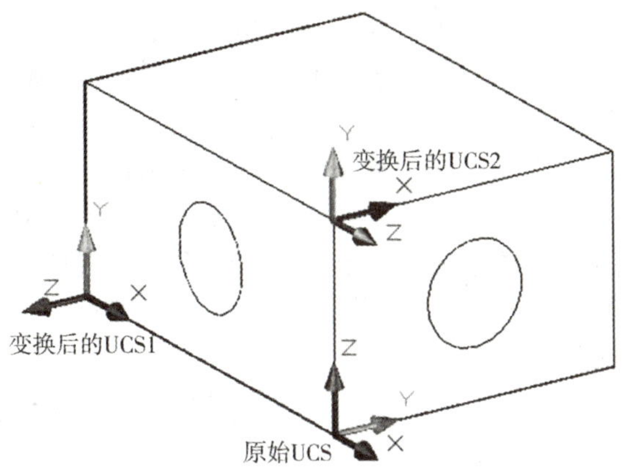

图 11-5　用户坐标系

坐标轴在三维建模环境中默认显示于绘图区的右下角，如图 11-6 所示，根据选择的视觉样式的不同而有所区别，图 11-6(a)是“二维线框”视觉样式的坐标轴显示，图 11-6(b)是“三维隐藏”“三维线框”“概念”“真实”等视觉样式的坐标轴显示。这几个视觉样式在“视图”面板“视觉样式”下拉列表中切换。

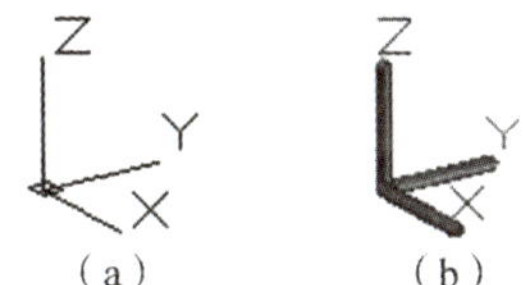

图 11-6　不同视觉样式的坐标轴显示

11.2.2　创建用户坐标系

AutoCAD 通常是在基于当前坐标系的 XOY 平面上进行绘图的，这个 XOY 平面称为构造平面。在三维环境下绘图需要在三维模型不同的平面上绘图，因此，要把当前坐标系的 XOY 平面变换到需要绘图的平面上，也就是需要创建新的坐标系——用户坐标系，这样可以清楚、方便地创建三维模型。

1. 创建用户坐标系

所谓创建用户坐标系，也可以理解为变换用户坐标系，就是要重新确定坐标系新的原点和新的 X 轴、Y 轴、Z 轴方向。用户可以按照需要定义、保存和恢复任意多个用户坐标系。AutoCAD 提供了多种方式来创建用户坐标系。

创建用户坐标系的方式有以下两种。

(1)功能区：“常用”标签 | “坐标”面板，如图 11-7 所示。

(2)命令行：在命令行提示下输入 ucs，并按〈Enter〉键。

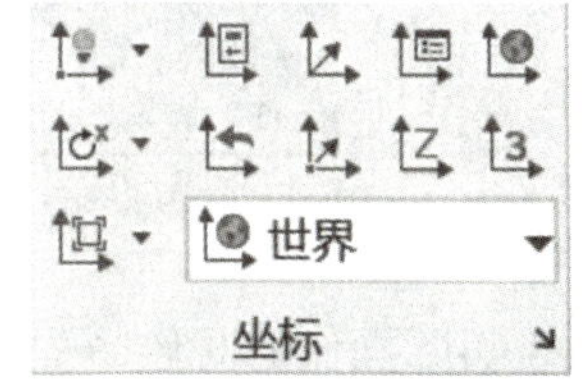

图 11-7　“坐标”面板

2. 创建用户坐标系命令说明

激活 UCS 命令后，命令行提示如下。

命令：ucs

当前 UCS 名称：＊世界＊

指定 UCS 的原点或 [面(F)/命名(NA)/对象(OB)/上一个(P)/视图(V)/世界(W)/X/Y/Z/Z 轴(ZA)]<世界>:

命令选项的说明如下。

(1)面(F):将 UCS 与实体对象的选定面对齐。UCS 的 X 轴将与找到的第一个面上的最近的边对齐。

(2)命名(NA):按名称保存并恢复通常使用的 UCS 方向。

(3)对象(OB):在选定图形对象上定义新的坐标系。AutoCAD 对新原点和 X 轴正方向有明确的规则。所选图形对象不同,新原点和 X 轴正方向规则也不同。

(4)上一个(P):恢复上一个 UCS。程序会保留在图纸空间中创建的最后 10 个坐标系和在模型空间中创建的最后 10 个坐标系。

(5)视图(V):以垂直于观察方向(平行于屏幕)的平面为 XY 平面,建立新的坐标系。UCS 原点保持不变。在这种坐标系下,可以对三维实体进行文字注释和说明。

(6)世界(W):将当前用户坐标系设置为世界坐标系。

(7)X(X):将当前 UCS 绕 X 轴旋转指定角度。

(8)Y(Y):将当前 UCS 绕 Y 轴旋转指定角度。

(9)Z(Z):将当前 UCS 绕 Z 轴旋转指定角度。

(10)Z 轴(ZA):用指定新原点和指定一点为 Z 轴正方向的方法创建新的 UCS。

3. 动态 UCS

在 AutoCAD 2020 中提供了动态 UCS 工具,如图 11-8 所示,想要使用这个工具,首先要单击状态栏右下角“自定义”按钮,在弹出菜单中勾选“动态 UCS”菜单项,此时状态栏上会出现“动态 UCS”开关,使用动态 UCS 功能,可以在创建对象时使 UCS 的 XY 平面自动与实体模型上的平面临时对齐。

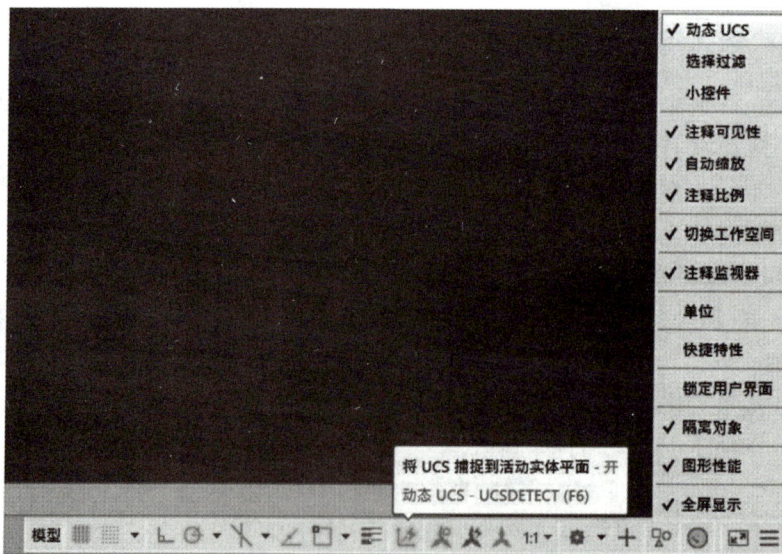

图 11-8 动态 UCS 工具

实际操作的时候,先激活创建对象的命令,然后将光标移动到想要创建对象的平面,该平面就会自动亮显,表示当前的 UCS 被对齐到此平面上,接下来就可以在此平面上继续创建命令。

11.2.3　观察显示三维模型

创建三维模型要在三维空间进行绘图，不但要变换用户坐标系，还要不断变换三维模型显示方位，也就是设置三维观察视点的位置，这样才能从空间不同方位来观察三维模型，使得创建三维模型更加方便快捷。

在三维建模环境中，主要是靠绘图区右侧的“导航栏”对三维模型的观察方位进行变换，如图 11-9 所示。导航栏包括“全导航控制盘”“平移”“范围缩放”“动态观察”“Show-Motion”等工具。

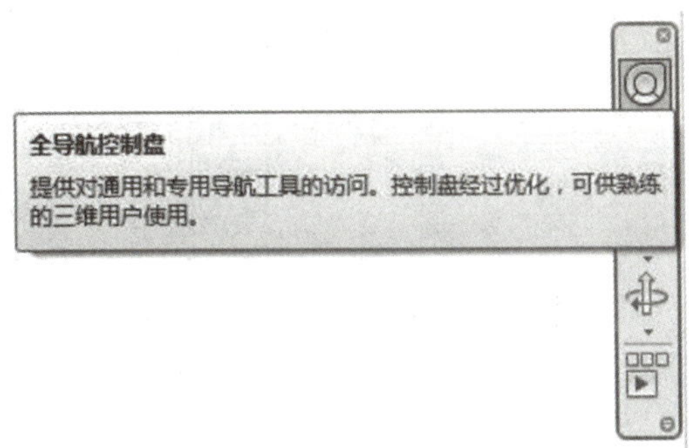

图 11-9　导航栏

1. 特殊视图观察三维模型

“常用”标签|“视图”面板|“三维导航”视图列表中列举了一些特殊的观察视图，有工程图的 6 个标准视图方向，如“俯视”“主视”等，还有 4 个轴测图方向，如“西南等轴测”“东南等轴测”等。打开本书配套素材中练习文件“11-1. dwg”，在这个文件中有一个轴承座的三维模型，在视图列表中选择“西南等轴测”和“主视”等视图来观察模型，可以看到如图 11-10 所示观察的效果。

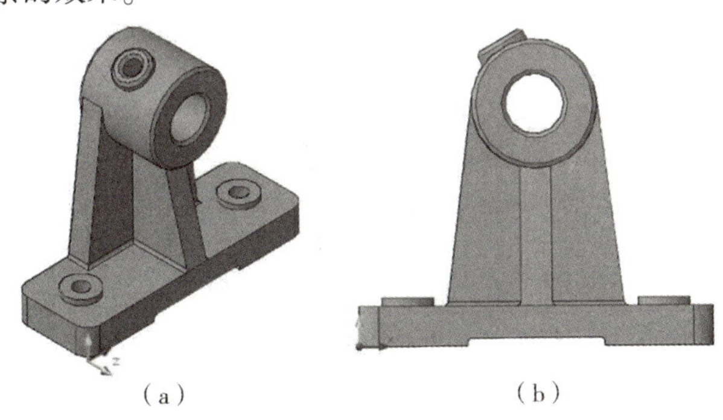

图 11-10　特殊视图观察三维模型

(a)西南等轴测；(b)主视

提示： 在变换 6 个标准视图方向的时候，当前的 UCS 会随着变换过去，也就是说，当前的视图平面与 UCS 的 XOY 平面平行；而变换 4 个轴测图视图的时候，UCS 不会变化，下面会谈到的动态观察不会改变 UCS。

2. 使用动态观察显示三维模型

AutoCAD 的动态观察可以动态、交互式、直观地观察显示三维模型，从而使创建三维模型更为方便。

默认的 AutoCAD 三维建模环境中，绘图区右侧的“导航栏”上有一个“动态观察”下拉列表，按住此按钮会进一步弹出 3 个菜单项，分别是“动态观察”“自由动态观察”和“连续动态观察”，如图 11-11 所示。

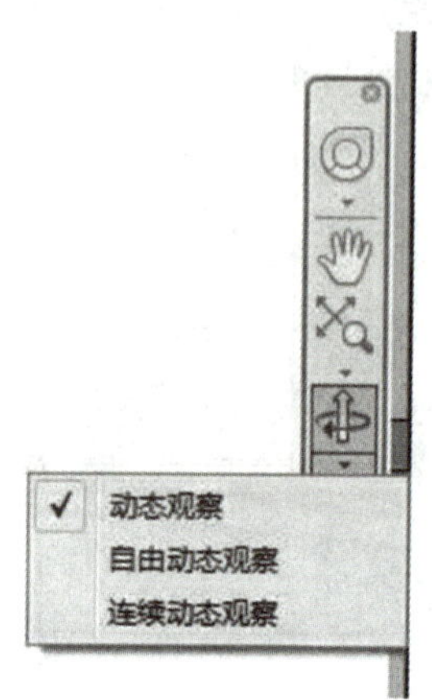

图 11-11 “动态观察”下拉列表

打开本书配套素材中的“11-1. dwg”文件，对此模型进行动态观察，步骤如下。

(1)选择“动态观察”下拉列表中的“自由动态观察”，进入自由动态观察状态，如图 11-12 所示。三维动态观察器有一个三维动态圆形轨道，轨道的中心是目标点。当光标位于圆形轨道的 4 个小圆上时，光标图形变成椭圆形，此时拖动鼠标，三维模型将会绕中心的水平轴或垂直轴旋转；当光标在圆形轨道内拖动时，三维模型绕目标点旋转；当光标在圆形轨道外拖动时，三维模型将绕目标点顺时针方向(或逆时针方向)旋转。

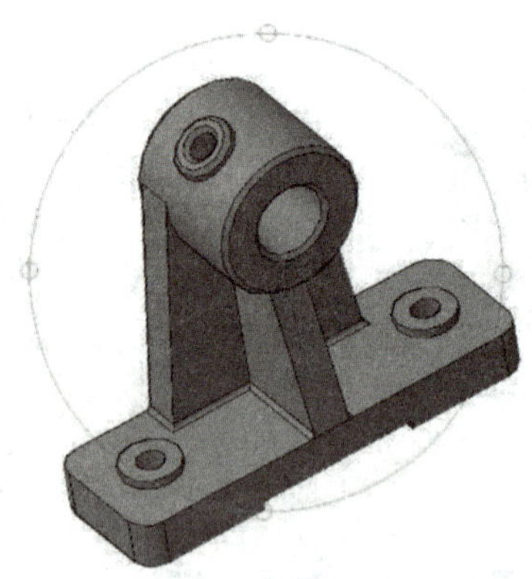

图 11-12 自由动态观察状态

(2)选择“动态观察”下拉列表中的“连续动态观察”，进入连续观察状态，按住鼠标左键拖动模型旋转一段后松开鼠标，模型会沿着拖动的方向继续旋转，旋转的速度取决于拖动模型旋转时的速度。可通过再次单击并拖动来改变连续动态观察的方向或者单击一次来停止转动。

(3)选择“动态观察”下拉列表中的“动态观察”，进入受约束的动态观察状态，如图 11-13 所示。这是更易用的观察器，基本的使用方法和自由动态观察差不多。不同的是，在进行动态观察的时候，垂直方向的坐标轴(通常是 Z 轴)会一直保持垂直，这对于工程模型特别是建筑模型的观察非常有用，这个观察器将保持建筑模型的墙体一直是垂直的，不至于将模型旋转到一个很不易理解的倾斜角度。

图 11-13　受约束的动态观察状态

在进行这三种动态观察的时候，随时可以通过右键菜单切换到其他观察模式。

11.3 创建和编辑三维实体模型

创建三维实体模型是学习 AutoCAD 的重要部分。AutoCAD 提供多种创建、编辑三维实体模型的命令。三维实体模型可以由基本实体命令创建，也可以由二维平面图形生成三维实体模型。可以编辑三维实体模型的指定面，编辑三维实体模型的指定边，还可以编辑三维实体模型中的体。通过对基本实体的布尔运算可以创建出复杂的三维实体模型。

11.3.1　创建基本形体

AutoCAD 2020 可直接创建出 8 种基本形体，分别是多段体、长方体、楔体、圆锥体、球体、圆柱体、棱锥面、圆环体，如图 11-14 所示。在“常用”标签 | “建模”面板上可以找到这些命令的按钮，包括“多段体”按钮和“长方体”按钮。下面介绍创建 8 种基本形体的操作要点，这些基本形体的创建命令按钮都集中在工作界面右侧的三维制作控制台中。

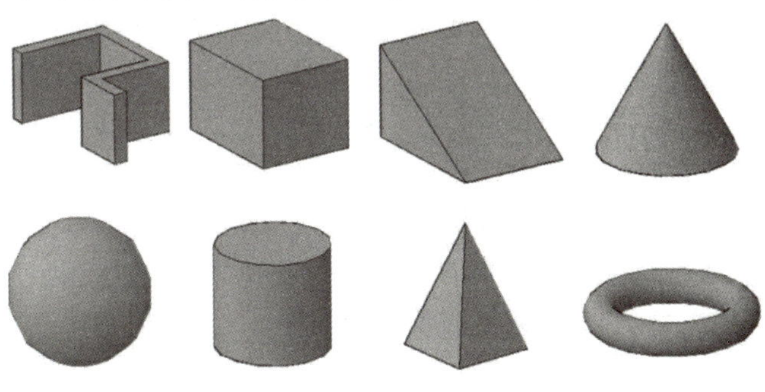

图 11-14　8 种基本形体

1. 多段体(polysolid)

该命令的功能是创建矩形轮廓的实体，也可以将现有直线、二维多段线、圆弧或圆转换为具有矩形轮廓的实体，类似建筑墙体，主要命令行提示选项如下。

命令：polysolid　高度 = 80.0000，宽度 = 5.0000，对正 = 居中

指定起点或［对象(O)/高度(H)/宽度(W)/对正(J)］<对象>:

指定下一个点或［圆弧(A)/放弃(U)］:

指定下一个点或［圆弧(A)/放弃(U)］:

指定下一个点或［圆弧(A)/闭合(C)/放弃(U)］:

通过“高度”和“宽度”命令项可以调整墙体的当前高度和宽度，“对正”命令项可以选择墙体的对正方式，“对象”命令项可以将现有的直线、二维多段线、圆弧或圆转换为墙体。

2. 长方体(box)

该命令的功能是创建长方体实体，主要命令行提示选项如下。

命令：box

指定第一个角点或［中心(C)］:

指定其他角点或［立方体(C)/长度(L)］:

指定高度或［两点(2P)］<100>:

该命令可通过指定空间长方体两对角点的位置来创建长方体实体，在选取命令的不同选项后，根据相应提示进行操作或输入数值即可。应当注意的是，该命令创建的实体边或长宽高方向均与当前 UCS 的 X、Y、Z 轴平行。输入数值为正，则沿着坐标轴正方向创建实体，输入数值为负，则沿着坐标轴的负方向创建实体，尖括号内的值是上次创建长方体时输入的高度。

3. 楔体(wedge)

该命令的功能是创建楔体实体，主要命令行提示选项如下。

命令：wedge

指定第一个角点或［中心(C)］:

指定其他角点或［立方体(C)/长度(L)］:

指定高度或［两点(2P)］<100>:

创建楔体命令和创建长方体命令操作方法类似，只是创建出来的对象不同，指定高度时尖括号内的值是上次创建楔体时输入的高度。

4. 圆锥体(cone)

该命令的功能是创建圆锥体或椭圆形锥体实体，主要命令行提示选项如下。

命令：cone

指定底面的中心点或［三点(3P)/两点(2P)/切点、切点、半径(T)/椭圆(E)］:

指定底面半径或［直径(D)］<100.0000>:

指定高度或［两点(2P)/轴端点(A)/顶面半径(T)］<100.0000>:

创建圆锥体命令和创建圆柱体命令的操作方法类似，只是创建出来的对象不同，指定高度时尖括号内的值是上次创建圆锥体时输入的高度。

5. 球体(sphere)

该命令的功能是创建球体实体，主要命令行提示选项如下。

命令：sphere

指定中心点或［三点(3P)/两点(2P)/切点、切点、半径(T)］：

指定半径或［直径(D)］<100.0000>：

系统变量 ISOLINES 的大小反映了每个面上的网格线段，这只是显示上的设置，在 AutoCAD 中保存的是一个真正几何意义上的球体，并非网格线。按提示输入半径或直径就可以生成球体，指定半径时尖括号内的值是上次创建球体时输入的半径。

6. 圆柱体(cylinder)

该命令的功能是创建圆柱体或椭圆柱体实体，主要命令行提示选项如下。

命令：cylinder

指定底面的中心点或［三点(3P)/两点(2P)/切点、切点、半径(T)/椭圆(E)］：

指定底面半径或［直径(D)］<100.0000>：

指定高度或［两点(2P)/轴端点(A)］<200.0000>：

创建圆柱体需要先在 XOY 平面中绘制出圆或椭圆，然后给出高度或另一个圆心，指定半径时尖括号内的值是上次创建圆柱体时输入的半径，而指定高度时尖括号内的值是上次创建圆柱体时输入的高度。

7. 棱锥面(pyramid)

该命令主要功能是创建棱锥体实体。创建时可以定义棱锥体的侧面数，主要命令行提示选项如下。

命令：pyramid

指定底面的中心点或［边(E)/侧面(S)］：s

输入侧面数 <4>：6

指定底面的中心点或［边(E)/侧面(S)］：e

指定边的第一个端点：

指定边的第二个端点：

指定高度或［两点(2P)/轴端点(A)/顶面半径(T)］<200.0000>：

创建棱锥体命令操作的前面部分类似创建二维的正多边形(polygon)命令的操作，不同的是，完成多边形创建后还需要指定棱锥面的高度，指定高度时尖括号内的值是上次创建棱锥面时输入的高度。

8. 圆环体(torus)

该命令主要功能是创建圆环体实体，主要命令行提示选项如下。

命令：torus

指定中心点或［三点(3P)/两点(2P)/切点、切点、半径(T)］：

指定半径或［直径(D)］<100.0000>：

指定圆管半径或［两点(2P)/直径(D)］<25>：

创建圆环体首先需要指定整个圆环的尺寸，然后指定圆管的尺寸，指定半径时尖括号内的值是上次创建圆环体时输入的半径，而指定圆管半径时尖括号内的值是上次创建圆环体时输入的圆管半径。

11.3.2　平面图生成三维实体

AutoCAD 提供了 4 种由平面封闭多段线(或面域)图形作为截面，在“常用”标签｜“建模”面板“拉伸”下拉列表中可以找到这些命令的按钮。通过拉伸、旋转、扫掠、放样可创建三维实体，操作要点如下。

1. 拉伸(extrude)

该命令主要用于由二维平面创建三维实体，主要命令行提示选项如下。

命令：extrude

当前线框密度：ISOLINES=4，闭合轮廓创建模式=实体

选择要拉伸的对象或［模式(MO)］：MO

闭合轮廓创建模式［实体(SO)/曲面(SU)］<实体>：SO

选择要拉伸的对象或［模式(MO)］：找到1个

选择要拉伸的对象或［模式(MO)］：

指定拉伸的高度或［方向(D)/路径(P)/倾斜角(T)/表达式(E)］<200.0000>：

指定高度时尖括号内的值是上次创建拉伸模型时输入的高度。若选取“路径(P)”，则出现提示如下。

选择拉伸路径或［倾斜角］：

用于拉伸的二维对象应该是封闭的，默认按照直线拉伸。也可以选择按路径曲线拉伸，路径可以封闭，也可以不封闭。模式(MO)用于确定拉伸的对象是实体或曲面，默认是实体。图11-15和图11-16是该命令路径拉伸的图例，相关的练习图形在本书配套素材中练习文件“11-2. dwg”“11-3. dwg”“11-4. dwg”“11-5. dwg”中。

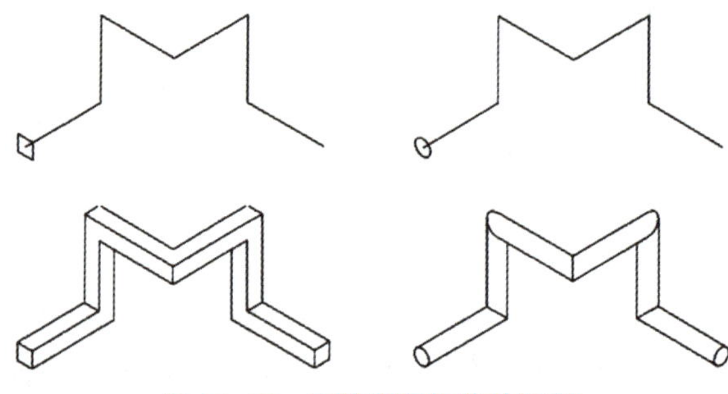

图11-15　直线路径拉伸的图例

图11-16　曲线路径拉伸的图例

2. 旋转(revolve)

该命令的主要功能是由二维平面绕空间轴旋转来创建三维实体。主要命令行提示选项

如下。

当前线框密度：ISOLINES=4，闭合轮廓创建模式=实体

选择要旋转的对象或［模式(MO)］：MO

闭合轮廓创建模式［实体(SO)/曲面(SU)］<实体>：SO

选择要旋转的对象或［模式(MO)］：找到 1 个　/选择如图 11-17(a)所示封闭轮廓线

选择要旋转的对象或［模式(MO)］：　/按〈Enter〉键结束选择

指定轴起点或根据以下选项之一定义轴［对象(O)/X/Y/Z］<对象>：

/按〈Enter〉键选择对象

选择对象：　/选择如图 11-17(a)所示轴线

指定旋转角度或［起点角度(ST)/反转(R)/表达式(EX)］<360>：

/按〈Enter〉键接受 360°

执行“旋转”命令的时候一定要注意，旋转截面不能横跨旋转轴两侧。模式(MO)用于确定拉伸的对象是实体或曲面，默认是实体。打开本书配套素材中练习“11-6. dwg”文件，将如图 11-17(a)所示的截面沿下方轴线旋转 360°，然后用“西南等轴测”视图来观察，图 11-17(b)是该命令的执行结果。

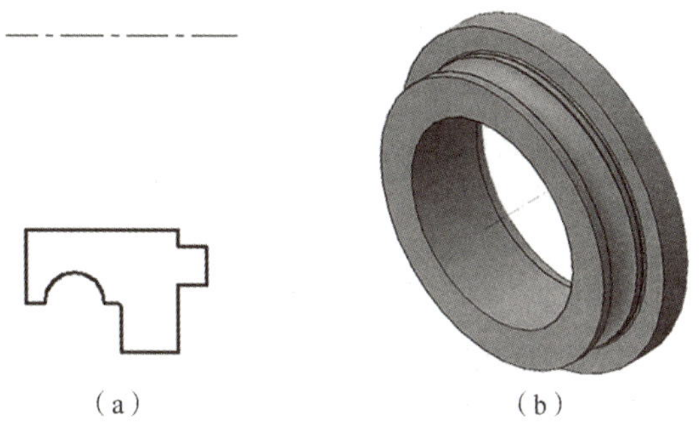

图 11-17　旋转生成实体图例

3. 扫掠(sweep)

该命令可以通过沿开放或闭合的二维或三维路径扫掠开放或闭合的平面曲线(截面轮廓)来创建新的实体或曲面。打开本书配套素材中练习文件“11-7. dwg”，如图 11-18(a)所示，执行“扫掠”命令。

命令：sweep

当前线框密度：ISOLINES=4，闭合轮廓创建模式=实体

选择要扫掠的对象或［模式(MO)］：MO

闭合轮廓创建模式［实体(SO)/曲面(SU)］<实体>：SO

选择要扫掠的对象或［模式(MO)］：找到 1 个　/选择如图 11-18(a)所示小圆

选择要扫掠的对象或［模式(MO)］：

选择扫掠路径或［对齐(A)/基点(B)/比例(S)/扭曲(T)］：

/选择如图 11-18(a)所示螺旋线

执行的结果如图 11-18(b)所示，模式(MO)用于确定拉伸的对象是实体或曲面，默认是实体。扫掠和拉伸的区别是，当沿路径拉伸轮廓时，如果路径未与轮廓相交，“拉伸”命令会将生成的对象的起始点移到轮廓上，沿路径扫掠该轮廓。而“扫掠”命令会在路径所在的位置生成新对象。

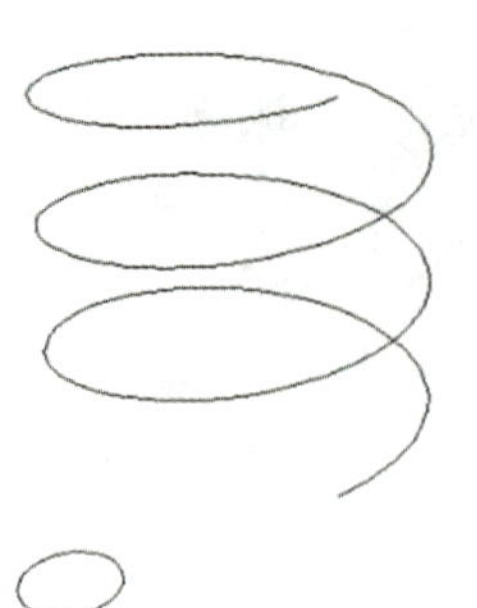
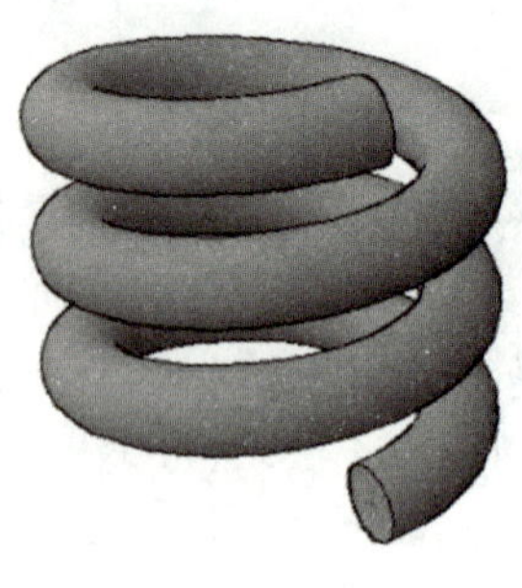

图 11-18　扫掠生成实体图例

4. 放样(loft)

该命令可以通过对包含两条或两条以上横截面曲线的一组曲线进行放样(绘制实体或曲面)来创建三维实体或曲面。打开本书配套素材中练习文件“11-8. dwg”，如图 11-19(a)所示，单击“常用”标签｜“建模”面板｜“拉伸”下拉列表｜“放样”按钮，执行“放样”命令。

命令：loft

当前线框密度：ISOLINES=4，闭合轮廓创建模式=实体

按放样次序选择横截面或［点(PO)/合并多条边(J)/模式(MO)］：MO

闭合轮廓创建模式[实体(SO)/曲面(SU)]<实体>：SO

按放样次序选择横截面或［点(PO)/合并多条边(J)/模式(MO)］：找到 1 个

/如图 11-19(a)所示从下向上依次选择曲线

按放样次序选择横截面或［点(PO)/合并多条边(J)/模式(MO)］：找到 1 个，总计 2 个

按放样次序选择横截面或［点(PO)/合并多条边(J)/模式(MO)］：找到 1 个，总计 3 个

按放样次序选择横截面或［点(PO)/合并多条边(J)/模式(MO)］：找到 1 个，总计 4 个

按放样次序选择横截面或［点(PO)/合并多条边(J)/模式(MO)］：找到 1 个，总计 5 个

按放样次序选择横截面或［点(PO)/合并多条边(J)/模式(MO)］：

/选中了 5 个横截面后按〈Enter〉键

输入选项［导向(G)/路径(P)/仅横截面(C)/设置(S)］<仅横截面>：s

/选择放样设置

最后会弹出“放样设置”对话框，如图 11-20 所示。直接单击“确定”按钮接受默认的设置，最后结果如图 11-19(b)所示。

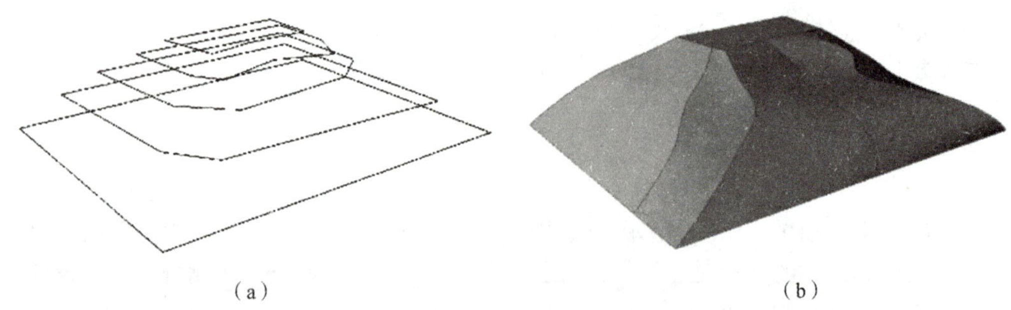

(a)　　　　(b)

图 11-19　放样生成实体图例

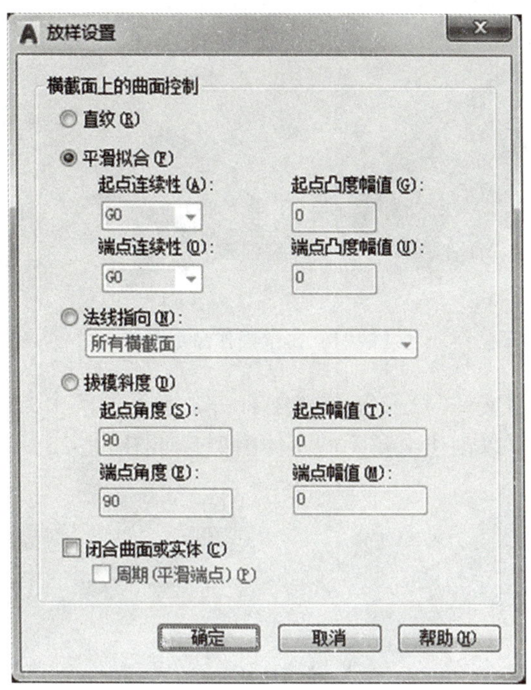

图 11-20　“放样设置”对话框

11.3.3　布尔运算求并集、交集、差集

实体编辑的布尔操作命令可以实现实体间的并、交、差运算，在“常用”标签 | “实体编辑”面板上可以找到这些命令的按钮。

1. 并集

并集能把实体组合起来，创建新的实体。操作的时候比较简单，只要将要合并的实体对象一一选择上就可以了。

2. 差集

差集从实体中减去另外的实体，从而创建新的实体，主要选项提示如下。

命令：subtract

选择对象：　　　　　　　　　　　　　/选择要从中减去的实体、曲面和面域

选择对象：　　　　　　　　　　　　　/选择要减去的实体、曲面和面域

第一次提示选择的对象是要从中删除的实体或面域，从一般意义上理解，就是那个比较大的对象，选完后按〈Enter〉键；第二次选择的对象是要删除的实体或面域，从一般意义上理解，就是那个比较小的对象(当然这样的情况并不绝对，有时候要删除的实体或面域会比要从中删除的实体或面域大)，选择后按〈Enter〉键即可。

3. 交集

交集将实体的公共相交部分创建为新的实体，操作的时候也比较简单，只需要将要求交集的实体对象一一选择上就可以了。

打开本书配套素材中练习文件“11-9. dwg”，可以对这两个长方体一一尝试求并集、差集与交集。采用“概念”视觉样式来观察，图 11-21(a)是并集结果，图 11-21(b)是差集

结果，图 11-21(c)是交集结果。

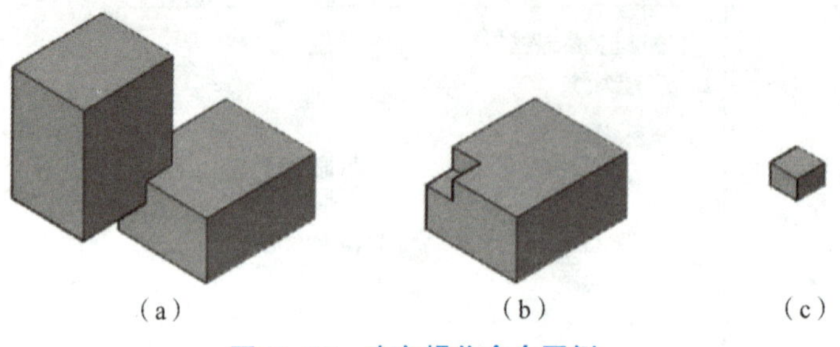

(a)　　(b)　　(c)

图 11-21　布尔操作命令图例

本书配套素材中练习文件“11-10. dwg”中有一个餐叉的两个方向的截面拉伸实体，对这两个实体应用交集，可以创建出餐叉的实体模型，如图 11-22 所示。

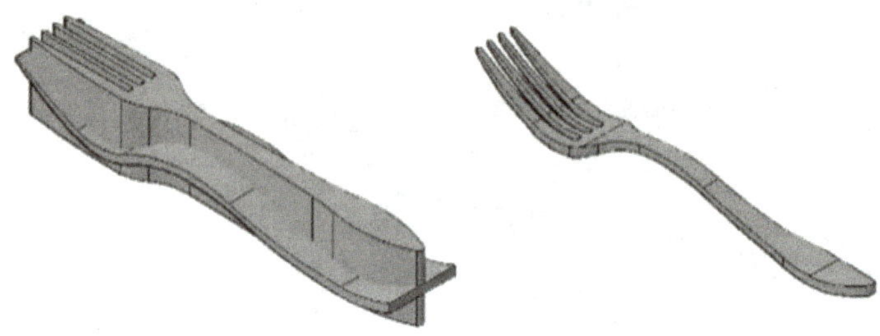

图 11-22　使用布尔运算交集创建的餐叉

11.3.4 编辑三维实体的面、边、体

用“常用”标签|“实体编辑”面板|“拉伸面”下拉列表中的“拉伸面”“移动面”“偏移面”以及“分割”下拉列表中的“抽壳”等命令可对实体的面、边、体进行编辑操作，命令中各选项功能说明如下。

1. 拉伸面

拉伸面按指定距离或路径拉伸实体的指定面，主要提示和选项如下。

选择面或 [放弃(U)/删除(R)]：

指定拉伸高度或 [路径(P)]：

指定拉伸的倾斜角度 <0>：

拉伸面可以对实体上的某个面进行拉伸。本书配套素材中练习文件“11-11. dwg”可以用来做这个练习。对此实体进行顶面拉伸，高度为 20，倾斜角度 15，图 11-23(a)是拉伸面前的效果，图 11-23(b)是拉伸面后的效果。

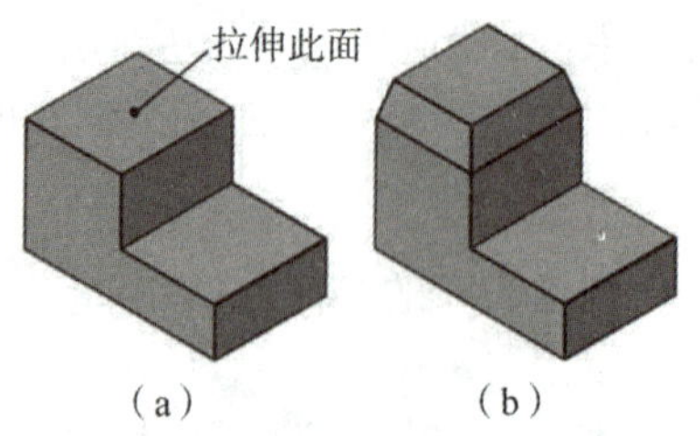

(a)　　(b)

图 11-23　拉伸实体的指定面

2. 移动面

移动面按指定距离移动实体的指定面，主要提示选项如下。

选择面或［放弃(U)/删除(R)］：

指定基点或位移：

指定位移的第二点：

移动面可以像移动二维对象一样移动实体上的面，实体会随之变化。本书配套素材中练习文件“11-11. dwg”可以用来做这个练习。向上移动此实体顶面 30，图 11-24(a) 是移动面前的效果，图 11-24(b) 是移动面后的效果。

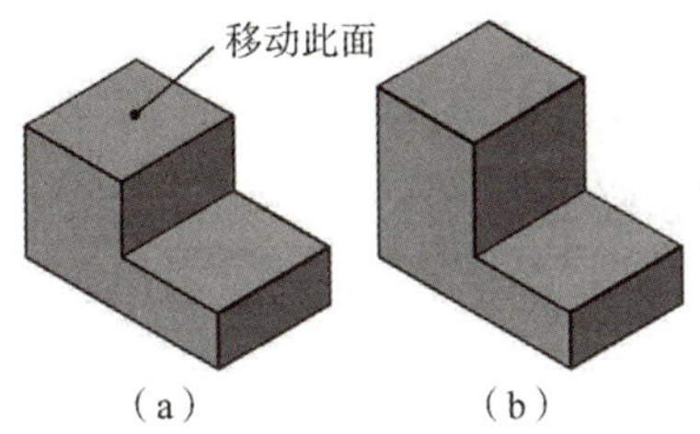

图 11-24　移动实体的指定面

3. 偏移面

偏移面用于等距离偏移实体的指定面，主要提示选项如下。

选择面或［放弃(U)/删除(R)］：

选择偏移距离：

偏移面可以像偏移二维对象一样偏移实体上的面，实体会随之变化。本书配套素材中练习文件“11-11. dwg”可以用来做这个练习。偏移此实体的两个面各 20，图 11-25(a) 是偏移面前的效果，图 11-25(b) 是偏移面后的效果。

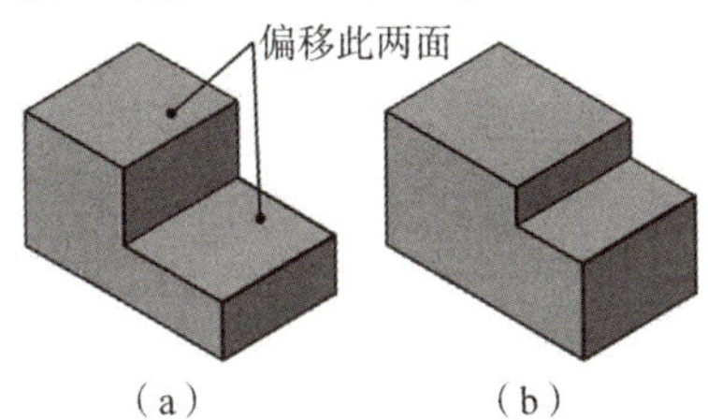

图 11-25　偏移实体的指定面

4. 抽壳

抽壳用于将规则实体创建成中空的壳体，主要提示选项如下。

选择三维实体：

删除面或［放弃(U)/添加(A)/全部(ALL)］：

输入抽壳偏移距离：

抽壳是三维实体造型中重要的命令之一，实际的设计中经常需要创建一些壳体，抽壳时会提示删除部分面以使抽壳后的空腔露出来。注意，删除完需要删除的面以后，不要再删除其他面，否则可能导致一些面的丢失。另外，实体上有倒角或圆角的，要注意距离或半径不要小于抽壳厚度，否则可能抽壳失败。本书配套素材中练习文件“11-11. dwg”可以用来做这个练习，抽壳时删除左侧面，抽壳偏移距离为5，图11-26(a)是抽壳前的效果，图11-26(b)是抽壳后的效果。

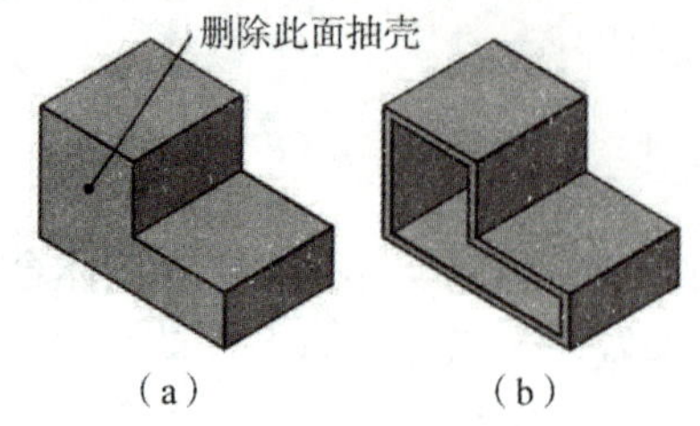

图11-26　实体抽壳图例

除了可以对面进行操作，在实体编辑命令中还可以对体、边进行操作，读者有兴趣可以在执行上面命令时选择其他相应选项进行实践。

本章小结

本章主要介绍了AutoCAD三维建模坐标系的使用、用户坐标系的创建、三维模型的观察与显示、基本三维实体的创建、平面图生成三维实体的方法、布尔运算的使用、三维实体的编辑等内容。在三维模型绘制过程中，用户可以经常变换坐标系统，这样更有利于快速作图。

基本练习

1. 填空题

(1)在三维绘图时，由于需要以不同的平面为基准来进行实体的绘图和编辑操作，所以用户根据绘图环境的需要建立________坐标系来进行辅助绘图。

(2)AutoCAD 2020可直接创建出________、________、________、________、________、________、________和________8种基本形体。

(3)AutoCAD用户可创建________、________、________3种三维几何模型。

2. 选择题

(1)单击(　　)工具栏中的工具按钮可在三维视图与二维视图之间切换。

A. 绘图　　B. 视图　　C. 视口　　D. 实体

(2)下列选项中，不属于三维动态观察的是(　　)。

A. 多视口观察　　B. 受约束的动态观察

C. 自有动态观察　　D. 连续动态观察

(3)下面不属于布尔运算命令的是(　　)。

A. 并集　　B. 交集　　C. 差集　　D. 合并

3. 操作题

开窗洞墙体练习，执行操作步骤如下。

(1)切换到“前视图”，绘制带洞口墙立面图。先绘制一个3 600×2 800矩形作为墙体，再绘制一个 1 200×1 500 矩形作为窗洞，窗台高 900，结果如下图所示。

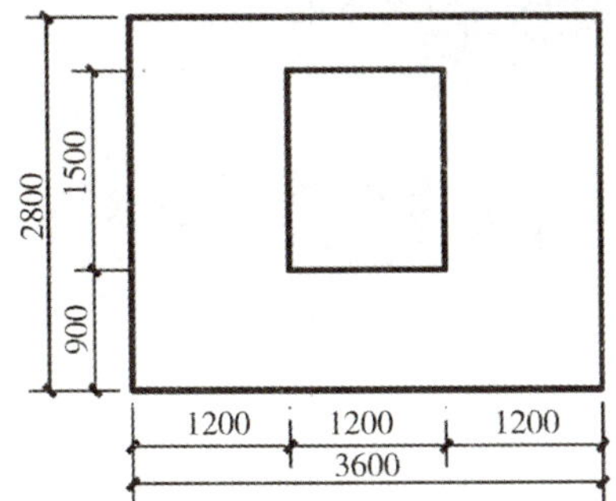

(2) 执行“拉伸”命令，拉伸高度为 240，拉伸角度为 0。

(3) 调整为“西南轴测”视图，效果如下图所示。

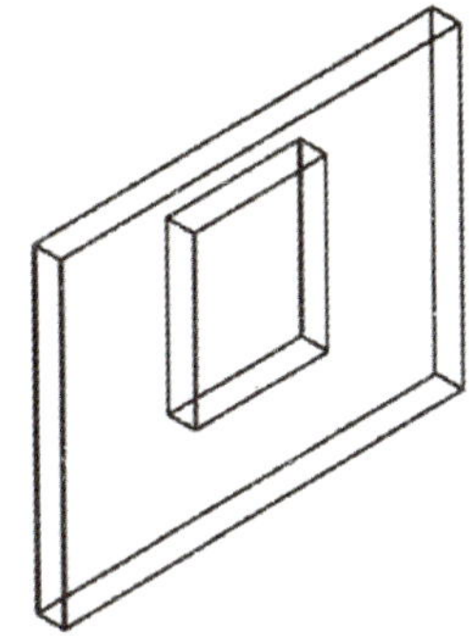

(4) 执行“消隐”命令，效果如下图所示。

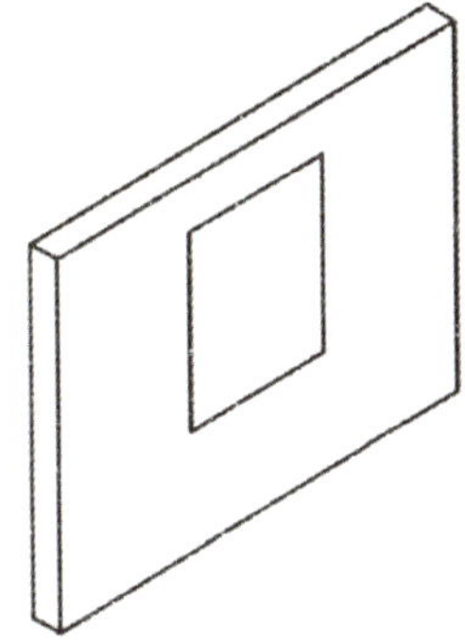

(5) 执行布尔运算之“差集”命令扣减窗洞，再执行“消隐”命令，效果如下图所示。

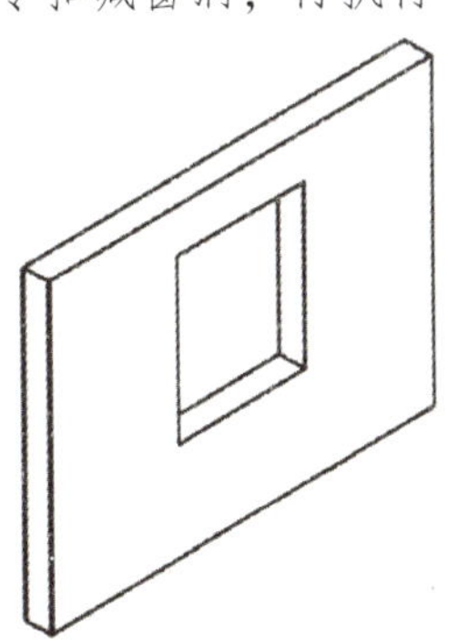

第 12 章 图形打印输出

主要内容

本章主要介绍 AutoCAD 的打印设置的基本命令和操作程序，了解打印设置的基本要求，掌握按比例正确出图的打印设置要点。

重点难点

重点学习在模型空间按照正确比例打印出图、使用图纸空间打印出图。其中，使用图纸空间打印出图是本章学习的难点。

12.1 在模型空间按照正确比例打印出图

用户绘制图形之后，就需要在打印机上输出图形，这是绘图工作最重要的组成部分之一。AutoCAD 的绘图窗口包含两种绘图环境：模型空间和图纸空间，图纸空间也称“布局”。在屏幕的左下方可以看到两种绘图环境切换按钮，如图 12-1 所示。模型空间是默认的绘图环境，用于表示一个三维的空间，主要用来设计零件和图形的几何形状，设计者一般在模型空间完成其主要的设计构思，用于设计绘图；图纸空间代表图纸，专门用来进行出图，可以在上面排放图形，也就是最终打印出来的图纸。这两个空间都可以打印出图，并且在打印之前都必须进行页面设置。一般的简单图形可直接在模型空间打印出图；复杂二维图形需要多个局部视图或三维图形需多个视口表现时，可用图纸空间。

图 12-1　绘图环境切换按钮

图形打印分为以下步骤：

①添加打印机；②设置打印样式；③打印图形。

12.1.1 添加打印机

一般情况下，打印出图可使用系统默认的打印机。如果系统默认的打印机不适合用户打印，则可添加新的打印机。其步骤如下。

（1）打开“文件”｜“绘图仪管理器”，弹出“绘图仪管理器”窗口，如图 12-2 所示；双击其中的“添加绘图仪向导”图标，弹出“添加绘图仪-简介”对话框，如图 12-3 所示。

名称	修改日期	类型	大小
AutoCAD 2020 - 简体中文 (Simplified ...	2023/10/27 11:49	文件夹	
Plot Styles	2023/10/28 11:29	文件夹	
PMP Files	2023/10/27 11:48	文件夹	
AutoCAD PDF (General Documentati...	2014/10/11 12:39	AutoCAD 绘图仪...	2 KB
AutoCAD PDF (High Quality Print).pc3	2014/10/11 12:39	AutoCAD 绘图仪...	2 KB
AutoCAD PDF (Smallest File).pc3	2014/10/11 12:39	AutoCAD 绘图仪...	2 KB
AutoCAD PDF (Web and Mobile).pc3	2014/10/11 12:39	AutoCAD 绘图仪...	2 KB
Default Windows System Printer.pc3	2003/3/4 10:36	AutoCAD 绘图仪...	2 KB
DWF6 ePlot.pc3	2004/7/29 17:14	AutoCAD 绘图仪...	5 KB
DWFx ePlot (XPS Compatible).pc3	2007/6/22 0:17	AutoCAD 绘图仪...	5 KB
DWG To PDF.pc3	2014/10/11 12:39	AutoCAD 绘图仪...	2 KB
PublishToWeb JPG.pc3	1999/12/8 11:53	AutoCAD 绘图仪...	1 KB
PublishToWeb PNG.pc3	2000/11/22 14:18	AutoCAD 绘图仪...	1 KB
添加绘图仪向导	2023/10/27 11:48	快捷方式	1 KB

图 12-2　“绘图仪管理器”窗口

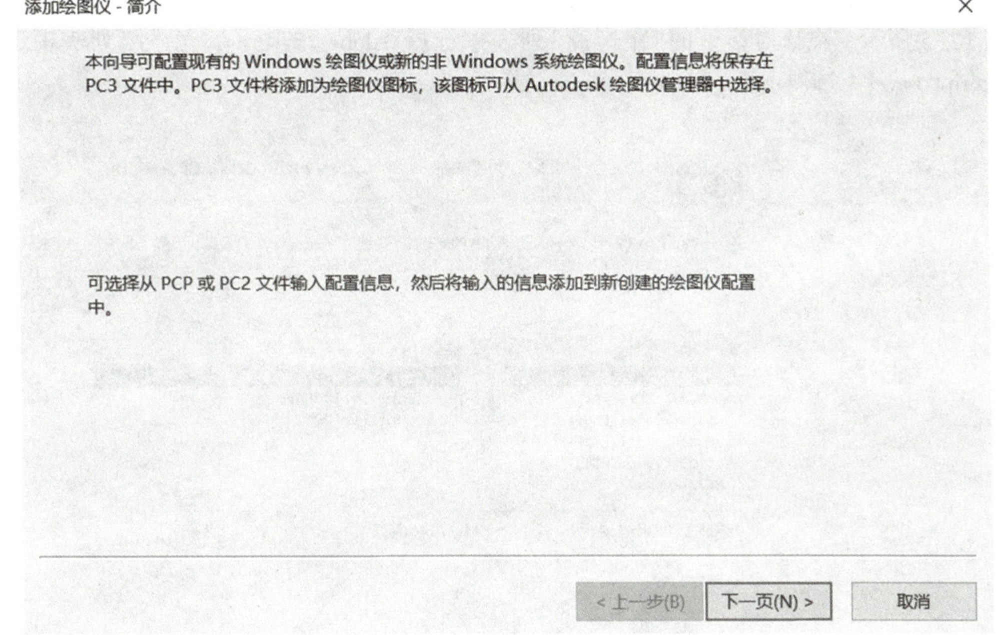
添加绘图仪 - 简介
本向导可配置现有的 Windows 绘图仪或新的非 Windows 系统绘图仪。配置信息将保存在 PC3 文件中。PC3 文件将添加为绘图仪图标，该图标可从 Autodesk 绘图仪管理器中选择。
可选择从 PCP 或 PC2 文件输入配置信息，然后将输入的信息添加到新创建的绘图仪配置中。
< 上一步(B)
下一页(N) >
取消

图 12-3　“添加绘图仪-简介”对话框

（2）单击“下一步”按钮，进入“添加绘图仪-开始”对话框，如图 12-4 所示，在该对话中有 3 个单选按钮，具体介绍如下。

①我的电脑：出图设备为绘图仪，并且直接连接于当前计算机上。

②网络绘图仪服务器：出图设备为网络绘图仪。

③系统打印机：使用 Windows 系统打印机。

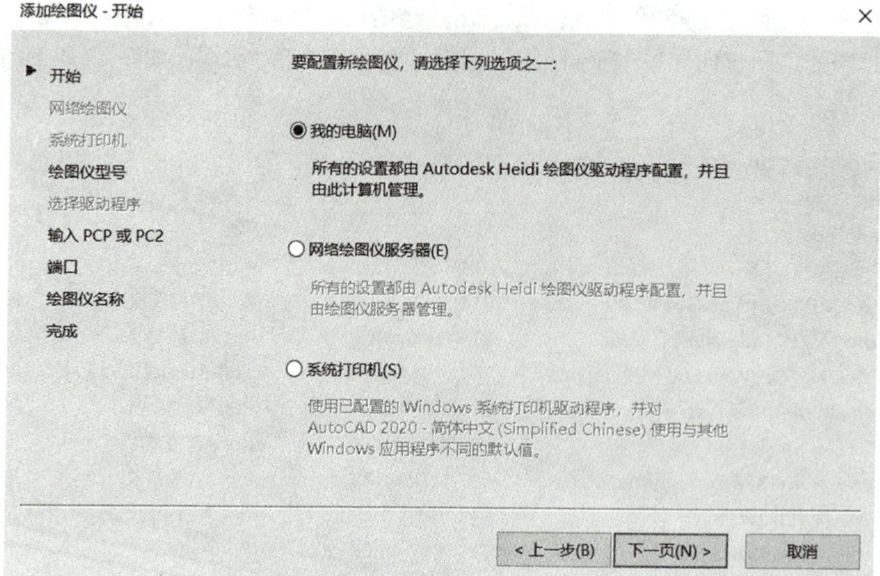

图 12-4 “添加绘图仪-开始”对话框

(3)下面以添加 Adobe 下的 Postscript Level 1 绘图仪为例说明添加打印机的过程。选择“我的电脑”单选按钮，然后单击“下一步”按钮，弹出“添加绘图仪-绘图仪型号”对话框，如图 12-5 所示。在该对话框的“生产商”列表中选择 Adobe 选项，在“型号”列表中选择 Postscript Level 1 选项。

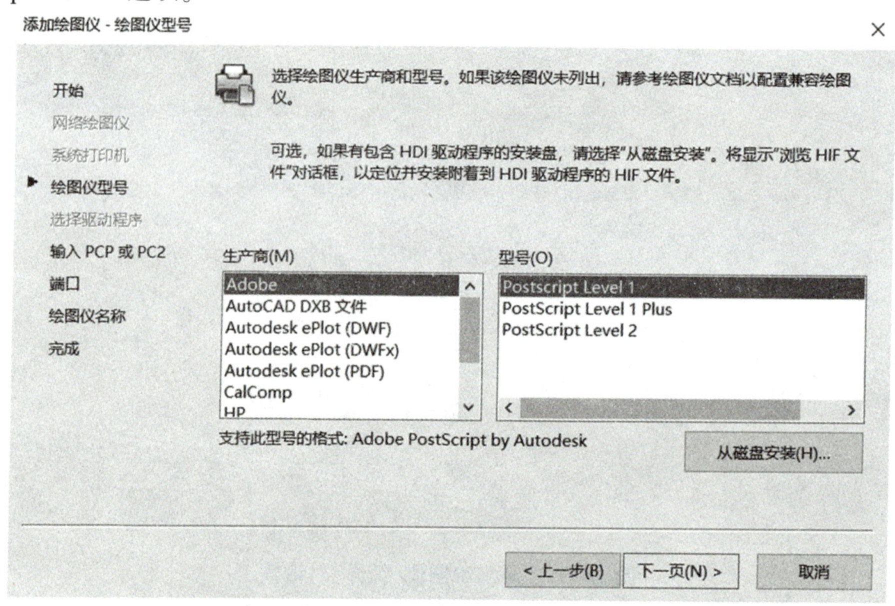

图 12-5 “添加绘图仪-绘图仪型号”对话框

(4)单击“下一步”按钮，弹出“添加绘图仪-输入 PCP 或 PC2”对话框，如图 12-6 所示。如果单击“输入文件”按钮，则表示从原来的 AutoCAD 打印配置文件中输入打印机配置信息，这里不需作这一步的设置。如果这里没有需要安装的打印机型号，可以按照图 12-7，单击“从磁盘安装”按钮安装驱动程序。

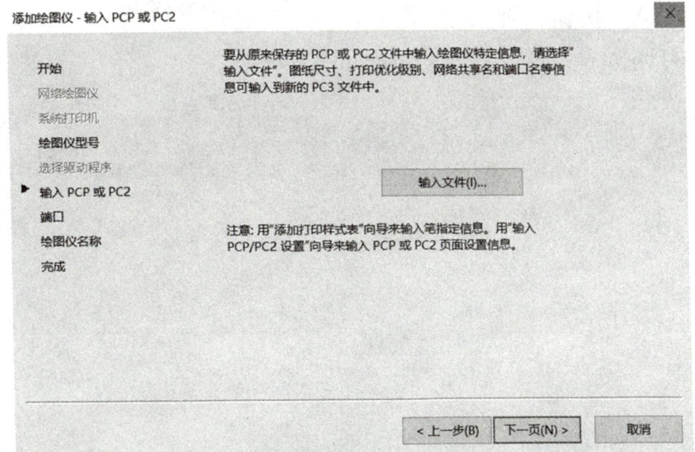

图 12-6　“添加绘图仪-输入 PCP 或 PC2”对话框

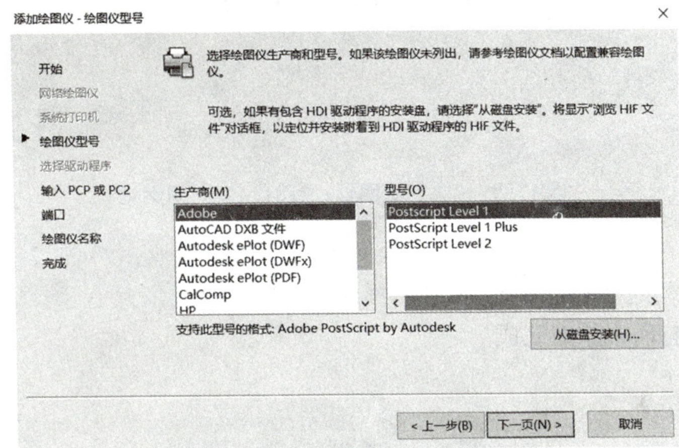

图 12-7　“从磁盘安装”按钮

(5)单击“下一步”按钮，弹出“添加绘图仪-端口”对话框，如图 12-8 所示。选择“打印到端口”单选按钮，并在列表中选择 COM1 选项，表示图形直接打印到 COM1 端口上。

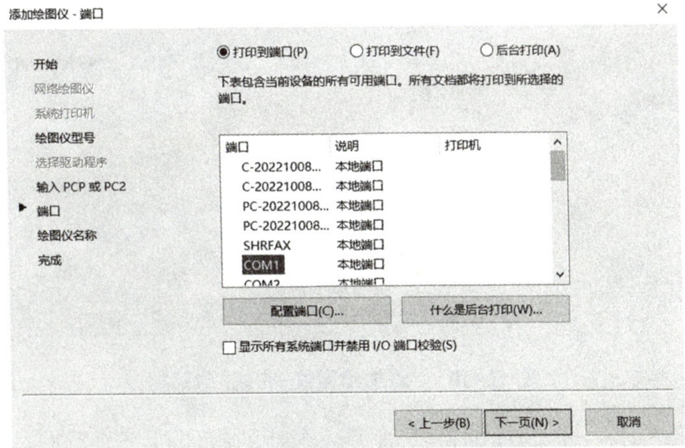

图 12-8　“添加绘图仪-端口”对话框

(6)单击“下一步”按钮，弹出“添加绘图仪-绘图仪名称”对话框，如图 12-9 所示。AutoCAD 自动将打印机的名称设置为 Postscript Level 1。

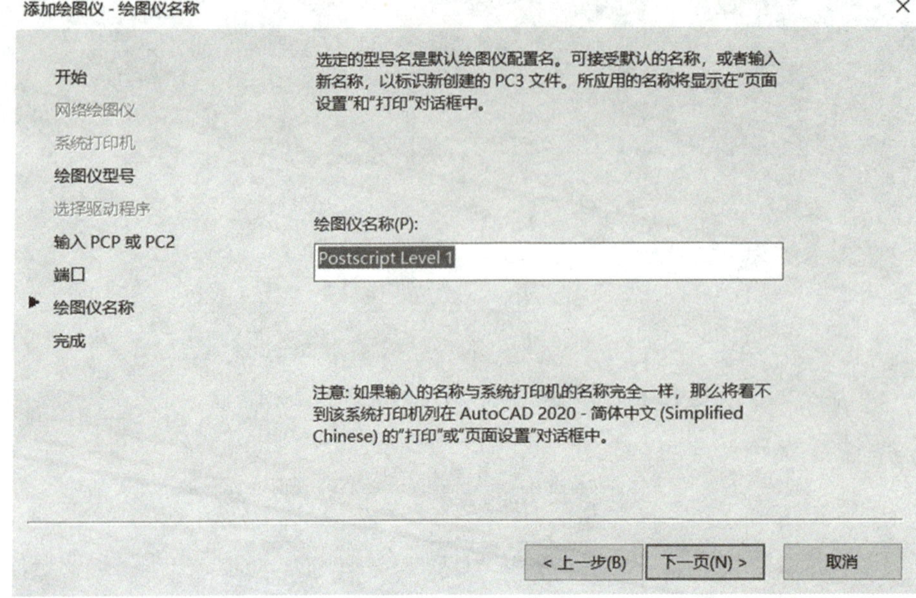

图 12-9 “添加绘图仪-绘图仪名称”对话框

(7)单击“下一步”按钮，弹出“添加绘图仪-完成”对话框，如图 12-10 所示。在这里可以进行编辑绘图仪配置和校准绘图仪的操作，设置打印纸张大小等参数，设置完成后单击“完成”按钮，打印机添加完成。

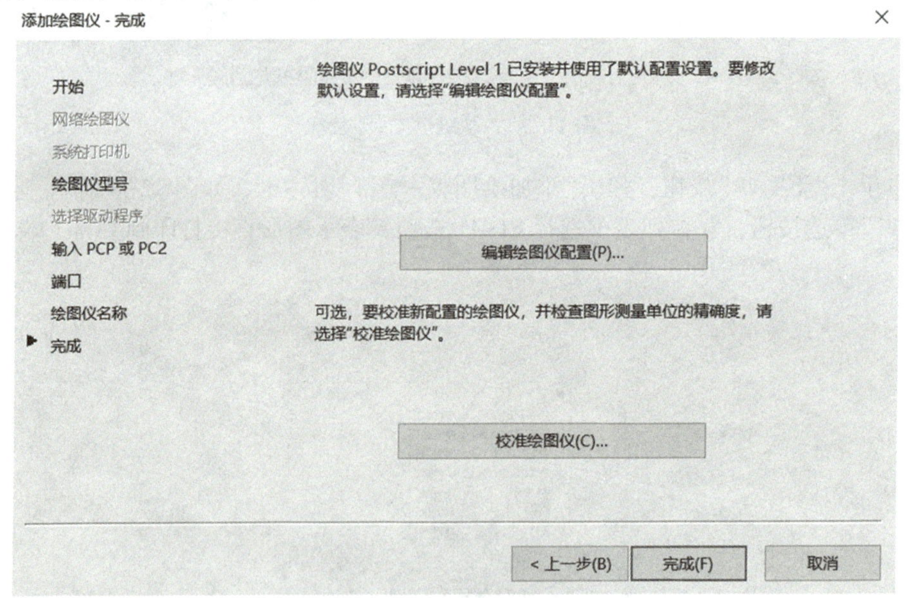

图 12-10 “添加绘图仪-完成”对话框

通过上述操作，为 AutoCAD 软件添加了一个新的打印机，为后期的图纸打印提供了方便。

提示： 上述添加的 Postscript Level 1 打印机主要用于在 CAD 文件与 Photoshop 图形处理软件之间进行转换。用该打印机打印的“ * . eps”文件可以在 Photoshop 及其他软件中打开，具有像素清晰、分辨率高、操作方便、图像效果好等优点，这是 CAD 文件进行后期图像处理常用的一种转换方式。

12.1.2 设置打印样式

打印样式主要用于控制图形的打印效果。完成建筑图样绘制以后，在打印时需要设置一系列打印参数，如笔宽、颜色、线型、端点、角点、填充样式等输出效果，以及抖动、灰度、笔号等打印效果。

1. 打印样式的分类与转换

通常，一种打印样式只控制输出图形某一方面的打印效果。例如，按“颜色”设置打印样式，每种打印样式只控制输出图形的一种颜色的打印效果；按“填充打印样式”设置打印样式，每种打印样式就只控制输出图形中剖面线的打印效果。因此，可以设置打印样式表，集合打印样式，从而来控制一张图样的打印效果。

AutoCAD 软件中提供了两大类打印样式：一类是颜色相关打印样式，另一类是命名打印样式。它们都保存在“打印样式管理器”窗口中，如图 12-11 所示。

名称	修改日期	类型	大小
acad.ctb	1999/3/9 14:17	AutoCAD 颜色相...	5 KB
acad.stb	1999/3/9 14:16	AutoCAD 打印样...	1 KB
Autodesk-Color.stb	2002/11/21 19:17	AutoCAD 打印样...	1 KB
Autodesk-MONO.stb	2002/11/21 20:22	AutoCAD 打印样...	1 KB
DWF Virtual Pens.ctb	2001/9/12 1:04	AutoCAD 颜色相...	6 KB
Fill Patterns.ctb	1999/3/9 14:16	AutoCAD 颜色相...	5 KB
Grayscale.ctb	1999/3/9 14:16	AutoCAD 颜色相...	5 KB
monochrome.ctb	1999/3/9 14:15	AutoCAD 颜色相...	5 KB
monochrome.stb	1999/3/9 14:15	AutoCAD 打印样...	1 KB
Screening 25%.ctb	1999/3/9 14:14	AutoCAD 颜色相...	5 KB
Screening 50%.ctb	1999/3/9 14:14	AutoCAD 颜色相...	5 KB
Screening 75%.ctb	1999/3/9 14:12	AutoCAD 颜色相...	5 KB
Screening 100%.ctb	1999/3/9 14:14	AutoCAD 颜色相...	5 KB
TArch20V7.ctb	2009/3/11 15:14	AutoCAD 颜色相...	5 KB
Tspt.Ctb	2022/10/9 17:56	AutoCAD 颜色相...	5 KB
添加打印样式表向导	2023/10/27 11:48	快捷方式	1 KB

图 12-11 “打印样式管理器”窗口

颜色相关打印样式是以对象的颜色为基础的，用颜色来控制打印机的笔号、笔宽及线型设定等。颜色相关打印样式是由颜色相关打印样式表定义的，文件扩展名为“. ctb”。命名打印样式可以独立于图形对象的颜色使用。在使用命名打印样式时，可以将命名打印样式指定给任何图层和单个对象，不需考虑图层及对象的颜色，不像使用颜色相关打印样式时，图形对象的颜色受打印样式的限制。命名打印样式是由命名打印样式表定义的，文件扩展名为“. stb”。

两种打印样式的设置与转换是通过“工具”菜单中的“选项”命令完成的。在“工具”菜单中选择“选项”命令，弹出“选项”对话框，如图 12-12 所示。在该对话框的“打印和发布”选项卡中单击“打印样式表设置”按钮，即可对颜色相关打印样式和命名打印样式进行切换。

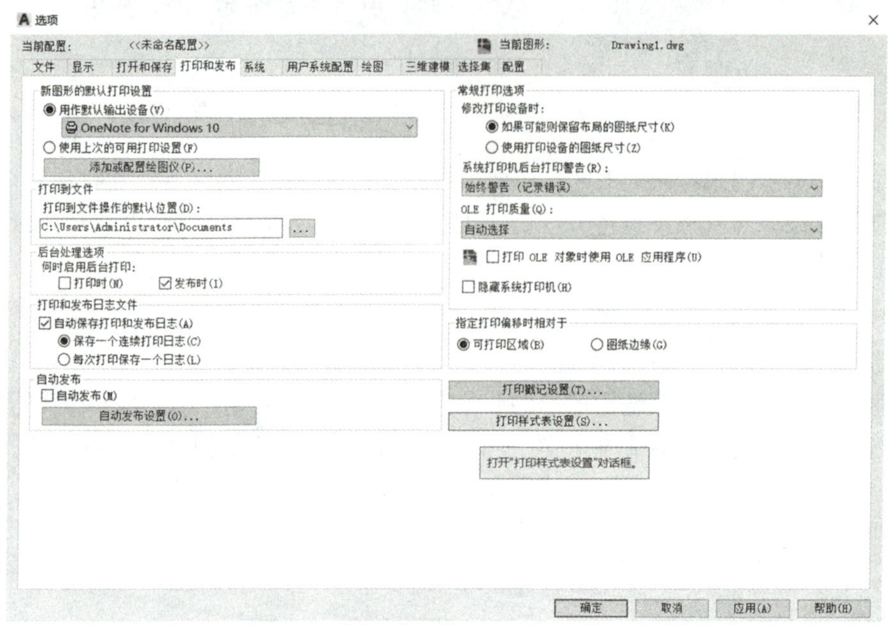

图 12-12 “选项”对话框

2. 创建打印样式

下面以创建一个新的宿舍楼打印样式为例进行说明。

如果在当前的打印样式模式下没有用户需要的打印样式，这就需要创建新的打印样式表。具体方法如下。

(1) 打开“打印样式管理器”窗口，双击“添加打印样式表向导”，如图 12-11 所示。

(2) 在弹出的“添加打印样式表”对话框中单击“下一步”按钮，如图 12-13 所示。

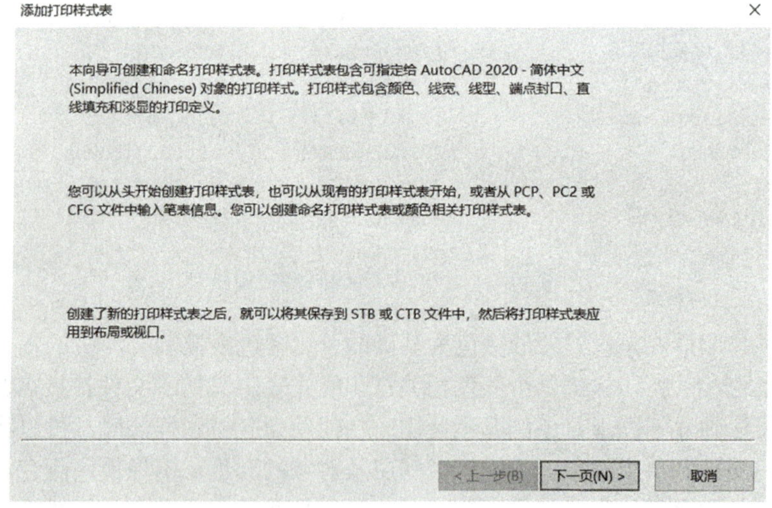

图 12-13 “添加打印样式表”对话框

（3）在“添加打印样式表-开始”对话框中选择“创建新打印样式表”单选按钮，如图 12-14 所示。

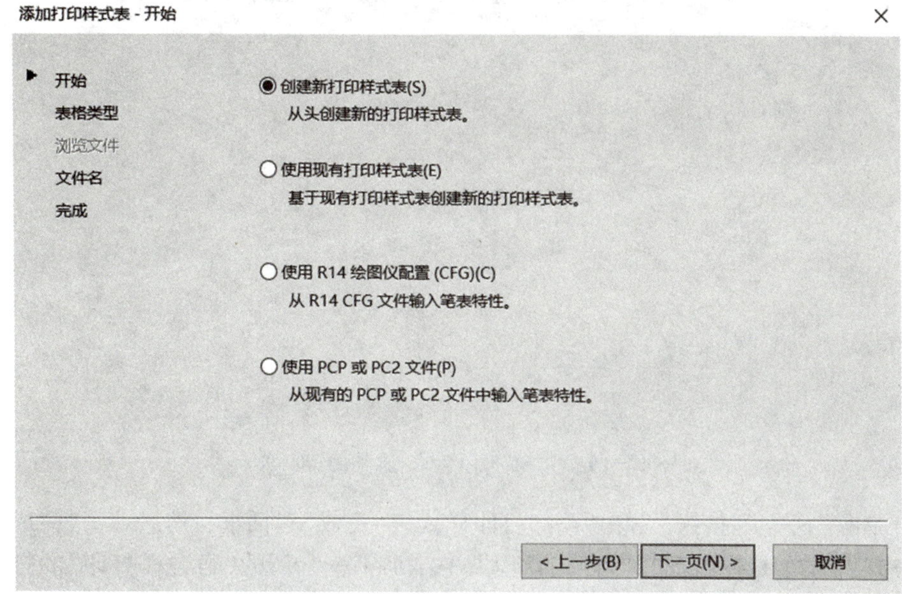

图 12-14　“添加打印样式-开始”对话框

（4）单击“下一步”按钮，弹出“添加打印样式表-选择打印样式表”对话框。在该对话框中选择“颜色相关打印样式表”单选按钮，表示创建一个新的颜色相关打印样式表，如图 12-15 所示。

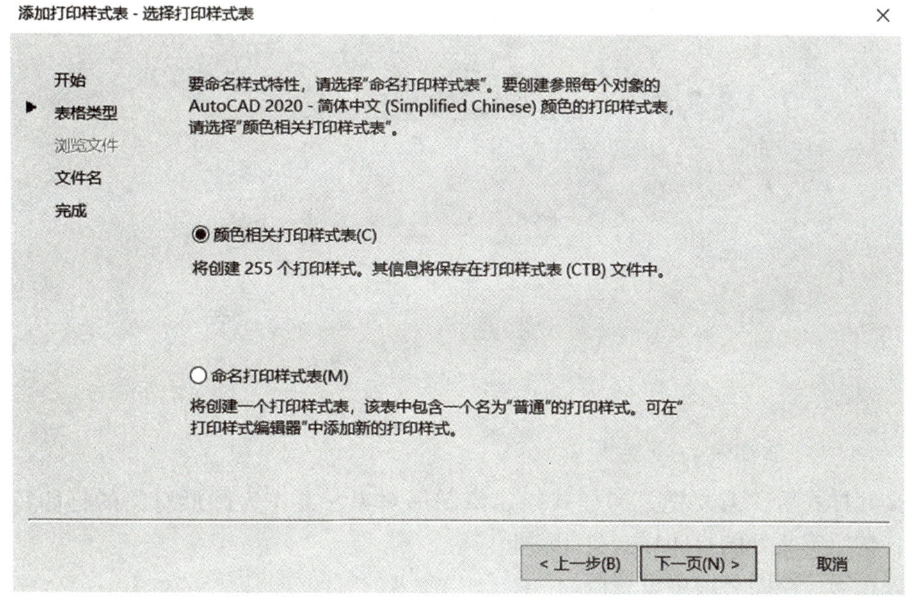

图 12-15　“添加打印样式-选择打印样式表”对话框

（5）单击“下一步”按钮，弹出“添加打印样式表-文件名”对话框。在该对话框的“文件名”文本框中输入打印样式的名称“宿舍楼打印”，如图 12-16 所示。

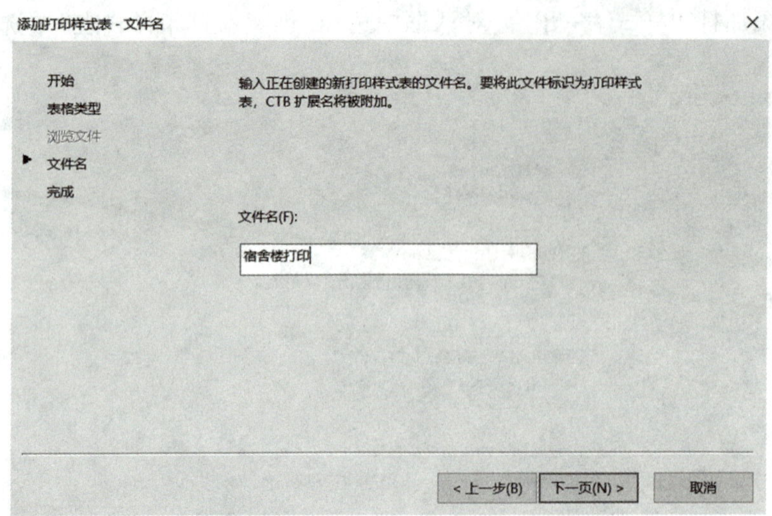

图 12-16 “添加打印样式-文件名”对话框

(6)单击“下一步”按钮，弹出“添加打印样式表-完成”对话框，然后单击“完成”按钮，如图 12-17 所示。这样就在打印样式管理器中添加了一个新的“宿舍楼打印”的打印样式文件。

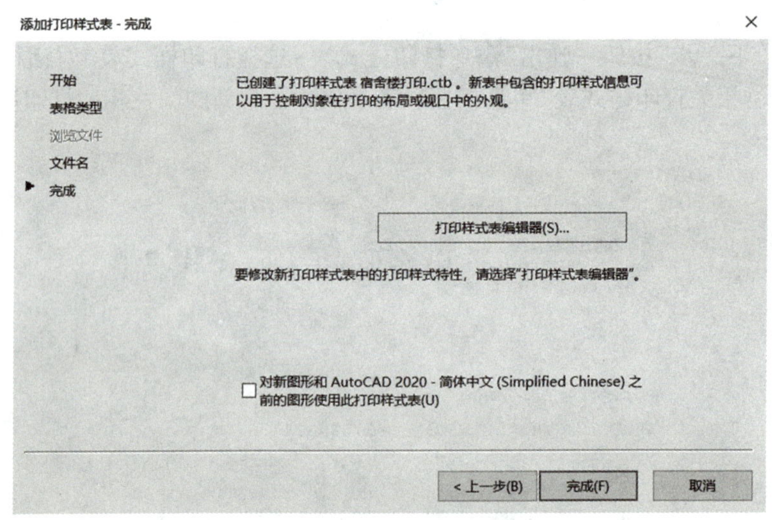

图 12-17 “添加打印样式-完成”对话框

3. 为打印对象指定打印样式

定义好样式后，需要把打印样式指定给图形对象，并作为图形对象的打印特性，使 AutoCAD 按照定义好的打印样式打印图形。

首先在当前绘图环境中设置以“住宅打印”命名的打印样式。

(1)单击图 12-12 所示的“打印样式表设置”按钮，弹出“打印样式表设置”对话框，如图 12-18 所示。选择“使用颜色相关打印样式”单选按钮，在“默认打印样式表”下拉列表中选择“宿舍楼打印”选项，表示将把“宿舍楼打印”样式作为默认的打印样式。

(2)单击“确定”按钮，关闭对话框。刚才设定的打印样式并没有在当前的 AutoCAD 中生效，必须关闭当前图形并重新打开，才能使用“宿舍楼打印”样式表。

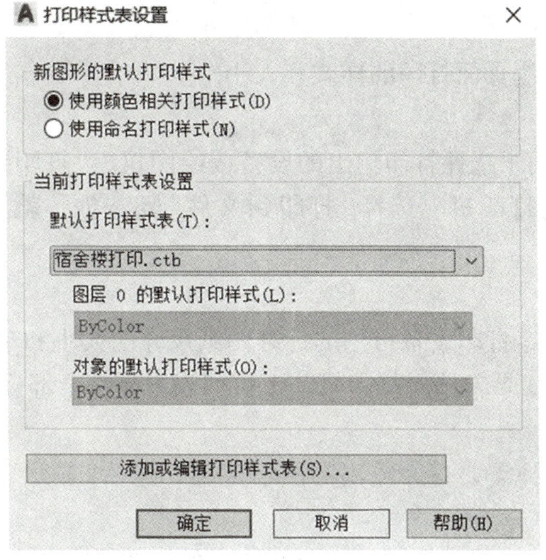

图 12-18　“打印样式表设置”对话框

12.1.3　打印图形

1. 打印图形的命令调用

下拉菜单：“文件” | “打印”。

工具栏：“打印”按钮。

命令行：在命令行提示下输入 plot，并按〈Enter〉键。

在上述调用方式中任选其一，弹出“打印-模型”对话框，如图 12-19 所示。

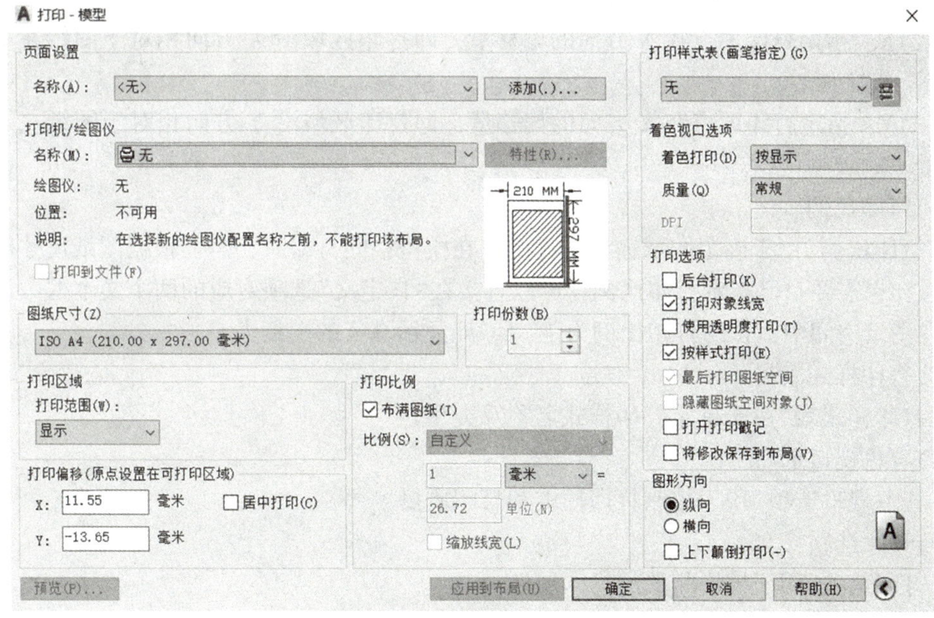

图 12-19　“打印-模型”对话框

2. 打印设置

1）页面设置

“页面设置”用于控制页面打印的样式和大小。

2）打印机/绘图仪

“打印机/绘图仪”用于选择打印输出的设备或绘图仪。“打印到文件”是指将打印输出到文件，而不是输出到打印机。选择“打印到文件”复选框，就可以将图形打印输出到文件。

3）图纸尺寸

“图纸尺寸”用于确定打印设备可用的标准图纸尺寸的大小和单位。可以通过下拉列表选择标准图纸的大小。如果未选择打印机，下拉列表中显示全部标准图纸的尺寸。

4）打印区域

“打印区域”用于选择需要打印输出的图形范围，包括“显示”“窗口”“范围”“图形界限”4 种方式。

（1）显示：用于打印“模型”选项卡当前视口中的视图或“布局”选项卡上当前图纸空间视图中的视图。

（2）窗口：用于打印通过窗口区域指定的图形部分。

（3）范围：用于打印整个图形所在的空间及在此空间内的所有几何图形。

（4）图形界限：使用当前图形的图形界限来定义整个图形的打印区域。

在模型空间中打印图形时经常采用“窗口”方式选择打印的图形和区域。

5）打印偏移

“打印偏移”用于确定打印区域相对于图纸左下的偏移量。系统默认从图纸左下角打印图形，打印原点位于图纸左下角，坐标是（0，0）。

（1）居中打印：使图形位于图纸正中间位置。

（2）X：指定打印原点在 X 方向的偏移量，即打印区域沿 X 方向相对于图纸左下角的偏移量。

（3）Y：指定打印原点在 Y 方向的偏移量，即打印区域沿 Y 方向相对于图纸左下角的偏移量。

6）打印比例

“打印比例”用于确定图形输出的比例。在模型空间打印时，需要根据图纸尺寸确定打比例，如果需要自己指定打印比例，可以直接在“自定义”选项对应的两个文本框中设定比例。在图纸空间中默认的打印比例为 1∶1，即显示真实的图纸大小。

7）打印样式表

“打印样式表”用于确定打印样式名称及类型。

8）着色视口选项

“着色视口选项”用于控制打印模式和打印质量。

9）打印选项

“打印选项”用于控制相关的打印属性。

10）图形方向

“图形方向”用于设置图形在图纸上的打印方向。其中，图纸图标代表图纸的方向，字母代表图纸上的图形方向。

(1)纵向：表示将图纸的短边作为图形页面的顶部。

(2)横向：表示将图纸的长边作为图形页面的顶部。

(3)上下颠倒打印：表示上下颠倒定位图形方向并打印图形。

完成上述各项的设置后，单击“确定”按钮，即可打印输出图形。

12.2 使用图纸空间打印出图

由 12.1 节可以看出，在模型空间打印图纸比较容易掌握，出图比例在一张图纸中是不变的。如果在一张图纸中打印不同比例的图形，可以选择在图纸空间中打印，它采用图布局 1：1 比例打印，因此可以直接设置文字高度为 5，但是文字、尺寸、图框等应该在布局中添加。

下面以图 12-20 所示的住宅平面布置图为例进行详细介绍。

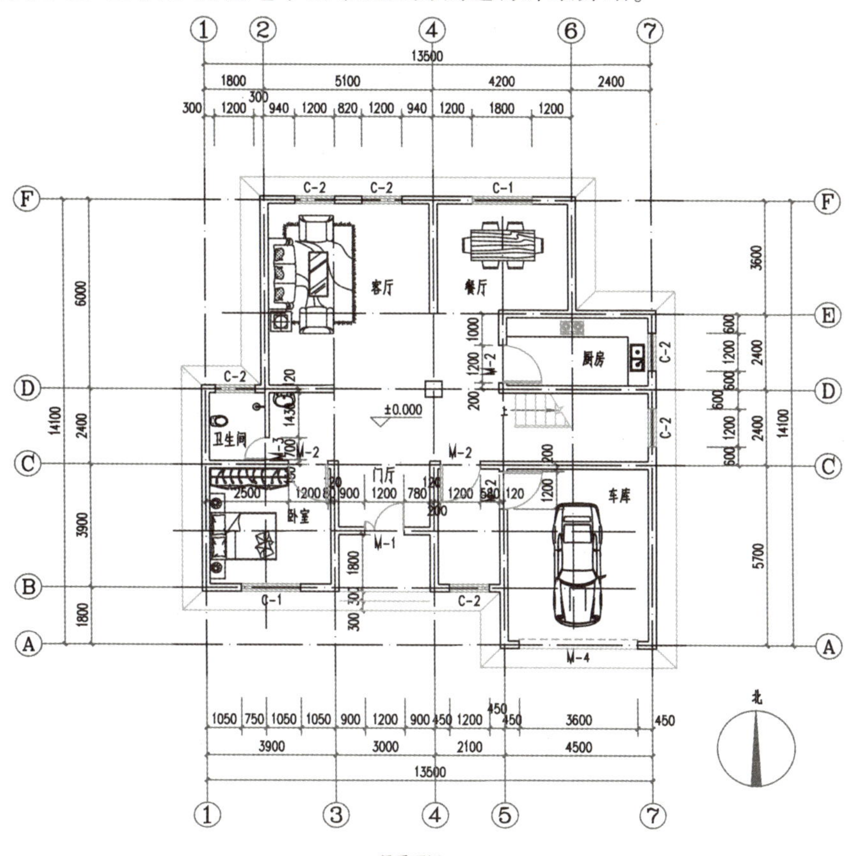

图 12-20　住宅平面布置图

(1)打开需要打印的文件，单击布局 1，出现图纸布局页面，虚线表示打印机可打印范围，细实线表示布局视口，调整视口接近虚线框。

(2)右击布局 1，在弹出的快捷菜单中选择“页面设置管理器”命令，弹出“页面设置管理器”对话框，如图 12-21 所示。选择“布局 1”选项后的“修改”按钮，弹出“页面设置-布局 1”对话框，如图 12-22 所示。在该对话框中选择出图打印机，打印样式表选择“住宅打印 . ctb”，图纸尺寸选择 A3，图形方向选择横向和上下颠倒打印，然后单击“确定”按钮，返回并关闭“页面设置管理器”对话框。

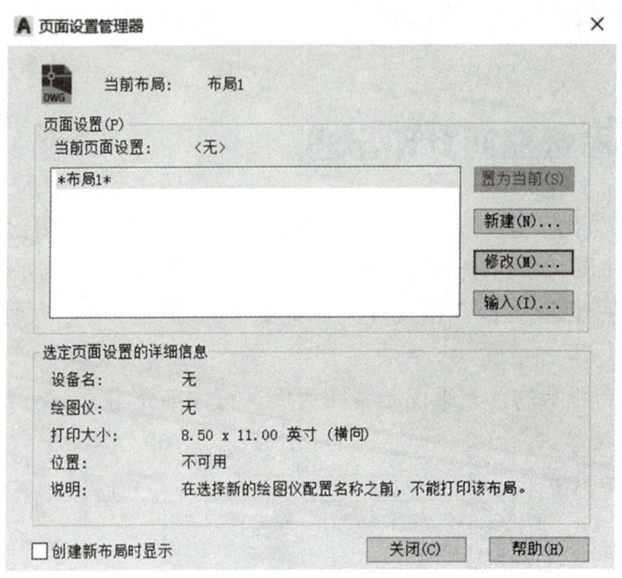

图 12-21　“页面设置管理器”对话框

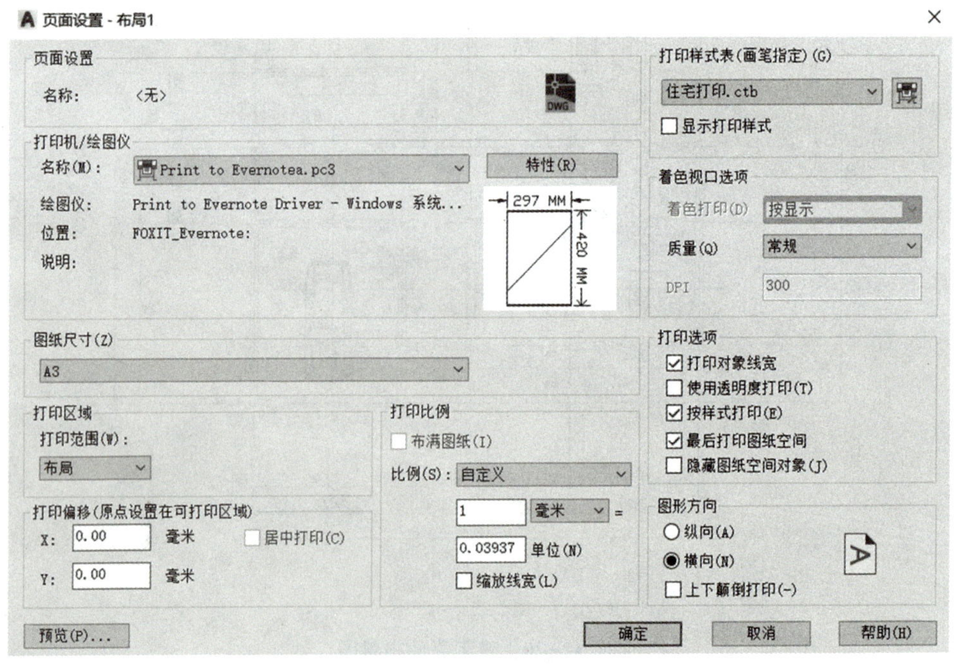

图 12-22　“页面设置-布局 1”对话框

(3)右击任一工具栏按钮，调出工具栏，选择“视口”选项，弹出“视口”工具栏，如图 12-23 所示。输入比例设为 1 ∶ 100，双击视口框，调整图形在视口中的位置，调整结束后，在图纸外面双击，使用“移动”命令移动视口到合适的图纸位置，如图 12-24 所示。

图 12-23　“视口”工具栏

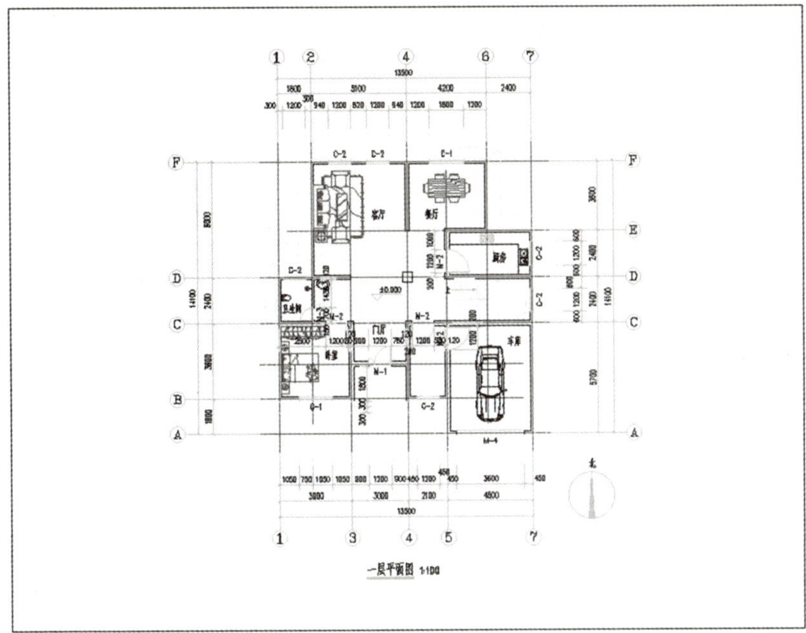

图 12-24　移动视口到合适的图纸位置

(4)添加图框。可以将原来的 A2 图框定义成块，在布局中插入图框块，调整合适的大小且不能超出视口框，如图 12-25 所示。

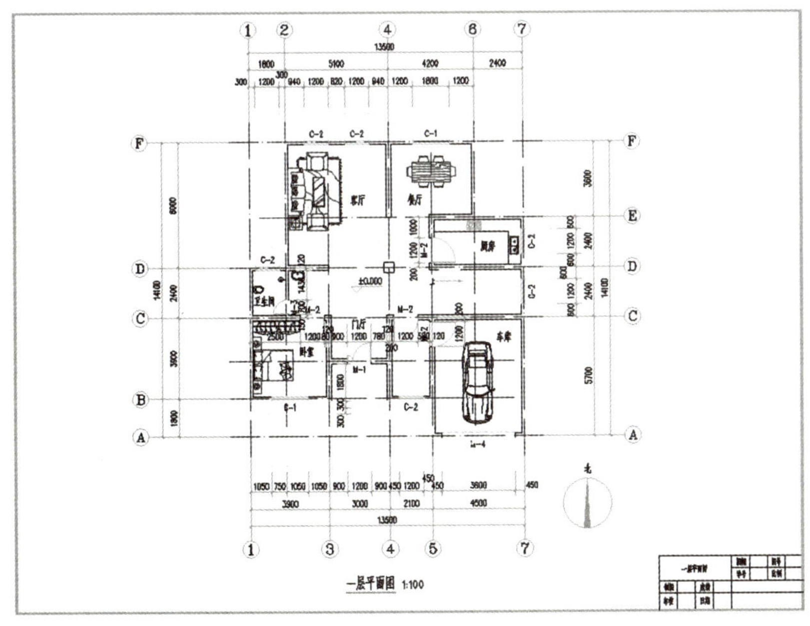

图 12-25　插入图框块

(5)将视口框隐蔽，并设置打印属性为“不打印”，将视口框到 CAD 自带的 defpoints 图层，此图层不能打印，此时视口框将不能被预览和打印。

(6)单击“打印预览”按钮，结果如图 12-26 所示。若无须改动，则可以打印出图。

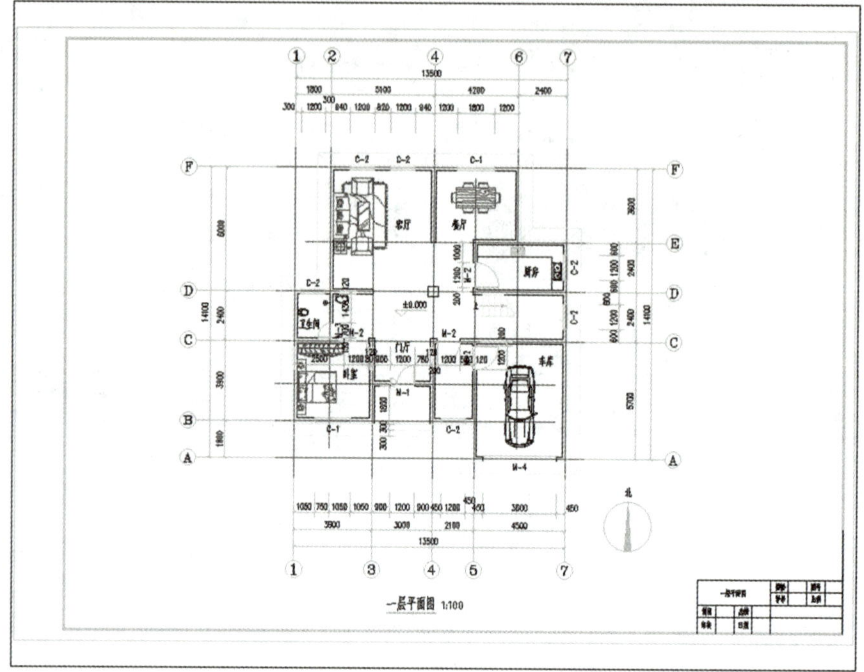

图 12-26　打印预览

本章小结

本章主要讲述了打印布局的创建、打印机的管理、打印图形的操作步骤，通过本章的学习，读者应该熟练掌握这些操作。

基本练习

1. 填空题

(1)在 AutoCAD 中，系统提供了________和________两种显示图纸的方式，________就是用户绘制图形的环境，而图纸空间主要用于试图布局的设置和图纸的输出。

(2)在图纸空间中，系统默认只有两个布局，分别是________和________。

(3)在模型空间的多个视口即称________，各视口间必须相邻，且只能为标准矩形，而且无法调整视口的________。

(4)从“布局”选项卡打印时，默认缩放比例设置为________。

2. 选择题

(1) 只能将模型按单一比例打印输出的空间是(　　)。

A. 模型空间　　B. 图纸空间　　C. 模型空间和图纸空间均可

(2) 模型按多视口方式打印输出的空间是(　　)。

A. 模型空间　　B. 图纸空间　　C. 模型空间和图纸空间均可

(3) 创建新布局的方法不包括(　　)。

A. 直接启动“新建布局”命令进行创建

B. 通过“来自样板的布局”命令进行创建

C. 通过“创建布局向导”命令进行创建

D. 通过“页面设置管理器”进行创建

附图 1　宿舍楼图纸

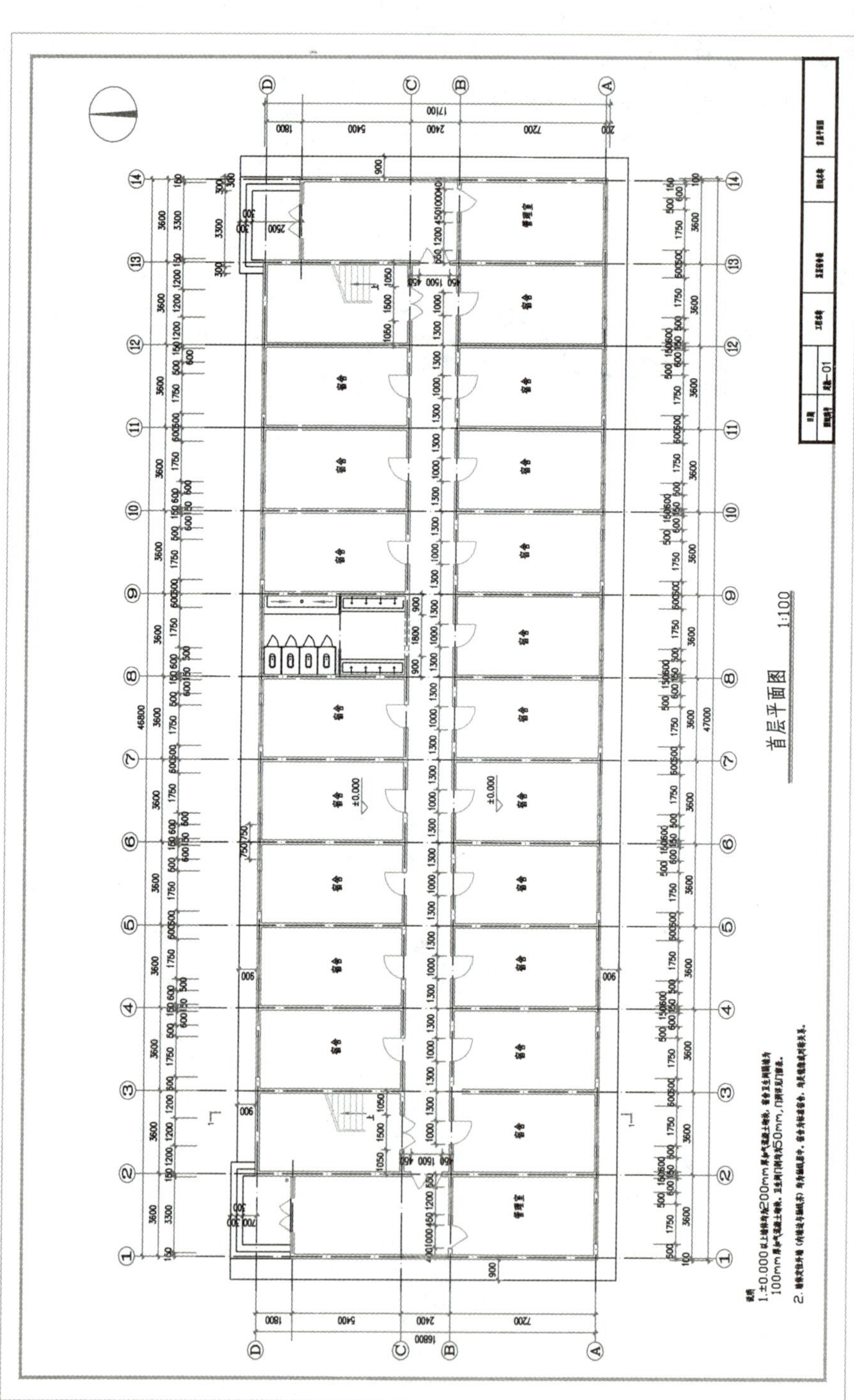

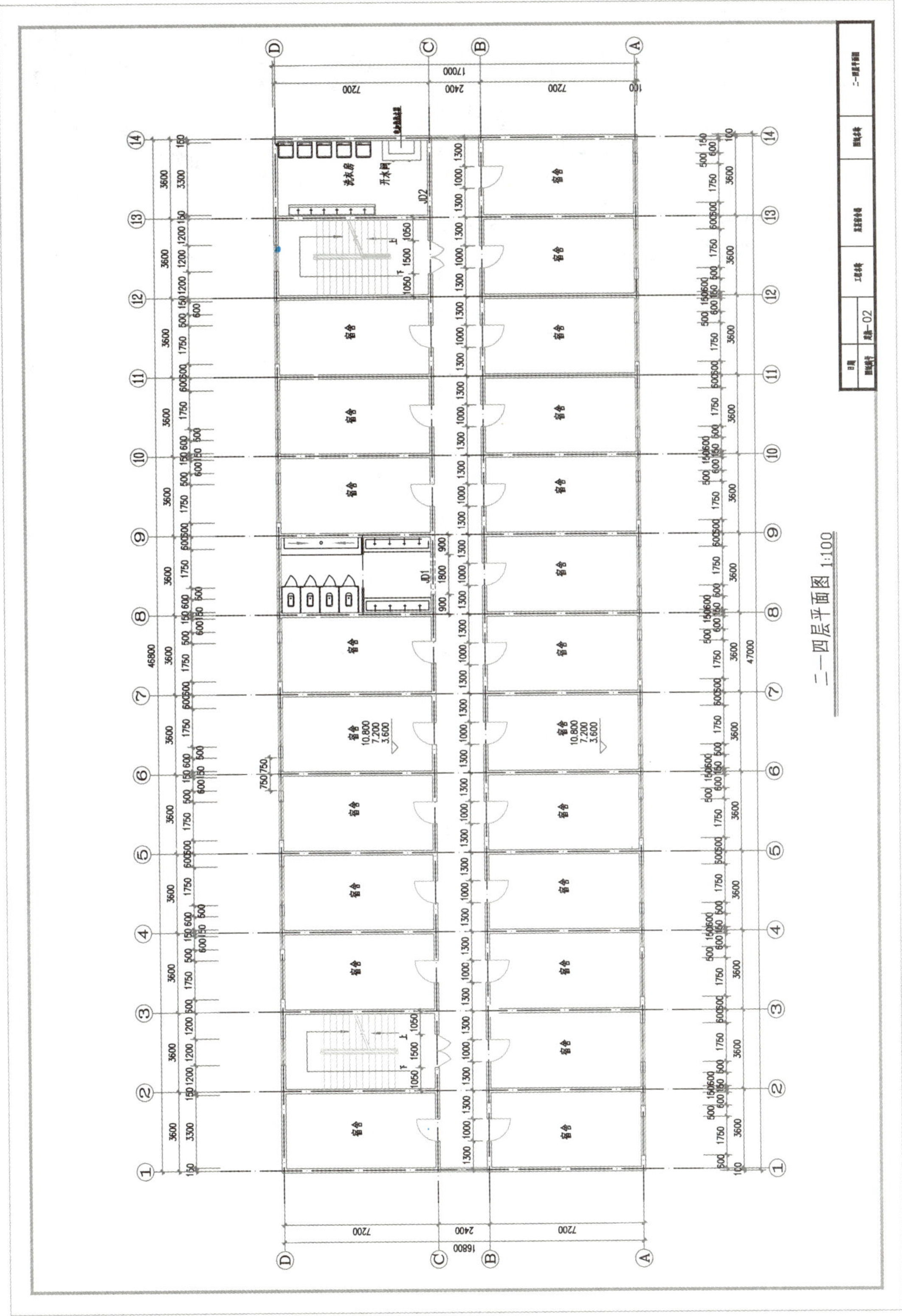
二~四层平面图 1:100

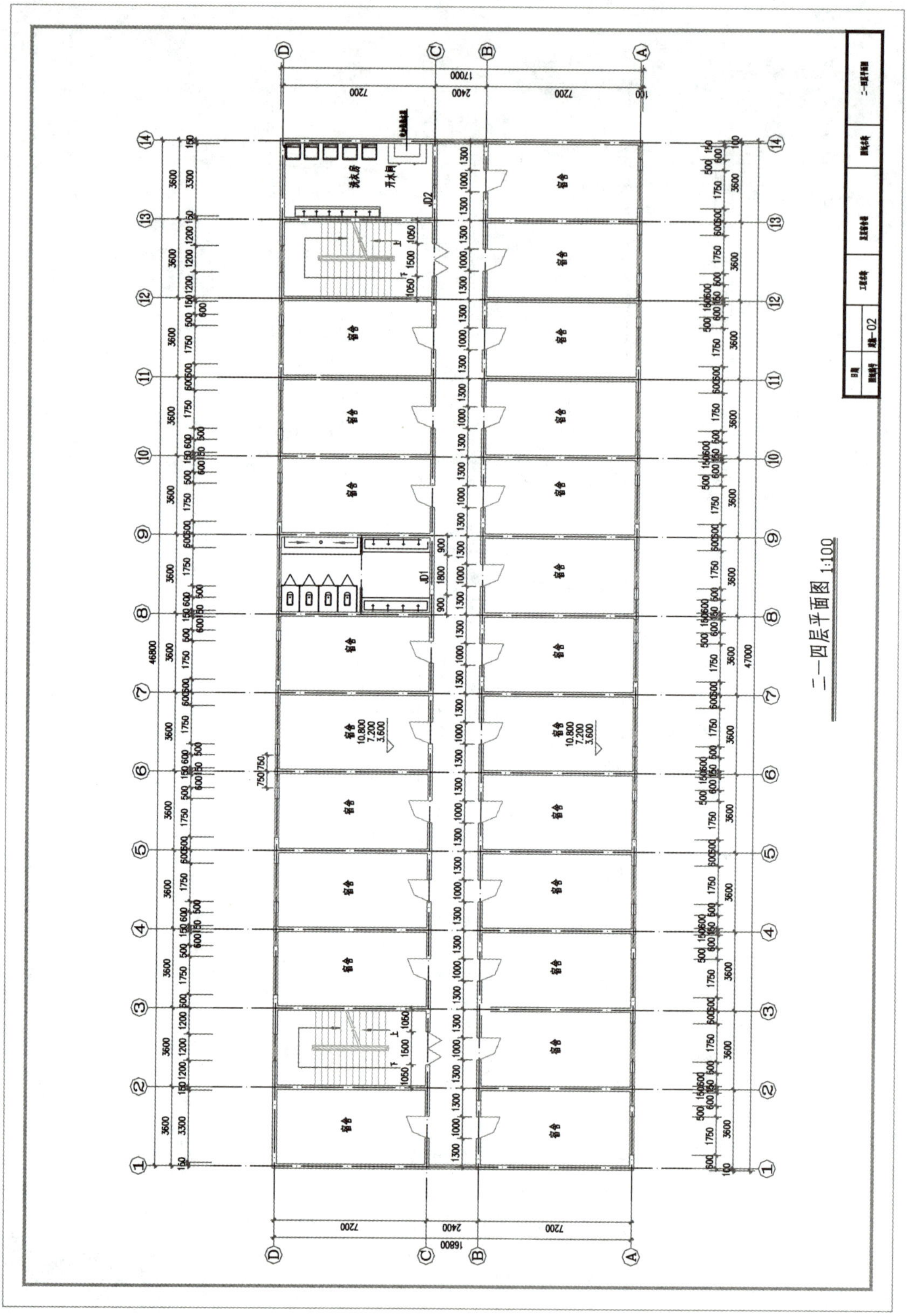

二~四层平面图 1:100

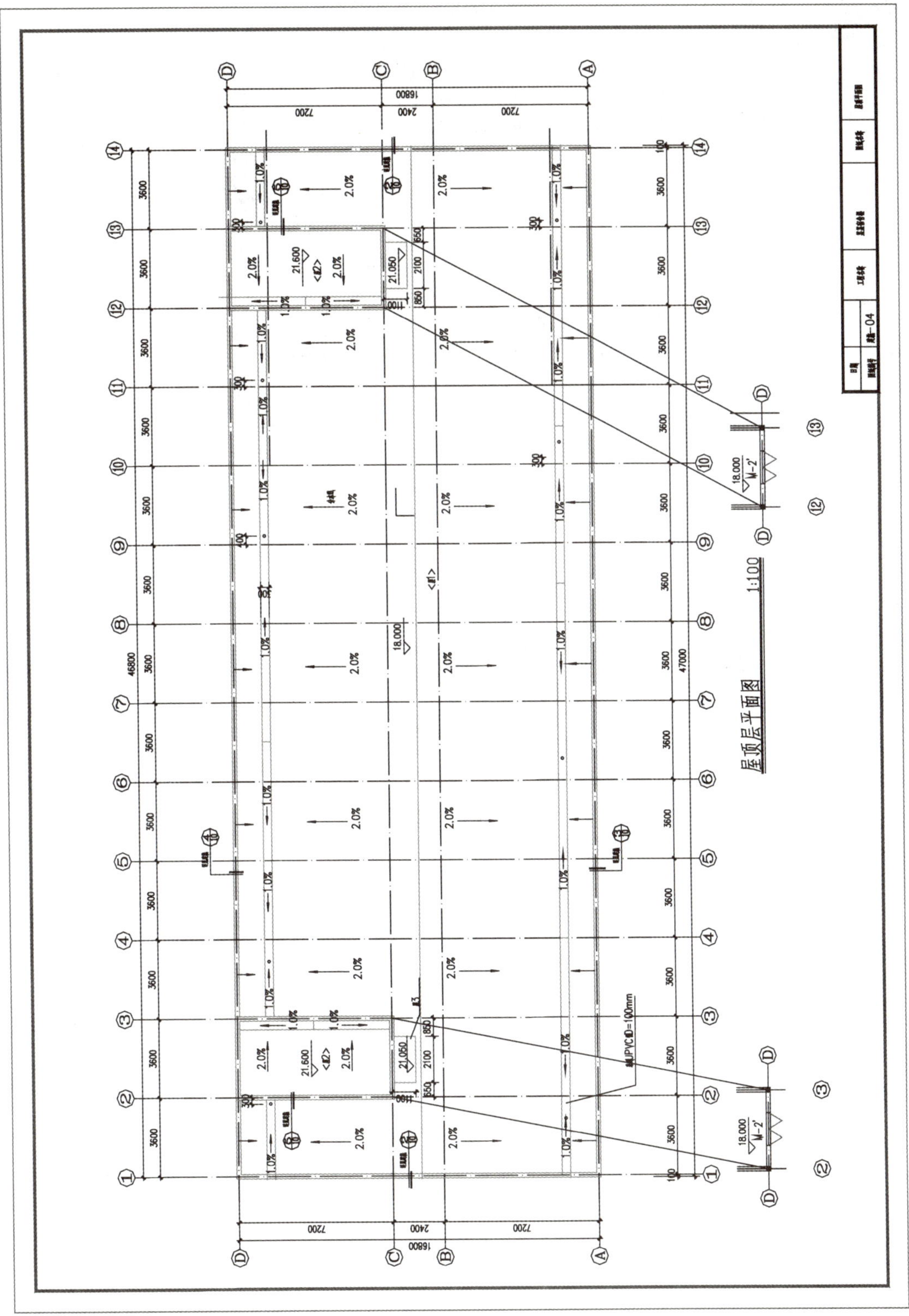
屋顶层平面图
1:100

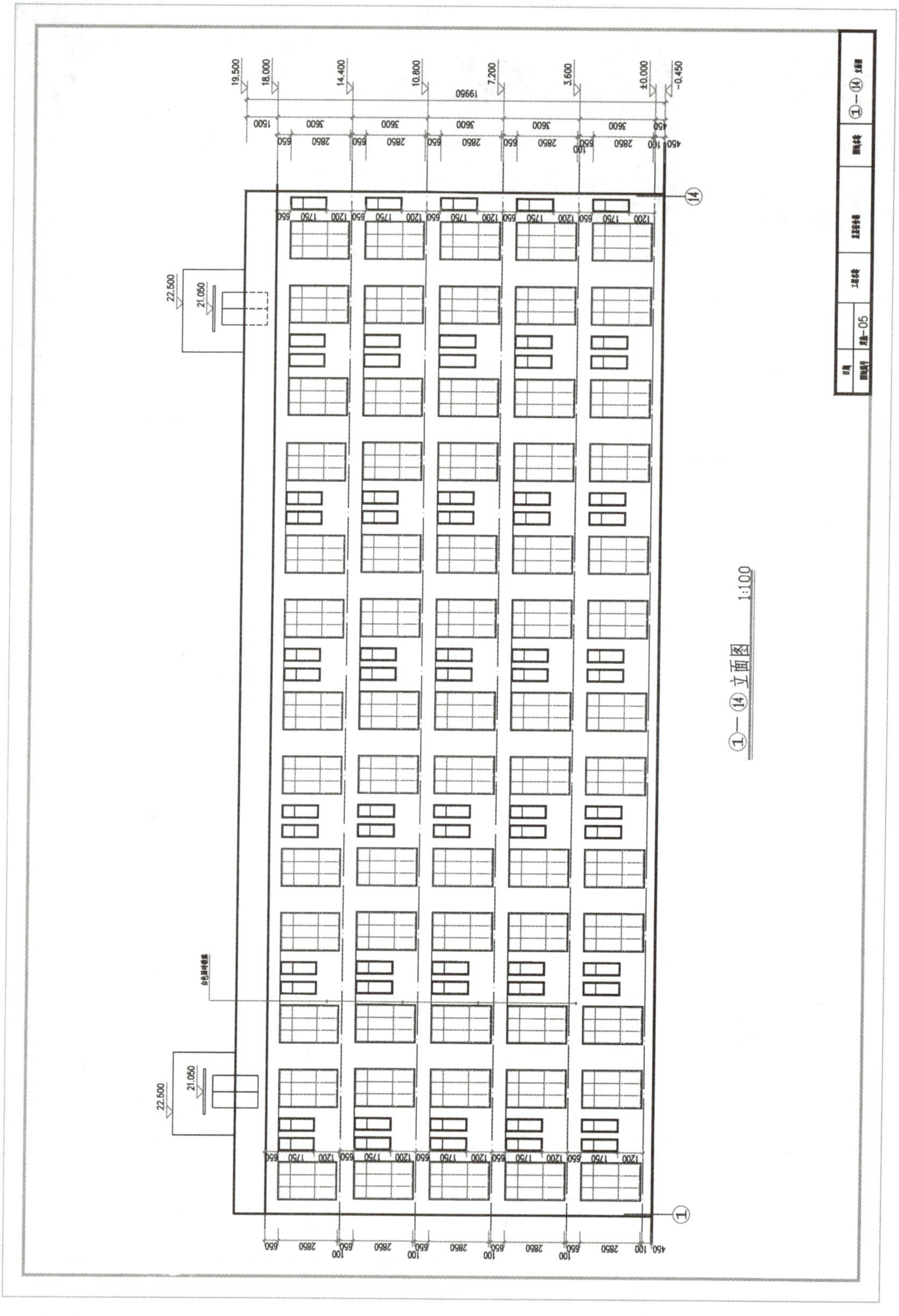

①—⑭立面图 1:100

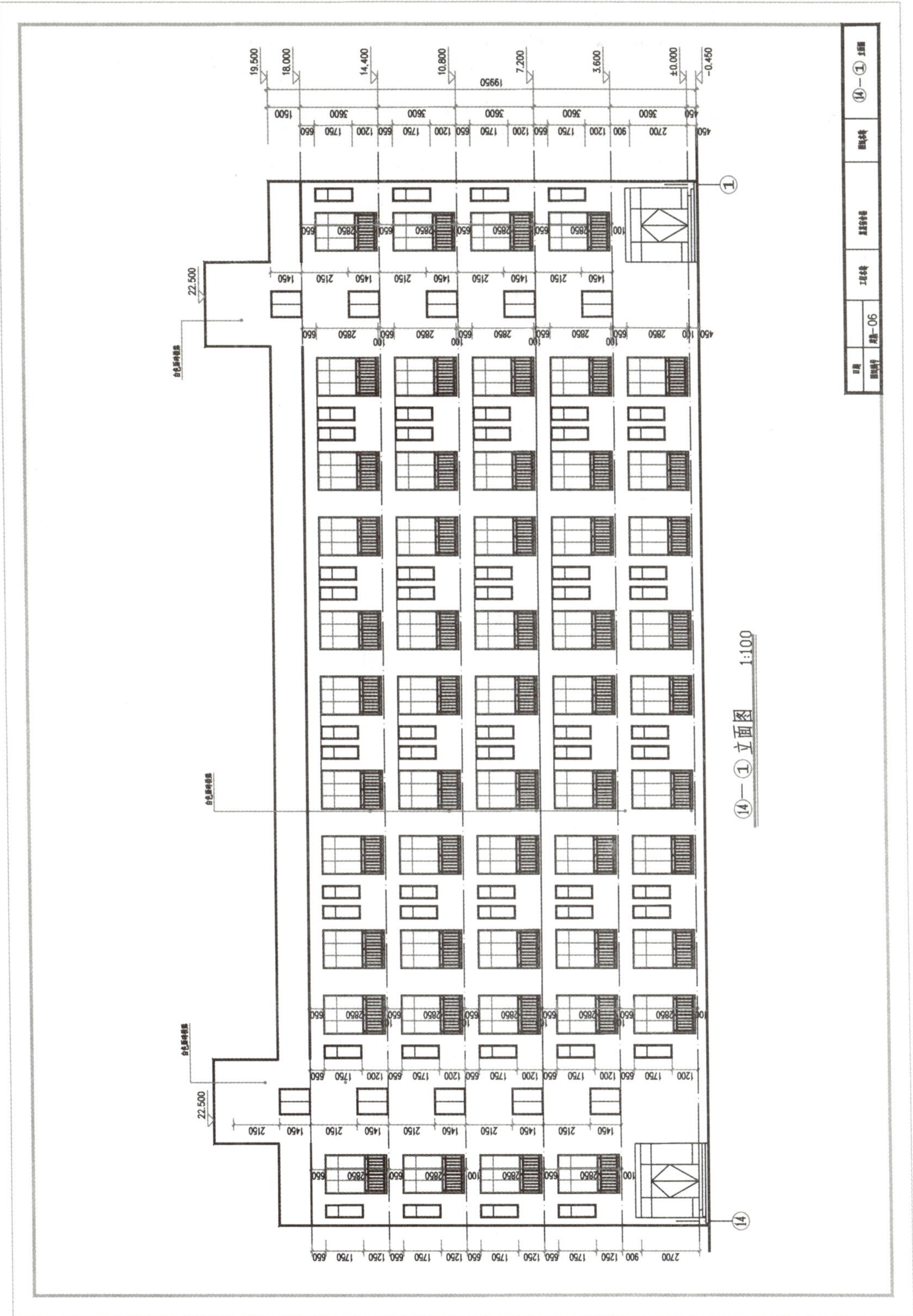

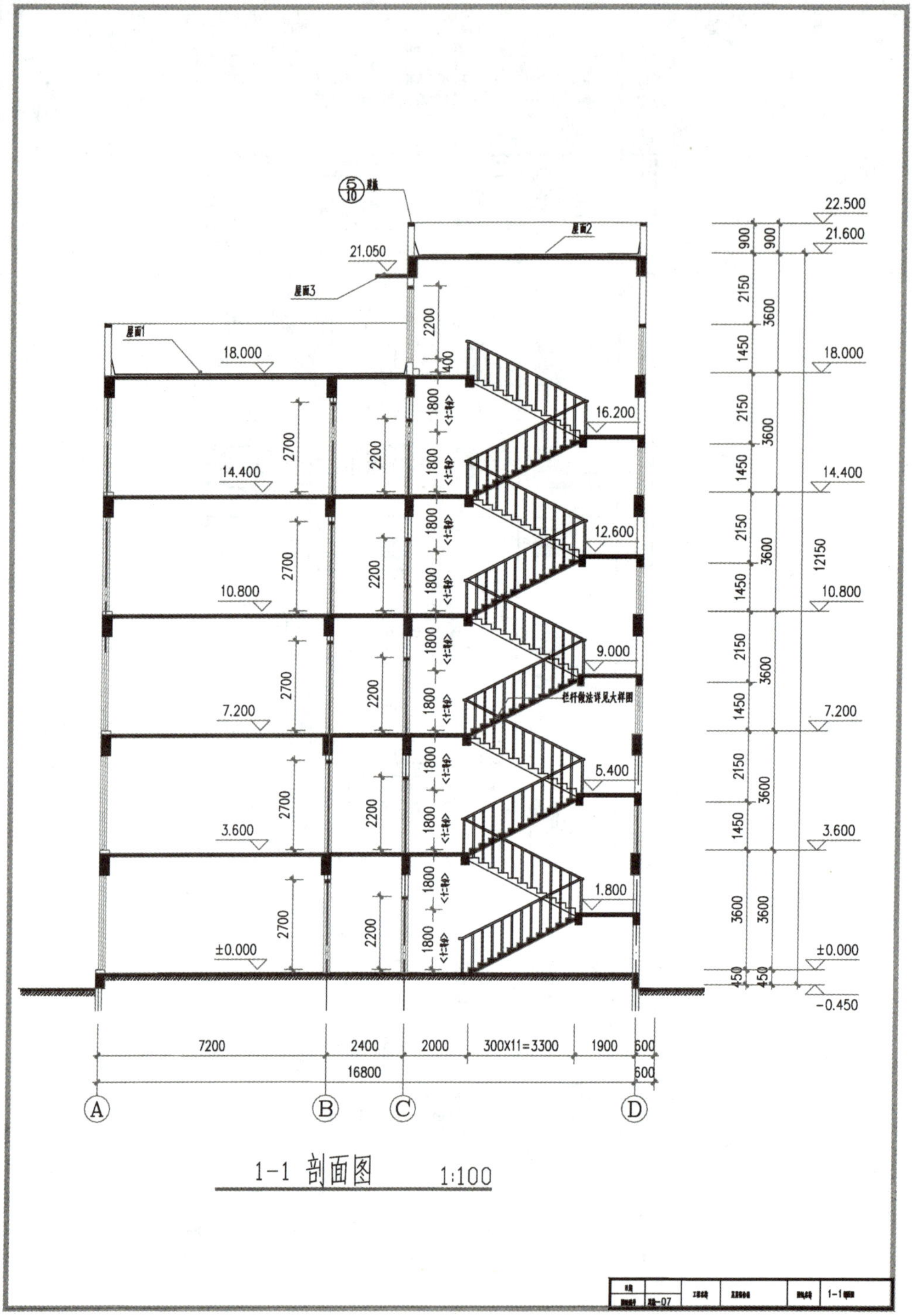

1-1 剖面图 1:100

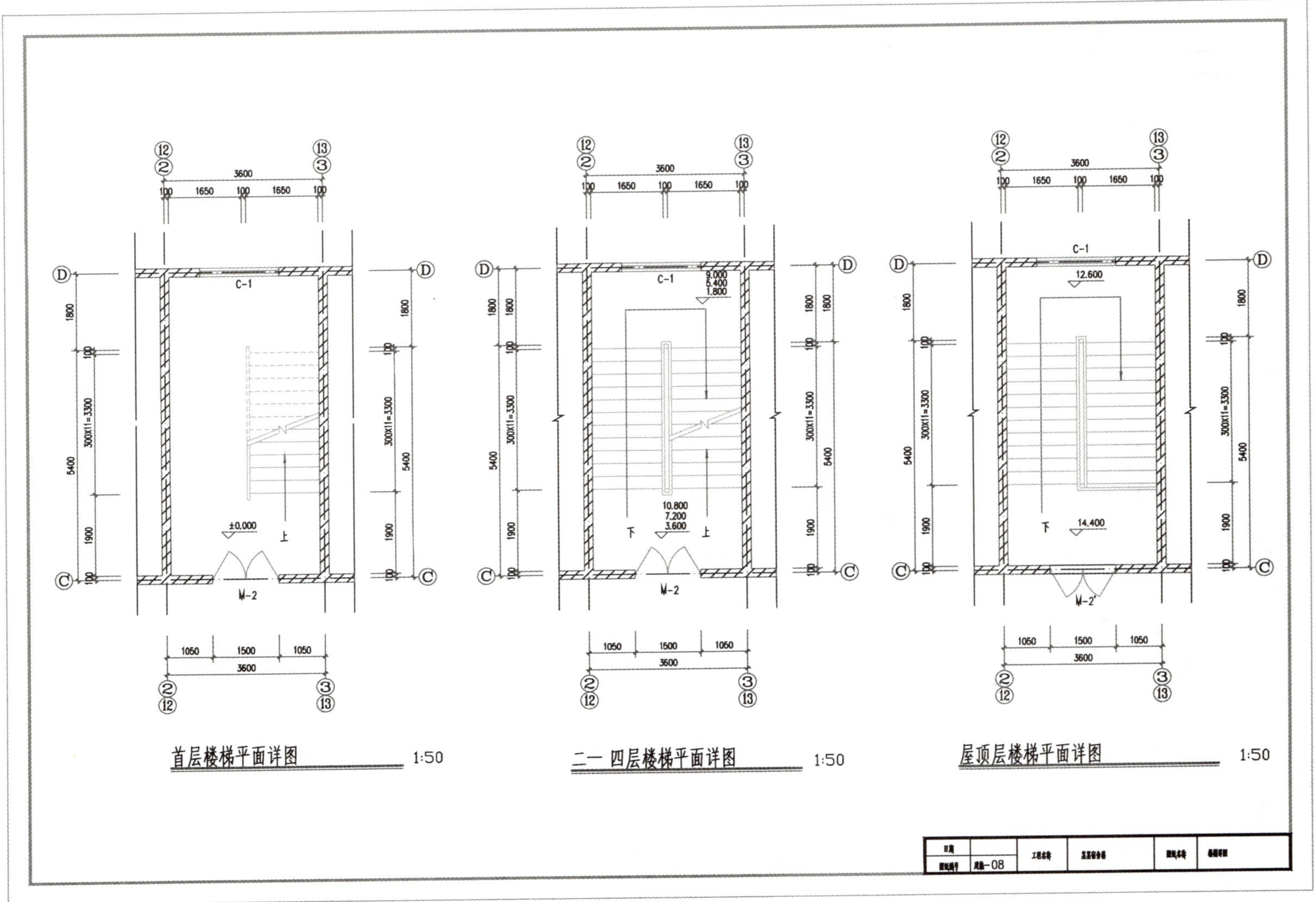
首层楼梯平面详图 1:50
二～四层楼梯平面详图 1:50
屋顶层楼梯平面详图 1:50

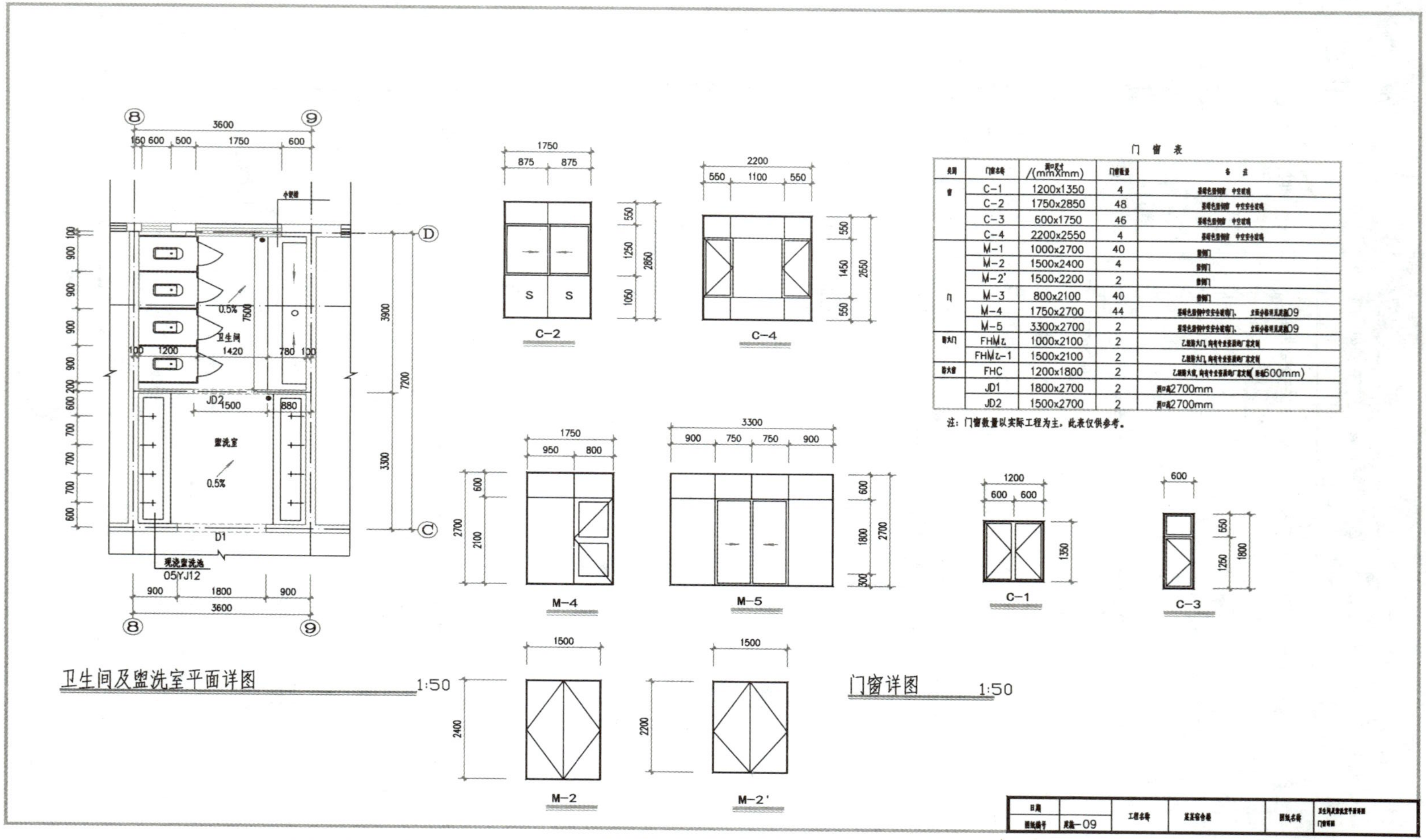

门 窗 表

类别	门窗名称	洞口尺寸/(mm×mm)	门窗数量	备 注
窗	C-1	1200x1350	4	[illegible]
	C-2	1750x2850	48	[illegible]
	C-3	600x1750	46	[illegible]
	C-4	2200x2550	4	[illegible]
门	M-1	1000x2700	40	[illegible]
	M-2	1500x2400	4	[illegible]
	M-2'	1500x2200	2	[illegible]
	M-3	800x2100	40	[illegible]
	M-4	1750x2700	44	[illegible]09
	M-5	3300x2700	2	[illegible]09
防火门	FHM乙	1000x2100	2	乙级防火门，[illegible]
	FHM乙-1	1500x2100	2	乙级防火门，[illegible]
防火窗	FHC	1200x1800	2	乙级防火窗，[illegible]600mm)
	JD1	1800x2700	2	洞口高2700mm
	JD2	1500x2700	2	洞口高2700mm

注：门窗数量以实际工程为主，此表仅供参考。

卫生间及盥洗室平面详图 1:50

门窗详图 1:50

C-2 C-4 M-4 M-5 C-1 C-3 M-2 M-2'

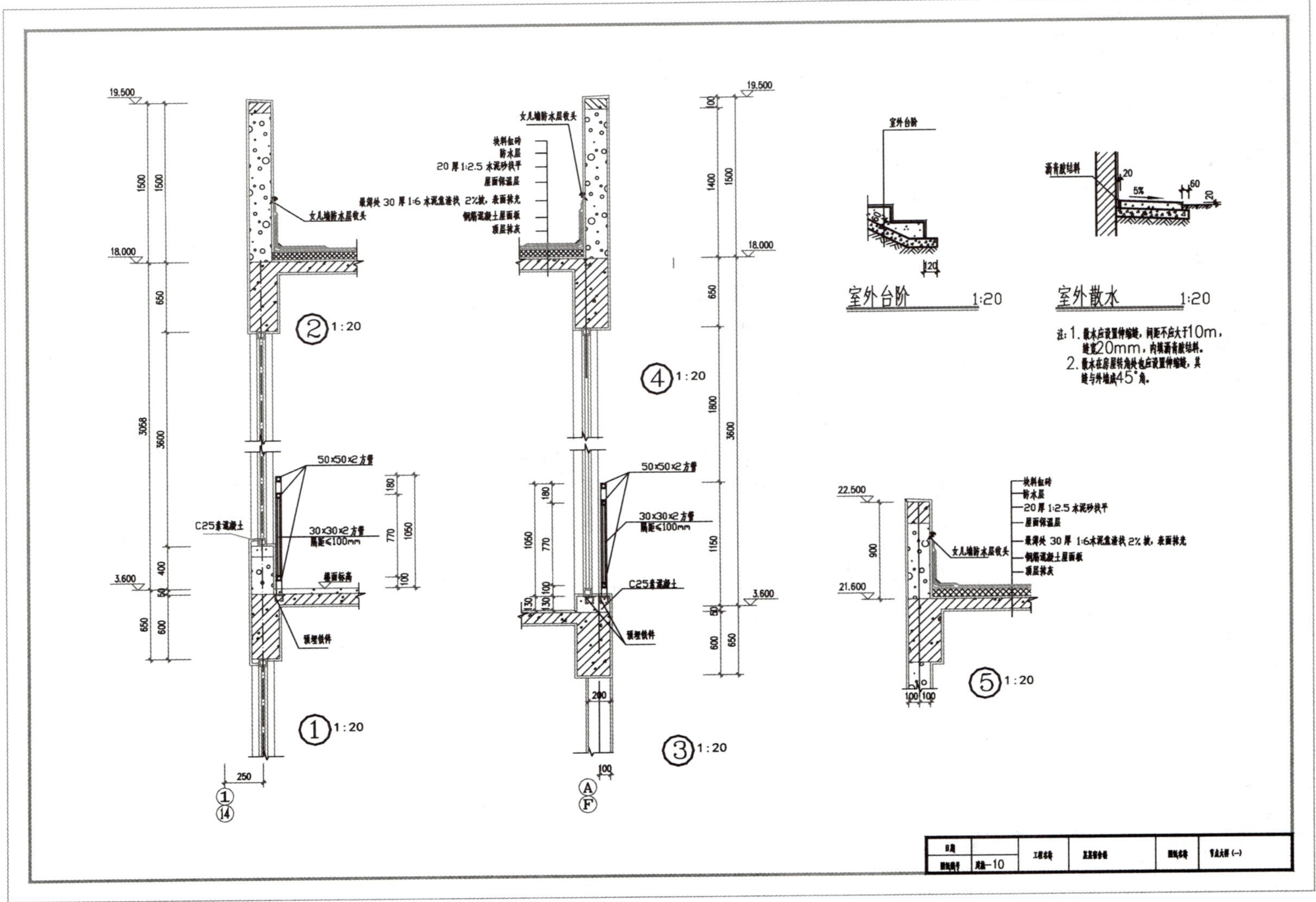

女儿墙防水层收头
块料面砖
防水层
20 厚 1:2.5 水泥砂找平
屋面保温层
最薄处 30 厚 1:6 水泥焦渣找 2%坡，表面抹光
钢筋混凝土屋面板
顶层抹灰
50×50×2 方管
30×30×2 方管
隔距≤100mm
C25素混凝土
楼面标高
预埋铁件
①1:20
②1:20
③1:20
④1:20
⑤1:20
室外台阶　1:20
室外散水　1:20
沥青胶结料
注：1. 散水应设置伸缩缝，间距不应大于10m，缝宽20mm，内填沥青胶结料。
2. 散水在房屋转角处也应设置伸缩缝，其缝与外墙成45°角。
建施—10

附图 2　住宅施工图

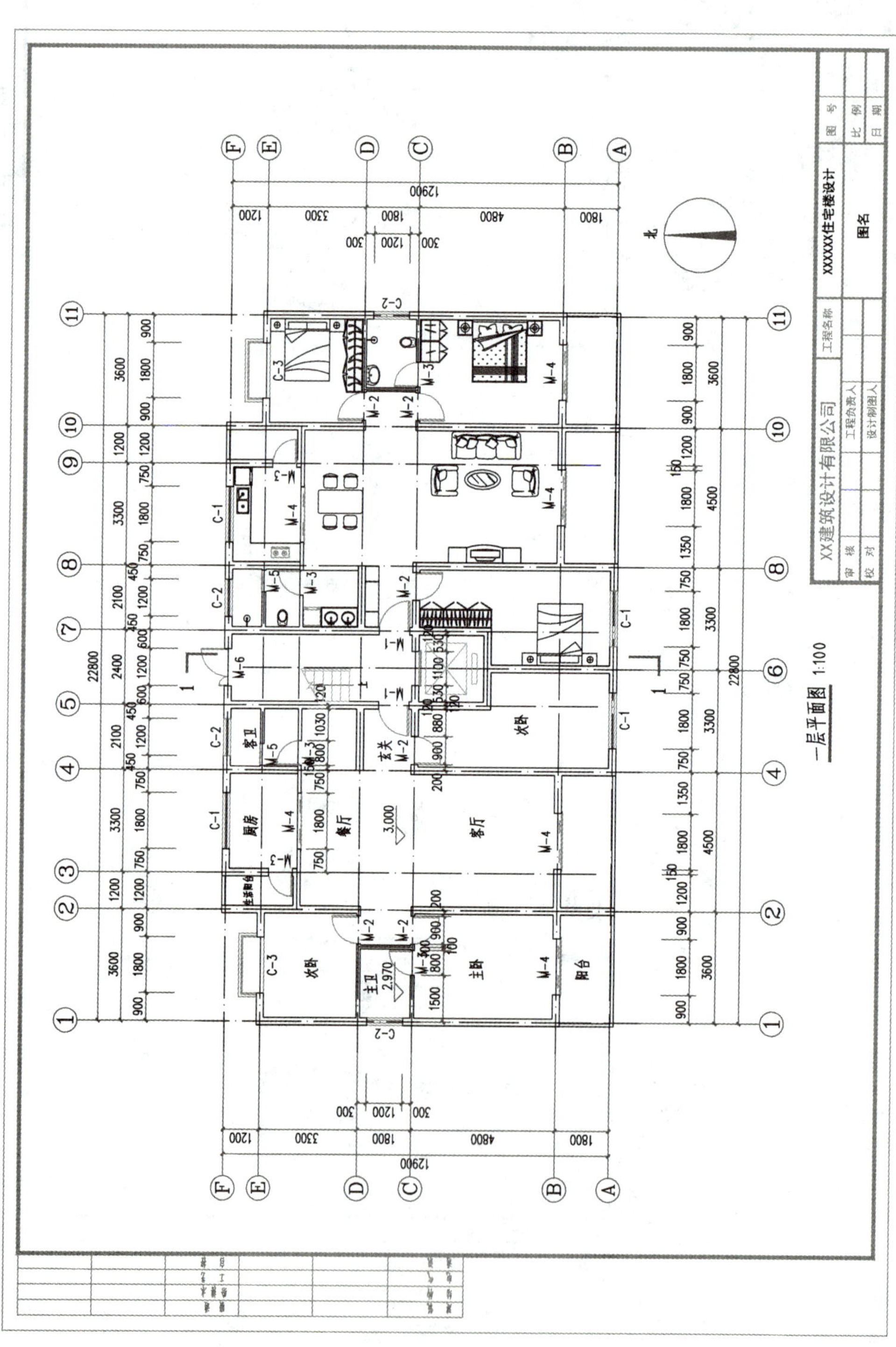
一层平面图 1:100
XX建筑设计有限公司
XXXXXX住宅楼设计
工程名称
图名
图号
比例
日期
审核
校对
工程负责人
设计制图人
北
12900
22800
主卧
次卧
客厅
餐厅
厨房
阳台
主卫
客卫
玄关
住宅阳台

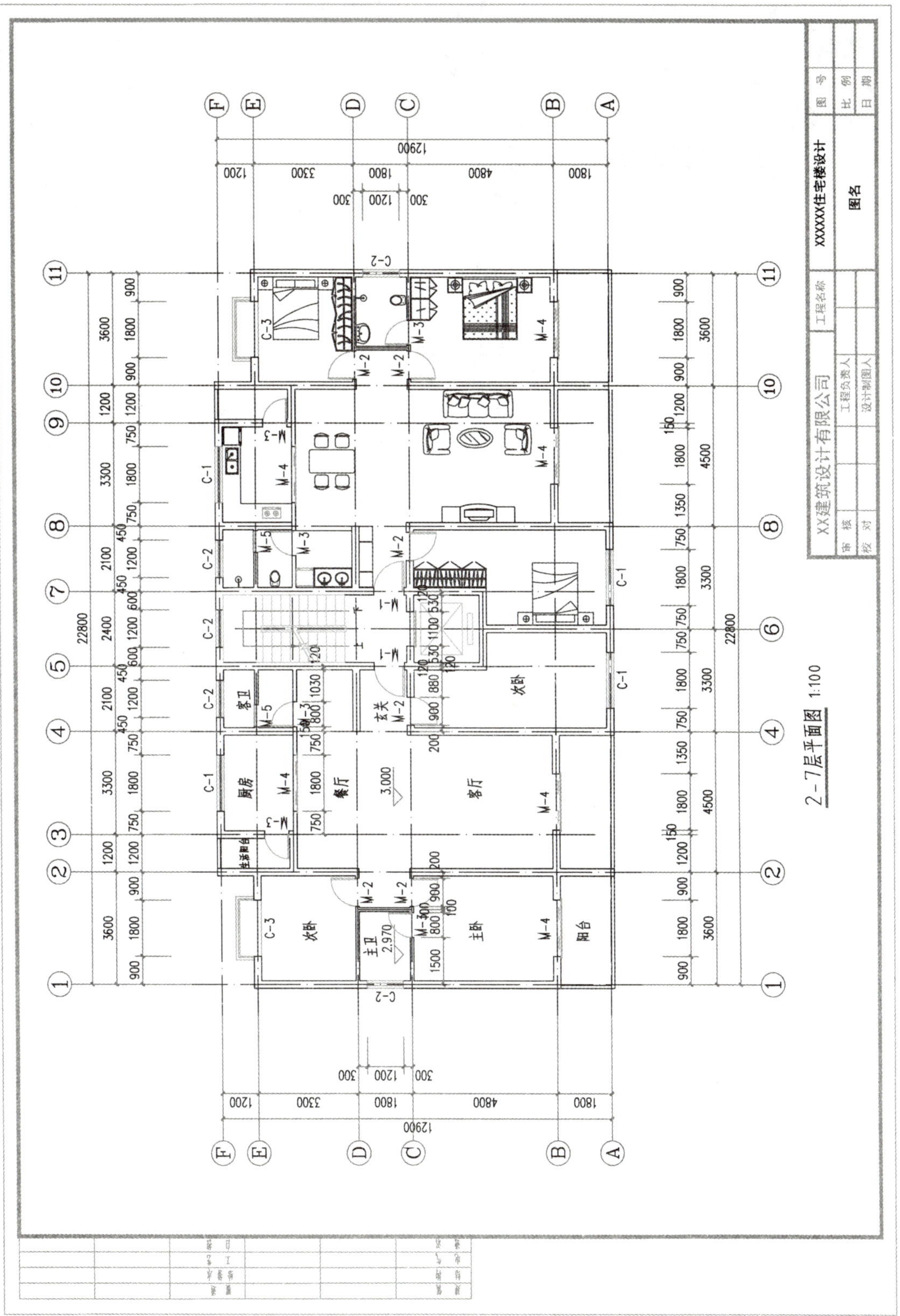

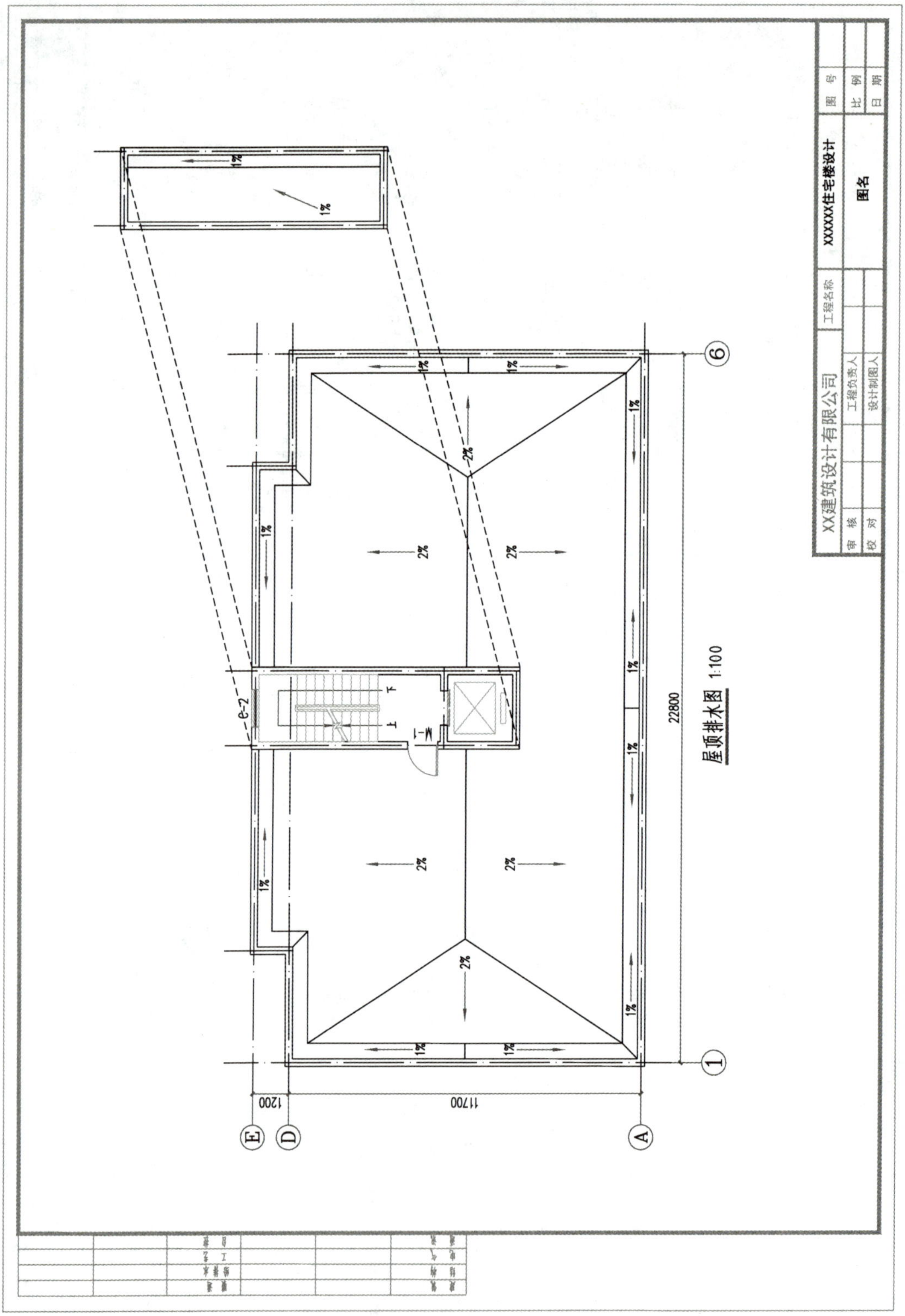

屋顶排水图 1:100

22800

11700

1200

1% 2% 1% 2% 1% 2% 1% 2% 1% 1% 1% 1% 1% 2% 1% 1%

① ⑥ Ⓐ Ⓓ Ⓔ

XX建筑设计有限公司		工程名称	XXXXXX住宅楼设计	图号
审核	工程负责人		图名	比例
校对	设计制图人			日期

①－⑪立面图 1:100
XXX建筑设计有限公司
工程名称
滨河名家XXX住宅楼设计
图名
图号
比例
日期
审核
校对
工程负责人
设计制图人
21450
24.000
22.500
21.000
18.000
15.000
12.000
9.000
6.000
3.000
±0.000
-0.450

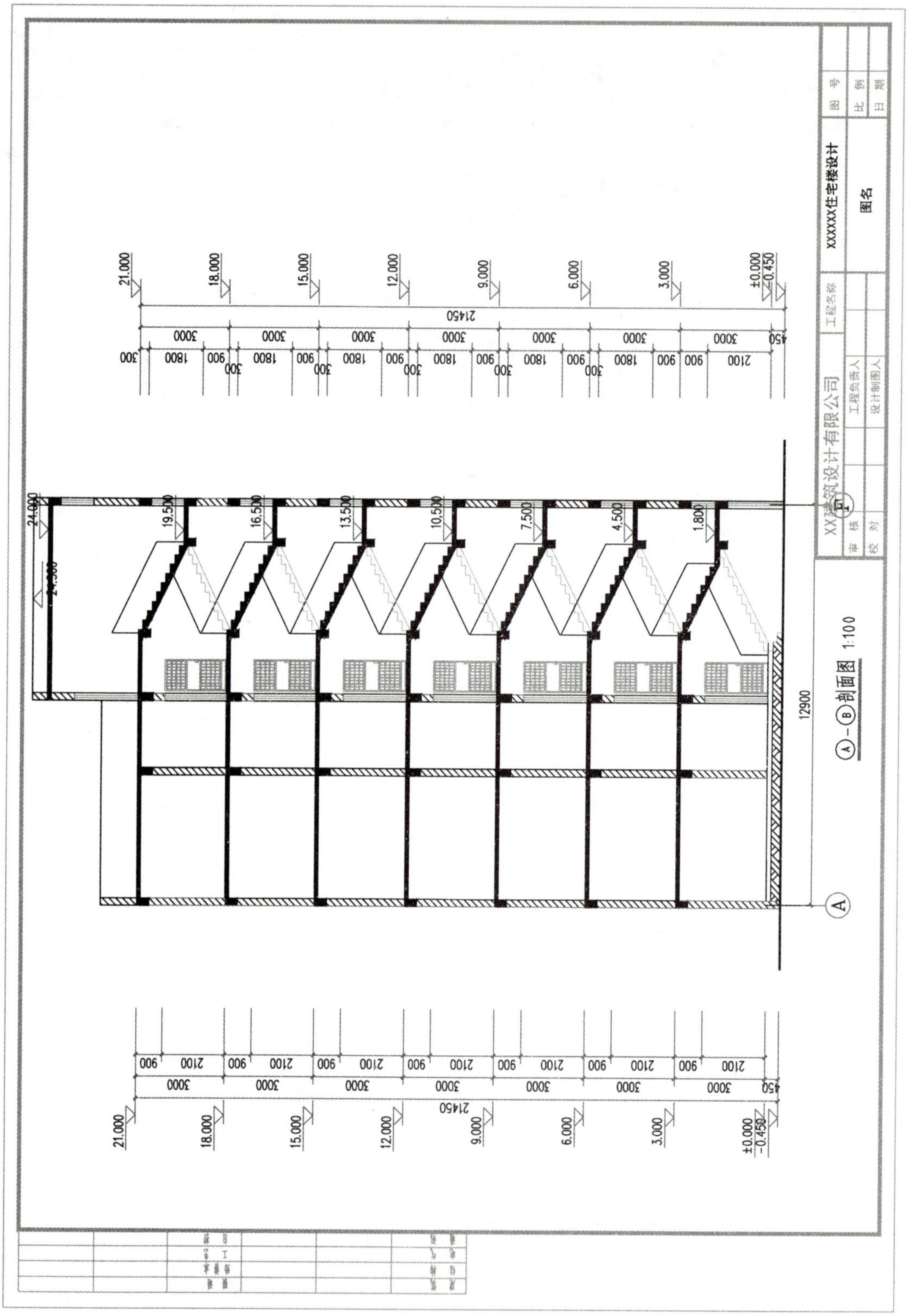

XX建筑设计有限公司

审核		工程负责人		工程名称	XXXXXX住宅楼设计	图号	
校对		设计制图人			图名	比例	
						日期	

Ⓐ—Ⓑ剖面图 1:100

附录　AutoCAD 常用命令表

功能键

功能键	功能键说明	功能键	功能键说明
F1	获取帮助	F7	栅格显示模式控制
F2	实现作图窗和文本窗口的切换	F8	正交模式控制
F3	控制是否实现对象自动捕捉	F9	栅格捕捉模式控制
F4	数字化仪控制	F10	极轴模式控制
F5	等轴测平面切换	F11	对象追踪式控制
F6	控制状态行上坐标的显示方式		

快捷组合键

组合键	组合键说明	组合键	组合键说明
Ctrl+B	栅格捕捉模式控制(F9)	Ctrl+6	打开图像数据原子
Ctrl+C	将选择的对象复制到剪切板	Ctrl+O	打开图像文件
Ctrl+F	控制是否实现对象自动捕捉	Ctrl+P	打开打印对话框
Ctrl+G	栅格显示模式控制(F7)	Ctrl+S	保存文件
Ctrl+J	重复执行上一步命令	Ctrl+U	极轴模式控制(F10)
Ctrl+K	超级链接	Ctrl+V	粘贴剪贴板上的内容
Ctrl+N	新建图形文件	Ctrl+W	对象追踪式控制(F11)
Ctrl+M	打开选项对话框	Ctrl+X	剪切所选择的内容
Ctrl+1	打开特性对话框	Ctrl+Y	重做
Ctrl+2	打开图像资源管理器	Ctrl+Z	取消前一步的操作

快捷键

序号	快捷命令	命令	命令说明
1	A	ARC	创建一段弧形
2	AA	AREA	计算对象或定义区域的面积和周长
3	ADC	ADCENTER	管理和插入块、外部参照和填充图案等内容
4	AL	ALIGN	在二维和三维空间中将对象与其他对象对齐
5	AP	APPLOAD	加载应用程序
6	AR	ARRAY	创建按阵列排列的对象的多个副本
7	ARR	ACTRECORD	启动动作录制器

续表

序号	快捷命令	命令	命令说明
8	ARM	ACTUSERMESSAGE	将用户消息插入动作宏
9	ARU	ACTUSERINPUT	在动作宏中暂停以等待用户输入
10	ARS	ACTSTOP	停止动作录制器，并提供用于将已录制的动作保存至动作宏文件的选项
11	ATI	ATTIPEDIT	更改块中属性的文本内容
12	ATT	ATTDEF	重定义块并更新关联属性
13	ATE	ATTEDIT	更改块中的属性信息
14	B	BLOCK	从选定对象创建块定义
15	BC	BCLOSE	关闭块编辑器
16	BE	BEDIT	在块编辑器中打开块定义
17	BH	HATCH	使用填充图案、实体填充或渐变填充来填充封闭区域或选定对象
18	BO	BOUNDARY	从封闭区域创建面域或多段线
19	BR	BREAK	在两点之间打断选定的对象
20	BS	BSAVE	保存当前块定义
21	BVS	BVSTATE	创建、设置或删除动态块中的可见性状态
22	C	CIRCLE	创建圆
23	CAM	CAMERA	设置相机位置和目标位置，以创建并保存对象的三维透视视图
24	CBAR	CONSTRAINTBAR	类似于工具栏的 UI 元素，可显示对象上可用的几何约束
25	CH	PROPERTIES	控制现有对象的特性
26	CHA	CHAMFER	给对象加倒角
27	CHK	CHECKSTANDARDS	检查当前图形中是否存在标准冲突
28	CLI	COMMANDLINE	显示命令行窗口
29	COL	COLOR	设置新对象的颜色
30	CO	COPY	在指定方向上按指定距离复制对象
31	CT	CTABLESTYLE	设置当前表格样式的名称
32	CUBE	NAVVCUBE	控制 ViewCube 工具的可见性和显示特性
33	CYL	CYLINDER	创建实体三维圆柱体
34	D	DIMSTYLE	创建和修改标注样式
35	DAN	DIMANGULAR	创建角度标注
36	DAR	DIMARC	创建弧长标注

续表

序号	快捷命令	命令	命令说明
37	DBA	DIMBASELINE	从上一个标注或选定标注的基线处创建线性标注、角度标注或坐标标注
38	DBC	DBCONNECT	提供至外部数据库表的接口
39	DCE	DIMCENTER	创建圆和圆弧的圆心标记或中心线
40	DCO	DIMCONTINUE	创建从上一次所创建标注的延伸线处开始的标注
41	DCON	DIMCONSTRAINT	向选定对象或对象上的点应用标注约束
42	DDA	DIMDISASSOCIATE	删除选定标注的关联性
43	DDI	DIMDIAMETER	为圆或弧创建直径尺寸标注
44	DED	DIMEDIT	编辑标注文字和延伸线
45	DI	DIST	测量两个点的距离和角度
46	DIV	DIVIDE	创建沿对象的长度或周长等间隔排列的点对象或块
47	DJL	DIMJOGLINE	在线性标注或对齐标注中添加或删除折弯线
48	DJO	DIMJOGGED	创建圆和圆弧的折弯标注
49	DL	DATALINK	显示“数据链接”对话框
50	DLU	DATALINKUPDATE	将数据更新至已建立的外部数据链接或从已建立的外部数据链接更新数据
51	DO	DONUT	创建实心圆或较宽的环
52	DOR	DIMORDINATE	创建坐标标注
53	DOV	DIMOVERRIDE	控制在选定标注中使用的系统变量的替代值
54	DR	DRAWORDER	更改图像和其他对象的绘制顺序
55	DRA	DIMRADIUS	为某个圆或圆弧创建半径标注
56	DRE	DIMREASSOCIATE	将选定的标注关联或重新关联到对象或对象上的点
57	DRM	DRAWINGRECOVERY	显示可以在程序或系统故障后修复的图形文件的列表
58	DS	DSETTINGS	设置栅格和捕捉、极轴和对象捕捉追踪、对象捕捉模式、动态输入和快捷特性
59	DT	TEXT	创建单行文字对象
60	DV	DVIEW	使用相机和目标来定义平行投影或透视视图
61	DX	DATAEXTRACTION	从外部源提取图形数据，并将数据合并至数据提取表或外部文件
62	E	ERASE	从图形中删除对象

续表

序号	快捷命令	命令	命令说明
63	ED	DDEDIT	编辑单行文字、标注文字、属性定义和特征控制框
64	EL	ELLIPSE	创建椭圆或椭圆弧
65	EPDF	EXPORTPDF	将图形输出为PDF
66	ER	EXTERNALREFERENCES	打开"外部参照"选项板
67	EX	EXTEND	扩展对象以与其他对象的边相接
68	EXIT	QUIT	退出程序
69	EXP	EXPORT	将图形中的对象保存为其他文件格式
70	EXT	EXTRUDE	将二维对象或三维面的标注拉伸为三维空间
71	F	FILLET	给对象加圆角
72	FI	FILTER	创建一个要求列表，对象必须符合这些要求才能包含在选择集中
73	FS	FSMODE	创建将接触选定对象的所有对象的选择集
74	FSHOT	FLATSHOT	基于当前视图创建所有三维对象的二维表示形式
75	G	GROUP	创建和管理已保存的对象集(称为编组)
76	GCON	GEOCONSTRAINT	应用对象之间或对象上的点之间的几何关系或使其永久保持
77	GD	GRADIENT	使用渐变填充填充封闭区域或选定对象
78	GEO	GEOGRAPHICLOCATION	指定图形文件的地理位置信息
79	H	HATCH	使用填充图案、实体填充或渐变填充来填充封闭区域或选定对象
80	HE	HATCHEDIT	修改现有的图案填充或填充
81	HI	HIDE	重生成不显示隐藏线的三维线框模型
82	I	INSERT	将块或图形插入当前图形中
83	IAD	IMAGEADJUST	控制图像的亮度、对比度和淡入度
84	IAT	IMAGEATTACH	将参照插入到图像文件中
85	ICL	IMAGECLIP	根据指定边界修剪选定图像的显示
86	ID	ID	显示指定位置的UCS坐标值
87	IM	IMAGE	显示"外部参照"选项板
88	IMP	IMPORT	将不同格式的文件输入到当前图形中
89	IN	INTERSECT	通过重叠实体、曲面或面域创建三维实体、曲面或二维面域

续表

序号	快捷命令	命令	命令说明
90	INF	INTERFERE	通过两组选定三维实体之间的干涉创建临时三维实体
91	IO	INSERTOBJ	插入链接或嵌入对象
92	J	JOIN	合并相似对象以形成一个完整的对象
93	JOG	DIMJOGGED	创建圆和圆弧的折弯标注
94	L	LINE	创建直线段
95	LA	LAYER	管理图层和图层特性
96	LAS	LAYERSTATE	保存、恢复和管理命名的图层状态
97	LE	QLEADER	创建引线和引线注释
98	LEN	LENGTHEN	修改对象的长度和圆弧的包含角
99	LESS	MESHSMOOTHLESS	将网格对象的平滑度降低一个级别
100	LI	LIST	显示选定对象的特性数据
101	LO	LAYOUT	创建和修改图形的布局选项卡
102	LT	LINETYPE	加载、设置和修改线型
103	LTS	LTSCALE	更改用于图形中所有对象的线型比例因子
104	LW	LWEIGHT	设置当前线宽、线宽显示选项和线宽单位
105	M	MOVE	在指定方向上按指定距离移动对象
106	MA	MATCHPROP	将选定对象的特性应用于其他对象
107	MAT	MATERIALS	显示或隐藏“材料”窗口
108	ME	MEASURE	沿对象的长度或周长按测定间隔创建点对象或块
109	MEA	MEASUREGEOM	测量选定对象或点序列的距离、半径、角度、面积和体积
110	MI	MIRROR	创建选定对象的镜像副本
111	ML	MLINE	创建多条平行线
112	MLA	MLEADERALIGN	对齐并间隔排列选定的多重引线对象
113	MLC	MLEADERCOLLECT	将包含块的选定多重引线整理到行或列中，并通过单引线显示结果
114	MLD	MLEADER	创建多重引线对象
115	MLE	MLEADEREDIT	将引线添加至多重引线对象，或从多重引线对象中删除引线
116	MLS	MLEADERSTYLE	创建和修改多重引线样式
117	MO	PROPERTIES	控制现有对象的特性
118	MORE	MESHSMOOTHMORE	将网格对象的平滑度提高一级

续表

序号	快捷命令	命令	命令说明
119	MS	MSPACE	从图纸空间切换到模型空间视口
120	MSM	MARKUP	打开标记集管理器
121	MT	MTEXT	创建多行文字对象
122	MV	MVIEW	创建和控制布局视口
123	NORTH	GEOGRAPHICLOCATION	指定图形文件的地理位置信息
124	NSHOT	NEWSHOT	创建其中包含运动的命名视图，该视图将在使用ShowMotion进行查看时回放
125	NVIEW	NEWVIEW	创建不包含运动的命名视图
126	O	OFFSET	创建同心圆、平行线和等距曲线
127	OP	OPTIONS	自定义程序设置
128	ORBIT	3DORBIT	在三维空间中旋转视图，但仅限于在水平和垂直方向上进行动态观察
129	OS	OSNAP	设置执行对象捕捉模式
130	P	PAN	向动态块定义中添加带有夹点的参数
131	PA	PASTESPEC	将剪贴板中的对象粘贴到当前图形中，并控制数据的格式
132	PAR	PARAMETERS	控制图形中使用的关联参数
133	PARAM	BPARAMETER	向动态块定义添加带有夹点的参数
134	PATCH	SURFPATCH	通过在形成闭环的曲面边上拟合一个封口来创建新曲面
135	PC	POINTCLOUD	提供用于创建和附着点云文件的选项
136	PCATTACH	POINTCLOUDATTACH	将带索引的点云文件插入当前图形
137	PCINDEX	POINTCLOUDINDEX	根据扫描文件创建带索引的点云(PCG或ISD)文件
138	PE	PEDIT	编辑多段线和三维多边形网格
139	PL	PLINE	创建二维多段线
140	PO	POINT	创建点对象
141	POFF	HIDEPALETTES	隐藏当前显示的选项板(包括命令行)
142	POL	POLYGON	创建等边闭合多段线
143	PON	SHOWPALETTES	恢复隐藏的选项板的显示
144	PR	PROPERTIES	显示“特性”选项板
145	PRE	PREVIEW	显示图形在打印时的外观
146	PRINT	PLOT	将图形打印到绘图仪、打印机或文件

续表

序号	快捷命令	命令	命令说明
147	PS	PSPACE	从模型空间视口切换到图纸空间
148	PSOLID	POLYSOLID	创建三维墙状多段体
149	PU	PURGE	删除图形中未使用的项目，如块定义和图层
150	PYR	PYRAMID	创建三维实体棱锥体
151	QC	QUICKCALC	打开“快速计算器”计算器
152	QCUI	QUICKCUI	以收拢状态显示自定义用户界面编辑器
153	QP	QUICKPROPERTIES	显示选定对象的快速特性数据
154	QSAVE	QSAVE	保存当前图形
155	QVD	QVDRAWING	使用预览图像显示打开的图形和图形中的布局
156	QVDC	QVDRAWINGCLOSE	关闭打开图形和图形中布局的预览图像
157	QVL	QVLAYOUT	显示图形中模型空间和布局的预览图像
158	QVLC	QVLAYOUTCLOSE	关闭模型空间和当前图形中布局的预览图像
159	R	REDRAW	刷新当前视口中的显示
160	RA	REDRAWALL	刷新所有视口中的显示
161	RC	RENDERCROP	渲染视口内指定的矩形区域(称为修剪窗口)
162	RE	REGEN	从当前视口重生成整个图形
163	REA	REGENALL	重生成图形并刷新所有视口
164	REC	RECTANG	创建矩形多段线
165	REG	REGION	将包含封闭区域的对象转换为面域对象
166	REN	RENAME	更改指定给项目(例如图层和标注样式)的名称
167	REV	REVOLVE	通过绕轴扫掠二维对象来创建三维实体或曲面
168	RO	ROTATE	围绕基点旋转对象
169	RP	RENDERPRESETS	指定渲染预设和可重复使用的渲染参数，以便渲染图像
170	RPR	RPREF	显示或隐藏用于访问高级渲染设置的“高级渲染设置”选项板
171	RR	RENDER	创建三维实体或表面模型的真实照片级或真实着色图像
172	RW	RENDERWIN	显示“渲染”窗口而不启动渲染操作
173	S	STRETCH	拉伸与选择窗口或多边形交叉的对象
174	SC	SCALE	放大或缩小选定对象，保持该对象在缩放之后的比例不变
175	SCR	SCRIPT	执行源自脚本文件的一系列命令

续表

序号	快捷命令	命令	命令说明
176	SEC	SECTION	用平面和实体的截面、曲面或网格创建面域
177	SET	SETVAR	列出系统变量或修改变量值
178	SHA	SHADEMODE	启动 VSCURRENT 命令
179	SL	SLICE	通过剖切或分割现有对象，创建新的三维实体和曲面
180	SN	SNAP	限制光标按指定的间距移动
181	SO	SOLID	创建实心三角形和四边形
182	SP	SPELL	检查图形中的拼写
183	SPE	SPLINEDIT	编辑样条曲线或样条曲线拟合多段线
184	SPL	SPLINE	创建通过或接近指定点的平滑曲线
185	SPLANE	SECTIONPLANE	创建一个用作三维对象的剪切平面的截面对象
186	SPLAY	SEQUENCEPLAY	播放一种类别中的指定视图
187	SPLIT	MESHSPLIT	将一个网格面分割为两个面
188	SPE	SPLINEDIT	编辑样条曲线或样条曲线拟合多线段
189	SSM	SHEETSET	打开图纸集管理器
190	ST	STYLE	创建、修改或指定文字样式
191	STA	STANDARDS	管理标准文件与图形之间的关联性
192	SU	SUBTRACT	按差集来合并选定的三维实体、曲面或二维面域
193	T	MTEXT	创建多行文字对象
194	TA	TEXTALIGN	垂直、水平或倾斜对齐多个文字对象
195	TB	TABLE	创建空的表格对象
196	TEDIT	TEXTEDIT	编辑标注约束、标注或文字对象
197	TH	THICKNESS	在创建二维几何对象时，设置默认的三维厚度特性
198	TI	TILEMODE	控制是否可以访问图纸空间
199	TO	TOOLBAR	显示、隐藏和自定义工具栏
200	TOL	TOLERANCE	创建包含在特征控制框中的形位公差
201	TOR	TORUS	创建圆环形三维实体
202	TP	TOOLPALETTES	打开“工具选项板”窗口
203	TR	TRIM	修剪对象以与其他对象的边相接
204	TS	TABLESTYLE	创建、修改或指定表格样式
205	UC	UCSMAN	管理已定义的用户坐标系

续表

序号	快捷命令	命令	命令说明
206	UN	UNITS	控制坐标和角度的显示格式和精度
207	UNHIDE (UNISOLATE)	UNISOLATEOBJECTS	显示之前已通过 ISOLATEOBJECTS 或 HIDEOBJECTS 命令隐藏的对象
208	UNI	UNION	合并两个实体或两个面域对象
209	V	VIEW	保存和恢复命名视图、相机视图、布局视图和预设视图
210	VGO	VIEWGO	恢复命名视图
211	VP	DDVPOINT	设置三维观察方向
212	VPLAY	VIEWPLAY	播放与命名视图关联的动画
213	VS	VSCURRENT	设置当前视口中的视觉样式
214	VSM	VISUALSTYLES	创建和修改视觉样式，并将视觉样式应用于视口
215	W	WBLOCK	将对象或块写入新图形文件
216	WE	WEDGE	创建三维实体楔体
217	WHEEL	NAVSWHEEL	显示包含一系列视图导航工具的控制盘
218	X	EXPLODE	将复合对象分解为其组件对象
219	XA	XATTACH	插入 DWG 文件作为外部参照(xref)
220	XB	XBIND	将 xref 中命名对象的一个或多个定义绑定到当前图形
221	XC	XCLIP	根据指定边界修剪选定外部参照或块参照的显示
222	XL	XLINE	创建无限长的直线
223	XR	XREF	启动 EXTERNALREFERENCES 命令
224	Z	ZOOM	增大或减小当前视口中视图的比例
225	ZEBRA	ANALYSISZEBRA	将条纹投影到三维模型上，以便分析曲面连续性
226	ZIP	ETRANSMIT	创建自解压或压缩传递包

参 考 文 献

[1]牛志强. 建筑 CAD[M]. 北京：国家行政学院出版社，2015.

[2]孟令明. AutoCAD 2020 中文版 建筑设计完全自学一本通[M]. 北京：电子工业出版社，2020.

[3]孙海粟. 建筑 CAD[M]. 北京：化学工业出版社，2018.

[4]程绪琦，王建华，张文杰，等. AutoCAD 中文版标准教程[M]. 北京：电子工业出版社，2020.

[5]谭荣伟. 装饰装修 CAD 绘图快速入门[M]. 北京：化学工业出版社，2017.

[6]朱少君. 建筑 CAD[M]. 北京：清华大学出版社，2022.

[7]陕晋军. 建筑 CAD 中文版[M]. 北京：机械工业出版社，2022.

[8]杜瑞锋，齐玉清，韩淑芳. 建筑 CAD[M]. 北京：北京理工大学出版社，2015.

[9]刘剑飞. 建筑 CAD 技术[M]. 武汉：武汉理工大学出版社，2018.

[10]CAD 技术联盟. AutoCAD 2020 中文版 建筑设计从入门到精通[M]. 北京：清华大学出版社，2020.